电力行业“十四五”规划教材
高等教育电气与自动化类专业系列

电磁场

（第四版）

主　编　薛太林　田俊梅
副主编　吝伶艳　王　宇　俞　华
编　写　吴　磊　董宗慧　梁基重
潘　峰　李临生　陈东锁
乔月峰
主　审　郭陈江　熊光煜

中国电力出版社
CHINA ELECTRIC POWER PRESS

内 容 提 要

本书为电力行业“十四五”规划教材。

本书根据高等学校工科电气工程及其自动化类学科“电磁场理论”课程的教学大纲编写，内容包括矢量分析和场论基础、静电场的基本概念、静电场的计算问题、恒定电场、恒定磁场、时变电磁场、边值问题的求解、平面电磁波、波导与谐振腔、均匀传输线。

本书注重基本概念、基本规律和基本分析计算方法，重视工程实践问题的处理，提高了强电内容占比，并提供了丰富的工程应用案例，以满足电力行业对电磁场知识的需求；将解析方法和虚拟仿真结果对比分析，帮助使用者解决复杂电气工程问题；配套了丰富的数字资源，方便使用者构建多维互通的知识图谱。

本书可作为高等学校工科电气工程及其自动化专业和电子信息工程专业本科生学习电磁场理论的教学用书，也可供有关工程技术人员参考。

图书在版编目（CIP）数据

电磁场/薛太林，田俊梅主编；齐伶艳，王宇，俞华副主编. -- 4 版. -- 北京：中国电力出版社，2025.6. -- ISBN 978-7-5239-0138-0

Ⅰ. O441.4

中国国家版本馆 CIP 数据核字第 2025DV9956 号

出版发行：中国电力出版社
地　　址：北京市东城区北京站西街 19 号（邮政编码 100005）
网　　址：http://www.cepp.sgcc.com.cn
责任编辑：牛梦洁
责任校对：黄　蓓　朱丽芳
装帧设计：赵姗姗
责任印制：吴　迪

印　　刷：北京雁林吉兆印刷有限公司
版　　次：2006 年 2 月第一版　2025 年 6 月第四版
印　　次：2025 年 6 月北京第一次印刷
开　　本：787 毫米×1092 毫米　16 开本
印　　张：17.75
字　　数：442 千字
定　　价：59.00 元

前　　言

面对电力行业的复杂工程问题，电磁场学习中的例题和案例需具有更强的工程实际特征，并提供解决的路径参考。因此，第四版进一步强调工程问题的系统性和实践性，将抽象的“场”的问题通过“例题解析分析”“例题虚拟仿真”“电力输配电设备工程案例虚拟仿真”“电力输配电设备工程案例实际操作”逐级进阶讲解，引导读者从理论到实践逐步深入，提升读者解决复杂工程问题的能力。

在第四版中，山西大学的田俊梅、王宇、吴磊和董宗慧，国网山西省电力公司电力科学研究院的俞华和梁基重，珠海凯邦电机制造有限公司的陈东锁和卧龙电气济南电机有限公司的乔月峰共同参与重新编写了第 7 章，由俞华进行统稿。山西大学的吴磊重新编写了第 6 章，董宗慧重新编写了第 8 章。本书理论知识、电力运行经验和实践案例相融合，构建起多维互通的知识图谱。

限于作者水平，本书中的错漏和不妥之处，衷心欢迎广大读者批评指正。

编　者

2025 年 4 月

第一版前言

“电磁场理论”是高等学校电气工程及其自动化类学科的一门技术基础课。它所涉及的内容是电气工程及其自动化类专业学生应具备的知识结构的必要组成部分，同时又是一些交叉领域的学科生长点和新兴边缘学科发展的基础。

本书是根据高等学校工科电气工程及其自动化类学科各专业“电磁场理论”课程的教学大纲而编写，计划授课时数为68学时。带*号的章节可根据不同专业、不同课时合理选用。

本书注重基本概念、基本规律和基本分析计算方法；同时重视工程实践问题的处理；并且适当兼顾了强电和弱电专业的不同要求；精心配备例题和习题；每章都有小结，便于使用者学习和复习；附录中增设本课程涉及的专业名词中英文对照，有助于使用者查阅相关的外文资料。

全书共分10章，第1章简要地阐述矢量分析与场论基础，为分析电磁场理论打好数学基础；第2、3章阐述静电场的基本概念和有关计算问题，对架空地线的作用进行了定量分析；第4章阐述恒定电场，重点对多种接地情形的接地电阻进行了计算；第5章阐述恒定磁场，对架空输电线周围任意一点的磁场进行了定量分析；第6章阐述边值问题的求解，重点讲解了分离变量法和有限差分法及其应用，并阐述了有限元法的基本原理；第7章阐述时变电磁场；第8章阐述平面电磁波在理想介质中传播的基本规律，并对导电媒质中的电磁传播规律进行了分析计算；第9章阐述了电磁波在波导中的传播规律和谐振腔的工作原理；第10章阐述均匀传输线的电磁波传播规律。

本书由山西大学工程学院薛太林统稿、担任主编；太原理工大学吝伶艳和太原科技大学李临生、潘峰参加编写。书稿编写内容分工：薛太林编写第1章、第8章、第10章和附录；吝伶艳编写第2章、第3章、第7章和第9章；李临生编写第4章、第6章；潘峰编写第5章。书稿承蒙太原理工大学熊光煜教授主审，提出了许多宝贵意见，编者在此表示衷心的感谢。

对于本书中的不妥之处，衷心欢迎使用本书的师生和其他读者批评指正。

编 者

2005年9月

第二版前言

为了提供一种更加便捷的电磁场分析途径，避免不适用于对复杂电磁场精确分析的手工计算，本书在第二版中加入了 Ansoft Maxwell 软件在电磁场中的应用介绍。Ansoft Maxwell 是一款商用低频电磁场有限元软件，基于麦克斯韦微分方程，采用有限元离散形式，将工程中的电磁场计算转变为庞大的矩阵求解。有限元计算是现今电磁场分析中最精确的一种方法之一，但由于其运算量大而不适用于手工求解，计算机和 Ansoft Maxwell 软件的应用将为精确快速分析计算电磁场带来极大便利。

在第二版中，山西大学工程学院的田俊梅重新编写了第 6 章，并利用 Ansoft Maxwell 软件对前面章节出现的例题进行重新求解，对利用前后两种方法——解析法和有限元算法求解后得到的结果进行了分析比对。另外，田俊梅还对各章习题进行了优化。

限于作者水平，本书中的疏漏和不妥之处，衷心欢迎广大读者批评指正。

编 者

2011 年 4 月

第三版前言

随着我国电力系统的飞速发展，接地极无论在传统的交流输电，还是在新兴的直流输电中都起到了很重要的作用。但第二版第 4 章只讨论了接地极的理论计算，对电力工程中接地极的类型与应用没有涉及。因此，有必要对第二版中接地极的相关内容进行补充与丰富，在阐明基本理论问题的基础上，加入与实际工程相联系的内容。

在第三版中，山西大学的王宇重新编写了第 4 章，增加了第 9 节“接地极在电力系统中的应用”。考虑到强弱电专业对此知识点的要求不同，只将其作为选学内容。山西大学的田俊梅对第 6 章第 5 节的例题做了一定补充，为使有限元软件仿真和解析算法更全面地有机结合和相互印证提供了参考。

由于作者水平有限，对于本书中的错漏和不妥之处，衷心欢迎广大读者批评指正。

编　者

2016 年 2 月

目　　录

第1章 矢量分析和场论基础

本章主要介绍了分析电磁场的数学基础。首先介绍矢量的基本概念，给出矢量运算的几何意义；通过介绍场的基本概念，导出标量场的等值面方程和矢量场的矢量线方程；通过介绍标量函数方向导数的概念，给出直角坐标系中梯度的计算公式；通过介绍矢量函数通量的概念，给出直角坐标系中散度的计算公式；通过介绍矢量函数环量和环量面密度的概念，给出直角坐标系中旋度的计算公式；最后引入哈米尔顿算子和拉普拉斯算子的定义和运算规则，给出三种常用坐标系中用哈米尔顿算子和拉普拉斯算子表示的梯度、散度和旋度的计算公式以及常用矢量运算恒等式。

1.1 矢量分析基础

1.1.1 标量、矢量和单位矢量

只有大小、没有方向的量称为标量。不仅具有大小，而且具有空间方向的量称为矢量。矢量的大小用绝对值表示，叫做矢量的模。模为1的矢量叫做单位矢量，用 $\boldsymbol{e}$ 表示。例如，$\boldsymbol{e}_x$、$\boldsymbol{e}_y$、$\boldsymbol{e}_z$ 分别表示与 x、y、z 三个坐标同方向的单位矢量。

1.1.2 矢量的加减法

设 $\boldsymbol{A}=A_x\boldsymbol{e}_x+A_y\boldsymbol{e}_y+A_z\boldsymbol{e}_z$，$\boldsymbol{B}=B_x\boldsymbol{e}_x+B_y\boldsymbol{e}_y+B_z\boldsymbol{e}_z$，则

$$\boldsymbol{A}\pm\boldsymbol{B}=(A_x\pm B_x)\boldsymbol{e}_x+(A_y\pm B_y)\boldsymbol{e}_y+(A_z\pm B_z)\boldsymbol{e}_z \tag{1-1}$$

两矢量加减法的几何关系如图1-1所示，符合平行四边形运算法则。

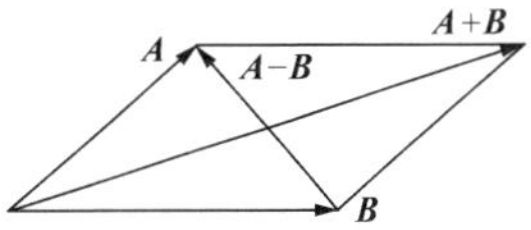

图1-1 两矢量加减法的几何关系

1.1.3 矢量的数乘

$$\lambda\boldsymbol{A}=\lambda A_x\boldsymbol{e}_x+\lambda A_y\boldsymbol{e}_y+\lambda A_z\boldsymbol{e}_z \tag{1-2}$$

式中：λ 为实数。

1.1.4 两矢量的点积

$$\boldsymbol{A}\cdot\boldsymbol{B}=A_xB_x+A_yB_y+A_zB_z=AB\cos\theta \tag{1-3}$$

式中：θ 为矢量 $\boldsymbol{A}$、$\boldsymbol{B}$ 之间的夹角；A 为矢量 $\boldsymbol{A}$ 的模；B 为矢量 $\boldsymbol{B}$ 的模；$B\cos\theta$ 为矢量 $\boldsymbol{B}$ 在矢量 $\boldsymbol{A}$ 所在方向上的投影（见图1-2）；同样，$A\cos\theta$ 为矢量 $\boldsymbol{A}$ 在矢量 $\boldsymbol{B}$ 所在方向上的投影。

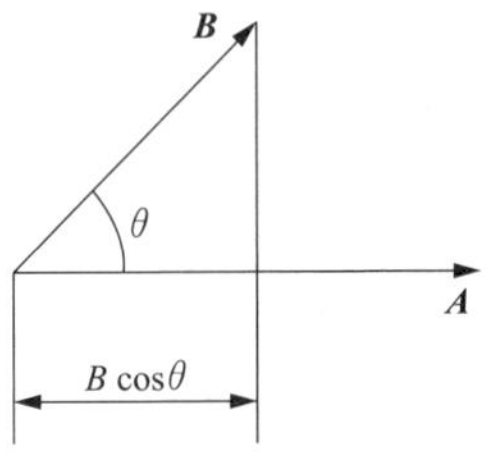

图1-2 两矢量的点积

矢量的点积运算满足下述关系

$$\boldsymbol{A}\cdot\boldsymbol{B}=\boldsymbol{B}\cdot\boldsymbol{A} \tag{1-4}$$

$$\boldsymbol{A}\cdot(\boldsymbol{B}+\boldsymbol{C})=\boldsymbol{A}\cdot\boldsymbol{B}+\boldsymbol{A}\cdot\boldsymbol{C} \tag{1-5}$$

$$(\lambda\boldsymbol{A})\cdot(\mu\boldsymbol{B})=\lambda\mu(\boldsymbol{A}\cdot\boldsymbol{B}) \tag{1-6}$$

式中：λ、μ 均为实数。

显然

$$\boldsymbol{A}\cdot\boldsymbol{A}=AA=A^2 \tag{1-7}$$

1.1.5 两矢量的叉积

$$\boldsymbol{A}\times\boldsymbol{B}=(A_yB_z-A_zB_y)\boldsymbol{e}_x+(A_zB_x-A_xB_z)\boldsymbol{e}_y+(A_xB_y-A_yB_x)\boldsymbol{e}_z$$

$$= \begin{vmatrix} \boldsymbol{e}_x & \boldsymbol{e}_y & \boldsymbol{e}_z \\ A_x & A_y & A_z \\ B_x & B_y & B_z \end{vmatrix} = AB\sin\theta \boldsymbol{e}_n \tag{1-8}$$

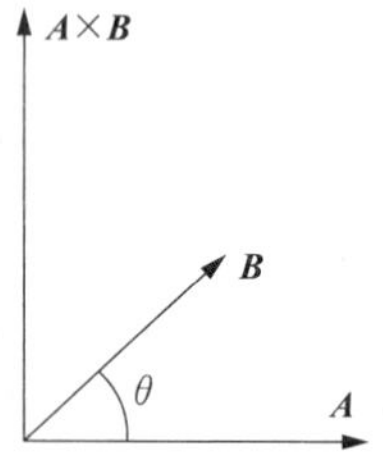

图 1-3 两矢量的叉积

式中：$\boldsymbol{e}_n$ 为与矢量$\boldsymbol{A}$ 和$\boldsymbol{B}$ 都垂直的单位矢量，而且$\boldsymbol{A}$、$\boldsymbol{B}$ 和$\boldsymbol{e}_n$ 满足右手螺旋关系；θ 为$\boldsymbol{A}$、$\boldsymbol{B}$ 之间的夹角（见图 1-3），并取 $\theta \leqslant 180°$；$AB\sin\theta$ 为 $\boldsymbol{A}\times\boldsymbol{B}$ 的模。

$AB\sin\theta$ 又是图 1-3 中由$\boldsymbol{A}$、$\boldsymbol{B}$ 构成的平行四边形的面积。矢量的叉积运算满足下述关系

$$\boldsymbol{A}\times\boldsymbol{B} = -(\boldsymbol{B}\times\boldsymbol{A}) \tag{1-9}$$

$$\boldsymbol{A}\times\boldsymbol{A} = 0, \boldsymbol{A}\times(-\boldsymbol{A}) = 0 \tag{1-10}$$

1.1.6 三矢量的混合积

三矢量可以有三种不同的形式相乘。

第一种乘法是$\boldsymbol{A}(\boldsymbol{B}\cdot\boldsymbol{C})$，这实际上是一个标量（$\boldsymbol{B}\cdot\boldsymbol{C}$）和矢量$\boldsymbol{A}$ 的数乘。

第二种乘法是$\boldsymbol{A}\cdot(\boldsymbol{B}\times\boldsymbol{C})$，它表示先求矢量叉积（$\boldsymbol{B}\times\boldsymbol{C}$），结果为一矢量，然后再与$\boldsymbol{A}$ 进行矢量的点积运算。这个乘法运算可用图 1-4 来说明。很明显，$(\boldsymbol{B}\times\boldsymbol{C})$ 的模是图中平行六面体底面的面积，$\boldsymbol{A}\cdot(\boldsymbol{B}\times\boldsymbol{C})$ 是该平行六面体的体积。而且，此体积也等于$\boldsymbol{B}\cdot(\boldsymbol{C}\times\boldsymbol{A})$ 和$\boldsymbol{C}\cdot(\boldsymbol{A}\times\boldsymbol{B})$。因此，可得到其运算公式为

$$\boldsymbol{A}\cdot(\boldsymbol{B}\times\boldsymbol{C}) = \boldsymbol{B}\cdot(\boldsymbol{C}\times\boldsymbol{A}) = \boldsymbol{C}\cdot(\boldsymbol{A}\times\boldsymbol{B}) \tag{1-11}$$

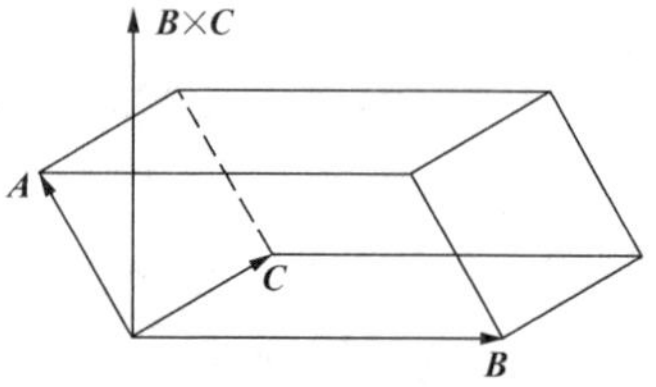

图 1-4 三矢量的混合积

第三种乘法称为三重矢量积，如$\boldsymbol{A}\times(\boldsymbol{B}\times\boldsymbol{C})$ 或 $(\boldsymbol{A}\times\boldsymbol{B})\times\boldsymbol{C}$。注意$\boldsymbol{A}\times(\boldsymbol{B}\times\boldsymbol{C})$ 与 $(\boldsymbol{A}\times\boldsymbol{B})\times\boldsymbol{C}$ 不同，$\boldsymbol{A}\times(\boldsymbol{B}\times\boldsymbol{C})$ 运算得到的矢量在$\boldsymbol{B}$、$\boldsymbol{C}$ 构成的平面内，与矢量$\boldsymbol{A}$ 垂直；而 $(\boldsymbol{A}\times\boldsymbol{B})\times\boldsymbol{C}$ 运算得到的矢量在$\boldsymbol{A}$、$\boldsymbol{B}$ 构成的平面内，与矢量$\boldsymbol{C}$ 垂直。三重矢量积$\boldsymbol{A}\times(\boldsymbol{B}\times\boldsymbol{C})$ 运算满足

$$\boldsymbol{A}\times(\boldsymbol{B}\times\boldsymbol{C}) = \boldsymbol{B}(\boldsymbol{A}\cdot\boldsymbol{C}) - \boldsymbol{C}(\boldsymbol{A}\cdot\boldsymbol{B}) \tag{1-12}$$

1.2 场的等值面和矢量线

1.2.1 场的基本概念

在许多学科领域，为了考察某些物理量在空间的分布和变化规律，引入场的概念。如果空间中的每一点都对应着某个物理量一个确定的值，就说在这空间确定了该物理量的场。

场中的每一点都对应着一个物理量。由标量构成的场称为标量场，如温度场、能量场、电位场等。由矢量构成的场称为矢量场，如速度场、力场、电场和磁场等。

空间的一点M，可以由它的三个坐标 x、y、z 确定。因此，一个标量场和一个矢量场可分别用坐标的标量函数和矢量函数表示，其表示式为

$$u(M) = u(x,y,z) \tag{1-13}$$

$$\boldsymbol{A}(M) = \boldsymbol{A}(x,y,z) = A_x(x,y,z)\boldsymbol{e}_x + A_y(x,y,z)\boldsymbol{e}_y + A_z(x,y,z)\boldsymbol{e}_z \tag{1-14}$$

式中：A_x、A_y、A_z 分别为矢量函数$\boldsymbol{A}$ 在直角坐标系中三个坐标轴上的投影，为标量函数；$\boldsymbol{e}_x$、$\boldsymbol{e}_y$、$\boldsymbol{e}_z$ 分别为 x 轴、y 轴、z 轴正方向的单位矢量。

设 α、β、γ 分别为矢量$\boldsymbol{A}$ 与三个坐标轴正向之间的夹角，称为方向角。$\cos\alpha$、$\cos\beta$、$\cos\gamma$

称为方向余弦，则

$$\boldsymbol{A}(M)=A\cos\alpha\boldsymbol{e}_x+A\cos\beta\boldsymbol{e}_y+A\cos\gamma\boldsymbol{e}_z \tag{1-15}$$

$$\cos\alpha=\frac{A_x}{A},\quad \cos\beta=\frac{A_y}{A},\quad \cos\gamma=\frac{A_z}{A} \tag{1-16}$$

如果场中物理量的值不仅与该点的空间位置有关，而且还随时间变化，则称这种场为时变场；若场中的物理量的值仅与空间位置有关，而不随时间变化，则称这种场为恒定场；若场中的物理量的值仅与时间有关，而不随空间位置变化，则称这种场为均匀场。

1.2.2　标量场的等值面

设标量场 $u(M)$是空间的连续函数，那么通过所讨论空间的任何一点 M_0，可以作出这样的一个曲面 S，在它上面每一点处，函数 $u(M)$ 的值都等于 $u(M_0)$，即在曲面 S 上，函数 $u(M)$ 保持着同一数值 $u(M_0)$，这样的曲面 S 叫做标量场 u 的等值面。等值面的方程为

$$u(x,y,z)=C \tag{1-17}$$

式中：C 为常数。

给定不同的 C 值，可以得到一系列的等值面，称为等值面簇，如图 1-5 所示。等值面与 xoy 平面的相交线为 xoy 面内的等值线。对于二维分布场，可用等值线描述。

等值面簇可以充满整个标量场所在的空间。等值面互不相交，因为如果相交，则函数 $u(x,y,z)$ 在相交处就不具有唯一的函数值。场中的每一点只与一个等值面对应，即经过场中的一个点只能作出一个等值面。

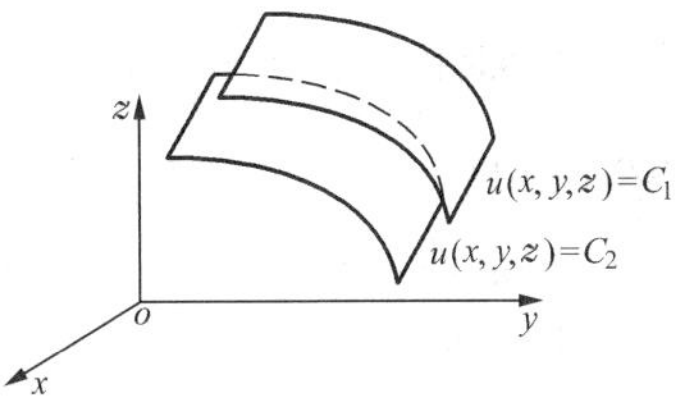

图 1-5　等值面

电磁场中的电位场就是一个标量场。由电位相同的点所组成的等值面叫做等电位面。

1.2.3　矢量场的矢量线

前面引入等值面概念来形象地描述标量场。对于矢量场，可以用矢量线来形象地表示其分布情况。

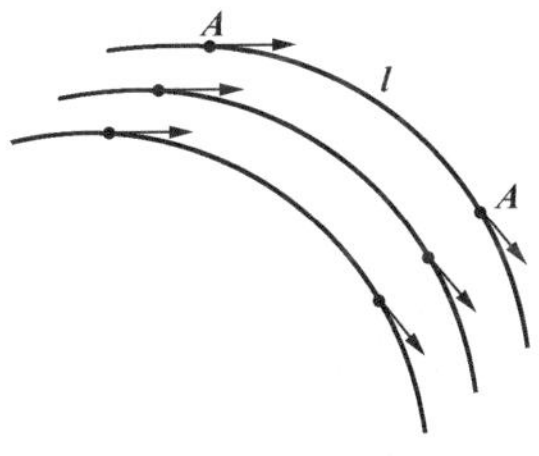

图 1-6　矢量线

矢量线是指在其每一点处的切线方向和该点的场矢量方向相同的曲线，如图 1-6 所示。可见，矢量线反映了场矢量在线上每一点的方向。矢量场中每一点有一条矢量线通过，矢量线应是一族曲线，任意两条矢量线互不相交，它充满了整个矢量场所在的空间。

设 $A(x,y,z)$ 为矢量线上任意一点，其矢径 $\boldsymbol{r}=x\boldsymbol{e}_x+y\boldsymbol{e}_y+z\boldsymbol{e}_z$，则矢量微分为

$$\mathrm{d}\boldsymbol{l}=\mathrm{d}\boldsymbol{r}=\mathrm{d}x\boldsymbol{e}_x+\mathrm{d}y\boldsymbol{e}_y+\mathrm{d}z\boldsymbol{e}_z \tag{1-18}$$

按照矢量线的定义，在点 A 处，与矢量线相切的矢量必定与 A 点处的场矢量 $\boldsymbol{A}=\boldsymbol{A}(x,y,z)$ 的方向相同，因此有

$$\frac{\mathrm{d}x}{A_x}=\frac{\mathrm{d}y}{A_y}=\frac{\mathrm{d}z}{A_z} \tag{1-19}$$

式（1-19）为矢量线所满足的微分方程，其解为矢量线簇，可利用过 A 点这个条件，求得过 A 点的矢量线。或者利用 $\mathrm{d}\boldsymbol{l}\times\boldsymbol{A}=0$，由式（1-8）求得相同的矢量线方程。

在电磁场中，电力线和磁力线都是矢量线。

1.3 标量场的方向导数和梯度

标量场 $u=u(x,y,z)$ 是空间位置的函数。它在空间沿某一方向 $\boldsymbol{l}$ 上的变化情况，可用该方向上的方向导数表示，即

$$\frac{\partial u}{\partial l}=\frac{\partial u}{\partial x}\cos\alpha+\frac{\partial u}{\partial y}\cos\beta+\frac{\partial u}{\partial z}\cos\gamma \tag{1-20}$$

式中：$\cos\alpha$、$\cos\beta$、$\cos\gamma$ 为 $\boldsymbol{l}$ 方向上的方向余弦。

显然，在不同方向上的方向导数是不相等的。

式（1-20）还可写成为

$$\frac{\partial u}{\partial l}=\left(\frac{\partial u}{\partial x}\boldsymbol{e}_x+\frac{\partial u}{\partial y}\boldsymbol{e}_y+\frac{\partial u}{\partial z}\boldsymbol{e}_z\right)\cdot(\cos\alpha\boldsymbol{e}_x+\cos\beta\boldsymbol{e}_y+\cos\gamma\boldsymbol{e}_z)=\mathrm{grad}u\cdot\boldsymbol{e}_l \tag{1-21}$$

式中：$\boldsymbol{e}_l$ 为 $\boldsymbol{l}$ 方向上的单位矢量，$\boldsymbol{e}_l=\cos\alpha\boldsymbol{e}_x+\cos\beta\boldsymbol{e}_y+\cos\gamma\boldsymbol{e}_z$；而 $\mathrm{grad}u$ 为一个矢量，它在各坐标轴上的分量分别代表 u 在该方向上的变化率，$\mathrm{grad}u=\frac{\partial u}{\partial x}\boldsymbol{e}_x+\frac{\partial u}{\partial y}\boldsymbol{e}_y+\frac{\partial u}{\partial z}\boldsymbol{e}_z$。根据矢量点积的定义，它在 $\boldsymbol{l}$ 方向上的投影，即为 u 在 $\boldsymbol{l}$ 方向上的变化率。所以，矢量 $\mathrm{grad}u$，可以用来描述标量场 u 在空间沿各坐标轴方向变化的情况，称为标量场的梯度。

设梯度的方向沿 $\boldsymbol{e}_n$ 方向，那么，u 在 $\boldsymbol{e}_n$ 方向的方向导数为

$$\frac{\partial u}{\partial n}=\mathrm{grad}u\cdot\boldsymbol{e}_n=|\mathrm{grad}u|\boldsymbol{e}_n\cdot\boldsymbol{e}_n=|\mathrm{grad}u| \tag{1-22}$$

在其他方向的方向导数为

$$\frac{\partial u}{\partial l}=\mathrm{grad}u\cdot\boldsymbol{e}_l=|\mathrm{grad}u|\boldsymbol{e}_n\cdot\boldsymbol{e}_l=|\mathrm{grad}u|\cos\theta \tag{1-23}$$

式中：θ 为 $\boldsymbol{e}_l$ 方向与 $\boldsymbol{e}_n$ 方向之间的夹角。

显然，沿梯度的方向，u 的方向导数最大；反过来讲，梯度的方向是标量场变化率最大的方向，其大小就等于沿这个方向上的变化率。

1.4 矢量场的通量和散度

1.4.1 矢量场的通量

在场中选取一曲面 S，为区分曲面的两侧，取定其中的任何一侧作为曲面的正侧。如果曲面是闭合的，习惯上取外侧为正侧。表示曲面正侧的方法是取曲面的法向方向，如图 1-7 所示。在曲面 S 上任取一点 M 与包围这点在内的一曲面元 $\mathrm{d}S$，过 M 点作曲面的法向单位矢量 $\boldsymbol{e}_n$。

矢量 $\boldsymbol{A}(M)$ 穿过曲面元的通量定义为

$$\mathrm{d}\Phi=A_n\,\mathrm{d}S=\boldsymbol{A}\cdot\boldsymbol{e}_n\,\mathrm{d}S=\boldsymbol{A}\cdot\mathrm{d}\boldsymbol{S} \tag{1-24}$$

式中：A_n 为矢量 $\boldsymbol{A}(M)$ 沿曲面法向方向 $\boldsymbol{e}_n$ 的分量。

因此，矢量场函数 $\boldsymbol{A}(M)$ 穿过场中某一有向曲面 S 的通量定义为

$$\Phi=\int_S\boldsymbol{A}\cdot\mathrm{d}\boldsymbol{S} \tag{1-25}$$

通量是一个标量。由于场矢量并不总是与曲面的法向方向一致，所以 $\mathrm{d}\Phi=\boldsymbol{A}\cdot\mathrm{d}\boldsymbol{S}$ 可能取正值，也可能取负值。当场矢量与曲面的法向方向之间的夹角为锐角时，$\mathrm{d}\Phi>0$；当场矢量与曲面的法向方向之间的夹角钝角时，$\mathrm{d}\Phi<0$；当场矢量与曲面的法向方向之间垂直时，$\mathrm{d}\Phi=0$。

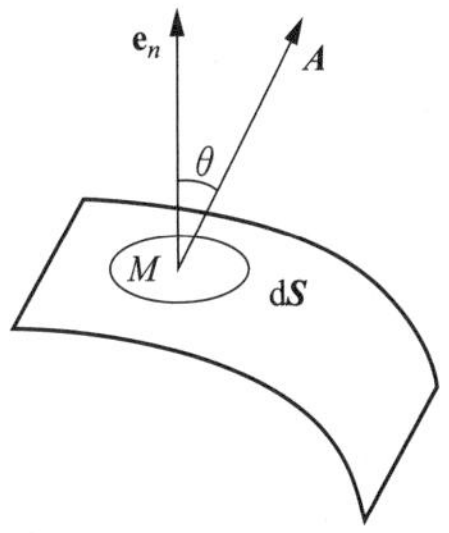

图 1-7 通量的计算

当 S 为闭合曲面时，且指定外侧法向方向为其正方向，则有

$$\Phi=\oint_S \boldsymbol{A}\cdot\mathrm{d}\boldsymbol{S}=\oint_S A_n\,\mathrm{d}S \tag{1-26}$$

若 $\Phi>0$，表示流出闭合面的通量大于流入的通量，说明有矢量线从闭合面内散发出来；若 $\Phi<0$，表示流入闭合面的通量大于流出的通量，说明有矢量线被吸收到闭合面内；若 $\Phi=0$，表示流出闭合面的通量等于流入的通量，说明矢量线处于某种平衡状态。

1.4.2 矢量场的散度

以上讨论了矢量在闭合面上的通量。利用通量概念只能分析闭合面内场矢量源的整体情况。要分析场中任一点的情况，必须将闭合面缩小到一点上。为此，引入矢量场的散度概念。

设有矢量场函数 $\boldsymbol{A}(M)$，在场中作一包围 M 点的有向闭合曲面 S。设其所包围的空间区域为 Ω，体积为 ΔV。当 Ω 收缩到 M 点，即 $\Delta V\to 0$ 时，若极限 $\lim\left(\dfrac{\oint_S \boldsymbol{A}\cdot\mathrm{d}\boldsymbol{S}}{\Delta V}\right)$ 存在，则称此极限值为矢量场 $\boldsymbol{A}(M)$ 在点 M 处的散度，记作 $\mathrm{div}\boldsymbol{A}$，即

$$\mathrm{div}\boldsymbol{A}=\lim_{\Delta V\to 0}\frac{\oint_S \boldsymbol{A}\cdot\mathrm{d}\boldsymbol{S}}{\Delta V} \tag{1-27}$$

散度是通量的体密度，即单位体积发出的通量。矢量的散度是标量，因此，矢量的散度又形成一标量场，叫做矢量场的散度场。

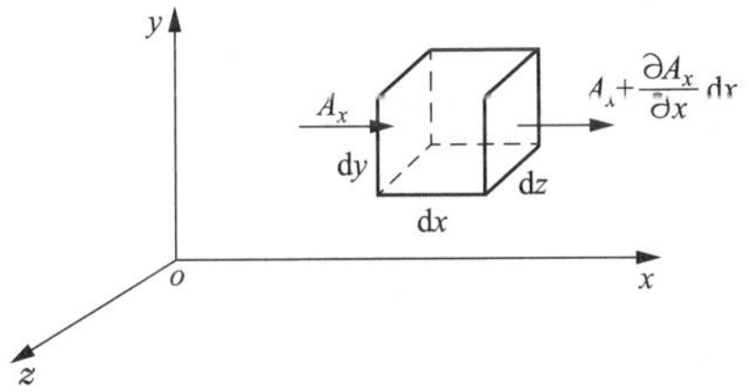

图 1-8 散度的计算

应用散度概念可以分析矢量场中任一点的情况。图 1-7 中，在 M 点，$\mathrm{div}\boldsymbol{A}>0$，表明 M 点是“正”源；$\mathrm{div}\boldsymbol{A}<0$，表明 M 点是“负”源；$\mathrm{div}\boldsymbol{A}=0$，表明 M 点无源。如果在场中处处有 $\mathrm{div}\boldsymbol{A}=0$，则称该场为无“源”场，或称无散场。

散度的值和坐标系的选取无关，但在不同的坐标系下有不同形式的表达式。在直角坐标系下散度的表达式，可由定义求得。

考虑一小立方体 $\mathrm{d}x\,\mathrm{d}y\,\mathrm{d}z$，如图 1-8 所示。由左方穿入此小体积的通量为 $A_x\,\mathrm{d}y\,\mathrm{d}z$；由右方穿出小体积的通量为 $\left(A_x+\dfrac{\partial A_x}{\partial x}\mathrm{d}x\right)\mathrm{d}y\,\mathrm{d}z$。故小体积在 x 方向发出的净通量为

$$\left(A_x+\frac{\partial A_x}{\partial x}\mathrm{d}x\right)\mathrm{d}y\,\mathrm{d}z-A_x\,\mathrm{d}y\,\mathrm{d}z=\frac{\partial A_x}{\partial x}\mathrm{d}x\,\mathrm{d}y\,\mathrm{d}z$$

同理可得：在 y 方向发出的净通量为 $\dfrac{\partial A_y}{\partial y}\mathrm{d}x\,\mathrm{d}y\,\mathrm{d}z$；在 z 方向发出的净通量为 $\dfrac{\partial A_z}{\partial z}\mathrm{d}x\,\mathrm{d}y\,\mathrm{d}z$。故由该小体积发出的总通量为

$$\left(\frac{\partial A_x}{\partial x}+\frac{\partial A_y}{\partial y}+\frac{\partial A_z}{\partial z}\right)\mathrm{d}x\,\mathrm{d}y\,\mathrm{d}z \tag{1-28}$$

由散度的定义，并考虑 $\Delta V=\mathrm{d}x\,\mathrm{d}y\,\mathrm{d}z$ ，可得

$$\mathrm{div}\boldsymbol{A}=\frac{\partial A_x}{\partial x}+\frac{\partial A_y}{\partial y}+\frac{\partial A_z}{\partial z} \tag{1-29}$$

由式（1-29）可见，散度的大小，与场量各分量沿该分量方向上的变化情况有关。

1.4.3　高斯散度定理

考虑由任意闭合曲面发出的通量，则有

$$\oint_S \boldsymbol{A}\cdot\mathrm{d}\boldsymbol{S}=\int_V \mathrm{div}\boldsymbol{A}\,\mathrm{d}V \tag{1-30}$$

或

$$\oint_S(A_x\,\mathrm{d}y\,\mathrm{d}z+A_y\,\mathrm{d}z\,\mathrm{d}x+A_z\,\mathrm{d}x\,\mathrm{d}y)=\int_V\left(\frac{\partial A_x}{\partial x}+\frac{\partial A_y}{\partial y}+\frac{\partial A_z}{\partial z}\right)\mathrm{d}x\,\mathrm{d}y\,\mathrm{d}z \tag{1-31}$$

式（1-30）和式（1-31）即为高斯散度定理的表达式。因为等式左端表示通过 S 面发出的总通量，而等式右端则表示 V 内发出的总通量，故两端相等是很显然的。高斯散度定理对空间任何连续可微矢量函数都是正确的。

1.5　矢量场的环量和旋度

1.5.1　矢量场的环量

在矢量场中选取一有向闭合曲线 $\boldsymbol{l}$，为了表示曲线的走向，选定曲线的一个切线方向为曲线的正方向。如图 1-9 所示，在闭合曲线 $\boldsymbol{l}$ 上任取一点 M，过 M 点作曲线的切线方向的单位矢量 $\boldsymbol{e}_t$。取一弧元 $\mathrm{d}\boldsymbol{l}=\boldsymbol{e}_t\,\mathrm{d}l$ ，矢量函数 $\boldsymbol{A}(M)$ 沿场中有向闭合曲线 $\boldsymbol{l}$ 的线积分为

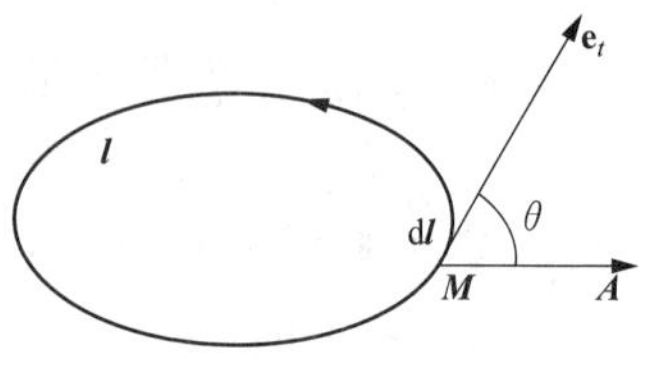

图 1-9　环量的计算

$$\Gamma=\oint_l A_t\,\mathrm{d}l=\oint_l A\cos\theta\,\mathrm{d}l=\oint_l \boldsymbol{A}\cdot\mathrm{d}\boldsymbol{l} \tag{1-32}$$

式中：Γ 为矢量场 $\boldsymbol{A}$ 按所取方向沿曲线 $\boldsymbol{l}$ 的环量。

环量是描述矢量场特征的量，是一个标量。由式（1-32）可知，它的数值不仅与场矢量 $\boldsymbol{A}$ 有关，而且与回路的形状和取向有关。这说明环量表示的是场矢量沿 $\boldsymbol{l}$ 的总体旋转特性。为了研究场矢量 $\boldsymbol{A}$ 在一点附近的性质，就需要让 $\boldsymbol{l}$ 收缩到一点，为此，引入环量面密度的概念。

如图 1-10 所示，设 M 为矢量场中的一点，在 M 点取一单位矢量 $\boldsymbol{e}_n$，并在 M 点周围取小闭合回路 Δl ，令 Δl 的环绕方向与 $\boldsymbol{e}_n$ 构成右手螺旋关系，作以 Δl 为边界、以 $\boldsymbol{e}_n$ 为法线方向，且过点 M 的小曲面 ΔS 。当 ΔS 以任意方式收缩到 M 点时，若极限

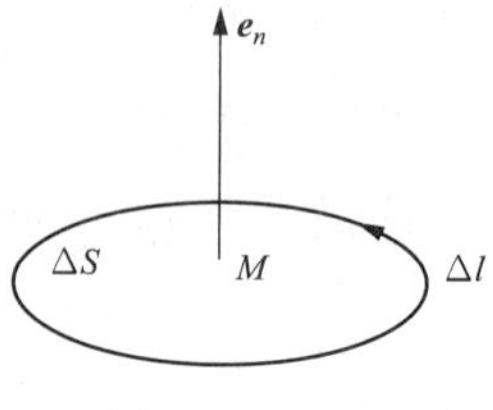

图 1-10　环量面密度的计算

$$\lim_{\Delta S\to 0}\frac{\Delta\Gamma}{\Delta S}=\lim_{\Delta S\to 0}\frac{\oint_{\Delta l}\boldsymbol{A}\cdot\mathrm{d}\boldsymbol{l}}{\Delta S} \tag{1-33}$$

存在，则称该极限值为矢量 $\boldsymbol{A}$ 在 $\boldsymbol{M}$ 点沿 $\boldsymbol{e}_n$ 方向的环量面密度。

$\oint_{\Delta l}\boldsymbol{A}\cdot\mathrm{d}\boldsymbol{l}/\Delta S$ 是环量的平均面密度，对其取极限得到在 M 点的环量面密度。环量面密度

与 $\boldsymbol{e}_n$ 有关，与 Δl 的形状无关。

式（1-33）的大小反映了 $\boldsymbol{A}$ 在 M 点沿 $\boldsymbol{e}_n$ 的垂直方向旋转的强弱情况。它与取定的方向 $\boldsymbol{e}_n$ 有关。在空间一点，方向 $\boldsymbol{e}_n$ 可以任意选取。对应于环量面密度最大时，场矢量 $\boldsymbol{A}$ 在 M 点沿 $\boldsymbol{e}_n$ 方向的旋转性最强。为了表述这种特性，引入旋度的概念。

1.5.2　矢量场的旋度

由上面所述可知，环量面密度是一个与方向有关的量。正如在标量场中，方向导数与方向有关一样，在标量场中，我们定义了梯度矢量，在给定点处，它的方向是方向导数最大的方向，其模是该最大的方向导数值。它在任一方向上的投影，就是该方向上的方向导数。由此，希望能找到这样一种矢量，它与环量面密度的关系，正如梯度与方向导数的关系一样。

若在矢量场 $\boldsymbol{A}$ 中的一点 M 处存在矢量 $\boldsymbol{R}$，它的方向是 $\boldsymbol{A}$ 在该点环量面密度最大的方向，它的模就是这个最大的环量面密度，则称矢量 $\boldsymbol{R}$ 为矢量场 $\boldsymbol{A}$ 在点 M 的旋度，记为

$$\mathrm{rot}\boldsymbol{A}=\boldsymbol{R} \tag{1-34}$$

因此，旋度矢量在数值和方向上表示最大的环量面密度。$\boldsymbol{A}$ 在 $\boldsymbol{e}_n$ 方向的环量面密度即 $\mathrm{rot}\boldsymbol{A}$ 在 $\boldsymbol{e}_n$ 方向上的投影，可表示为

$$(\mathrm{rot}\boldsymbol{A})_n=\lim_{\Delta S_n\to 0}\frac{\oint_{\Delta \ln}\boldsymbol{A}\cdot \mathrm{d}\boldsymbol{l}}{\Delta S_n}=\mathrm{rot}\boldsymbol{A}\cdot\boldsymbol{e}_n \tag{1-35}$$

旋度的值和坐标系的选取无关。但其表达式则随坐标系而不同。在直角坐标系下，旋度的表达式可由定义求得。

考虑 yoz 平面上的小回路（见图 1-11），沿此回路的环量为

$$\begin{aligned}\oint_{\Delta lx}\boldsymbol{A}\cdot\mathrm{d}\boldsymbol{l}&=A_y\,\mathrm{d}y+\left(A_z+\frac{\partial A_z}{\partial y}\mathrm{d}y\right)\mathrm{d}z-\left(A_y+\frac{\partial A_y}{\partial z}\mathrm{d}z\right)\mathrm{d}y-A_z\,\mathrm{d}z\\&=\left(\frac{\partial A_z}{\partial y}-\frac{\partial A_y}{\partial z}\right)\mathrm{d}y\,\mathrm{d}z\end{aligned}$$

由式（1-35）易得

$$(\mathrm{rot}\boldsymbol{A})_x=\lim_{\Delta S_x\to 0}\frac{\oint_{\Delta l_x}\boldsymbol{A}\cdot\mathrm{d}\boldsymbol{l}}{\Delta S_x}=\frac{\partial A_z}{\partial y}-\frac{\partial A_y}{\partial z} \tag{1-36}$$

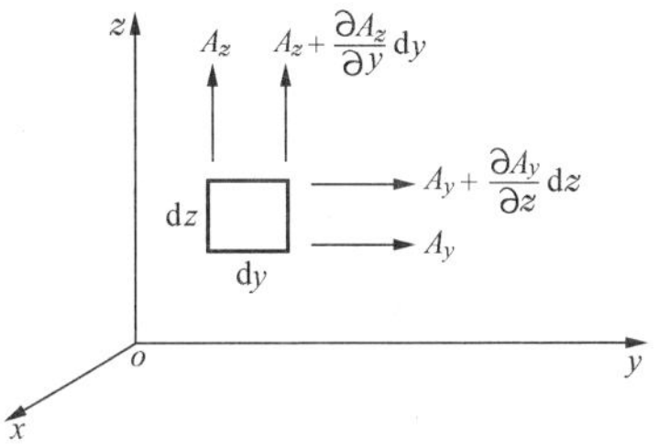

图 1-11　旋度的计算

同理可得

$$(\mathrm{rot}\boldsymbol{A})_y=\frac{\partial A_x}{\partial z}-\frac{\partial A_z}{\partial x} \tag{1-37}$$

$$(\mathrm{rot}\boldsymbol{A})_z=\frac{\partial A_y}{\partial x}-\frac{\partial A_x}{\partial y} \tag{1-38}$$

故得

$$\begin{aligned}\mathrm{rot}\boldsymbol{A}&=\left(\frac{\partial A_z}{\partial y}-\frac{\partial A_y}{\partial z}\right)\boldsymbol{e}_x+\left(\frac{\partial A_x}{\partial z}-\frac{\partial A_z}{\partial x}\right)\boldsymbol{e}_y+\left(\frac{\partial A_y}{\partial x}-\frac{\partial A_x}{\partial y}\right)\boldsymbol{e}_z\\&=\begin{vmatrix}\boldsymbol{e}_x & \boldsymbol{e}_y & \boldsymbol{e}_z\\ \dfrac{\partial}{\partial x} & \dfrac{\partial}{\partial y} & \dfrac{\partial}{\partial z}\\ A_x & A_y & A_z\end{vmatrix}\end{aligned} \tag{1-39}$$

由式（1-39）可见，旋度的大小与场量各分量沿垂直于该分量方向上的变化情况有关。

1.5.3 斯托克斯定理

考虑沿任一闭合曲线的环量，可得

$$\oint_l \boldsymbol{A} \cdot \mathrm{d}\boldsymbol{l} = \int_S (\mathrm{rot}\boldsymbol{A}) \cdot \mathrm{d}\boldsymbol{S} \tag{1-40}$$

或

$$\oint_l (A_x\,\mathrm{d}x + A_y\,\mathrm{d}y + A_z\,\mathrm{d}z)$$
$$= \int_S \left[\left(\frac{\partial A_z}{\partial y} - \frac{\partial A_y}{\partial z}\right)\mathrm{d}y\,\mathrm{d}z + \left(\frac{\partial A_x}{\partial z} - \frac{\partial A_z}{\partial x}\right)\mathrm{d}z\,\mathrm{d}x + \left(\frac{\partial A_y}{\partial x} - \frac{\partial A_x}{\partial y}\right)\mathrm{d}x\,\mathrm{d}y\right] \tag{1-41}$$

式（1-40）或式（1-41）即为斯托克斯定理的表达式。等式左端为 $\boldsymbol{A}$ 沿 $\boldsymbol{l}$ 的线积分；右端的被积函数为沿 $\mathrm{d}\boldsymbol{S}$ 元的边界的环量，积分时，沿 S 面内部各个 $\mathrm{d}\boldsymbol{S}$ 元的边界的积分，与相邻 $\mathrm{d}\boldsymbol{S}$ 元的边界的积分相抵消，而只有沿 S 面边界 $\boldsymbol{l}$ 上的积分部分保留下来，故等式两端相等。

与高斯散度定理一样，斯托克斯定理对任何连续可微的矢量函数都是有效的。

1.6 常 用 公 式

1.6.1 哈米尔顿算子∇和拉普拉斯算子∇^2

在直角坐标系下，哈米尔顿算子∇的定义为

$$\nabla = \frac{\partial}{\partial x}\boldsymbol{e}_x + \frac{\partial}{\partial y}\boldsymbol{e}_y + \frac{\partial}{\partial z}\boldsymbol{e}_z \tag{1-42}$$

它是一个矢量形式的微分算子，兼有微分运算和矢量运算的双重作用。引用这个符号后，可以使相关表达式更为简单，便于记忆。

∇对标量函数作用，得矢量函数为

$$\nabla u = \left(\frac{\partial}{\partial x}\boldsymbol{e}_x + \frac{\partial}{\partial y}\boldsymbol{e}_y + \frac{\partial}{\partial z}\boldsymbol{e}_z\right)u = \frac{\partial u}{\partial x}\boldsymbol{e}_x + \frac{\partial u}{\partial y}\boldsymbol{e}_y + \frac{\partial u}{\partial z}\boldsymbol{e}_z \tag{1-43}$$

∇以点积方式作用于矢量函数，得标量函数为

$$\nabla \cdot \boldsymbol{A} = \left(\frac{\partial}{\partial x}\boldsymbol{e}_x + \frac{\partial}{\partial y}\boldsymbol{e}_y + \frac{\partial}{\partial z}\boldsymbol{e}_z\right)(A_x\boldsymbol{e}_x + A_y\boldsymbol{e}_y + A_z\boldsymbol{e}_z) = \frac{\partial A_x}{\partial x} + \frac{\partial A_y}{\partial y} + \frac{\partial A_z}{\partial z} \tag{1-44}$$

∇以叉积方式作用于矢量函数，得矢量函数为

$$\nabla \times \boldsymbol{A} = \left(\frac{\partial}{\partial x}\boldsymbol{e}_x + \frac{\partial}{\partial y}\boldsymbol{e}_y + \frac{\partial}{\partial z}\boldsymbol{e}_z\right) \times (A_x\boldsymbol{e}_x + A_y\boldsymbol{e}_y + A_z\boldsymbol{e}_z)$$
$$= \begin{vmatrix} \boldsymbol{e}_x & \boldsymbol{e}_y & \boldsymbol{e}_z \\ \dfrac{\partial}{\partial x} & \dfrac{\partial}{\partial y} & \dfrac{\partial}{\partial z} \\ A_x & A_y & A_z \end{vmatrix} \tag{1-45}$$

显然，$\mathrm{grad}u = \nabla u$，$\mathrm{div}\boldsymbol{A} = \nabla \cdot \boldsymbol{A}$，$\mathrm{rot}\boldsymbol{A} = \nabla \times \boldsymbol{A}$。

拉普拉斯算子∇^2定义为

$$\nabla^2 = \nabla \cdot \nabla = \frac{\partial^2}{\partial x^2} + \frac{\partial^2}{\partial y^2} + \frac{\partial^2}{\partial z^2} \tag{1-46}$$

它是一个标量形式的二阶偏微分算子，对于标量函数和矢量函数都可以作用。

∇^2作用于标量函数，得标量函数为

$$\nabla^2 u=\left(\frac{\partial^2}{\partial x^2}+\frac{\partial^2}{\partial y^2}+\frac{\partial^2}{\partial z^2}\right)u=\frac{\partial^2 u}{\partial x^2}+\frac{\partial^2 u}{\partial y^2}+\frac{\partial^2 u}{\partial z^2} \tag{1-47}$$

∇^2作用于矢量函数，得矢量函数为

$$\begin{aligned}\nabla^2 \boldsymbol{A}&=\left(\frac{\partial^2}{\partial x^2}+\frac{\partial^2}{\partial y^2}+\frac{\partial^2}{\partial z^2}\right)\boldsymbol{A}=\frac{\partial^2 \boldsymbol{A}}{\partial x^2}+\frac{\partial^2 \boldsymbol{A}}{\partial y^2}+\frac{\partial^2 \boldsymbol{A}}{\partial z^2}\\&=\left(\frac{\partial^2 A_x}{\partial x^2}+\frac{\partial^2 A_x}{\partial y^2}+\frac{\partial^2 A_x}{\partial z^2}\right)\boldsymbol{e}_x+\left(\frac{\partial^2 A_y}{\partial x^2}+\frac{\partial^2 A_y}{\partial y^2}+\frac{\partial^2 A_y}{\partial z^2}\right)\boldsymbol{e}_y\\&\quad+\left(\frac{\partial^2 A_z}{\partial x^2}+\frac{\partial^2 A_z}{\partial y^2}+\frac{\partial^2 A_z}{\partial z^2}\right)\boldsymbol{e}_z\end{aligned} \tag{1-48}$$

1.6.2　常用矢量运算恒等式

常用的矢量运算恒等式有以下 13 个：

(1) $\nabla(\varphi+\psi)=\nabla\varphi+\nabla\psi$

(2) $\nabla\cdot(\boldsymbol{A}+\boldsymbol{B})=\nabla\cdot\boldsymbol{A}+\nabla\cdot\boldsymbol{B}$

(3) $\nabla\times(\boldsymbol{A}+\boldsymbol{B})=\nabla\times\boldsymbol{A}+\nabla\times\boldsymbol{B}$

(4) $\nabla\cdot(\varphi\boldsymbol{A})=\varphi\nabla\cdot\boldsymbol{A}+\nabla\varphi\cdot\boldsymbol{A}$

(5) $\nabla\times(\varphi\boldsymbol{A})=\nabla\varphi\times\boldsymbol{A}+\varphi\nabla\times\boldsymbol{A}$

(6) $\nabla\cdot(\boldsymbol{A}\times\boldsymbol{B})=\boldsymbol{B}\cdot(\nabla\times\boldsymbol{A})-\boldsymbol{A}\cdot(\nabla\times\boldsymbol{B})$

(7) $\nabla\cdot(\nabla\varphi)=\nabla^2\varphi$

(8) $\nabla\times(\nabla\times\boldsymbol{A})=\nabla(\nabla\cdot\boldsymbol{A})-\nabla^2\boldsymbol{A}$

(9) $\nabla\times(\nabla\varphi)=0$

(10) $\nabla\cdot(\nabla\times\boldsymbol{A})=0$

(11) $\oint_l \psi\,\mathrm{d}\boldsymbol{l}=-\int_S \nabla\psi\cdot\mathrm{d}\boldsymbol{S}$

(12) $\oint_S \boldsymbol{A}\times\mathrm{d}\boldsymbol{S}=-\int_V \nabla\times\boldsymbol{A}\,\mathrm{d}V$

(13) $\oint_S \psi\,\mathrm{d}\boldsymbol{S}=\int_V \nabla\psi\,\mathrm{d}V$

上述恒等式中，φ、ψ 为标量，$\boldsymbol{A}$、$\boldsymbol{B}$ 为矢量。利用高斯散度定理可以证明公式（12）和公式（13）沿任意方向的投影成立，也就证明了公式（12）和公式（13）的成立；利用斯托克斯定理可以证明公式（11）沿任意方向的投影成立，也就证明了公式（11）的成立。

1.6.3　梯度、散度、旋度等在圆柱坐标系中的表达式

图 1-12 所示为圆柱坐标系，它与直角坐标系的关系为

$$x=\rho\cos\phi,y=\rho\sin\phi,z=z$$

$$\rho=\sqrt{x^2+y^2},\phi=\arctan\frac{y}{x},z=z$$

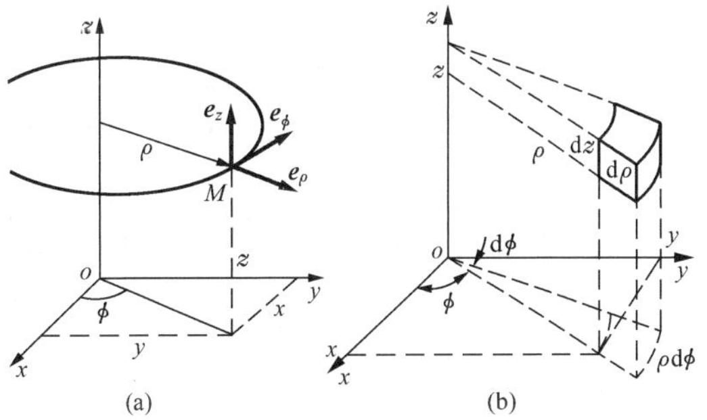

图 1-12　圆柱坐标系

在圆柱坐标系中，设单位矢量为 $\boldsymbol{e}_\rho$、$\boldsymbol{e}_\phi$、$\boldsymbol{e}_z$，则有

线段元 $\mathrm{d}\boldsymbol{l}=\mathrm{d}\rho\boldsymbol{e}_\rho+\rho\,\mathrm{d}\phi\boldsymbol{e}_\phi+\mathrm{d}z\boldsymbol{e}_z$ (1-49)

面积元 $\mathrm{d}\boldsymbol{S}=\rho\,\mathrm{d}\phi\,\mathrm{d}z\boldsymbol{e}_\rho+\mathrm{d}\rho\,\mathrm{d}z\boldsymbol{e}_\phi+\rho\,\mathrm{d}\rho\,\mathrm{d}\phi\boldsymbol{e}_z$ (1-50)

体积元 $\mathrm{d}\boldsymbol{V}=\rho\,\mathrm{d}\rho\,\mathrm{d}\phi\,\mathrm{d}z$ (1-51)

$$\nabla u=\frac{\partial u}{\partial\rho}\boldsymbol{e}_\rho+\frac{1}{\rho}\frac{\partial u}{\partial\phi}\boldsymbol{e}_\phi+\frac{\partial u}{\partial z}\boldsymbol{e}_z \tag{1-52}$$

$$\nabla\cdot\boldsymbol{A}=\frac{1}{\rho}\frac{\partial}{\partial\rho}(\rho A_\rho)+\frac{1}{\rho}\frac{\partial A_\phi}{\partial\phi}+\frac{\partial A_z}{\partial z} \tag{1-53}$$

$$\nabla\times\boldsymbol{A}=\left(\frac{1}{\rho}\frac{\partial A_z}{\partial\phi}-\frac{\partial A_\phi}{\partial z}\right)\boldsymbol{e}_\rho+\left(\frac{\partial A_\rho}{\partial z}-\frac{\partial A_z}{\partial\rho}\right)\boldsymbol{e}_\phi+\frac{1}{\rho}\left[\frac{\partial}{\partial\rho}(\rho A_\phi)-\frac{\partial A_\rho}{\partial\phi}\right]\boldsymbol{e}_z \tag{1-54}$$

$$\nabla^2u=\frac{1}{\rho}\frac{\partial}{\partial\rho}\left(\rho\frac{\partial u}{\partial\rho}\right)+\frac{1}{\rho^2}\frac{\partial^2u}{\partial\phi^2}+\frac{\partial^2u}{\partial z^2} \tag{1-55}$$

$$\nabla^2\boldsymbol{A}=\left(\nabla^2A_\rho-\frac{2}{\rho^2}\frac{\partial A_\phi}{\partial\phi}-\frac{A_\rho}{\rho^2}\right)\boldsymbol{e}_\rho+\left(\nabla^2A_\phi+\frac{2}{\rho^2}\frac{\partial A_\rho}{\partial\phi}-\frac{A_\phi}{\rho^2}\right)\boldsymbol{e}_\phi+(\nabla^2A_z)\boldsymbol{e}_z \tag{1-56}$$

1.6.4 梯度、散度、旋度等在球坐标系中的表达式

图 1-13 所示为球坐标系，它与直角坐标系的关系为

$$x=r\sin\theta\cos\phi,\ y=r\sin\theta\sin\phi,\ z=r\cos\theta$$

$$r=\sqrt{x^2+y^2+z^2},\ \theta=\arctan\frac{\sqrt{x^2+y^2}}{z},\ \varphi=\arctan\frac{y}{x}$$

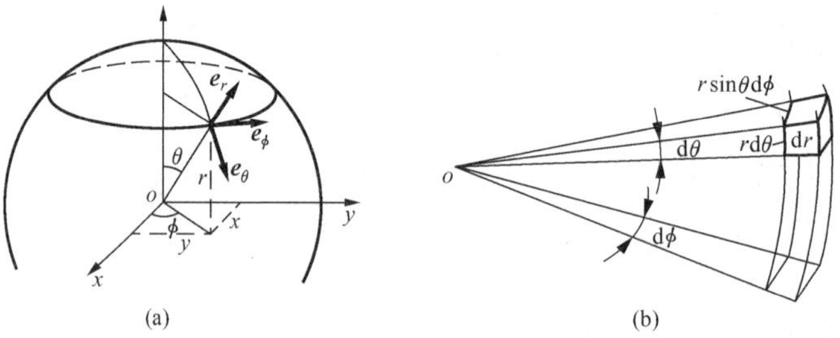

图 1-13 球坐标系

在球坐标系中，设单位矢量为 $\boldsymbol{e}_r$、$\boldsymbol{e}_\theta$、$\boldsymbol{e}_\phi$，则有

线段元 $\mathrm{d}\boldsymbol{l}=\mathrm{d}r\boldsymbol{e}_r+r\,\mathrm{d}\theta\boldsymbol{e}_\theta+r\sin\theta\,\mathrm{d}\phi\boldsymbol{e}_\phi$ (1-57)

面积元 $\mathrm{d}\boldsymbol{S}=r^2\sin\theta\,\mathrm{d}\theta\,\mathrm{d}\phi\boldsymbol{e}_r+r\sin\theta\,\mathrm{d}r\,\mathrm{d}\phi\boldsymbol{e}_\theta+r\,\mathrm{d}r\,\mathrm{d}\theta\boldsymbol{e}_\phi$ (1-58)

体积元 $\mathrm{d}V=r^2\sin\theta\,\mathrm{d}r\,\mathrm{d}\theta\,\mathrm{d}\phi$ (1-59)

$$\nabla u=\frac{\partial u}{\partial r}\boldsymbol{e}_r+\frac{1}{r}\frac{\partial u}{\partial\theta}\boldsymbol{e}_\theta+\frac{1}{r\sin\theta}\frac{\partial u}{\partial\phi}\boldsymbol{e}_\phi \tag{1-60}$$

$$\nabla\cdot\boldsymbol{A}=\frac{1}{r^2}\frac{\partial}{\partial r}(r^2A_r)+\frac{1}{r\sin\theta}\frac{\partial}{\partial\theta}(A_\theta\sin\theta)+\frac{1}{r\sin\theta}\frac{\partial A_\phi}{\partial\phi} \tag{1-61}$$

$$\nabla\times\boldsymbol{A}=\frac{1}{r\sin\theta}\left[\frac{\partial}{\partial\theta}(\sin\theta A_\phi)-\frac{\partial A_\theta}{\partial\phi}\right]\boldsymbol{e}_r+\frac{1}{r}\left[\frac{1}{\sin\theta}\frac{\partial A_r}{\partial\phi}-\frac{\partial}{\partial r}(rA_\phi)\right]\boldsymbol{e}_\theta$$
$$+\frac{1}{r}\left[\frac{\partial}{\partial r}(rA_\theta)-\frac{\partial A_r}{\partial\theta}\right]\boldsymbol{e}_\phi \tag{1-62}$$

$$\nabla^2 u=\frac{1}{r^2}\frac{\partial}{\partial r}\left(r^2\frac{\partial u}{\partial r}\right)+\frac{1}{r^2\sin\theta}\frac{\partial}{\partial\theta}\left(\sin\theta\frac{\partial u}{\partial\theta}\right)+\frac{1}{r^2\sin^2\theta}\frac{\partial^2 u}{\partial\phi^2} \tag{1-63}$$

$$\begin{aligned}\nabla^2\boldsymbol{A}=&\left[\nabla^2 A_r-\frac{2}{r^2}\left(A_r+\cot\theta A_\theta+\frac{1}{\sin\theta}\frac{\partial A_\phi}{\partial\theta}+\frac{\partial A_\theta}{\partial\theta}\right)\right]\boldsymbol{e}_r\\&+\left[\nabla^2 A_\theta-\frac{1}{r^2}\left(\frac{1}{\sin^2\theta}A_\theta-2\frac{\partial A_r}{\partial\theta}+2\frac{\cos\theta}{\sin^2\theta}\frac{\partial A_\phi}{\partial\phi}\right)\right]\boldsymbol{e}_\theta\\&+\left[\nabla^2 A_\phi-\frac{1}{r^2}\left(\frac{1}{\sin^2\theta}A_\phi-\frac{2}{\sin\theta}\frac{\partial A_r}{\partial\phi}-2\frac{\cos\theta}{\sin^2\theta}\frac{\partial A_\theta}{\partial\phi}\right)\right]\boldsymbol{e}_\phi\end{aligned} \tag{1-64}$$

习　题

1.1　试求下列温度场的等温线：(1) $T=xy$ 。

(2) $T=\dfrac{1}{x^2+y^2}$ 。

1.2　试求矢量场 $\boldsymbol{A}=x\boldsymbol{e}_x+y\boldsymbol{e}_y+z\boldsymbol{e}_z$ ，经过点 $M(1,2,3)$ 的矢量线方程。

1.3　设有标量场 $u=2xy-z^2$，求 u 在点（2，−1，1）处沿该点至点（3，1，−1）方向的方向导数。试求：在点（2，−1，1）沿什么方向的方向导数达到最大值？其值是多少？

1.4　设 S 为上半球面 $x^2+y^2+z^2=a^2$（$z\geqslant0$），其法向单位矢量 $\boldsymbol{e}_n$ 与 z 轴的夹角为锐角，试求矢量场 $\boldsymbol{A}=x\boldsymbol{e}_x+y\boldsymbol{e}_y+z\boldsymbol{e}_z$ ，沿 $\boldsymbol{e}_n$ 所指的方向穿过 S 的通量。(提示：$\boldsymbol{A}$ 与 $\boldsymbol{e}_n$ 同向)

1.5　试求矢量场 $\boldsymbol{A}$ 从内向外穿出所给闭曲面 S 的通量：

(1) $\boldsymbol{A}=x^3\boldsymbol{e}_x+y^3\boldsymbol{e}_y+z^3\boldsymbol{e}_z$ ，S 为球面 $x^2+y^2+z^2=a^2$。

(2) $\boldsymbol{A}=(x-y+z)\boldsymbol{e}_x+(y-z+x)\boldsymbol{e}_y+(z-x+y)\boldsymbol{e}_z$ ，S 为椭球面

$$\frac{x^2}{a^2}+\frac{y^2}{b^2}+\frac{z^2}{c^2}=1。$$

1.6　试求下列空间矢量场的散度：

(1) $\boldsymbol{A}=(2z-3y)\boldsymbol{e}_x+(3x-z)\boldsymbol{e}_y+(y-2x)\boldsymbol{e}_z$。

(2) $\boldsymbol{A}=(3x^2-2yz)\boldsymbol{e}_x+(y^3+yz^2)\boldsymbol{e}_y+(xyz-3xz^2)\boldsymbol{e}_z$ 。

1.7　试求标量场 $u=x^3y^4z^2$ 的梯度场的散度。

1.8　已知矢量场 $\boldsymbol{A}=3x^2\boldsymbol{e}_x+5xy\boldsymbol{e}_y+xyz^3\boldsymbol{e}_z$ ，试问点 $M(1,2,3)$ 是否为源点？

1.9　试求矢量场 $\boldsymbol{A}=-y\boldsymbol{e}_x+x\boldsymbol{e}_y+C\boldsymbol{e}_z$（$C$ 为常数）沿下列曲线的环量：

(1) 圆周 $x^2+y^2=R^2$，$z=0$（旋转方向与 z 轴成右手螺旋关系）。

(2) 圆周 $(x-2)^2+y^2=R^2$，$z=0$（旋转方向与 z 轴成右手螺旋关系）。

1.10　试求矢量场 $\boldsymbol{A}=xyz(\boldsymbol{e}_x+\boldsymbol{e}_y+\boldsymbol{e}_z)$ 在 $M(1,3,2)$ 处的旋度以及在这点沿方向 $\boldsymbol{e}_n=\dfrac{1}{3}(\boldsymbol{e}_x+2\boldsymbol{e}_y+2\boldsymbol{e}_z)$ 的环量面密度。

1.11　试求题1.6中各矢量场的旋度。

1.12　试证明下述恒等式：

(1) $\nabla\times(\nabla u)\equiv0$。

(2) $\nabla\cdot(\nabla\times\boldsymbol{A})\equiv0$。

第2章 静电场的基本概念

相对于观察者静止的电荷，若其电荷量不随时间而变化，那么，在这个电荷周围便存在不随时间而变化的静电场。静电场是电磁场的一种特殊情况。本章将就静电场的基本概念作较详细的论述。

首先从库仑定律出发，引入描述静电场的基本场量——电场强度 $\boldsymbol{E}$；然后根据静电场的环路定律 $\left(\oint_l \boldsymbol{E}\cdot \mathrm{d}\boldsymbol{l}=0\right)$ 引入另一场量——标量电位 φ；最后在研究电场强度矢量闭合面积分的基础上，导得真空中的高斯定律 $\left(\oint_S \boldsymbol{E}\cdot \mathrm{d}\boldsymbol{S}=\dfrac{q}{\varepsilon_0}\right)$。

由于在场域中可能出现导体和电介质，因此本章还将讨论导体和介质对静电场的影响，引进电通密度（电位移）$\boldsymbol{D}$，在此基础上再导出介质中的高斯定律。它与静电场的电场强度环路定律，一起构成静电场的基本方程，包括积分形式和微分形式。最后应用积分形式的基本方程导出不同介质分界面上的边界条件。

2.1 库仑定律和电场强度

1785 年，法国科学家库仑用实验验证，真空中两个静止的点电荷的相互作用力，与这两个点电荷的电量的乘积成正比，而与它们之间的距离的平方成反比。这一规律称为库仑定律，可表示为

$$\boldsymbol{f}=\frac{q_1 q_2 \boldsymbol{e}_r}{4\pi\varepsilon_0 \boldsymbol{r}^2} \tag{2-1}$$

式中：q_1、q_2 分别表示两个点电荷的电量，在国际单位制（SI）中，电量的单位是 C（库仑）；ε_0 为真空的介电常数，$\varepsilon_0=8.85\times 10^{-12}$F/m（法/米）；$\boldsymbol{r}$ 为两点电荷之间的距离，单位为 m（米）；$\boldsymbol{e}_r$ 为 $\boldsymbol{r}$ 的单位矢量。

当考虑 q_2 受力（即 q_1 对 q_2 的作用力）时，$\boldsymbol{r}$ 是由 q_1 指向 q_2；考虑 q_1 受力时，$\boldsymbol{r}$ 是由 q_2 指向 q_1。力的单位是 N（牛顿）。实际上，真正的点电荷是不存在的，但当带电体的尺寸远较它们之间的距离 $\boldsymbol{r}$ 很小的时候，就可作为点电荷处理。

库仑定律表明了两个点电荷相互之间有力的作用，这说明在电荷的周围，存在有一种特殊形式的物质，我们称之为电场。电场是统一的电磁场的一个方面，其表现是对于被引入场中的静止电荷有力的作用。我们将相对于观察者为静止的，且其电量不随时间而变化的电荷所引起的电场，称为静电场。

电场的分布特性或性质，可以通过另一带电体在场中各点所受的作用力来描述。这种带电体称之为试体，并用 q_t 表示它的电荷。为了使被研究的电场尽量少受由于试体的引入而产生的影响，要求试体应是一个电量很少的点电荷。

表征电场特性的基本场量是电场强度 $\boldsymbol{E}$，它被定义为

$$\boldsymbol{E}(x,y,z)=\lim_{q_t\to 0}\frac{\boldsymbol{f}(x,y,z)}{q_t} \tag{2-2}$$

式中：$\boldsymbol{f}$ 为试体 q_t 在点（x,y,z）处所受的力。

场矢量 $\boldsymbol{E}$ 仅与该点的电场有关，而与试体的电荷无关。通常将电场强度简称为场强。在国际单位制中，$\boldsymbol{E}$ 的单位是 V/m（伏特/米）。

讨论场的问题时，根据需要必须经常区分两类"点"。一类是源点，表明场源（电荷）所在处，用加撇的坐标（x',y',z'）或（$\boldsymbol{r}'$）表示；另一类是场点，为需要确定场量的点，即计算点，用不加撇的坐标（x,y,z）或（$\boldsymbol{r}$）表示，如图 2-1 所示。设有一源点在 P' 点处，场点所在处为 P，坐标原点为 o，则有

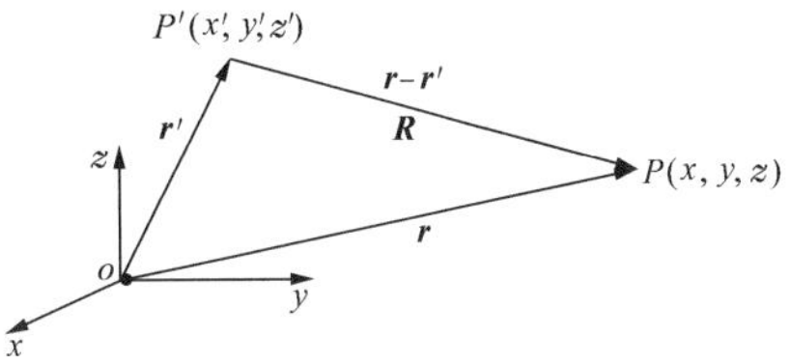

图 2-1　源点与场点的矢量关系

$$R=|\boldsymbol{r}-\boldsymbol{r}'|=\sqrt{(x-x')^2+(y-y')^2+(z-z')^2}$$

$$\boldsymbol{e_R}=\frac{\boldsymbol{r}-\boldsymbol{r}'}{|\boldsymbol{r}-\boldsymbol{r}'|}$$

式中：$\boldsymbol{r}'$为从坐标原点到源点的距离矢量；$\boldsymbol{r}$ 为从坐标原点到场点的距离矢量。

$\boldsymbol{R}$ 为从源点到场点的距离矢量，则有

$$\boldsymbol{R}=\boldsymbol{r}-\boldsymbol{r}'=R\boldsymbol{e_R}$$

式中：$\boldsymbol{e_R}$ 为 $\boldsymbol{R}$ 方向的单位矢量。

在上述基础上，根据式（2-1）和式（2-2），可以求得无限大真空中位于原点上的点电荷 q 在离它 $\boldsymbol{r}$ 远处产生的电场强度为

$$\boldsymbol{E}(\boldsymbol{r})=\frac{q}{4\pi\varepsilon_0 r^2}\boldsymbol{e}_r \tag{2-3}$$

对图 2-1，如果电荷所在处的坐标为（$\boldsymbol{r}'$），则它在场点（$\boldsymbol{r}$）引起的电场强度为

$$\boldsymbol{E}=\frac{q}{4\pi\varepsilon_0|\boldsymbol{r}-\boldsymbol{r}'|^2}\cdot\frac{\boldsymbol{r}-\boldsymbol{r}'}{|\boldsymbol{r}-\boldsymbol{r}'|}=\frac{q}{4\pi\varepsilon_0 R^2}\boldsymbol{e}_r \tag{2-4}$$

对于无限大真空中有多个点电荷（多个源点）存在的情形，把从坐标原点到第 k 号源点（x'_k,y'_k,z'_k）的距离矢量用（$\boldsymbol{r}'_k$）表示，且令从该源点到场点（$\boldsymbol{r}$）的距离矢量为 $\boldsymbol{R}_k$，则 $\boldsymbol{R}_k=\boldsymbol{r}-\boldsymbol{r}'_k$，$\boldsymbol{R}_k$ 方向的单位矢量为 $\boldsymbol{e}_{rk}=\dfrac{\boldsymbol{r}-\boldsymbol{r}'_k}{|\boldsymbol{r}-\boldsymbol{r}'_k|}$。设有 n 个点电荷 $q_1,q_2,\cdots,q_k,\cdots,q_n$ 分别位于（$\boldsymbol{r}'_1$），（$\boldsymbol{r}'_2$），$\cdots$，（$\boldsymbol{r}'_k$），$\cdots$，（$\boldsymbol{r}'_n$），则它们在场点（$\boldsymbol{r}$）处引起的电场强度，可根据式（2-4）并应用叠加原理求得为

$$\boldsymbol{E}=\boldsymbol{E}_1+\cdots+\boldsymbol{E}_k+\cdots+\boldsymbol{E}_n=\frac{1}{4\pi\varepsilon_0}\sum_{k=1}^{n}\frac{q_k}{|\boldsymbol{r}-\boldsymbol{r}'_k|^2}\frac{\boldsymbol{r}-\boldsymbol{r}'_k}{|\boldsymbol{r}-\boldsymbol{r}'_k|}=\frac{1}{4\pi\varepsilon_0}\sum_{k=1}^{n}\frac{q_k}{R_k^2}\boldsymbol{e}_{rk} \tag{2-5}$$

可见，对于多个点电荷产生的电场，可以先计算每一个点电荷产生的电场，然后叠加起来即可。

同理对于连续分布电荷产生的电场也可由式（2-4）求得。在实际中，当考察电的宏观现象时，可以把电荷的分布近似地用它的连续分布代替。经常见到的电荷分布有三种情况：体分布、面分布和线分布，分别对应的电荷密度为体密度 ρ[单位为 C/m^3（库/米^3）]、面密度 σ[单位为 C/m^2（库/米^2）]和线密度 τ[单位为 C/m（库/米）]。计算电场时，无论何种电荷分布，均可以将它们分成许多元电荷 dq，把每一个元电荷看成点电荷，由此可得无限大真空

中位于（$\boldsymbol{r}'$）处的元电荷 $\mathrm{d}q$ 在场点（$\boldsymbol{r}$）引起的电场强度为

$$\mathrm{d}\boldsymbol{E}=\frac{\mathrm{d}q}{4\pi\varepsilon_0}\cdot\frac{\boldsymbol{r}-\boldsymbol{r}'}{|\boldsymbol{r}-\boldsymbol{r}'|^3}\tag{2-6}$$

应用叠加原理积分得全部电荷在场点（$\boldsymbol{r}$）引起的场强为

$$\boldsymbol{E}(\boldsymbol{r})=\frac{1}{4\pi\varepsilon_0}\int_\Omega\frac{\boldsymbol{r}-\boldsymbol{r}'}{|\boldsymbol{r}-\boldsymbol{r}'|^3}\mathrm{d}q\tag{2-7}$$

电荷分布为体分布时，积分域 Ω 为电荷所在的体积 V，$\mathrm{d}q=\rho\mathrm{d}V$；电荷分布为面分布时，积分域 Ω 为电荷所在的面积 S，$\mathrm{d}q=\sigma\mathrm{d}S$；电荷分布为线分布时，积分域 Ω 为电荷所在曲线 l，$\mathrm{d}q=\tau\mathrm{d}l$。

【例 2-1】 真空中长度为 L 的均匀带电直线，其线电荷密度为 τ，试确定直线外任一点处的电场强度。

解 如图 2-2 所示，选取圆柱坐标，令 z 轴与线电荷的长度方向一致，且线电荷的中点为坐标原点。由于电场对带电直线作轴对称分布，场强大小与坐标 ϕ 无关。为了方便起见，可令观察点 P 位于 yoz 平面上，即 $\phi=\pi/2$。由式（2-7）得

$$\boldsymbol{E}(\boldsymbol{r})=\frac{1}{4\pi\varepsilon_0}\int_{-L/2}^{L/2}\frac{\boldsymbol{r}-\boldsymbol{r}'}{|\boldsymbol{r}-\boldsymbol{r}'|^3}\tau\mathrm{d}z'\tag{2-8}$$

由图 2-2 可见

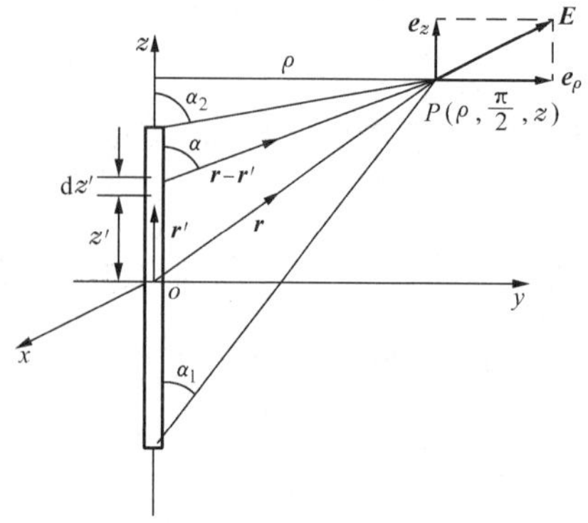

图 2-2　【例 2-1】图

$$|\boldsymbol{r}-\boldsymbol{r}'|=\rho\csc\alpha$$

$$\boldsymbol{r}-\boldsymbol{r}'=\rho\csc\alpha(\boldsymbol{e}_z\cos\alpha+\boldsymbol{e}_\rho\sin\alpha)$$

$$z'=z-\rho\cot\alpha$$

$$\mathrm{d}z'=\rho\csc^2\alpha\,\mathrm{d}\alpha$$

将这些结果代入式（2-8）中，得

$$\boldsymbol{E}=\frac{\tau}{4\pi\varepsilon_0}\int_{\alpha_1}^{\alpha_2}\frac{\boldsymbol{e}_z\cos\alpha+\boldsymbol{e}_\rho\sin\alpha}{\rho^2\csc^2\alpha}\rho\csc^2\alpha\,\mathrm{d}\alpha$$

$$=\frac{\tau}{4\pi\varepsilon_0\rho}[(\sin\alpha_2-\sin\alpha_1)\boldsymbol{e}_z-(\cos\alpha_2-\cos\alpha_1)\boldsymbol{e}_\rho]$$

当长度 $L\to\infty$ 时，$\alpha_1\to0$，$\alpha_2\to\pi$，则

$$\boldsymbol{E}=\frac{\tau}{4\pi\varepsilon_0\rho}\cdot2\boldsymbol{e}_\rho=\frac{\tau}{2\pi\varepsilon_0\rho}\boldsymbol{e}_\rho$$

【例 2-2】 一半径为 a 的导体球，所带总电量为 q。试求球内、外的电场强度。

解 孤立的导体球的电荷均匀分布于球的表面上，其面密度为 $\sigma=q/(4\pi a^2)$。

采用球坐标，令场点 P 位于 z 轴上，如图 2-3 所示，则面积元电荷 $\sigma\mathrm{d}S'$ 在 P 点的电场强度为

$$\mathrm{d}\boldsymbol{E}=\frac{\sigma\mathrm{d}S'}{4\pi\varepsilon_0}\cdot\frac{\boldsymbol{R}}{R^3}$$

其中，球面元 $\mathrm{d}S'=a^2\sin\theta\mathrm{d}\theta\mathrm{d}\phi$。考虑到电荷分布的对称性，不同 ϕ 角的各面积元电荷所产生的电场的合成电场沿极轴方向，因此，可先对 ϕ 求积分，并且求积分时取 $\mathrm{d}\boldsymbol{E}$ 的 z 分量 $\mathrm{d}E_z=\mathrm{d}E\cos\alpha$ 相加，得

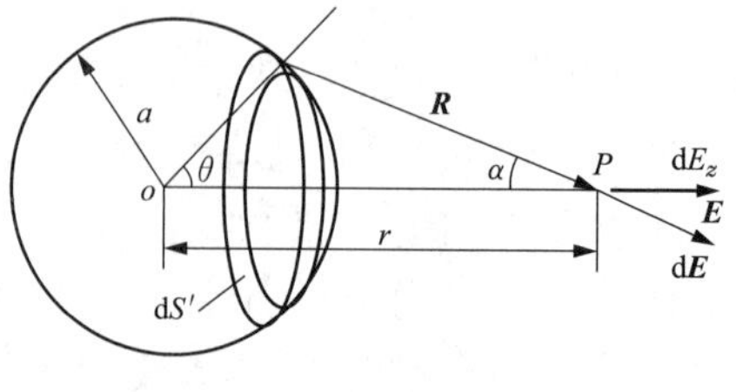

图 2-3　导体球外的电场

$$E_z=\frac{q}{8\pi\varepsilon_0}\int_0^\pi\frac{\cos\alpha\sin\theta}{R^2}\mathrm{d}\theta$$

现在对图 2-3 中带状面元的电场求和，其中

$$\cos\alpha=\frac{R^2+r^2-a^2}{2rR}\qquad \cos\theta=\frac{r^2+a^2-R^2}{2ar}$$

$$\sin\theta\mathrm{d}\theta=-\mathrm{d}(\cos\theta)=\frac{R}{ar}\mathrm{d}R$$

故

$$E_z=\frac{q}{16\pi\varepsilon_0 ar^2}\int_{r-a}^{r+a}\frac{R^2+r^2-a^2}{R^2}\mathrm{d}R$$

$$=\frac{q}{16\pi\varepsilon_0 ar^2}\left[R-\frac{r^2-a^2}{R}\right]\Bigg|_{r-a}^{r+a}=\frac{q}{4\pi\varepsilon_0 r^2}\qquad(2\text{-}9)$$

可见，球外的场点的电场与在球心的一个电量为 q 的点电荷的电场是相同的，所以在计算球外任一点的电场时，可以用位于球心的点电荷来代替带电的导体球。

对于球内的场点，上面的积分中的下限变为 $a-r$，代入式（2-9）中，得

$$E_z=\frac{q}{16\pi\varepsilon_0 ar^2}\left[R-\frac{r^2-a^2}{R}\right]\Bigg|_{a-r}^{r+a}=0$$

即导体球内没有电场。

2.2　电位和电位差

2.1 节介绍了用电场强度 $\boldsymbol{E}$ 表征静电场的特性，并讨论了根据给定的电荷分布来计算场强的方法。由于矢量运算比较复杂，因此希望能找到一个标量函数来表征静电场。现在在库仑定律的基础上研究将一个单位正试验电荷在静电场中沿某一路径从 A 点移至 B 点时（如图 2-4 所示），电场力所做的功，即

$$W=\int_A^B\boldsymbol{E}\cdot\mathrm{d}\boldsymbol{l}\qquad(2\text{-}10)$$

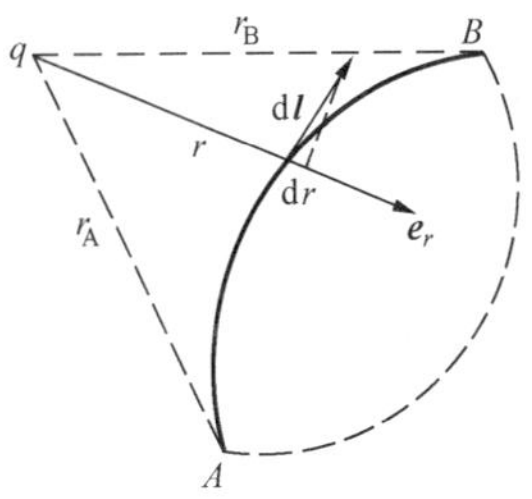

图 2-4　电荷移动的路径

如果电场由点电荷 q 单独产生，则有

$$W=\frac{q}{4\pi\varepsilon_0}\int_A^B\frac{\boldsymbol{e}_r\cdot\mathrm{d}\boldsymbol{l}}{r^2}=\frac{q}{4\pi\varepsilon_0}\int_{r_A}^{r_B}\frac{1}{r^2}\mathrm{d}r=\frac{q}{4\pi\varepsilon_0}\left(\frac{1}{r_A}-\frac{1}{r_B}\right)$$

可见，这个功只与两端点的位置有关，而与移动时的具体路径无关。在电场由许多电荷产生的一般情况下，电场力所做的功也是与路径无关的。例如，也可以沿图 2-4 中虚线的途径积分，可得相同的结果。

现在假如试验电荷在静电场中沿一闭合路径从 A 点出发经过 B 点又回到 A 点，则电场力所做的功为

$$W=\frac{q}{4\pi\varepsilon_0}\int_{r_A}^{r_A}\frac{1}{r^2}\mathrm{d}r=\frac{q}{4\pi\varepsilon_0}\left(\frac{1}{r_A}-\frac{1}{r_A}\right)=0$$

即在静电场中，沿闭合路径移动电荷，电场力所做的功恒为零。换句话说，电场强度的环路积分恒等于零。通常写成

$$\oint_l\boldsymbol{E}\cdot\mathrm{d}\boldsymbol{l}=0\qquad(2\text{-}11)$$

式（2-11）反映了静电场的一条基本性质，称为静电场的环路定理。

应用斯托克斯定理于式（2-11），则

$$\oint_l \boldsymbol{E} \cdot \mathrm{d}\boldsymbol{l} = \int_S (\nabla \times \boldsymbol{E}) \cdot \mathrm{d}\boldsymbol{S} = 0 \tag{2-12}$$

由于式（2-12）中的面积分在任何情况下都为零，因此被积函数必处处为零，即

$$\nabla \times \boldsymbol{E} = 0 \tag{2-13}$$

式（2-13）表明：静电场的电场强度的旋度到处为零。因此通常也说静电场是一个无旋场。

由矢量分析知，任意一个标量函数的梯度的旋度恒等于零。因此，静电场的电场强度 $\boldsymbol{E}$ 可以由一个标量函数 φ 的梯度表示，即定义

$$\boldsymbol{E} = -\nabla \varphi \tag{2-14}$$

这个标量函数 φ 称为静电场的标量电位函数。它是表征静电场特性的另一个物理量。电位函数在空间某一点的值称为该点的电位。在国际单位制中其单位是 V（伏特）。式（2-14）中的负号表示 $\boldsymbol{E}$ 的方向与 $\nabla\varphi$ 的方向相反，即 $\boldsymbol{E}$ 指向电位函数 φ 最大减小率的方向。

现在将式（2-14）代入电场力对电荷做功的式（2-8），有

$$W = \int_A^B \boldsymbol{E} \cdot \mathrm{d}\boldsymbol{l} = -\int_A^B \nabla \varphi \cdot \mathrm{d}\boldsymbol{l}$$

考虑到矢量运算 $\nabla\varphi \cdot \mathrm{d}\boldsymbol{l} = \mathrm{d}\varphi$，则

$$W = -\int_A^B \nabla \varphi \cdot \mathrm{d}\boldsymbol{l} = -\int_{\varphi_A}^{\varphi_B} \mathrm{d}\varphi = \varphi_A - \varphi_B \tag{2-15}$$

这就是说，单位正试验电荷从 A 点移到 B 点时，电场力所做的功就是这两点的电位差，即

$$\varphi_A - \varphi_B = \int_A^B \boldsymbol{E} \cdot \mathrm{d}\boldsymbol{l} \tag{2-16}$$

因为电场 $\boldsymbol{E}$ 的线积分与路径无关，所以任意两点间的电位差具有确定的值。我们把两点间的电位差定义为此两点间的电压，即

$$U_{AB} = \varphi_A - \varphi_B = \int_A^B \boldsymbol{E} \cdot \mathrm{d}\boldsymbol{l} \tag{2-17}$$

式（2-17）表明：静电场中两点间的电压等于将一单位正电荷由一点到另一点时电场力所做的功。在国际单位制中，电压的单位也是 V（伏特），它是一个标量。为了便于比较，通常指定场中某点为参考点，并将场中任一点 A 对参考点的电位差值称为 A 点的电位。因而场中任一点 A 的电位的定义为单位正电荷从 A 点移至参考点 P 时，电场力所做的功，即

$$\varphi_A = \int_A^P \boldsymbol{E} \cdot \mathrm{d}\boldsymbol{l} \tag{2-18}$$

电位是静电场中的一个重要场量，显然，根据定义，参考点本身的电位值为零，因而参考点又称为零电位点。在电荷分布于有限区域的情况下，一般选择无限远处为参考点，此时场中任一点 A 的电位表达式为

$$\varphi_A = \int_A^\infty \boldsymbol{E} \cdot \mathrm{d}\boldsymbol{l} \tag{2-19}$$

对于真空中点电荷产生的电场，空间某一点的电位为

$$\varphi = \int_r^\infty \boldsymbol{E} \cdot \mathrm{d}\boldsymbol{l} = \int_r^\infty \frac{q}{4\pi\varepsilon_0 r^2} \boldsymbol{e}_r \cdot \mathrm{d}\boldsymbol{r} = \frac{q}{4\pi\varepsilon_0} \int_r^\infty \frac{\boldsymbol{e}_r}{r^2} \cdot \mathrm{d}\boldsymbol{r} = \frac{q}{4\pi\varepsilon_0 r} \tag{2-20}$$

式中：r 为场点到源点的距离。

由式（2-20）可见，空间任一点的电位与点电荷电荷量大小具有线性关系。而且可以将

它推广到电荷作任意分布的电场，即空间任一点的电位与空间所分布的电荷元的电量具有线性关系。这就是说，电位也服从叠加原理。当空间中的电荷作点、线、面、体积分布时，可得空间任一点的电位为

$$\varphi=\sum\frac{q}{4\pi\varepsilon_0 r}+\int_l\frac{\tau\mathrm{d}l}{4\pi\varepsilon_0 r}+\int_S\frac{\sigma\mathrm{d}S}{4\pi\varepsilon_0 r}+\int_V\frac{\rho\mathrm{d}V}{4\pi\varepsilon_0 r}\tag{2-21}$$

将式（2-21）与式（2-7）作比较，可见，电位是一标量函数，它的运算要比电场强度矢量较为简便。

【例 2-3】 已知真空中半径为 a 的带电圆环上均匀分布有线电荷，其密度为 τ，试求圆环轴线上任一点的电位及电场强度。

解 建立直角坐标系。令圆环圆心位于坐标原点如图 2-5 所示。那么，点电荷 $\tau\mathrm{d}l$ 在 z 轴上 P 点产生的电位为

$$\mathrm{d}\varphi=\frac{\tau\mathrm{d}l}{4\pi\varepsilon_0 r}$$

根据叠加原理，圆环线电荷在 P 点产生的合成电位为

$$\varphi=\int_0^{2\pi a}\frac{\tau\mathrm{d}l}{4\pi\varepsilon_0 r}=\frac{\tau}{4\pi\varepsilon_0 r}2\pi a=\frac{\tau a}{2\varepsilon_0\sqrt{a^2+z^2}}$$

因电场强度 $\boldsymbol{E}=-\nabla\varphi$，则圆环线电荷在 P 点产生的电场强度为

$$\boldsymbol{E}=-\boldsymbol{e}_z\frac{\partial\varphi}{\partial z}=\boldsymbol{e}_z\frac{\tau a z}{2\varepsilon_0(a^2+z^2)^{3/2}}$$

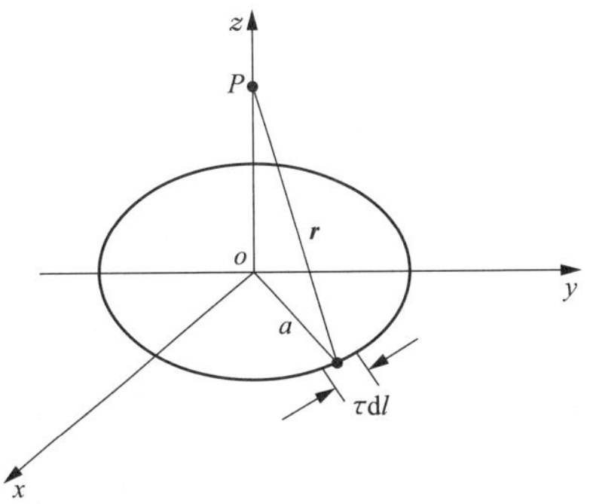

图 2-5　均匀带电圆环

2.3　真空中的高斯定律

2.2 节讨论了电场强度的环路线积分，得到了静电场是无旋场的结论，从而引入标量电位函数。现在再来讨论电场强度的闭合面积分，由此将得到静电场的另外一个基本性质。

假设无限大真空中有一点电荷在周围空间产生的电场强度为 $\boldsymbol{E}$，在其周围取一个有向曲面，则穿过该面的电场强度的面积分称为通过该面积的电场强度通量，简称为 $\boldsymbol{E}$ 通量。以 $\Psi_{\boldsymbol{E}}$ 表示，即

$$\Psi_{\boldsymbol{E}}=\int_S\boldsymbol{E}\cdot\mathrm{d}\boldsymbol{S}\tag{2-22}$$

该通量的单位为 V·m（伏特·米）。当曲面 S 为一闭合曲面时，通过此闭合曲面的 $\boldsymbol{E}$ 通量的表达式变为

$$\Psi_{\boldsymbol{E}}=\oint_S\boldsymbol{E}\cdot\mathrm{d}\boldsymbol{S}\tag{2-23}$$

可以看出，电场强度为一矢量，而穿过曲面的 $\boldsymbol{E}$ 通量则为一标量。由通量的定义可知，$\boldsymbol{E}$ 通量的大小与电场强度 $\boldsymbol{E}$ 及面元 $\mathrm{d}\boldsymbol{S}$ 的方向有关，它可以大于零、小于零或等于零。它与电场强度的关系可以追溯到与产生电场强度的电荷之间的关系。这个关系可用静电场的高斯定律来描述。该定律表明：真空中静电场的电场强度通过任意闭合面的通量等于该闭合面所包围的电荷（量）的代数和与真空介电常数 ε_0 之比，与闭合面以外的电荷无关。其数学表达式为

$$\oint_S\boldsymbol{E}\cdot\mathrm{d}\boldsymbol{S}=\frac{q}{\varepsilon_0}\tag{2-24}$$

高斯定律可由库仑定律导出，现推证如下：

考虑图 2-6（a）中，点电荷在闭合面 S 内，由式（2-22）和式（2-3）得穿过 S 的 $\boldsymbol{E}$ 通量为

$$\oint_S \boldsymbol{E}\cdot \mathrm{d}\boldsymbol{S}=\oint_S \frac{q}{4\pi\varepsilon_0}\frac{\boldsymbol{e}_r}{r^2}\cdot \mathrm{d}\boldsymbol{S}=\frac{q}{4\pi\varepsilon_0}\oint_S \frac{\boldsymbol{e}_r\cdot\boldsymbol{e}_n}{r^2}\mathrm{d}S=\frac{q}{4\pi\varepsilon_0}\oint_S \mathrm{d}\Omega$$

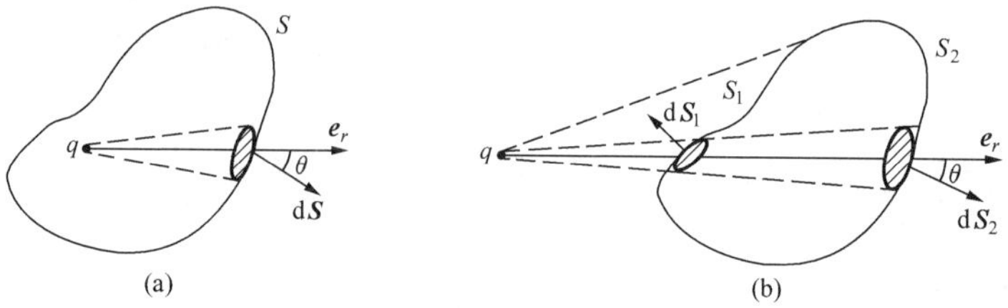

图 2-6　穿过 S 面的通量

式中：$\mathrm{d}\Omega$ 为 $\mathrm{d}\boldsymbol{S}$ 对 q 所张的立体角，$\mathrm{d}\Omega=\frac{\boldsymbol{e}_r\cdot\boldsymbol{e}_n}{r^2}\mathrm{d}S=\frac{\cos\theta}{r^2}\mathrm{d}S$，它可以通过以 q 为中心，R 由半径的球曲面对 q 点所张的立体角来求得，其值为

$$\Omega=\oint_S \mathrm{d}\Omega=\frac{1}{R^2}\oint_S \boldsymbol{e}_r\cdot\boldsymbol{e}_n\mathrm{d}S=\frac{1}{R^2}4\pi R^2=4\pi$$

在国际单位制中立体角的单位是 sr（球面度），由此可得

$$\oint_S \boldsymbol{E}\cdot \mathrm{d}\boldsymbol{S}=\frac{q}{4\pi\varepsilon_0}\oint_S \mathrm{d}\Omega=\frac{q}{4\pi\varepsilon_0}4\pi=\frac{q}{\varepsilon_0}$$

如果 q 点在闭合曲面 S 外，如图 2-6（b）所示，则 S 面对 q 点所张的立体角，可以分为左半部分 S_1 对 q 点所张的立体角和右半部分 S_2 对 q 点所张的立体角之和。因为两者大小相等而符号相反，故总的结果为零。

如果在 S 面内包围了 n 个点电荷或存在分布的电荷，则根据电场的叠加性质，式（2-24）仍然成立。但是 q 应理解为 S 面内电荷的代数和，即

$$q=\sum q_k \quad 或 \quad q=\int \mathrm{d}q$$

式（2-24）是真空中的高斯定律的积分形式，它表征了电场强度在某一场空间中的特性。为了精确反映场中任一点的特性，必须给出相应的微分形式。将矢量场的散度定理应用于式（2-24）的左边，得

$$\oint_S \boldsymbol{E}\cdot \mathrm{d}\boldsymbol{S}=\int_V \nabla\cdot\boldsymbol{E}\mathrm{d}V$$

考虑到体积 V 中的电量

$$q=\int_V \rho\mathrm{d}V$$

由此得

$$\int_V \nabla\cdot\boldsymbol{E}\mathrm{d}V=\frac{1}{\varepsilon_0}\int_V \rho\mathrm{d}V \tag{2-25}$$

由于式（2-25）对于任何体积 V 均成立，则有

$$\nabla\cdot\boldsymbol{E}=\frac{\rho}{\varepsilon_0} \tag{2-26}$$

式（2-26）称为高斯定律的微分形式。它表明，真空中静电场的电场强度在某点的散度等于该点的电荷体密度与真空介电常数之比。

高斯定律的积分形式和微分形式，反映了静电场是一个有源、有散场。对于某些静电场，可以直接利用高斯定律十分简便地计算电场强度。但是要求首先能找到一个高斯面，在此面上各点的电场强度的分布特性应该已知。需要指出，仅仅对于某些特殊结构的静电场才能找到这种高斯面，例如场的分布具有对称性的静电场情形，如球对称、柱对称和面对称，均可以使用它直接求解。

【例 2-4】 设在真空中有一带电圆球，其半径为 a，电荷均匀分布于球内，且电荷体密度为 ρ。试求球内和球外任一点的电场强度和电位。

解　（1）求电场强度。根据球对称的特点，以球心为原点，以 r 为半径做一球面，对此球面应用高斯定律，并考虑到在此球面上各点的电场强度大小相同，而方向与球面外法线方向 $\boldsymbol{e}_n$ 一致。由式（2-24）可知：

当 $r\geqslant a$ 时，所作球面内包围的电荷为 $q=\dfrac{4}{3}\pi a^3\rho$，所以有

$$\oint_S \boldsymbol{E}\cdot \mathrm{d}\boldsymbol{S}=4\pi r^2 E=\frac{q}{\varepsilon_0}$$

由此得

$$E=\frac{q}{4\pi\varepsilon_0 r^2}\qquad \boldsymbol{E}=\frac{q}{4\pi\varepsilon_0 r^2}\boldsymbol{e}_r$$

当 $r\leqslant a$ 时，所作球面内包围的电荷为 $q=\dfrac{4}{3}\pi r^3\rho$ ，所以有

$$4\pi r^2 E=\frac{4\pi}{3\varepsilon_0}r^3\rho$$

$$E=\frac{\rho r}{3\varepsilon_0}\qquad \boldsymbol{E}=\frac{\rho r}{3\varepsilon_0}\boldsymbol{e}_r$$

（2）求电位。取无限远处为参考电位。

当 $r\geqslant a$ 时，$\varphi=\int_r^{\infty}\boldsymbol{E}\cdot \mathrm{d}\boldsymbol{r}=\int_r^{\infty}\dfrac{q}{4\pi\varepsilon_0 r^2}\mathrm{d}r=\dfrac{q}{4\pi\varepsilon_0 r}$

当 $r\leqslant a$ 时，$\varphi=\int_r^{\infty}\boldsymbol{E}\cdot \mathrm{d}\boldsymbol{r}=\int_r^{a}\dfrac{\rho r}{3\varepsilon_0}\boldsymbol{e}_r\cdot \mathrm{d}\boldsymbol{r}+\int_a^{\infty}\dfrac{q}{4\pi\varepsilon_0 r^2}\boldsymbol{e}_r\cdot \mathrm{d}\boldsymbol{r}$

$$=\int_r^{a}\frac{\rho r}{3\varepsilon_0}\mathrm{d}r+\int_a^{\infty}\frac{q}{4\pi\varepsilon_0 r^2}\mathrm{d}r=\frac{\rho}{6\varepsilon_0}(a^2-r^2)+\frac{q}{4\pi\varepsilon_0 a}$$

【例 2-5】 有一表面均匀带电的长直圆柱，单位长度上的电荷为 τ。试求柱面以外距离轴线 ρ 处的电场强度和电位。（设距离轴线 k 处的电位为零。）

解　以圆柱的轴线为轴，以 ρ 为半径做一圆柱面，长度为 1。这时所作柱面体包围的电荷为 τ，根据高斯定律有

$$\oint_S \boldsymbol{E}\cdot \mathrm{d}\boldsymbol{S}=2\pi\rho E=\frac{\tau}{\varepsilon_0}$$

由此得电场强度大小为

$$E=\frac{\tau}{2\pi\varepsilon_0\rho}$$

ρ 处电位为

$$\varphi=\int_{\rho}^{k}\boldsymbol{E}\cdot \mathrm{d}\boldsymbol{\rho}=\int_{\rho}^{k}\frac{\tau}{2\pi\varepsilon_0\rho}\mathrm{d}\rho=\frac{\tau}{2\pi\varepsilon_0}\ln\frac{k}{\rho}$$

由上面计算得知，在带电圆柱面外任一点的电场强度及电位与带电柱面的半径无关，即使它的半径缩减至零，该点处的电场强度及电位仍不变。

若以距轴线为无限远处为参考电位，则 ρ 处电位为

$$\varphi=\int_{\rho}^{\infty}\boldsymbol{E}\cdot \mathrm{d}\boldsymbol{\rho}=\int_{\rho}^{\infty}\frac{\tau}{2\pi\varepsilon_0\rho}\mathrm{d}\boldsymbol{\rho}=\frac{\tau}{2\pi\varepsilon_0}\ln\frac{\infty}{\rho}=\infty$$

所以一般不设无限远处的电位为零。

2.4 等位面、等位线和电场强度线

在研究场的问题时，为了使场的分布特性形象化，通常需要作场的分布图形。它有助于理解场的分布特征，同时，在当今的电磁场机辅分析和设计的后处理中，它更是定量分析场的一个有效工具。在描述静电场的场图中，最常见的有电场强度线（简称为 $\boldsymbol{E}$ 线，也称为电力线）、等电位面（简称等位面）和等电位线（简称等位线）等。

首先讨论 $\boldsymbol{E}$ 线。它是一条矢量线，曲线上每一点的切线方向代表该点处的电场强度方向。若以线元 $\mathrm{d}\boldsymbol{l}$ 表示 $\boldsymbol{E}$ 线上的元段，则 $\boldsymbol{E}$ 线的矢量方程为

$$\boldsymbol{E}\times \mathrm{d}\boldsymbol{l}=0 \tag{2-27}$$

既然 $\boldsymbol{E}$ 线上各点的切线方向表示各点的电场强度方向，而两条相交的曲线在交点处具有两个切线方向，因此 $\boldsymbol{E}$ 线是不可能相交的。由点电荷的电场强度计算公式可知，$\boldsymbol{E}$ 线只能起始于正电荷而终止于负电荷，它不能中断于无电荷处，也不能自行闭合。

在直角坐标系中，有

$$\boldsymbol{E}=E_x\boldsymbol{e}_x+E_y\boldsymbol{e}_y+E_z\boldsymbol{e}_z$$

$$\mathrm{d}\boldsymbol{l}=\mathrm{d}x\boldsymbol{e}_x+\mathrm{d}y\boldsymbol{e}_y+\mathrm{d}z\boldsymbol{e}_z$$

由式（2-27）进行矢量运算，可得 $\boldsymbol{E}$ 线的微分方程为

$$\frac{\mathrm{d}x}{E_x}=\frac{\mathrm{d}y}{E_y}=\frac{\mathrm{d}z}{E_z} \tag{2-28}$$

它的解即为描绘 $\boldsymbol{E}$ 线的函数关系式。

$\boldsymbol{E}$ 线不仅可描述电场的方向，而且也可描述电场的大小。由 $\boldsymbol{E}$ 通量的定义可知，$\boldsymbol{E}$ 线的疏密程度可以表示电场强度的大小：$\boldsymbol{E}$ 线稠密处，电场强度大；$\boldsymbol{E}$ 线稀疏处，电场强度小。按照这个原理，在图 2-7 中绘出了带电平行板之间以及正点电荷和负点电荷周围的 $\boldsymbol{E}$ 线分布（实线，带有箭头）情况。由图可见，由于平行板之间的电场是均匀的，因此 $\boldsymbol{E}$ 线也是均匀分布的。而正、负电荷的 $\boldsymbol{E}$ 线却与平行板间的 $\boldsymbol{E}$ 线截然不同，离电荷愈远处，电场强度愈小，因此 $\boldsymbol{E}$ 线愈来愈稀。

其次讨论等位面和等位线。静电场中，由电位相等的点形成的曲面，就称为等位面。它的方程为

$$\varphi(x,y,z)=C\quad（常量） \tag{2-29}$$

式中：C 为常量等于电位值。

在等位面上任意两点之间的电位差都等于零。因此有

$$\boldsymbol{E} \cdot \mathrm{d}\boldsymbol{l} = E\mathrm{d}l\cos\theta = 0$$

由此可知 $\cos\theta = 0, \theta = 90°$，即等位面处处都与电场强度垂直，也就是处处和该点的 $\boldsymbol{E}$ 线垂直。此结论也可由式（2-14）得出，该式表明：电场强度的方向为电位梯度的负方向，而梯度方向总是垂直于等位面（线），因此等位面（线）和 $\boldsymbol{E}$ 线一定处处正交。

如果在电场中作等位面，可以作无限多个。为了表示清楚，并且同时能表示电场的分布情况，在作等位面时，要使任意两个相邻等位面之间的电位差相等。这样等位面的疏密就可以表示电位变化的快慢，变化快的地方电场较强，反之，电场较弱。可见，等位面的疏密可以表示出电场的强弱。等位面愈密，场强愈大；等位面愈稀处，场强愈小。

等位面和空间中某一图面相交的曲线叫做等位线。在许多情形下，通过观察等位线的形状就能了解等位面的形状，并大体了解电场的分布情形。

图 2-7 中的虚线（不带箭头）表示了带电的平行板之间及正点电荷和负点电荷周围的等位面（线）的分布情况。

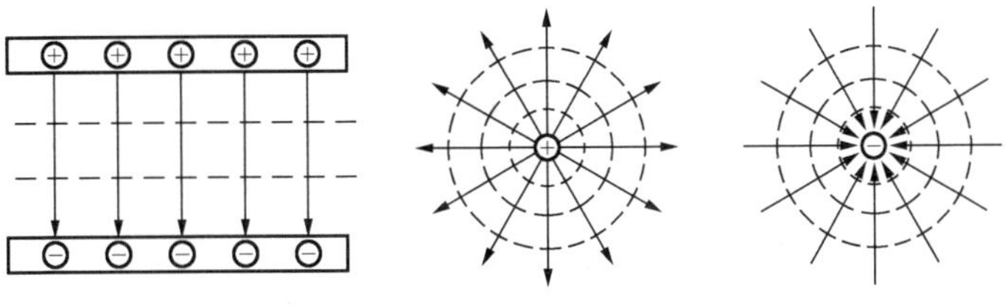

图 2-7 电场线与等位面（线）

必须说明，引用场线所作的任何电场的分布图形，仅仅是一种人为的虚拟，一种借以使电场分布形象化的工具。

【例 2-6】 试确定点电荷周围的 $\boldsymbol{E}$ 线方程和等位线。

解 如图 2-7 所示，设点电荷 q 位于原点，则它在周围空间产生的电场强度为

$$\boldsymbol{E}(\boldsymbol{r}) = \frac{q}{4\pi\varepsilon r^2}\boldsymbol{e}_r = \frac{q}{4\pi\varepsilon r^3}(x\boldsymbol{e}_x + y\boldsymbol{e}_y + z\boldsymbol{e}_z) = E_x\boldsymbol{e}_x + E_y\boldsymbol{e}_y + E_z\boldsymbol{e}_z$$

由微分方程 $\frac{\mathrm{d}x}{E_x} = \frac{\mathrm{d}y}{E_y}$ 得

$$x = C_1 y$$

同理，由 $\frac{\mathrm{d}y}{E_y} = \frac{\mathrm{d}z}{E_z}$ 得

$$y = C_2 z$$

上面所列第一个解表示经过 z 轴的一簇平面，第二个解表示经过 x 轴的一簇平面。这两簇平面相交而得的直线簇就是以原点为中心的射线，等位线为一簇同心圆。

2.5 静电场中的导体和电介质

前面讨论了真空中的电荷产生的电场。实际的电场分布与空间存在的物体的性质有关。根据物体的静电表现，可以把它们分成两大类：导体（即导电体）和电介质（绝缘体）。本

节主要研究静电场对导体和电介质的影响，从而了解导体和电介质对电场的影响。

首先考虑静电场对导体的影响。导体的特点是其内部拥有大量自由电子，它们所携带的电荷叫做自由电荷。当将导体引入静电场后，在电场的作用下，便有电荷运动，原来的静电平衡状态就被破坏了。由于电场和电荷相互作用，使得电荷重新分布，这些电荷称为感应电荷，它们将形成附加的电场。在导体内部附加电场的方向和原来电场的方向是相反的。直至导体内部附加电场和原来的电场完全抵消，使总电场为零时，才又达到新的静电平衡状态。这时，导体内的电场为零，导体内任意点的电位都相同，整个导体是等电位体。则由高斯定律可知，导体内的电荷为零，电荷都分布在导体的表面。综上所述，静电场中导体的特点是：

（1）导体内的电场为零，否则要引起导体中电荷运动，就不属于静电问题的范围。

（2）静电场中导体必为一等位体，导体表面为等位面，即在导体内部或导体表面上，电位都是常量。

（3）导体表面上的任何一点的电场强度方向必定垂直于导体表面。

（4）导体如带有电荷，则电荷只能分布于其表面。

在工程上，基于上述静电场中的导体特征的应用实例有很多，如避雷针、法拉第笼、静电屏蔽及高压设备接电端要求表面光滑和力求曲率均匀的工艺处理等。

其次考虑静电场对电介质的影响。电介质的特点是其内部的自由电子很少，大部分电子被原子核束缚于其周围。在电场作用下，电子只能在原子和分子周围移动。因此通常认为电介质不具有导电能力，是一种绝缘体。同时，由于介质内的电子不能自由移动，因此它们所携带的电荷被称为束缚电荷。由此可以预见，在静电场中，电介质的特征将不同于导体。

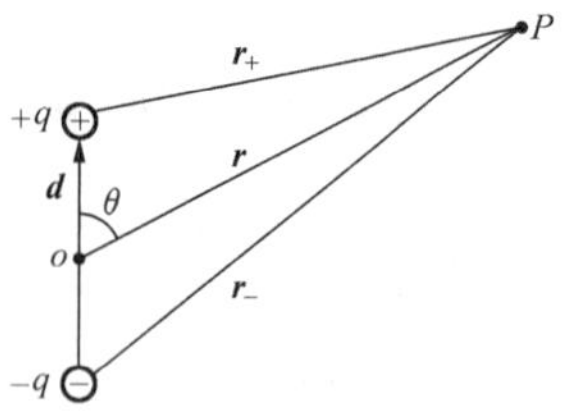

图 2-8　电偶极子

在讨论有电介质存在的静电场时，常用到电偶极子这一概念。电偶极子是指由一对相距很近的等量异号电荷所组成的电荷系统，如图 2-8 所示。其中，$\boldsymbol{d}$ 为正、负电荷间的距离，为一矢量，且规定 $\boldsymbol{d}$ 的方向由负电荷指向正电荷。q 与 $\boldsymbol{d}$ 的乘积可用来表征电偶极子的特性，它被定义为电偶极矩简称电矩，用 $\boldsymbol{p}$ 表示，即

$$\boldsymbol{p}=q\boldsymbol{d} \tag{2-30}$$

电偶极子一方面在它周围引起电场，另一方面它在外电场中也要受到力的作用。在工程上，通常感兴趣的是远离电偶极子的场，即 $r\gg d$ 情形。现采用球坐标系，计算远离电偶极子的电场。设原点位于电偶极子的中心，z 轴与 $\boldsymbol{d}$ 重合。应用叠加原理，场中任意点 P 的电位为

$$\varphi=\frac{q}{4\pi\varepsilon_0}\left(\frac{1}{\boldsymbol{r}_+}-\frac{1}{\boldsymbol{r}_-}\right)=\frac{q}{4\pi\varepsilon_0}\left(\frac{\boldsymbol{r}_--\boldsymbol{r}_+}{\boldsymbol{r}_+\boldsymbol{r}_-}\right) \tag{2-31}$$

当 $r\gg d$ 时，可以认为 $\boldsymbol{r}_+$、$\boldsymbol{r}_-$ 与 $\boldsymbol{r}$ 平行，这时 $\boldsymbol{r}_--\boldsymbol{r}_+\approx d\cos\theta$，以及 $r_-r_+\approx r^2$。将以上关系代入式（2-31）得

$$\varphi=\frac{qd\cos\theta}{4\pi\varepsilon_0 r^2}=\frac{\boldsymbol{p}\cdot\boldsymbol{e}_r}{4\pi\varepsilon_0 r^2} \tag{2-32}$$

应用关系式 $\boldsymbol{E}=-\nabla\varphi$，可求得电场强度为

$$\boldsymbol{E}=-\nabla\varphi=-\left(\frac{\partial\varphi}{\partial r}\boldsymbol{e}_r+\frac{1}{r}\frac{\partial\varphi}{\partial\theta}\boldsymbol{e}_\theta\right)=\frac{p}{4\pi\varepsilon_0 r^3}(2\cos\theta\,\boldsymbol{e}_r+\sin\theta\,\boldsymbol{e}_\theta) \tag{2-33}$$

式（2-32）和式（2-33）表明：电偶极子的电位与距离的平方成反比，电场强度与距离的立

方成反比。此外，电位或电场强度均与方位角 θ 有关。这些特点明显不同于点电荷的电场。

下面根据电介质中的束缚电荷的分布特性，分析在外电场作用下电介质中发生的情况，以及对电场分布的影响。

电介质的分子大致可分成两类：无极分子和有极分子。在无外电场情况下，无极分子中的正、负电荷作用中心是重合的，对外呈现电中性；有极分子中所有正、负电荷作用中心不相重合而形成一个个电偶极子。这些电偶极子杂乱无章地排列着，导致合成电矩为零，对外也呈现电中性。它们对应的物理模型如图 2-9 所示。现在将它们置于外电场中，则在外电场作用下，无极分子中的正、负电荷受到相反方向的电场力，二者作用中心发生相对位移，形成一个个排列方向相同的电偶极子，对外显现电性；而有极分子中原先杂乱无章排列的电偶极子发生转动，方向最终趋于相同，使得合成电矩不再为零，对外也显现了电性。静电场中的电介质分子如图 2-10 所示。

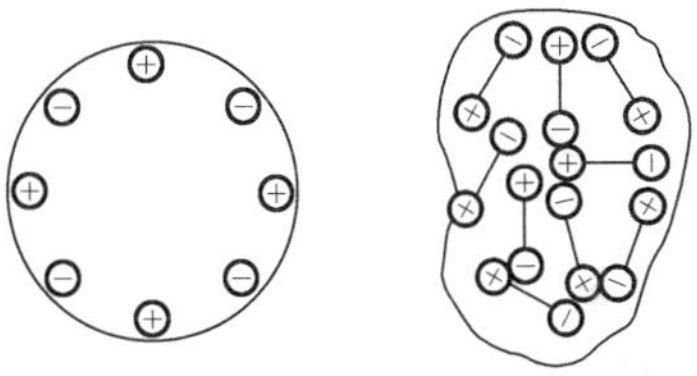

图 2-9　无外电场时电介质的分子

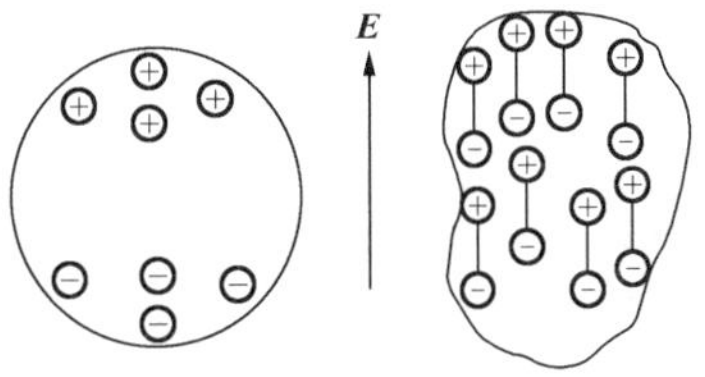

图 2-10　静电场中的电介质分子

可见，在电场作用下，介质中的束缚电荷发生了位移，这种现象称为介质的极化。通常无极分子的极化称为位移极化，有极分子的极化称为取向极化。无论哪一种极化现象，结果都出现了合成电矩不为零的电偶极子。这些电偶极子在周围会产生电场，这些电场被称为极化电场。它们与外电场叠加便形成有介质存在时的合成电场。

为了表征介质极化的程度，可引入电极化强度矢量 $\boldsymbol{P}$，定义为极化后形成的每单位体积内的电矩的矢量和，即

$$\boldsymbol{P}=\lim_{\Delta V\to 0}\frac{\sum \boldsymbol{p}}{\Delta V} \tag{2-34}$$

在国际单位制中，电极化强度矢量单位是 $\mathrm{C/m^2}$（库仑/米^2）。

实验结果表明，大多数介质在电场作用下发生极化时，电极化强度 $\boldsymbol{P}$ 与介质中的合成电场强度 $\boldsymbol{E}$ 成正比，即

$$\boldsymbol{P}=\chi_{e}\varepsilon_0\boldsymbol{E} \tag{2-35}$$

式中：χ_e 为介质的电极化率，它是一个无量纲的正实数。

由此可见，这些介质的电极化强度与电场强度的方向相同。说明电极化率与电场强度的大小和方向均无关。当电极化率与电场强度的方向无关时，此类介质被称为各向同性介质，否则称为各向异性介质。例如，晶体就是一种典型的各向异性介质；当电极化率与电场强度的大小无关时，介质又被称为线性介质，反之，为非线性介质；当介质中各点的电极化率都相同时，称为均匀介质，否则为非均匀介质。因此，式（2-35）仅适用于均匀且各向同性的线性介质。应当注意，对于后面将要涉及的导电媒质和导磁媒质，同样可以用这些概念来描述它们的性质。

介质被极化以后，如前所述其中出现了一些取向大致相同的电偶极子，此时在介质表面出现面分布的束缚电荷。由图 2-10 可看出，束缚电荷的面分布情况取决于外电场的方向。当

外电场方向由下向上时，在这块介质的上半部分表面出现正的束缚电荷，下半部分表面出现负的束缚电荷。此外还可推知，若介质是非均匀介质，则极化后产生的电偶极子的分布也是不均匀的。这样，在介质内部将出现束缚电荷的体分布，因而出现体分布的束缚电荷。这种因极化后产生的面、体分布的束缚电荷统称为极化电荷。

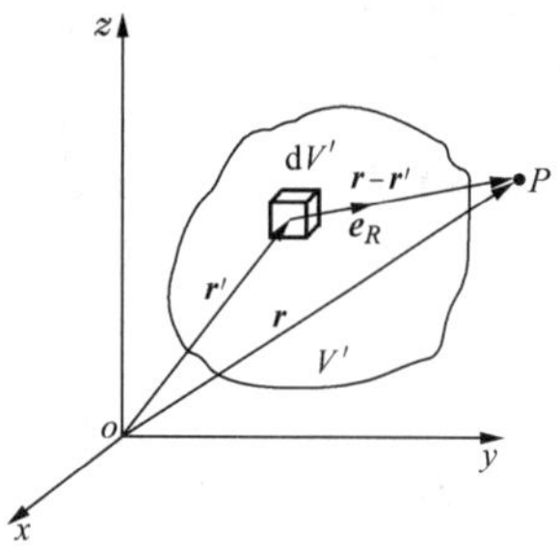

图 2-11　电介质极化建立的电位

现在讨论极化电荷的分布与电极化强度 $\boldsymbol{P}$ 的关系。

从式（2-34）可见，极化强度 $\boldsymbol{P}$ 可以看成是电矩的体密度。结合式（2-32）可得体积元 $\mathrm{d}V'$ 内电矩 $\boldsymbol{P}(\boldsymbol{r}')\mathrm{d}V'$ 在 $\boldsymbol{r}$ 处产生的电位为

$$\mathrm{d}\varphi(\boldsymbol{r})=\frac{\boldsymbol{P}(\boldsymbol{r}')\cdot\boldsymbol{e}_r}{4\pi\varepsilon_0|\boldsymbol{r}-\boldsymbol{r}'|^2}\mathrm{d}V'=\frac{\boldsymbol{P}(\boldsymbol{r}')\cdot(\boldsymbol{r}-\boldsymbol{r}')}{4\pi\varepsilon_0|\boldsymbol{r}-\boldsymbol{r}'|^3}\mathrm{d}V' \tag{2-36}$$

因此体积内所有介质在 $\boldsymbol{r}$ 处产生的电位为

$$\varphi(\boldsymbol{r})=\int_{V'}\frac{\boldsymbol{P}(\boldsymbol{r}')\cdot(\boldsymbol{r}-\boldsymbol{r}')}{4\pi\varepsilon_0|\boldsymbol{r}-\boldsymbol{r}'|^3}\mathrm{d}V' \tag{2-37}$$

考虑到

$$\frac{\boldsymbol{e_R}}{|\boldsymbol{r}-\boldsymbol{r}'|^2}=\frac{\boldsymbol{r}-\boldsymbol{r}'}{|\boldsymbol{r}-\boldsymbol{r}'|^3}=\nabla'\left(\frac{1}{|\boldsymbol{r}-\boldsymbol{r}'|}\right)$$

以及矢量恒等式

$$\nabla\cdot(\varphi\boldsymbol{A})=\varphi(\nabla\cdot\boldsymbol{A})+\boldsymbol{A}\cdot\nabla\varphi$$

式（2-37）可写成

$$\varphi(\boldsymbol{r})=\frac{1}{4\pi\varepsilon_0}\int_{V'}\nabla'\cdot\left(\frac{\boldsymbol{P}(\boldsymbol{r}')}{|\boldsymbol{r}-\boldsymbol{r}'|}\right)\mathrm{d}V'-\frac{1}{4\pi\varepsilon_0}\int_{V'}\left(\frac{\nabla'\cdot\boldsymbol{P}(\boldsymbol{r}')}{|\boldsymbol{r}-\boldsymbol{r}'|}\right)\mathrm{d}V'$$

利用散度定理又可写成

$$\varphi(\boldsymbol{r})=\frac{1}{4\pi\varepsilon_0}\oint_S\frac{\boldsymbol{P}(\boldsymbol{r}')\cdot\mathrm{d}\boldsymbol{S}'}{|\boldsymbol{r}-\boldsymbol{r}'|}-\frac{1}{4\pi\varepsilon_0}\int_{V'}\left(\frac{\nabla'\cdot\boldsymbol{P}(\boldsymbol{r}')}{|\boldsymbol{r}-\boldsymbol{r}'|}\right)\mathrm{d}V' \tag{2-38}$$

将式（2-38）与式（2-21）比较可见，式中第一项代表极化面电荷产生的电位，第二项表示极化体电荷产生的电位。由此求得极化电荷的面密度 $\sigma_{\boldsymbol{P}}$ 和体密度 $\rho_{\boldsymbol{P}}$ 分别为

$$\sigma_{\boldsymbol{P}}=\boldsymbol{P}\cdot\boldsymbol{e}_n\qquad 和\qquad \rho_{\boldsymbol{P}}=-\nabla\cdot\boldsymbol{P} \tag{2-39}$$

式中：$\boldsymbol{e}_n$ 为介质表面的外法线方向的单位矢量。

根据式（2-39）不难推出介质中任一闭合面的电极化强度的通量与闭合面包围的极化电荷 $q_{\boldsymbol{P}}$ 的关系为

$$q_{\boldsymbol{P}}=-\oint_S\boldsymbol{P}\cdot\mathrm{d}\boldsymbol{S} \tag{2-40}$$

在引入极化电荷密度的基础上，类比于自由电荷产生的电场，可进一步得到极化电荷在真空中所产生的极化电场，它的电位和场强分别为

$$\varphi(\boldsymbol{r})=\frac{1}{4\pi\varepsilon_0}\oint_{S'}\frac{\sigma_{\boldsymbol{P}}(\boldsymbol{r}')\mathrm{d}S'}{|\boldsymbol{r}-\boldsymbol{r}'|}+\frac{1}{4\pi\varepsilon_0}\int_{V'}\frac{\rho_{\boldsymbol{P}}(\boldsymbol{r}')}{|\boldsymbol{r}-\boldsymbol{r}'|}\mathrm{d}V' \tag{2-41}$$

和

$$\boldsymbol{E}(\boldsymbol{r})=\frac{1}{4\pi\varepsilon_0}\oint_{S'}\sigma_{\boldsymbol{P}}(\boldsymbol{r}')\frac{\boldsymbol{r}-\boldsymbol{r}'}{|\boldsymbol{r}-\boldsymbol{r}'|^3}\mathrm{d}S'+\frac{1}{4\pi\varepsilon_0}\int_{V'}\rho_{\boldsymbol{P}}(\boldsymbol{r}')\frac{\boldsymbol{r}-\boldsymbol{r}'}{|\boldsymbol{r}-\boldsymbol{r}'|^3}\mathrm{d}V' \tag{2-42}$$

最后需要强调的是，如果电介质的外加电场很强，介质中的束缚电荷将脱离它们的分子而自由移动，此时电介质就丧失了它的绝缘性能，这种现象称为介质击穿。使介质发生击穿的最小电场强度称为击穿场强，或称为电介质强度。各种介质的击穿场强各不同。表 2-1 列出了几种常见绝缘材料的击穿场强。

表 2-1　几种常见绝缘材料的击穿场强　(V/m)

电介质	空气	云母	陶瓷	橡胶	变压器油	玻璃	尼龙	聚乙烯	聚酯薄膜	纸	聚苯乙烯
击穿场强	3×10^6	100×10^6	10×10^6	40×10^6	12×10^6	$9\sim25\times10^6$	19×10^6	18×10^6	30×10^6	15×10^6	20×10^6

2.6　电位移矢量和介质中的高斯定律

2.3 节讨论了真空中静电场的高斯定律，但在一般情况下，电场并不总是处在真空中，而是可能存在于各种不同的媒质中。因此有必要研究这一更为普遍的情况，分析静电场是否仍然具有上述性质。

目前已经知道，电介质在静电场的作用下会发生极化现象。其结果是在介质内出现了极化电荷，从而影响了原来电场的大小及分布。也就是说，极化电荷也会产生电场，称为附加电场（或极化电场、二次电场），它叠加到原来的电场上，使原来的电场发生改变，而且附加电场总是削弱介质中的原电场。从上述分析可以意识到，介质中的静电场可以归结为自由电荷与极化电荷在真空中共同产生的静电场。这样，在介质内部，穿过任一闭合面 S 的电场强度通量就可改为

$$\oint_S \boldsymbol{E} \cdot \mathrm{d}\boldsymbol{S} = \frac{1}{\varepsilon_0}(q + q_{\boldsymbol{P}}) \tag{2-43}$$

式中：q 为闭合面 S 中的自由电荷量；$q_{\boldsymbol{P}}$ 为闭合面 S 中的极化电荷量。

将式（2-40）代入式（2-43），得

$$\oint_S (\varepsilon_0 \boldsymbol{E} + \boldsymbol{P}) \cdot \mathrm{d}\boldsymbol{S} = q \tag{2-44}$$

令 $\boldsymbol{D} = \varepsilon_0 \boldsymbol{E} + \boldsymbol{P}$，称为电位移矢量或电通密度，单位是 $\mathrm{C/m^2}$（库/米^2），则式（2-44）可改写为

$$\oint_S \boldsymbol{D} \cdot \mathrm{d}\boldsymbol{S} = q \tag{2-45}$$

式（2-45）称为介质中的高斯定律，通常简称为高斯定律。它表明：介质中穿过任一闭合面的电位移矢量的通量（简称为电通量）等于该闭合面包围的自由电荷的代数和，而与极化电荷无关。同时也表明了介质中的静电场是一有源场。

在式（2-45）中引进了场量 $\boldsymbol{D}$，其定义式为

$$\boldsymbol{D} = \varepsilon_0 \boldsymbol{E} + \boldsymbol{P} \tag{2-46}$$

式（2-46）也称为电介质的构成方程。当分析的场域中媒质为真空时，$\boldsymbol{P}=0$；当分析的场域中媒质为电介质时，$\boldsymbol{P}\neq 0$，并且其大小与周围的场强有关。

对于各向同性的线性介质，$\boldsymbol{P}$ 与 $\boldsymbol{E}$ 成正比，即 $\boldsymbol{P} = \chi_e \varepsilon_0 \boldsymbol{E}$，因而有

$$\boldsymbol{D} = \varepsilon_0 \boldsymbol{E} + \boldsymbol{P} = \varepsilon_0 \boldsymbol{E} + \chi_e \varepsilon_0 \boldsymbol{E} = \varepsilon_0 (1 + \chi_e) \boldsymbol{E}$$

令 $\varepsilon = (1 + \chi_e)\varepsilon_0$，可得到

$$\boldsymbol{D}=\varepsilon\boldsymbol{E} \tag{2-47}$$

式中：ε 称为电介质的介电常数，它是介质极化特征的表征。

由于极化率 χ_e 为正实数，因此所有的各向同性的线性介质的介电常数均大于真空的介电常数。再令 $\varepsilon_r=1+\chi_e$，则有

$$\varepsilon=\varepsilon_r\varepsilon_0 \tag{2-48}$$

式中：ε_r 为电介质相对于真空的介电常数，称为相对介电常数。

通常，$\varepsilon_r\geqslant 1$，无量纲。附表 2-1 列出了几种介质的相对介电常数的近似值。

在引入了电位移矢量 $\boldsymbol{D}$ 后，高斯定律在形式上撇开了电介质的影响。也就是说，式（2-45）的成立与否，与周围有无介质及介质是否均匀等性质均无关系。但是应当注意，这并不意味着 $\boldsymbol{D}$ 的分布与介质无关。一般来说，在电场中，如果电介质的分布改变，即使自由电荷的总量不变化，$\boldsymbol{D}$ 的分布也要改变，但是 $\boldsymbol{D}$ 的通量却不变。例如，图 2-12 所示的两个电场，场中导体形状相同，所带电荷量亦相同，但介质分布状况不同。此时它们的 $\boldsymbol{D}$ 的分布则完全不同，其电场强度的分布当然也完全不同。但是，通过包围导体闭合面的 S 的 $\boldsymbol{D}$ 的通量却完全相同。

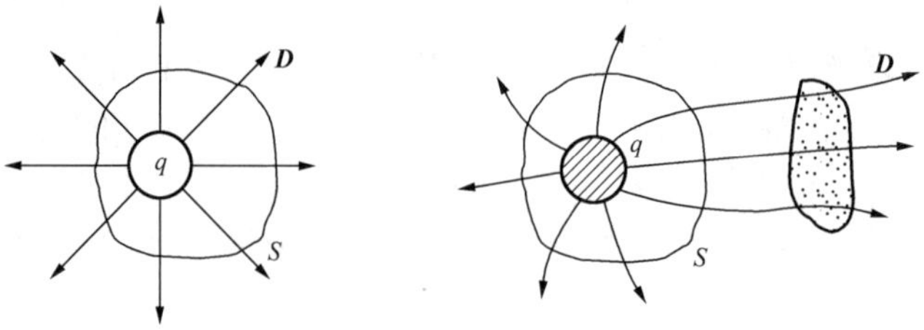

图 2-12 $\boldsymbol{D}$ 的分布与介质有关

利用矢量分析中的散度定理，同时考虑到 $q=\int_V\rho\,\mathrm{d}V$，将式（2-45）改写为

$$\int_V(\nabla\cdot\boldsymbol{D}-\rho)\,\mathrm{d}V=0 \tag{2-49}$$

由于式（2-49）对于任何体积均成立，所以被积函数应为零，从而求得

$$\nabla\cdot\boldsymbol{D}=\rho \tag{2-50}$$

式（2-50）即为介质中高斯定律的微分形式。它表明静电场中任一点上的电通密度的散度等于该点的自由电荷体密度，也说明介质中的静电场是一有散场。

对于均匀、各向同性的线性介质，由于 $\boldsymbol{D}=\varepsilon\boldsymbol{E}$，高斯定律的积分式又可写成

$$\oint_S\varepsilon\boldsymbol{E}\cdot\mathrm{d}\boldsymbol{S}=q \tag{2-51}$$

或

$$\oint_S\boldsymbol{E}\cdot\mathrm{d}\boldsymbol{S}=q/\varepsilon \tag{2-52}$$

比较式（2-52）与式（2-24），可见当场源的自由电荷分布相同时，介质中的电场较真空中相应的电场缩小 $\varepsilon/\varepsilon_0=\varepsilon_r$ 倍。据此可推得，均匀介质中一个位于原点的点电荷在 r 引起的电场强度和电位分别为

$$\boldsymbol{E}=\frac{q}{4\pi\varepsilon r^2}\boldsymbol{e}_r \tag{2-53}$$

和

$$\varphi=\frac{q}{4\pi\varepsilon r} \tag{2-54}$$

可见，这里只不过是将真空中电场的表达式中的 ε_0 用 ε 代替而已。

【例 2-7】 有一同轴电缆，其长度远大于截面半径。已知内导体半径、外导体半径分别为 a 和 b，中间充填的介质的介电常数为 ε。试求介质中的电场强度和内外导体间的电压。

解 设内导体表面、外导体表面单位长度上的电荷分别为 $+\tau$ 和 $-\tau$。根据题设，本例的电场分布具有圆柱对称性，因此可以应用高斯定律求解。首先，作一个与电缆同轴且截面半径为 ρ（$a<\rho<b$）、长度为 l 的圆柱形面为高斯面。在高斯面上 $\boldsymbol{D}$ 的数值相同，方向为柱面的外法线方向。然后由高斯定律可求得两导体内离轴线 ρ 远处的电位移为

$$\boldsymbol{D}=\frac{\tau}{2\pi\rho}\boldsymbol{e}_\rho \tag{1}$$

所以有

$$\boldsymbol{E}=\frac{\boldsymbol{D}}{\varepsilon}=\frac{\tau}{2\pi\varepsilon\rho}\boldsymbol{e}_\rho \quad (a<\rho<b) \tag{2}$$

内外导体间的电压 U_0 为

$$U_0=\int_a^b \boldsymbol{E}\cdot \mathrm{d}\boldsymbol{l}=\int_a^b \frac{\tau}{2\pi\varepsilon\rho}\mathrm{d}\rho=\frac{\tau}{2\pi\varepsilon}\ln\frac{b}{a} \tag{3}$$

将式（3）进行转换，可得

$$\tau=\frac{U_0 2\pi\varepsilon}{\ln(b/a)} \tag{4}$$

将式（4）关系代入式（2），得

$$\boldsymbol{E}=\frac{U_0}{\rho\ln(b/a)}\boldsymbol{e}_\rho \tag{5}$$

在介质中电场强度的大小与 ρ 成反比。

在内导体表面（$\rho=a$），电场强度出现最大值，即

$$\boldsymbol{E}_{\max}=\frac{U_0}{a\ln(b/a)}$$

2.7　静电场的基本方程

根据前面几节所讲内容，可把静电场的基本规律归纳为式（2-55）、式（2-56）和式（2-57）、式（2-58）两组基本方程

$$\oint_l \boldsymbol{E}\cdot \mathrm{d}\boldsymbol{l}=0 \tag{2-55}$$

$$\oint_S \boldsymbol{D}\cdot \mathrm{d}\boldsymbol{S}=q \tag{2-56}$$

和

$$\nabla\times\boldsymbol{E}=0 \tag{2-57}$$

$$\nabla\cdot\boldsymbol{D}=\rho \tag{2-58}$$

且媒质的构成方程为

$$\boldsymbol{D}=\varepsilon\boldsymbol{E}\quad（在各向同性线性介质中）\tag{2-59}$$

式（2-55）和式（2-56）都是用积分形式表示的，称为积分形式的静电场基本方程；式（2-57）和式（2-58）都是用微分形式表示的，称为微分形式的静电场基本方程。

式（2-55）表明，静电场中电场强度 $\boldsymbol{E}$ 沿任意闭合环路的曲线积分恒等于零。虽然该式是在讨论真空中电场时得到的，但是在有电介质存在的电场中仍然成立。另外，由该式还可得知，静电场的 $\boldsymbol{E}$ 线不可能是闭合线，因为如果 $\boldsymbol{E}$ 线闭合，则沿 $\boldsymbol{E}$ 线取场强 $\boldsymbol{E}$ 的闭合有向曲线积分的值不可能为零。式（2-57）表示的电场强度的旋度等于零，说明了静电场具有无旋性，是一无旋场。

式（2-56）表明，电通密度 $\boldsymbol{D}$ 的闭合面积分（即电通量）等于闭合面内所包围的总自由电荷，说明了静电场具有有源性，是一个有源场。根据前面分析，用 $\boldsymbol{D}$ 线可描述场的情况，$\boldsymbol{D}$ 线应从正的自由电荷出发，终止于负的自由电荷。

综上所述，静电场的基本方程描述了静电场的性质，即有源性（散度）和无旋性。它的积分形式描述了场的整体情况；而微分形式描述了场内的各点及其邻域的场量的情况，较积分形式更便于进行分析和计算。

【例 2-8】 已知球坐标系中空间电场分布为

$$\boldsymbol{E}=\begin{cases} r^3\boldsymbol{e}_r & r\leqslant a \\ \dfrac{a^3}{r^2}\boldsymbol{e}_r & r\geqslant a \end{cases}$$

试求空间的电荷密度。

解 采用球坐标系，电场强度方向与 $\boldsymbol{r}$ 方向相同，与 θ、ϕ 无关，利用高斯定律的微分形式，见式（2-58），得

$$\rho(r)=\varepsilon_0\nabla\cdot\boldsymbol{E}=\varepsilon_0\frac{1}{r^2}\frac{\mathrm{d}}{\mathrm{d}r}(r^2E_r)$$

那么，在 $r\leqslant a$ 区域中电荷密度为

$$\rho(r)=\varepsilon_0\frac{1}{r^2}\frac{\mathrm{d}}{\mathrm{d}r}(r^5)=5\varepsilon_0 r^2$$

在 $r\geqslant a$ 区域中电荷密度为

$$\rho(r)=\varepsilon_0\frac{1}{r^2}\frac{\mathrm{d}}{\mathrm{d}r}(a^5)=0$$

2.8 不同介电媒质分界面上的边界条件

在实际的静电场中，空间往往分布着两种或多种媒质（导体和介质）。在这种情况下需要把整个场域空间划分为若干个不同区域来研究。在不同的区域中，电场具有不同的特点。而在不同区域的分界面处，场量往往要发生突变。因此要计算整个区域中的电场，必须了解区域分界面上电场所应满足的条件，即分界面两侧的静电场之间满足的关系，这个关系就叫做边界条件。本节的目的便是推导从一个区域到另一个区域分界面上电场的变化规律。由于在分界面上场量不再是连续可微分的，故静电场基本方程的微分形式不再适用，但是方程的

积分形式仍然成立。下面将依据积分形式的基本方程来导出分界面上的边界条件。

首先分析电场强度在两种不同介质分界面上必须满足的边界条件。在图 2-13 中，取分界面上的 P 点作为研究对象。设在两种介质中紧挨 P 点的电场强度分别为 $\boldsymbol{E}_1$ 和 $\boldsymbol{E}_2$。把电场强度分成两个分量，与分界面平行的称为切线分量（$\boldsymbol{E}_{1t}$ 和 $\boldsymbol{E}_{2t}$），与分界面垂直的称为法线分量（$\boldsymbol{E}_{1n}$ 和 $\boldsymbol{E}_{2n}$）。作一包围 P 点的狭小矩形，使它的轴线与分界面重合，矩形的短边 $\Delta h \to 0$，其长边 Δl 也作得很短，使 Δl 上各点的场强可以被认为是相等。这样，根据静电场的无旋性，沿矩形边界求 $\boldsymbol{E}$ 的线积分，可得

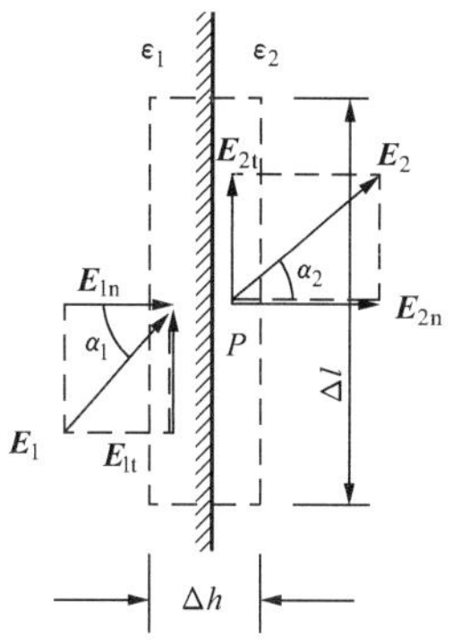

图 2-13　在介质分界面上应用环路定理

$$\boldsymbol{E}_{1t}\Delta l - \boldsymbol{E}_{2t}\Delta l = \boldsymbol{0}$$

从而有

$$\boldsymbol{E}_{1t} = \boldsymbol{E}_{2t} \tag{2-60}$$

式（2-60）表明：在两种介质的分界面上，电场强度的切线分量是连续的。

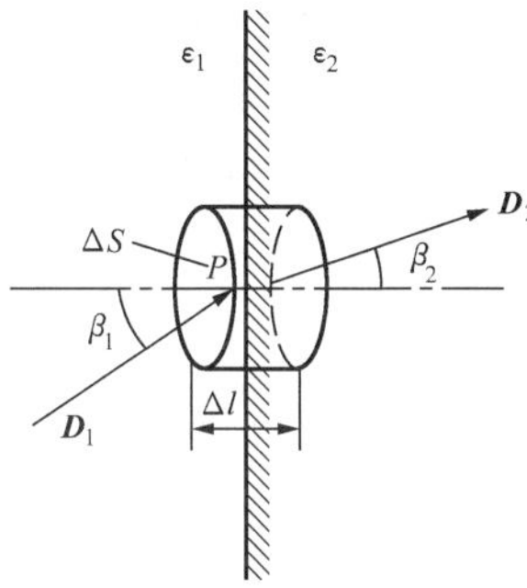

图 2-14　在介质分界面上应用高斯定律

其次讨论电位移矢量 $\boldsymbol{D}$ 在两种不同介质分界面上必须满足的条件。仍取分界面上 P 点作为研究对象。设在两种介质中紧挨 P 点的电位移矢量分别是 $\boldsymbol{D}_1$ 和 $\boldsymbol{D}_2$，它们相对于分界面的切线分量和法线分量分别为 $\boldsymbol{D}_{1t}$、$\boldsymbol{D}_{1n}$ 和 $\boldsymbol{D}_{2t}$、$\boldsymbol{D}_{2n}$。作一包围 P 点的小扁圆柱，它的厚度 $\Delta l \to 0$，左右两个面的面积均为 ΔS，如图 2-14 所示。柱体的闭合表面所包住的电荷应为 $\left[\sigma\Delta S + \frac{1}{2}(\rho_1 + \rho_2)V\right]$，这里的 V 为扁圆柱体的体积，σ 为分界面上的自由电荷密度，ρ_1 和 ρ_2 分别为两种介质内的电荷体密度。由于小扁圆柱体的体积很小，因此后面一项可以忽略不计。应用高斯定律于圆柱表面，可得

$$-\boldsymbol{D}_{1n}\Delta S + \boldsymbol{D}_{2n}\Delta S = \sigma\Delta S$$

从而有

$$\boldsymbol{D}_{2n} - \boldsymbol{D}_{1n} = \sigma \tag{2-61}$$

若分界面上不存在面分布的自由电荷，即 $\sigma = 0$，则式（2-61）可写成

$$\boldsymbol{D}_{2n} = \boldsymbol{D}_{1n} \tag{2-62}$$

现在设两种介质均为线性且各向同性，它们的介电常数分别为 ε_1 和 ε_2，则有 $\boldsymbol{D}_1 = \varepsilon_1\boldsymbol{E}_1$，$\boldsymbol{D}_2 = \varepsilon_2\boldsymbol{E}_2$，这样在图 2-13 和图 2-14 中，应有 $\alpha_1 = \beta_1$，$\alpha_2 = \beta_2$。这时，式（2-60）和式（2-62）所表达的条件可分别写成

$$\boldsymbol{E}_1\sin\alpha_1 = \boldsymbol{E}_2\sin\alpha_2 \quad 和 \quad \varepsilon_1\boldsymbol{E}_1\cos\alpha_1 = \varepsilon_2\boldsymbol{E}_2\cos\alpha_2$$

两式相除，可得

$$\frac{\tan\alpha_1}{\tan\alpha_2} = \frac{\varepsilon_1}{\varepsilon_2} \tag{2-63}$$

式（2-63）称为静电场的折射定律。它适用于无自由电荷分布的两种电介质分界面。

【例 2-9】 设两种介质的分界面为平面，介质常数分别为 $\varepsilon_1 = 4\varepsilon_0$ 和 $\varepsilon_2 = 5\varepsilon_0$。如果已知

分界面处的 $\boldsymbol{E}_2=20\boldsymbol{e}_x+40\boldsymbol{e}_y$（V/m），试求 $\boldsymbol{E}_1$、$\boldsymbol{D}_1$ 及 $\boldsymbol{D}_2$。

解 设分界面为 $x=0$ 的平面，则

$$E_{2t}=40 \qquad E_{2n}=20$$

利用媒质的构成方程，得

$$D_{2t}=200\varepsilon_0 \qquad D_{2n}=100\varepsilon_0$$

根据介质分界面上的边界条件

$$E_{1t}=E_{2t}=40 \qquad D_{1n}=D_{2n}=100\varepsilon_0$$

由此可得

$$D_{1t}=40\varepsilon_1=160\varepsilon_0 \qquad E_{1n}=100\varepsilon_0/\varepsilon_1=25$$

最后得

$$\boldsymbol{E}_1=25\boldsymbol{e}_x+40\boldsymbol{e}_y\text{(V/m)}$$

$$\boldsymbol{D}_1=\varepsilon_1\boldsymbol{E}_1=(100\boldsymbol{e}_x+160\boldsymbol{e}_y)\varepsilon_0\text{(C/m}^2\text{)}$$

$$\boldsymbol{D}_2=\varepsilon_2\boldsymbol{E}_2=(100\boldsymbol{e}_x+200\boldsymbol{e}_y)\varepsilon_0\text{(C/m}^2\text{)}$$

在实际应用中常常碰到导体与介质的分界面，现在将不同介质的分界面上的边界条件应用于此。依照上述的推导过程，并考虑到导体内部电场强度和电位移都必须为零（即 $\boldsymbol{E}_1=0$，$\boldsymbol{D}_1=0$），导体带电时其电荷只能分布在表面（即分界面）等特征，可以导得

$$E_{2t}=0 \text{ 和 } D_{2t}=0 \tag{2-64}$$

$$E_{2n}=\sigma/\varepsilon \text{ 和 } D_{2n}=\sigma \tag{2-65}$$

式中：σ 为导体表面的自由电荷的面密度；ε 为介质的介电常数。

式（2-64）和式（2-65）说明了在导体与介质的分界面处，电场强度 $\boldsymbol{E}$ 与电位移矢量 $\boldsymbol{D}$ 都垂直于导体表面，且电位移的量值就等于该点的电荷面密度。

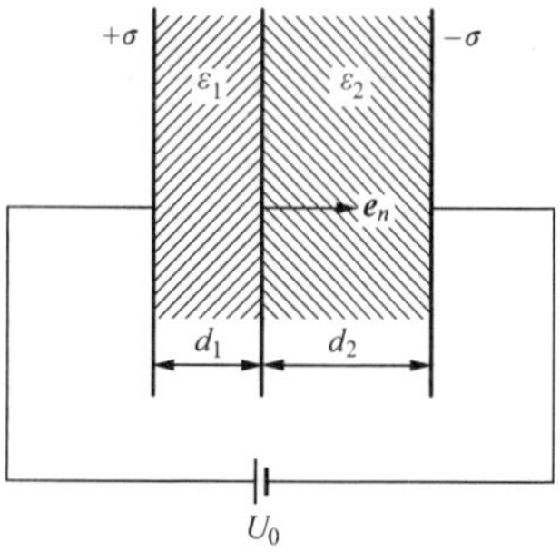

图 2-15 【例 2-10】图

【例 2-10】 在图 2-15 所示的平行板电容器中，充有两种不同的介质，介电常数分别为 ε_1 和 ε_2，介质的分界面与极板平行。设电容器外施电压为 U_0，试求两种介质中的电场强度以及极板上的电荷面密度。

解 在两种介质中，电位移矢量 $\boldsymbol{D}_1=\boldsymbol{D}_2$，但电场强度不相等。要求得 $\boldsymbol{E}_1$ 和 $\boldsymbol{E}_2$，根据所给定的电压 U_0，同时应用不同介质分界面上的边界条件 $D_{2n}=D_{1n}$ 可以列出联立方程为

$$\begin{cases} E_1d_1+E_2d_2=U_0 \\ \varepsilon_1E_1=\varepsilon_2E_2 \end{cases}$$

由此得

$$E_1=\frac{\varepsilon_2U_0}{\varepsilon_1d_2+\varepsilon_2d_1}$$

和

$$E_2=\frac{\varepsilon_1U_0}{\varepsilon_1d_2+\varepsilon_2d_1}$$

正极板上的电荷密度为

$$\sigma=D_{1n}=\varepsilon_1E_1=\frac{\varepsilon_1\varepsilon_2U_0}{\varepsilon_1d_2+\varepsilon_2d_1}$$

负极板上的电荷密度为

$$\sigma' = -D_{2n} = -\varepsilon_2 E_2 = -\sigma$$

最后讨论电位在分界面上的边界条件。由电场强度与电位的关系可得

$$E_n = -\nabla\varphi \cdot \boldsymbol{e}_n = -\frac{\partial\varphi}{\partial n} \qquad E_t = -\nabla\varphi \cdot \boldsymbol{e}_t = -\frac{\partial\varphi}{\partial t}$$

将其代入到电场的边界条件中去，便可得到以电位表示的边界条件。

对两种不同媒质的分界面，由 $E_{1t} = E_{2t}$ 得 $\dfrac{\partial\varphi_1}{\partial t} = \dfrac{\partial\varphi_2}{\partial t}$，等式两边分别对 t 积分，得

$$\varphi_1 = \varphi_2 + C$$

式中：C 为积分常数。

因为 $\boldsymbol{E}$ 总是有限值，故分界面两侧距离趋于无限小的两点电位差为零，此积分常数为零，即

$$\varphi_1 = \varphi_2 \tag{2-66}$$

又由 $D_{2n} - D_{1n} = \sigma$，得

$$\varepsilon_1 \frac{\partial\varphi_1}{\partial n} - \varepsilon_2 \frac{\partial\varphi_2}{\partial n} = \sigma \tag{2-67}$$

当分界面上无电荷分布时，有

$$\varepsilon_1 \frac{\partial\varphi_1}{\partial n} = \varepsilon_2 \frac{\partial\varphi_2}{\partial n} \tag{2-68}$$

相应地，对于导体与介质的分界面，边界条件也可以由电位函数表示为

$$\varphi_1 = \varphi_2 = \text{常数} \tag{2-69}$$

$$\sigma = -\varepsilon_2 \frac{\partial\varphi_2}{\partial n} \tag{2-70}$$

其中，第一种媒质为导体，n 为法线方向，且由导体指向介质。

本 章 小 结

（1）相对于观察者静止的且电量不随时间变化的电荷所产生的电场为静电场。静电场是电磁场的一种特殊情况。

静电场的基础是库仑定律

$$\boldsymbol{f} = \frac{q_1 q_2 \boldsymbol{e}_r}{4\pi\varepsilon_0 r^2}$$

静电场的基本场量是电场强度

$$\boldsymbol{E}(x,y,z) = \lim_{q_t \to 0} \frac{\boldsymbol{f}(x,y,z)}{q_t}$$

真空中位于原点的点电荷 q 在 r 处引起的电场强度为

$$\boldsymbol{E}(\boldsymbol{r}) = \frac{q}{4\pi\varepsilon_0 r^2}\boldsymbol{e}_r$$

连续分布的电荷引起的电场强度可表示为

$$\boldsymbol{E}(\boldsymbol{r})=\frac{1}{4\pi\varepsilon_0}\cdot\int_{\Omega}\frac{\boldsymbol{r}-\boldsymbol{r}'}{|\boldsymbol{r}-\boldsymbol{r}'|^3}\mathrm{d}q$$

其中，$\mathrm{d}q$ 可以是$\rho(\boldsymbol{r}')\mathrm{d}V'$、$\sigma(\boldsymbol{r}')\mathrm{d}S'$、$\tau(\boldsymbol{r}')\mathrm{d}l'$或它们的组合。

（2）根据库仑定律首先可导出真空中的静电场的环路定理

$$\oint_l \boldsymbol{E}\cdot\mathrm{d}\boldsymbol{l}=0$$

也称为静电场的无旋性。

由此引入电位函数来表征静电场

$$\varphi_{\mathrm{A}}=\int_A^B \boldsymbol{E}\cdot\mathrm{d}\boldsymbol{l}\quad(B\text{ 点为参考点})$$

电位函数与电场强度的关系为

$$\boldsymbol{E}=-\nabla\varphi$$

（3）通过引入电场强度通量

$$\psi_E=\int_S \boldsymbol{E}\cdot\mathrm{d}\boldsymbol{S}$$

得出真空中高斯定律

$$\oint_S \boldsymbol{E}\cdot\mathrm{d}\boldsymbol{S}=\frac{q}{\varepsilon_0}\quad\text{和}\quad\nabla\cdot\boldsymbol{E}=\frac{\rho}{\varepsilon_0}$$

它是静电场的另一基本方程，表明了真空中静电场为一有源场或有散场。

（4）场图能形象地描绘出场的分布情况。场图中最常见的是电场强度线和等电位面或等电位线。电场强度线对应的微分方程

$$\frac{\mathrm{d}x}{E_x}=\frac{\mathrm{d}y}{E_y}=\frac{\mathrm{d}z}{E_z}$$

由电位相等的点形成的曲面或曲线，就称为等位面或等位线。其方程为

$$\varphi(x,y,z)=C$$

（5）场的分布与空间的导体和电介质的情况有关。在静电场中导体内部电场强度为零，导体为等位体，导体表面有感应电荷，从而影响空间场的分布。而介质在静电场中发生了极化现象。极化的程度可用极化强度 $\boldsymbol{P}$ 表示

$$\boldsymbol{P}=\lim_{\Delta V\to 0}\frac{\sum\boldsymbol{p}}{\Delta V}$$

极化后引起了极化电荷（束缚电荷），它对应的体密度和面密度与极化强度之间的关系分别为

$$\rho_{\mathrm{P}}=-\nabla\cdot\boldsymbol{P}\qquad\sigma_{\mathrm{P}}=\boldsymbol{P}\cdot\boldsymbol{e}_n$$

极化电荷与自由电荷一样在周围空间产生电场，从而影响了原来静电场的分布。

考虑介质的影响，引入电位移矢量

$$\boldsymbol{D}=\varepsilon_0\boldsymbol{E}+\boldsymbol{P}$$

对于均匀、各向同性的线性介质

$$\boldsymbol{D}=\varepsilon\boldsymbol{E}$$

由此导出介质中的高斯定律

$$\oint_S \boldsymbol{D}\cdot\mathrm{d}\boldsymbol{S}=q\quad\text{和}\quad\nabla\cdot\boldsymbol{D}=\rho$$

也就是一般形式的高斯定律。

（6）静电场的基本方程

积分形式　　$\oint_l \boldsymbol{E}\cdot \mathrm{d}\boldsymbol{l}=0$　　$\oint_S \boldsymbol{D}\cdot \mathrm{d}\boldsymbol{S}=q$

微分形式　　$\nabla\times\boldsymbol{E}=0$　　$\nabla\cdot\boldsymbol{D}=\rho$

对于各向同性线性介质中

$$\boldsymbol{D}=\varepsilon\boldsymbol{E}$$

在不同介质分界面上，场量满足的边界条件为

$$\boldsymbol{E}_{1\mathrm{t}}=\boldsymbol{E}_{2\mathrm{t}}$$

$$\boldsymbol{D}_{2\mathrm{n}}-\boldsymbol{D}_{1\mathrm{n}}=\sigma$$

相应地，用电位 φ 表示的边界条件为

$$\varphi_1=\varphi_2$$

$$\varepsilon_1\frac{\partial\varphi_1}{\partial n}-\varepsilon_2\frac{\partial\varphi_2}{\partial n}=\sigma$$

习　题

2.1　真空中有三个点电荷分别为 q_1、q_2 和 q_3，已知：$q_1=1\mathrm{C}$，位于 $P(0, 0, 1)$ 处；$q_2=1\mathrm{C}$，位于 $P_2(1, 0, 1)$ 处；$q_3=4\mathrm{C}$，位于 $P_3(0, 1, 0)$ 处；试求 $P(0, -1, 0)$ 处的电场强度。

2.2　真空中有一密度为 $2\pi(\mathrm{nC/m})$ 无限长线电荷沿 y 轴放置；另有两个密度分别为 $0.1(\mathrm{nC/m^2})$ 和 $-0.1(\mathrm{nC/m^2})$ 的无限大带电平面，分别位于 $z=3\mathrm{m}$ 和 $z=-4\mathrm{m}$ 处。试求点（1，7，2）处的电场强度 $\boldsymbol{E}$。

2.3　已知真空中的电场强度为 $\boldsymbol{E}=Cy\boldsymbol{e}_x+Cx\boldsymbol{e}_y$，$C$ 为常数，试求 $A(2, 0, 0)$、$B(-1, 4, 2)$ 两点之间的电位差。

2.4　半径为 a 的均匀带电圆盘，电荷面密度为 σ，试求圆盘轴线上任一点的电位和电场强度，并分析 $a\to\infty$ 时的电场分布。

2.5　已知电位函数 $\varphi=\dfrac{10}{x+y^2+z^3}$，试求电场强度 $\boldsymbol{E}$，并计算在（0，0，2）及（5，3，2）点处的 $\boldsymbol{E}$ 值。

2.6　某一静电场，电场强度线（$\boldsymbol{E}$ 线）的方程为

$$(x-3)\mathrm{d}y-(y+2)\mathrm{d}x=0$$

试求此电场的电位表达式。

2.7　用双层介质制成的同轴电缆如图 2-16 所示，介电常数 $\varepsilon_1=4\varepsilon_0$，$\varepsilon_2=2\varepsilon_0$。内导体、外导体单位长度上所带电荷分别为 τ 和 $-\tau$，试求：

（1）各个区域中的电场强度与电通密度。

（2）两种介质中的电极化强度。

（3）极化电荷及其密度。

2.8　有一平行板电容器，两极板距离 $AB=3d$，中间平行地放入两块薄金属片 C、D，且 $AC=CD=DB=d$（见图 2-17），现将 AB 两板接到电源，充电到电压 U_0 之后去掉电源。

这时 AC、CD、BD 间电压各为多少?C、D 上有无电荷?如何分布?AC、CD、BD 间电场强度各为多少?

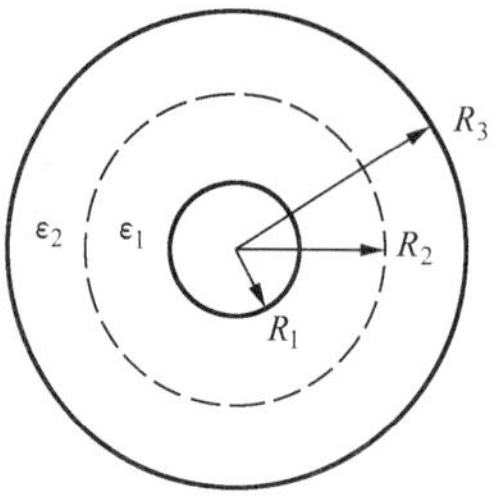

图 2-16 题 2.7 图

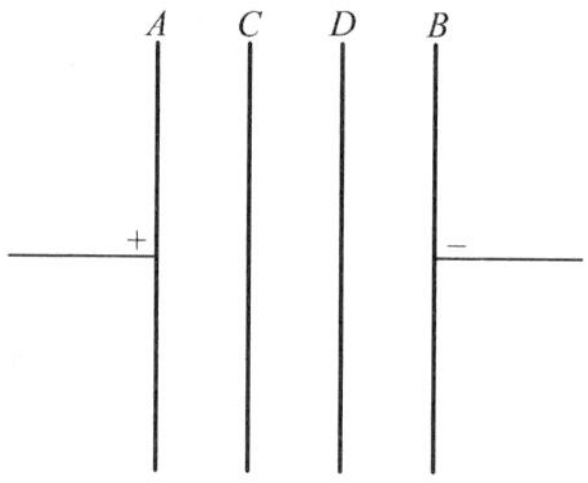

图 2-17 题 2.8 图

若用导线将 C、D 两片连接,随即再断开,重新回答上述问题。

若再用导线将 A、B 两板连接,随即再断开,再重新回答上述问题。

若先用导线将 C、D 两片连接,再将 A、B 两板接到电源充电到电压 U_0 后,去掉电源,断开导线,请再回答上述问题。

2.9 一个半径为 a、介电常数为 ε 的电介质球,其中的极化强度 $\boldsymbol{P}=\dfrac{A}{r}\boldsymbol{e}_r$。试求:

(1) 极化电荷的体密度和面密度。

(2) 自由电荷的体密度。

(3) 球内、外的电位。

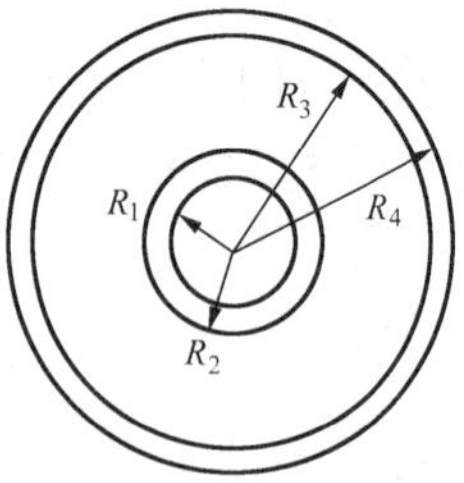

图 2-18 题 2.10 图

2.10 两同心导体球壳,内壳带电荷 q_1,外壳带电荷 q_2,如图 2-18 所示。试求:

(1) 各处的电场强度和电位。

(2) 两球壳上的电荷分布。

(3) 若外球壳接地,重新求解 (1)、(2)。

(4) 若内球壳接地,再次求解 (1)、(2)。

2.11 有一具有两层介质的同轴电缆,内外半径 $R_1=1\text{cm}$,$R_2=4\text{cm}$,两层介质交界面的半径为 $R=2.5\text{cm}$,介质的介电常数内层为 $5.5\varepsilon_0$,外层为 $2.2\varepsilon_0$。试求最大电场强度与最小电场强度的比值。

2.12 半径为 a 的均匀带电球中,有体密度为 ρ 的电荷。与它偏心的地方存在一个半径为 b 的球形空腔,空腔中心与带电球中心的距离为 d,且 $d+b<a$,试求空腔中的电场强度。

2.13 从静电场基本方程出发,试证明当电介质均匀时,极化电荷体密度 ρ_P 存在的条件是自由电荷的体密度 ρ 不为零,且有关系式 $\rho_P=-(1-\varepsilon_0/\varepsilon)\rho$。

2.14 试求下列电场中的电荷体密度:

(1) 在平行板导体之间,已知 $\boldsymbol{E}=-(2ax+b)\ \boldsymbol{e}_x$。

(2) 在同轴圆柱导体之间,已知 $\boldsymbol{E}=-\dfrac{A}{\rho}\boldsymbol{e}_\rho$。

(3) 在同心球壳之间,已知 $\varphi=Ar^2\sin\theta\cos\phi$。

2.15 两种介质分界面为平面,$\varepsilon_1=4\varepsilon_0$,$\varepsilon_2=2\varepsilon_0$。已知分界面一侧的电场强度 $\boldsymbol{E}_1=100\text{V/m}$,其方向与分界面垂直,试求分界面另一侧的电场强度 $\boldsymbol{E}_2$,以及分界面上的极化面电荷密度 σ_P。

第 3 章　静电场的计算问题

第 2 章主要讨论了根据电荷分布求解静电场的几种途径。但是实际中，很多电磁场问题通常并不知道电荷分布，如静电场中导体表面的感应电荷分布、介质极化后极化电荷的分布等，此时，只能根据边界条件，通过求解电位所满足的微分方程获得电场的分布特性。本章首先介绍电位微分方程及其解的唯一性，得到静电场解的唯一性定理。然后在此基础上，介绍两种重要的特殊解法：镜像法和电轴法。其中，镜像法可以解决点电荷与接地导体球、孤立导体球、接地导体平面的镜像问题，而且可以解决电介质中的镜像问题；而电轴法则可以解决带有等值异号的两根平行的长圆柱导体周围的场分布问题。

在掌握场分布解答的基础上，本章还将继续讨论工程电磁场问题所关注的电容、部分电容、静电能量及其能量密度，以及电场力等问题，并将给出相应的计算方法与计算公式。最后，将对架空地线的作用作进一步地分析计算。

3.1　静电场解的唯一性定理

本节首先根据静电场的基本方程推求电位满足的基本方程。第 2 章根据静电场的无旋性引入一个标量函数——电位来分析电场问题，并且电场强度与电位之间有关系式 $\boldsymbol{E}=-\nabla\varphi$ 。既然电位可以来描述静电场，因此它应满足静电场的基本方程。

引入电位 φ 时，已经符合了静电场的一个基本方程 $\nabla\times\boldsymbol{E}=0$，故只要再考虑另一基本方程，即高斯定律 $\nabla\cdot\boldsymbol{D}=\rho$ 就可以了，现将 $\boldsymbol{E}=-\nabla\varphi$ 代入得

$$\nabla\cdot\boldsymbol{D}=\nabla\cdot\varepsilon\boldsymbol{E}=\nabla\cdot\varepsilon(-\nabla\varphi)=\rho$$

对于均匀介质，ε 为常数，故

$$\nabla\cdot(\nabla\varphi)=\nabla^2\varphi=-\rho/\varepsilon \tag{3-1}$$

式（3-1）称为静电场中电位 φ 的泊松方程。式中，∇^2 称为拉普拉斯算子，在直角坐标系中，有

$$\nabla^2\varphi=\frac{\partial^2\varphi}{\partial x^2}+\frac{\partial^2\varphi}{\partial y^2}+\frac{\partial^2\varphi}{\partial z^2}$$

对于场中无自由电荷分布的区域，由于 $\rho=0$，因此式（3-1）变为

$$\nabla^2\varphi=0 \tag{3-2}$$

式（3-2）即为静电场中电位 φ 的拉普拉斯方程。

式（3-2）与式（3-1）一起被称为电位满足的基本方程，简称为电位方程。它的求解方法有很多种，问题是这些方法得到的解是否正确、唯一，此即为接下来将要研究的静电场解的唯一性问题。这里将主要探求所求得的静电场问题的解在满足什么条件下，它是确定的，而且是唯一的，而这正是静电场唯一性定理回答的内容。

静电场唯一性定理表明：凡满足下述条件的电位函数 φ ，便是给定静电场的唯一解。

（1）在场域空间满足电位方程 $\nabla^2\varphi=0$ 或 $\nabla^2\varphi=-\rho/\varepsilon$ 。对于分区均匀的场域，应分别

满足每个分区场域中的方程。

（2）在不同介质（ε_i 和 ε_j）的分界面上，当界面上不存在自由面电荷时，符合边界条件

$$\varphi_i=\varphi_j \qquad \varepsilon_i\frac{\partial\varphi_i}{\partial n}=\varepsilon_j\frac{\partial\varphi_j}{\partial n} \tag{3-3}$$

（3）在场域边界上，满足给定边值条件：

第一类边值条件是整个边界上的电位已知，即

$$\varphi\Big|_S=f_1(s)$$

称为狄里赫利边界条件。具体的，就是给定每一边界表面的电位值，即

$$\varphi\Big|_{S_i}=C_i \qquad \text{（已知值）} \tag{3-4}$$

在不同介质的分界面上，电位满足式（3-3）的边界条件。当电荷分布于有限空间时，在场的无限远边界处电位为零，即

$$\varphi\Big|_{r_\infty}=0 \tag{3-5}$$

第二类边值条件是整个边界上的电位的法向导数已知，即

$$\frac{\partial\varphi}{\partial n}\Big|_S=f_2(s)$$

称为诺伊曼边界条件。具体的，就是给定每一边界表面的自由电荷面密度，即

$$-\varepsilon\frac{\partial\varphi}{\partial n}\Big|_{S_i}=\sigma_i \qquad \text{（已知值）} \tag{3-6}$$

类似于这类条件的还有给定每一导体的总电荷量，这时有

$$\oint_{S_i}-\varepsilon\frac{\partial\varphi}{\partial n}\mathrm{d}S=q_i \tag{3-7}$$

$$\varphi\Big|_{S_i}=K_i \qquad \text{（未知常数）} \tag{3-8}$$

在不同介质的分界面上，电位仍然满足式（3-3）的边界条件。

第三类边值条件是指边界上的一部分电位是已知的，而另一部分电位的法向导数是已知的，即

$$\left(\varphi+\frac{\partial\varphi}{\partial n}\right)\Big|_S=f_3(s) \tag{3-9}$$

称为混合边界条件。具体地，就是给定某些边界表面的电位值，以及其他另外边界表面的总电荷量（或另外某些边界表面的自由电荷面密度），即式（3-4）、式（3-6）、式（3-7）和式（3-8）应同时成立。

在不同介质的分界面上，电位依然满足式（3-3）的边界条件。

上述各项可简单综述：在静电场中凡满足电位微分方程和给定边界条件的解，是给定静电场的唯一解，这就是静电场解的唯一性定理。

现在对唯一性定理进行证明。证明采用的方法是反证法（归谬法）。即假设存在两个解，然后证明，如果存在两个解的话，则这两个解必相等，亦即解为唯一的。

为了简单起见，假设空间只有一种均匀介质，且场域边界是导体边界。考虑一个闭合的

静电多导体系统如图 3-1 所示。在闭合的导体面 S_0 内包含 n 个导体 1、2、…、k、…、n，导体以外的空间充满介电常数为 ε 的介质。各导体面上的电位和电荷值分别用 φ_0、φ_1、φ_2、…、φ_k、…、φ_n 和 q_0、q_1、q_2、…、q_k、…、q_n 来表示。

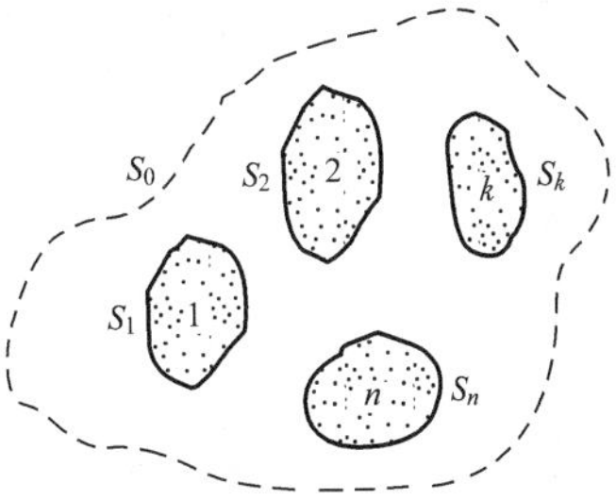

图 3-1 闭合的静电多导体系统

设有两个解 φ' 和 φ''，它们都满足电位的微分方程和边界条件，即

$$\nabla^2\varphi'=0 \quad 及 \quad \nabla^2\varphi''=0$$

和

$$\varphi'\Big|_{S_k}=\varphi_k$$

（或 $\oint_{S_k}-\varepsilon\dfrac{\partial\varphi'}{\partial n}\mathrm{d}S=q_k$，$\varphi'\Big|_{S_k}$ 为待定常数）

$$\varphi''\Big|_{S_k}=\varphi_k$$

（或 $\oint_{S_k}-\varepsilon\dfrac{\partial\varphi''}{\partial n}\mathrm{d}S=q_k$，$\varphi''\Big|_{S_k}$ 为待定常数）

现考虑 φ' 和 φ'' 的差 $\varphi=\varphi'-\varphi''$，则有

$$\nabla^2\varphi=\nabla^2(\varphi'-\varphi'')=\nabla^2\varphi'-\nabla^2\varphi''=0$$

且

$$\varphi\Big|_{S_k}=(\varphi'-\varphi'')\Big|_{S_k}=\varphi'\Big|_{S_k}-\varphi''\Big|_{S_k}=\varphi_k-\varphi_k=0$$

或

$$\varphi\Big|_{S_k}=\varphi'\Big|_{S_k}-\varphi''\Big|_{S_k} \qquad 为待定常数$$

$$\oint_{S_k}-\varepsilon\frac{\partial\varphi}{\partial n}\mathrm{d}S=\oint_{S_k}-\varepsilon\frac{\partial\varphi'}{\partial n}\mathrm{d}S+\oint_{S_k}-\varepsilon\frac{\partial\varphi''}{\partial n}\mathrm{d}S=-q_k+q_k=0$$

利用场论中的散度定理和矢量恒等式 $\nabla\cdot(\varphi\boldsymbol{A})=\varphi\nabla\cdot\boldsymbol{A}+\nabla\varphi\cdot\boldsymbol{A}$，可得

$$\oint_S\varphi'\nabla\varphi''\cdot\mathrm{d}\boldsymbol{S}=\int_V\nabla\cdot(\varphi'\nabla\varphi'')\mathrm{d}V$$

$$=\int_V\nabla\varphi'\cdot\nabla\varphi''\mathrm{d}V+\int_V\varphi'\nabla^2\varphi''\mathrm{d}V$$

式中：φ' 和 φ'' 为标量函数；S 为界定区域 V 的边界。

令 φ' 及 φ'' 均等于 φ，则得

$$\oint_S\varphi\nabla\varphi\cdot\mathrm{d}\boldsymbol{S}=\oint_S\varphi\frac{\partial\varphi}{\partial n}\mathrm{d}S=\int_V(\nabla\varphi)^2\mathrm{d}V+\int_V\varphi\nabla^2\varphi\mathrm{d}V$$

因为 $\nabla^2\varphi=0$，且导体边界上电位为常数，故有

$$\int_V(\nabla\varphi)^2\mathrm{d}V=\oint_S\varphi\frac{\partial\varphi}{\partial n}\mathrm{d}S=\sum_k\oint_{S_k}\varphi\frac{\partial\varphi}{\partial n}\mathrm{d}S=\sum_k\varphi\Big|_{S_k}\oint_{S_k}\frac{\partial\varphi}{\partial n}\mathrm{d}S$$

其中闭合积分面为

$$S=S_0+S_1+\cdots+S_n=\sum_k S_k$$

由边界条件

$$\varphi\Big|_{S_k}=0 \quad 或 \quad \oint_{S_k}-\varepsilon\frac{\partial\varphi}{\partial n}\mathrm{d}S=0$$

故得

$$\int_V(\nabla\varphi)^2\mathrm{d}V=0$$

因为被积函数恒为正值，故必有 $\nabla\varphi=0$，$\varphi=$常数。当已知的是边界电位时，因在导体表面上 $\varphi\Big|_{S_k}=0$，故常数为零；当已知的是导体上的电荷时，若 φ' 和 φ'' 取同一参考点，则在参考点处 $\varphi=\varphi'-\varphi''=0$，则常数也为零。由以上分析可见，在空间各处，恒有 $\varphi=0$，或 $\varphi'=\varphi''$。也就是说，有两个不同的解满足微分方程和给定的边界条件的假定是不成立的。唯一性定理得证。

唯一性定理对求解静电场问题的解具有十分重要的意义，它指出了静电场具有唯一解的充要条件。在求解时，首先判断问题的边界条件是否足够。当满足必要的边界条件时，就可以断定解必定是唯一的。如果可能用不同的方法得到在形式上不同的解，根据唯一性定理，它们必定是等价的。唯一性定理还启发我们，只要能够找出一个满足边界条件的函数，这个函数又满足电位微分方程的话，这就是所要求的解。3.2 节、3.3 节介绍的镜像法、电轴法等，便是巧妙地利用此定理，用等效的电荷代替原来的分布电荷，求得静电场的唯一解，同时可使问题的分析大为简化。

3.2 镜 像 法

镜像法是求解静电场问题的一种间接方法，它巧妙地应用唯一性定理，使某些看来棘手复杂的问题很容易地得到解决。应用该方法时，首先把原来具有边界的场域空间看成一个无限大的均匀空间，然后以所要分析的场域外一个或几个虚拟的等效电荷代替原场域边界上分布电荷的作用，使场的边界条件保持不变，从而保持被研究的场不变。由于等效电荷有时处于镜像位置，因此称为镜像电荷，而这种方法称为镜像法。镜像法的关键是确定镜像电荷的大小及其位置。不过，仅仅对于某些特殊的边界以及特殊分布的电荷才有可能确定其镜像电荷，因此镜像法具有一定的局限性。下面讨论几种可以应用镜像法求解的静电场问题。

3.2.1 点电荷与无限大的接地导体平面

设有一点电荷 $+q$，与无限大接地导体平面相距高度为 d，如图 3-2（a）所示，试求导体平面上方空间的电场分布。所求的解应满足电位微分方程 $\nabla^2\varphi=0$（点电荷所在处除外）；在接地导体平面上 $\varphi=0$。

当点电荷位于无限大接地导体平面附近时，导体表面将产生异号的感应电荷，因此上半空间的电场取决于点电荷及导体表面上的感应电荷。因此，导体平面对电场的影响，可以说是由导体平面上的感应电荷引起的。如果设想将无限大接地导体平面撤去，将下半空间也充以介电常数为 ε 的媒质，使整个场域变成均匀区域，然后用假想的等效电荷来代替感应电荷的影响。为了不致破坏原来场域空间内的电位微分方程（$\nabla^2\varphi=0$），等效电荷应位于下半空间，又由于场分布的对称性，等效电荷必位于 $+q$ 的正下方如图 3-2（b）所示，其位置及数值，暂时以 q' 和 d' 表示。为了使所求区域的解完全等效，除电位方程不变外，还必须满足接地导体平面上的边界条件 $\varphi=0$。故有

$$\varphi\Big|_S=\frac{1}{4\pi\varepsilon}\left(\frac{q}{\sqrt{R^2+d^2}}+\frac{q'}{\sqrt{R^2+d'^2}}\right)=0$$

即

$$q\sqrt{R^2+d'^2}=-q'\sqrt{R^2+d^2}$$

$$(q^2-q'^2)R^2+(q^2d'^2-q'^2d^2)=0 \tag{3-10}$$

式（3-10）对分界面上任意 R 都必须成立，故有

$$q^2-q'^2=0 \qquad q^2d'^2-q'^2d^2=0$$

所以

$$q'=-q \qquad d'=d \tag{3-11}$$

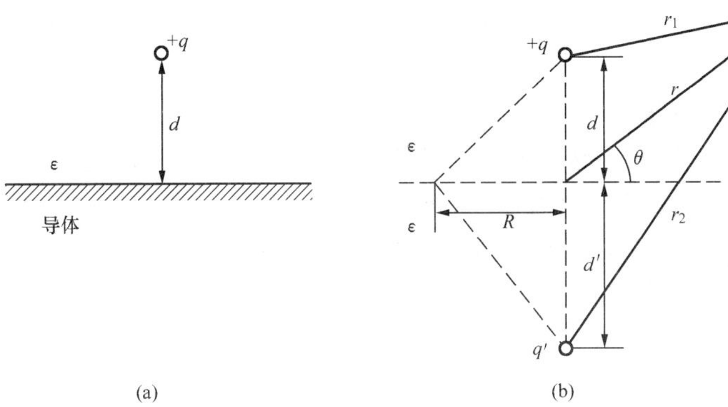

图 3-2　点电荷对无限大的导体平面的镜像

根据上述分析可知，在计算上半空间的电场时，可以把导体上的感应电荷的影响用一置于对称位置上的点电荷 $-q$ 来代替。原来的问题就变为无限大空间中两个点电荷电场的问题，使分析大为简化。应当指出，用镜像法求得的解答只对上半空间（称为有效区域）才是正确的，因为它符合唯一性定理的要求。对下半空间（称为无效区域）而言，因原来并不存在 $-q$，所得的解是无意义的。这和电路中的等效变换一样，对外部等效，对内部不等效。

根据镜像法，将导体平面用镜像电荷代替后，就可求得上半空间任一点 P 的电位为

$$\varphi=\frac{q}{4\pi\varepsilon r_1}-\frac{q}{4\pi\varepsilon r_2} \tag{3-12}$$

对 φ 取梯度，便可求得 P 点的电场强度为

$$\boldsymbol{E}=\frac{q}{4\pi\varepsilon r_1^2}\boldsymbol{e}_{r1}-\frac{q}{4\pi\varepsilon r_2^2}\boldsymbol{e}_{r2} \tag{3-13}$$

其中

$$r_1=\sqrt{r^2+d^2-2rd\sin\theta}$$

$$r_2=\sqrt{r^2+d^2+2rd\sin\theta}$$

图 3-3 所示为实际的电场分布图形。

导体平面上的感应电荷面密度为

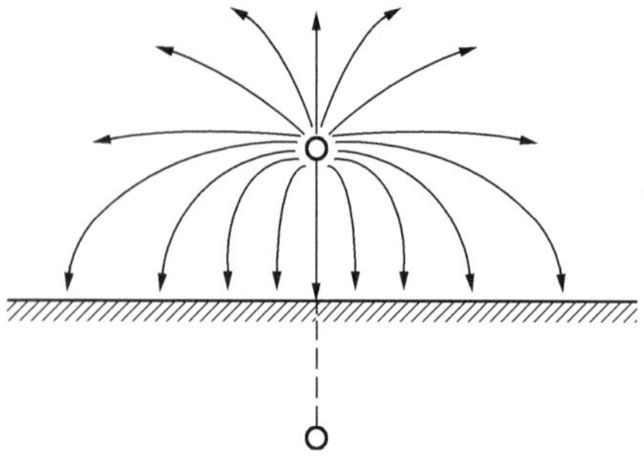

$$\sigma = D_n = \varepsilon E_n = \frac{-qd}{2\pi\varepsilon(r^2 + d^2)^{3/2}} \tag{3-14}$$

式中：E_n 为上半空间在分界面上的电场强度的法向分量大小；D_n 为上半空间在分界面上的电位移的法向分量大小。

导体平面上总的感应电荷 Q 为

$$Q = \int_S \sigma \mathrm{d}S = \int_0^{\infty} \frac{-qd}{2\pi\varepsilon(r^2 + d^2)^{3/2}} 2\pi r \mathrm{d}r = -q \tag{3-15}$$

图 3-3　上半空间电场分布

应用上述结果，也可以解决点电荷对特殊夹角为 α 的两相连无限大接地导体平面的镜像问题。这里，只有当 α 等于 π 的整数分之一时，才可求出其镜像电荷。如图 3-4 所示的夹角为 $\pi/3$ 的导电平面的镜像情况。为了保证这种边界的电位为零，引入了 5 个镜像电荷。

当连续分布的线电荷位于无限大的导体平面附近时，根据叠加原理得知，同样可以应用镜像法求解。

3.2.2　点电荷与导体球

设在点电荷附近有一接地的导体球，求导体球外空间的电场。如图 3-5 所示，导体球的半径为 a，点电荷 q_1 距球心的距离为 d。根据静电场的唯一性定理，所求的解应满足电位微分方程 $\nabla^2\varphi = 0$（点电荷所在处除外），在接地导体球面上 $\varphi = 0$。

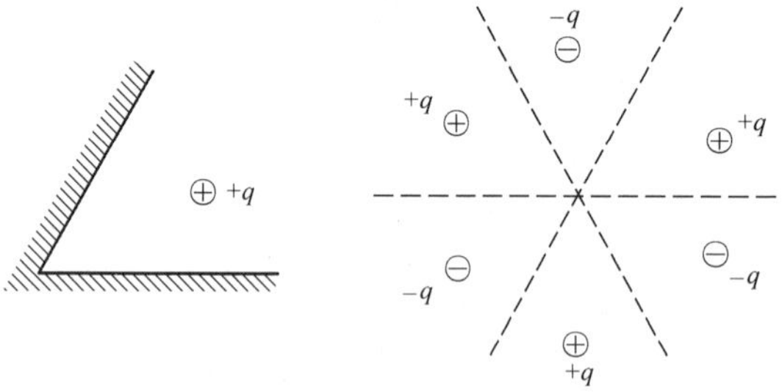

图 3-4　点电荷对两相连导体平面的镜像

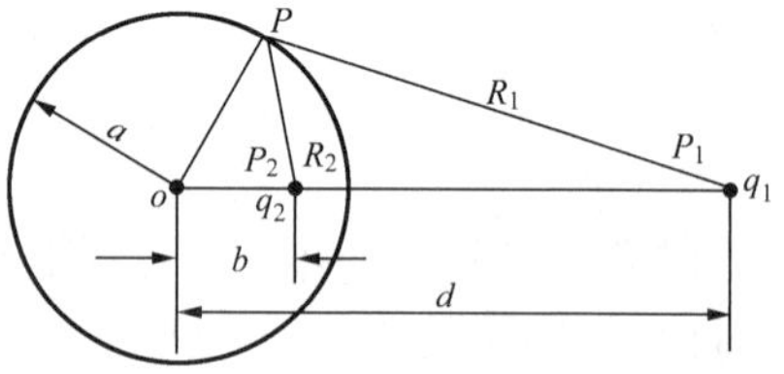

图 3-5　点电荷对接地导体球的镜像

点电荷在导体球上将引起感应电荷。当导体球接地后，其上将只剩下同 q_1 异号的感应电荷，且感应电荷在球面上靠近 q_1 的一侧分布密度较大。因此导体球对电场的影响可以说成是由导体球面上的感应电荷引起的。现在设想将导体球撤除，整个空间充满均匀介质，而在离球心 b 处的 P_2 点放一镜像电荷 q_2 代替感应电荷的影响。这样对于球面上任一点的电位为

$$\varphi = \frac{q_1}{4\pi\varepsilon R_1} + \frac{q_2}{4\pi\varepsilon R_2} = 0 \tag{3-16}$$

为了确定 q_2 和 b，现取球面上两个点，这两点是通过 q_2 的直径的两端点，对于这两点，式（3-16）变为

$$\frac{q_1}{4\pi\varepsilon(a+d)} + \frac{q_2}{4\pi\varepsilon(a+b)} = 0$$

和

$$\frac{q_1}{4\pi\varepsilon(d-a)} + \frac{q_2}{4\pi\varepsilon(a-b)} = 0$$

由此可解得

$$q_2 = -\frac{a}{d} q_1 \tag{3-17}$$

和

$$b = \frac{a^2}{d} \tag{3-18}$$

将式（3-17）和式（3-18）代入式（3-16）可得 $\varphi = 0$，即球面上任一点的电位为 0。说明所求等效电荷 q_2 及位置 b 能够保证所求区域边界条件不变。

于是球外任意一点的电位为

$$\varphi = \frac{q_1}{4\pi\varepsilon R_1} + \frac{q_2}{4\pi\varepsilon R_2} = \frac{q_1}{4\pi\varepsilon R_1} - \frac{aq_1}{4\pi\varepsilon dR_2} \tag{3-19}$$

在球坐标系中对 φ 取梯度，便可求得电场强度。

假如上述导体球不接地而且事先也未带电，则它的电位不为零，球面上总的感应电荷应为零。因此需再引入一个镜像电荷 $q_3 = -q_2$，且此 q_3 必须放在球心，以保持球面仍然为等位面，如图 3-6 所示。这时球外任意一点的电位为

$$\varphi = \frac{q_1}{4\pi\varepsilon R_1} + \frac{q_2}{4\pi\varepsilon R_2} + \frac{q_3}{4\pi\varepsilon R_3} = \frac{q_1}{4\pi\varepsilon}\left(\frac{1}{R_1} - \frac{a}{dR_2} + \frac{a}{dR_3}\right) \tag{3-20}$$

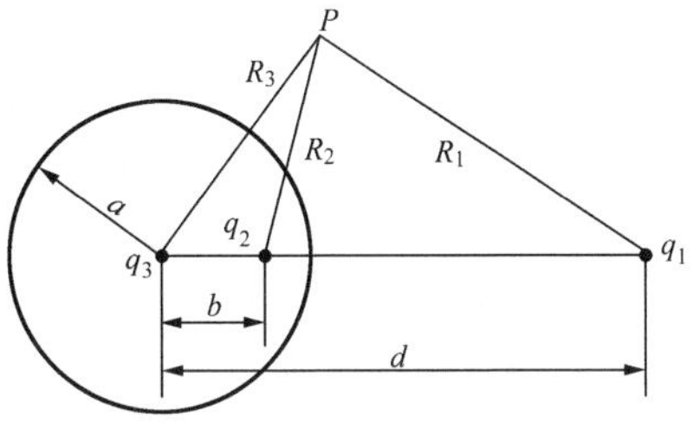

图 3-6　点电荷对不接地导体球的镜像

这时球的电位等于 q_3 在球面上产生的电位为

$$\varphi = \frac{q_3}{4\pi\varepsilon a} = \frac{q_1}{4\pi\varepsilon d} \tag{3-21}$$

可见，它等于球不存在时，q_1 在球心产生的电位。

3.2.3　点电荷与无限大的介质平面

上面讨论的镜像关系均适用于导体边界，对于无限大的介质平面边界问题，也可采用镜像法。如图 3-7（a）所示，设有一由介电常数分别为 ε_1 和 ε_2 的两种介质组成的无限大平面。

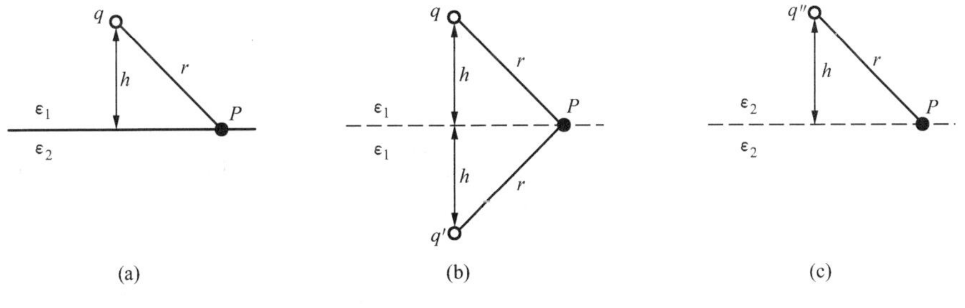

图 3-7　点电荷对介质平面的镜像

在介质 1 中，距分界面高度 h 处有一点电荷 q，求两种介质中的电场。根据唯一性定理，所求的解在介质 1 中（上半场空间）应满足电位微分方程 $\nabla^2\varphi_1 = 0$（点电荷所在处除外）；在介质 2 中（下半场空间）应在各处满足 $\nabla^2\varphi_2 = 0$；在介质分界面处，应满足边界条件

$$E_{1t} = E_{2t} \qquad D_{1n} = D_{2n}$$

或

$$\varphi_1=\varphi_2 \qquad \varepsilon_1\frac{\partial\varphi_1}{\partial n}=\varepsilon_2\frac{\partial\varphi_2}{\partial n}$$

前一章曾经谈到，当电介质置于静电场中时，会受到极化。对于介质的分界面，极化后将会在分界面处产生极化面电荷，因此分界面对电场的影响，可以说是由极化面电荷引起的。在求解两种介质中的电场时，可以分别用不同的镜像电荷代替极化面电荷的作用，保证唯一性定理成立。具体处理方法如下所述。

对于上半空间介质 1 的电场，首先将下半空间充以与介质 1 相同的介质 ε_1，使整个空间成为均匀介质空间。在下半空间与 q 对称的位置上放一镜像电荷 q'，如图 3-7（b）所示，则上半空间分界面处 P 点的电位为

$$\varphi_1=\frac{q}{4\pi\varepsilon_1 r}+\frac{q'}{4\pi\varepsilon_1 r}$$

同理，对于下半空间介质 2 的场，首先将上半空间充以与介质 2 相同的介质 ε_2，使整个空间成为均匀介质空间。在上半空间与 q 重合的位置上放一镜像电荷 q''，如图 3-7（c）所示，则下半空间分界面处 P 点的电位为

$$\varphi_2=\frac{q''}{4\pi\varepsilon_2 r}$$

然后将分界面上的边界条件应用于分界面上的 P 点，得

$$\frac{q}{\varepsilon_1}+\frac{q'}{\varepsilon_1}=\frac{q''}{\varepsilon_2} \qquad \text{及} \qquad q-q'=q''$$

联立求解得

$$q'=\frac{\varepsilon_1-\varepsilon_2}{\varepsilon_1+\varepsilon_2}q \qquad q''=\frac{2\varepsilon_2}{\varepsilon_1+\varepsilon_2}q \tag{3-22}$$

由此可见，镜像电荷可以求出且有唯一确定的值。然后按图 3-7（b）与图 3-7（c）可分别求解两种介质中的电场。可以看出，当 $\varepsilon_1=\varepsilon_2$ 时，$q'=0$、$q''=q$，整个场空间为均匀媒质，极化电荷将不存在。

上述分析方法，可以借助叠加原理来研究电荷作任意分布时的介质平面镜像问题。例如，无限大介质平面上放置一带电长直导线，电荷线密度为 τ，则对于两种介质中的电场，即可运用上述方法求解。只是现在镜像电荷为

$$\tau'=\frac{\varepsilon_1-\varepsilon_2}{\varepsilon_1+\varepsilon_2}\tau \qquad \tau''=\frac{2\varepsilon_2}{\varepsilon_1+\varepsilon_2}\tau \tag{3-23}$$

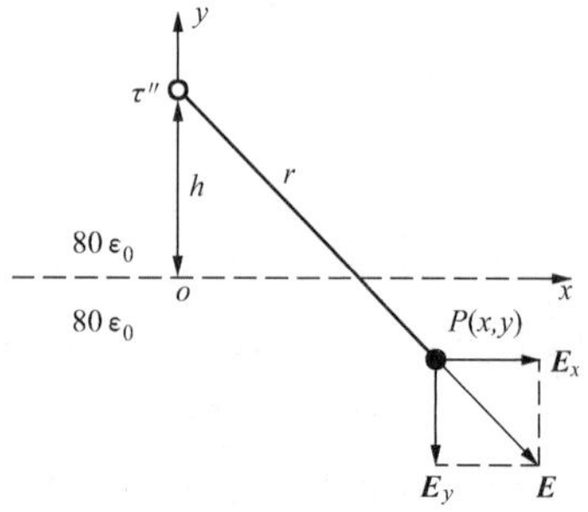

图 3-8 【例 3-1】图

【例 3-1】 离河面高度为 h 处，有一输电线路经过，导线单位长度的电荷量为 τ，且导线半径远小于 h。设河水的介电常数为 $80\varepsilon_0$，试求水中的电场强度。

解 建立坐标系如图 3-8 所示，由于导线半径远小于 h，所以可将导线表面电荷视为集中到几何轴线上的线电荷。线电荷所处位置为（0，h），求水中的电场时，将上半空间的介质换为 $80\varepsilon_0$，而导线的电荷连同介质分界面的影响可用镜像电荷

$$\tau''=\frac{2\varepsilon_2}{\varepsilon_1+\varepsilon_2}\tau=\frac{2\times 80\varepsilon_0}{\varepsilon_0+80\varepsilon_0}\tau=\frac{160}{81}\tau$$

来等效。故水中任一点 P 的电场强度为

$$\boldsymbol{E}=\frac{\tau''}{2\pi\varepsilon_2 r}\boldsymbol{e}_r=\frac{\tau''}{2\pi\varepsilon_2 r}\left(\frac{x}{r}\boldsymbol{e}_x+\frac{y-h}{r}\boldsymbol{e}_y\right)$$

$$=\frac{160\tau}{162\pi\times 80\varepsilon_0}\left(\frac{x}{r^2}\boldsymbol{e}_x+\frac{y-h}{r^2}\boldsymbol{e}_y\right)$$

$$=\frac{\tau''}{81\pi\varepsilon_0}\left[\frac{x}{x^2+(y-h)^2}\boldsymbol{e}_x+\frac{y-h}{x^2+(y-h)^2}\boldsymbol{e}_y\right]$$

3.3　电　轴　法

电轴法也是应用唯一性定理求解静电场问题的一种间接方法，在计算输电线路的参数时非常有用。因为它主要用来分析很长的两平行带电圆柱导体之间的电场，而这种形式的导体在电力传输和通信等工程中有着广泛应用。

3.3.1　两根等量异号线电荷的电场

设真空中有两根平行的长直线电荷，它们单位长度上的电荷分别为 $+\tau$ 和 $-\tau$，它们之间的距离为 $2b$，如图 3-9 所示。现分析它们在周围空间产生的电场。当两根线很长时，可以忽略两端的边缘效应，则在垂直于线电荷的各个平行平面上，电场的分布应该是相同的。这类电场称为平行平面场。

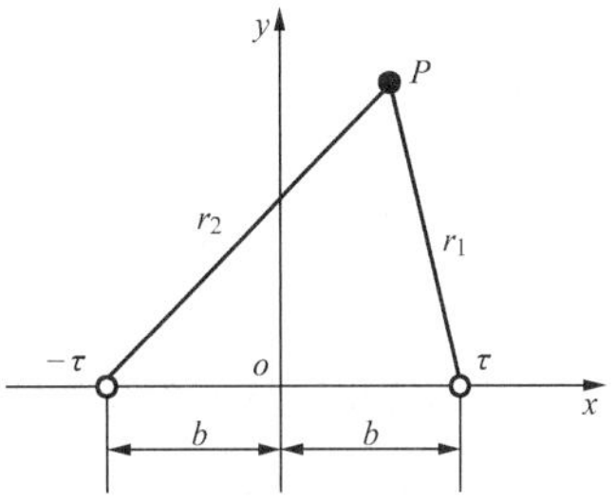

图 3-9　两等量异号线电荷

已知真空中一根线电荷在离它 r 远处引起的电场强度为 $E_r=-\frac{\partial\varphi}{\partial r}=\frac{\tau}{2\pi\varepsilon_0 r}$。如果取原点 o 作为电位参考点，则正、负线电荷在场中 P 点引起的电位分别为

$$\varphi_+=\int_{r_1}^{b}\frac{\tau}{2\pi\varepsilon_0 r_1}\mathrm{d}r=\frac{\tau}{2\pi\varepsilon_0}(\ln b-\ln r_1)$$
$$\varphi_-=\int_{r_2}^{b}\frac{-\tau}{2\pi\varepsilon_0 r_2}\mathrm{d}r=\frac{-\tau}{2\pi\varepsilon_0}(\ln b-\ln r_2) \tag{3-24}$$

根据叠加原理，场点 P 上的合成电位为

$$\varphi=\varphi_++\varphi_-=\frac{\tau}{2\pi\varepsilon_0}\ln\frac{r_2}{r_1} \tag{3-25}$$

在式（3-25）中，令 $\frac{r_2}{r_1}=k=$常数，就得到等位面（线）。此时有

$$\left(\frac{r_2}{r_1}\right)^2=k^2=\frac{(x+b)^2+y^2}{(x-b)^2+y^2}$$

整理后得

$$\left(x-\frac{k^2+1}{k^2-1}b\right)^2+y^2=\left(\frac{2bk}{k^2-1}\right)^2 \tag{3-26}$$

可见，这是 xoy 平面上的圆方程，其圆心坐标为 $\left(\frac{k^2+1}{k^2-1}b\text{ , }0\right)$，半径为 $\left|\frac{2bk}{k^2-1}\right|$。$k$ 取不同数值就得到不同的等位线，如图 3-10 所示。所以两根等量异号长直线电荷的等位面（线）是一系列圆柱面，它们与 xoy 平面的交线就是一系列偏心圆，如图 3-10 中的实线所示。当

$k>1$ 时，等位圆在 y 轴的右侧，圆上每一点电位的值为正。当 $k<1$ 时，等位圆在 y 轴的左侧，圆上每一点电位的值为负。当 $k=1$ 时，等位圆圆心在无限远处，等位圆扩展成一条直线，也就是 y 轴直线上每点电位为零。由于电力线（即电场强度线）与等位线处处正交，而且电力线是从正电荷出发，终止于负电荷，因而电力线亦是一系列通过两线电荷所在位置点的圆，如图 3-10 中的虚线所示。

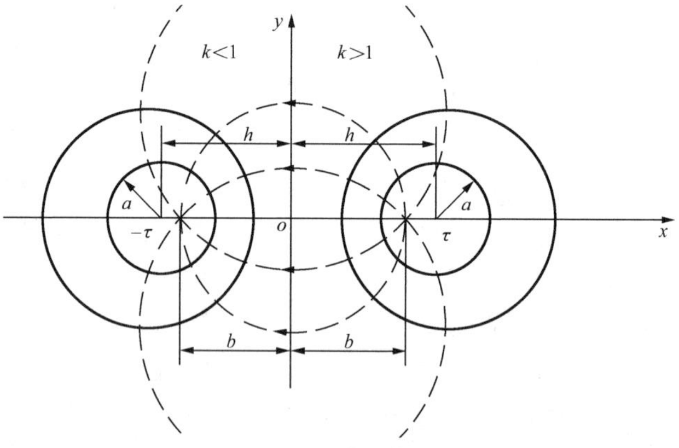

图 3-10　两平行的长直导线的电场

考虑到静电场中导体面是等位面，如果将图 3-10 中某一等位面（比如半径为 a 的圆柱面）用导体圆柱代替，将不会影响圆柱外的电位和电场，只要单位长的导体柱的面电荷为 $-\tau$ 即可。这样，式（3-25）就表示线电荷 τ 及与之平行的带电导体柱在导体柱以外空间产生的电位了，也就是说，带电量相等的导体柱和线电荷是等效的。这时的线电荷 $-\tau$ 就被称为对应的导体柱的电轴。同理，线电荷 τ 也可被称为对应的导体柱的电轴。但是应当注意电轴的位置不是位于导体的轴线上。下面就来确定与一定 k 值对应的等位圆的半径 a 以及圆心的位置 h 和电轴 b 之间的关系。因为

$$a^2=\left(\frac{2bk}{k^2-1}\right)^2=\left(\frac{k^2+1}{k^2-1}b\right)^2-b^2$$

而

$$h=\frac{k^2+1}{k^2-1}b$$

所以

$$b^2=h^2-a^2 \tag{3-27}$$

式（3-27）即为确定电轴位置的公式。

根据唯一性定理，等效电轴代替导体柱后，应保持原先的边界条件不发生变化。这种利用等效电轴计算周围电场的方法，就称为电轴法。下面所讨论的几种情形就是电轴法的具体应用。

3.3.2　两根平行的带等值异号电荷的等半径输电线的电场

在真空中，有一由两根半径均为 a 的平行长直圆柱导体构成的输电线，它们的轴线之间的距离为 $2d$，如图 3-11 所示。设每根导线单位长度上所带的电量分别为 τ 和 $-\tau$，求电场的分布。

对于这一问题，用电轴法求解较为合适。现在设想将两根输电线撤去，它们对周围场的影响用两根线电荷替代，并且分别带有原来导线上的电荷，如图 3-11 所示。线电荷（电轴）

所在位置应满足式（3-27），得

$$b=\sqrt{h^2-a^2}=\sqrt{d^2-a^2}$$

然后利用第一种情形——两根等量异号线电荷的电场所采用的方法进行求解即可。

两根输电线之外空间任一点的电位为

$$\varphi=\frac{\tau}{2\pi\varepsilon_0}\ln\frac{r_2}{r_1} \tag{3-28}$$

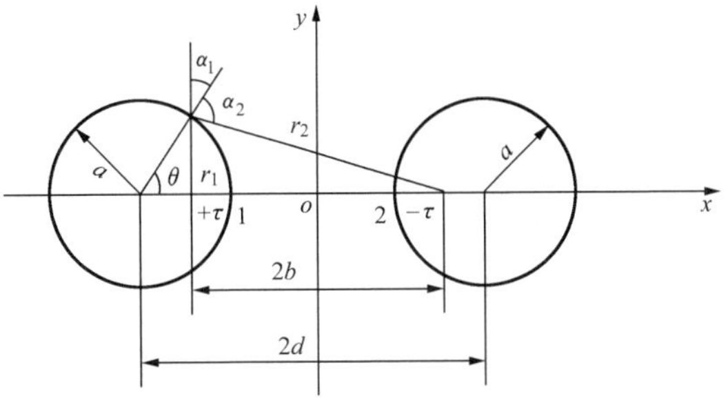

图 3-11　两平行等半径输电线的等效电轴

两根输电线表面内侧 1 和 2 点处的电位分别为

$$\varphi_1=-\varphi_2=\frac{\tau}{2\pi\varepsilon_0}\ln\frac{b+(d-a)}{b-(d-a)} \tag{3-29}$$

并分别代表两根输电线的电位。

当 $d\gg a$ 时，$b\approx d$，$\varphi_1\approx\frac{\tau}{2\pi\varepsilon_0}\ln\frac{2d}{a}$，则等效线电荷密度、空间任何一点的电位 φ_p 分别为

$$\tau\approx\frac{2\pi\varepsilon_0\varphi_1}{\ln\frac{2d}{a}},\varphi_p=\frac{\varphi_1}{\ln\frac{2d}{a}}\ln\frac{r_2}{r_1} \tag{3-30}$$

根据式（3-28）应用 $\boldsymbol{E}=-\nabla\varphi$，可求得输电线外的电场强度为

$$\boldsymbol{E}=\frac{\tau}{2\pi\varepsilon_0 r_1}\boldsymbol{e}_{r1}+\frac{-\tau}{2\pi\varepsilon_0 r_2}\boldsymbol{e}_{r2} \tag{3-31}$$

对于输电线内的电场强度则为零。

应用分界面上的边界条件还可得到导线表面的电荷分布为

$$\sigma=\varepsilon_0 E_n=\varepsilon_0\left(\frac{\tau}{2\pi\varepsilon_0 r_1}\cos\alpha_1+\frac{\tau}{2\pi\varepsilon_0 r_2}\cos\alpha_2\right) \tag{3-32}$$

当 $\theta=0$ 时，有

$$\sigma_{\max}=\frac{\tau b}{2\pi a(d-a)}$$

当 $\theta=\pi$ 时，有

$$\sigma_{\min}=\frac{\tau b}{2\pi a(d+a)}$$

由此可见，输电线上的电荷分布不均匀，并且在两者相距的最近点 1 或 2 处面电荷密度的绝对值为最大，而在相距的最远处面电荷密度的绝对值为最小。

3.3.3　两根平行的带等值异号电荷的半径不等的长圆柱导体的电场

电轴法的基本原理可推广应用于两根平行的、半径不等的带等值异号电荷的长圆柱导体的电场问题，如图 3-12 所示。其中，图 3-12（a）为两个半径分别为 a_1 和 a_2 的平行长直圆柱导体构成的输电线，它们的轴线之间的距离为 d，$d=h_1+h_2$；图 3-12（b）则为偏心同轴电缆，其内外圆柱导体半径分别为 a_1 和 a_2，两轴的偏心距为 d，$d=h_1-h_2$。现设两导体单位长度上所带的电量分别为 τ 和 $-\tau$，求电场的分布。

在两个圆柱导体内部电场强度为零，可以不再考虑。故只需考虑两个圆柱之间的空间。由于两个圆柱上的电荷分布不均匀，因此采用电轴法求解。此法的关键是决定等效电轴的位置 b。现将两根圆柱导体撤去，用两个线电荷 τ 和 $-\tau$ 代替。根据式（3-25）得

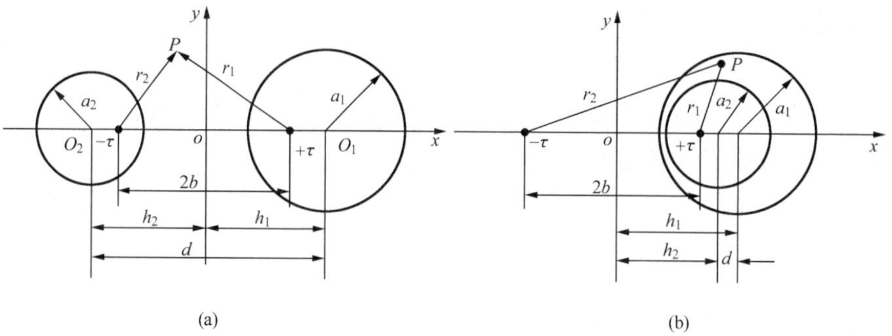

图 3-12　两平行半径不等的长圆柱导体的等效电轴

$$b^2 = h_1{}^2 - a_1{}^2 \qquad b^2 = h_2{}^2 - a_2{}^2$$

所以可得

$$h_1{}^2 - a_1{}^2 = h_2{}^2 - a_2{}^2 \tag{3-33}$$

又由图中可知

$$h_1 \pm h_2 = d \tag{3-34}$$

其中正负号分别与图 3-12（a）和图 3-12（b）相对应。联立式（3-34），求得

$$h_1 = \frac{d^2 + a_1^2 - a_2^2}{2d} \tag{3-35}$$

$$h_2 = \left| \frac{d^2 + a_2^2 - a_1^2}{2d} \right| \tag{3-36}$$

和

$$b = \sqrt{\left(\frac{d^2 + a_1^2 - a_2^2}{2d}\right)^2 - a_1^2} \tag{3-37}$$

然后再利用第一种情形——两根等量异号线电荷的电场所采用的方法进行求解即可，这里不再赘述。

在高压电力传输中，为了降低电晕损耗，减弱对通信的干扰，常采用分裂导线的方法，即将每一根导线分成几股排列成圆柱形表面，以减弱传输线周围的电场，如图 3-13 所示。分成的股数越多，效果越好。但即使是分成两股的粗略情况，比起单根导线来也有良好的改善。

以二分裂的情况为例来说明。设每根导线中两股分裂导线的距离是 c，分别带有异号电荷的两根传输线$\left(\text{总的线电荷密度为 }\tau\text{，每根分裂导线的线电荷密度近似认为}\frac{\tau}{2}\right)$的距离是 $2h$，分裂线的半径是 R_0，如图 3-14 所示。则电场中任意点 P 的电位可表示为

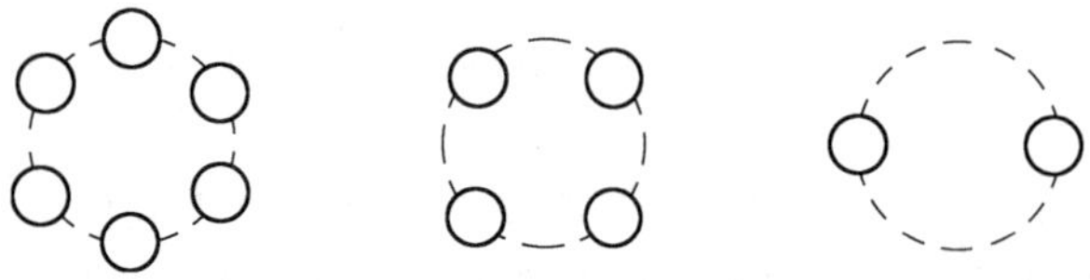

图 3-13　分裂导线

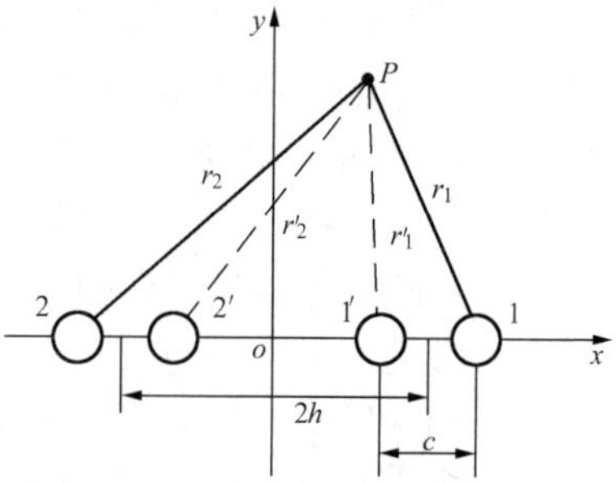

图 3-14　二分裂传输线

$$\varphi_{\mathrm{P}}=\frac{\tau}{4\pi\varepsilon_0}\left(\ln\frac{r_2}{r_1}+\ln\frac{r_2'}{r_1'}\right)=\frac{\tau}{4\pi\varepsilon_0}\ln\frac{r_2r_2'}{r_1r_1'} \tag{3-38}$$

如果要求得分裂导线 1′的电位，可在式（3-38）带入 $r_1'=R_0$，$r_1=c+R_0$，$r_2'=2h-c-R_0$ 和 $r_2=2h-R_0$ 等，由此得

$$\varphi_1'=\frac{\tau}{4\pi\varepsilon_0}\ln\frac{(2h-c-R_0)(2h-R_0)}{(c-R_0)R_0}$$

通常 $2h\gg c>R_0$，因此可改写成

$$\varphi_1'=\frac{\tau}{4\pi\varepsilon_0}\ln\frac{(2h)^2}{cR_0}=\frac{\tau}{2\pi\varepsilon_0}\ln\frac{2h}{\sqrt{cR_0}}$$

正负两根分裂导线之间的电压，即两根输电线之间电压为

$$U_0=\frac{\tau}{2\pi\varepsilon_0}\ln\frac{(2h)^2}{cR_0}=\frac{\tau}{\pi\varepsilon_0}\ln\frac{2h}{\sqrt{cR_0}}$$

还可以通过分裂导线的电位来表示场中任意点的电位。如设导线 1′的电位 $\varphi_1'=\varphi_0$，则

$$\tau=\frac{2\pi\varepsilon_0\varphi_0}{\ln\dfrac{2h}{\sqrt{cR_0}}} \tag{3-39}$$

把它代入任意点的电位的表达式中，即得

$$\varphi_P=\frac{\varphi_0}{\ln\left(\dfrac{2h}{\sqrt{cR_0}}\right)}\ln\sqrt{\frac{r_2r_2'}{r_1r_1'}} \tag{3-40}$$

比较式（3-39）、式（3-40）与式（3-30），因为 $\sqrt{cR_0}<\left(\dfrac{c}{2}+R_0\right)$ [在这里，$\left(\dfrac{c}{2}+R_0\right)$ 近似认为是不采用分裂导线时的导线半径 a]，所以，对于相同电压等级、相同间隔的输电线，采用分裂导线的等效电轴的线电荷密度比不采用分裂导线的等效电轴的线电荷密度小，而且分散分布于两对电轴位置，从而可使导线周围的电场分布减弱，减轻电晕现象。

3.4　电容器及电容的计算

到目前为止，本书讨论的带电体的电场情况均是已知带电体的形状和边界条件，求空间任一点的电位及电场强度。实际上还经常碰到另一类电场问题：给定导体的电位要求导体上所带电量；或反过来，给定导体上所带电量，要求导体的电位。它们并不需要求出空间每点的电位和电场强度。也就是说，这类问题是指导体上（不是空间任一点）的电位与导体所带电量的关系。下面就来研究这类电场问题。

考察由两个任意形状的导体组成的系统。假设导体 1 的电荷为 q_1，则导体 2 的电荷应为

$$q_2=-q_1$$

根据唯一性定理，可以求出空间各点的电位以及导体上的电位值，它们应该满足电位的微分方程及给定导体上的边界条件。现在取导体 2 为参考导体，电位为零，则可求得导体 1 的电位为 ϕ_1，它是导体的几何形状、相互位置以及空间介电常数的函数。在各向同性的线性介质中，当电荷 q_1 加倍，由于介电常数 ε 保持不变，则根据唯一性定理，空间各点电位也将随之加倍，才能满足电位微分方程及给定导体上的边界条件。也就是说在导体的几何形状、相互位置

及空间介电常数一定的情况下，导体所带电荷与两导体间电位差成正比，可以表示为

$$q=CU \tag{3-41}$$

式中：C 为系数，表示给定导体的电荷和电位的关系，称为两导体之间的电容。

利用导体间的电容效应做成的元件叫做电容器，它是电路中的主要元件之一。电容器的主要参数是它的电容值。电容值的大小将反映两导体能够容纳电荷的能力，其具体定义可由式（3-41）得出，即

$$C=\frac{q}{U} \tag{3-42}$$

式中：q 为空间两导体分别所带的等值而异号的电荷的量值；U 为两导体间电压。

式（3-42）说明在线性情况下，q 与 U 成正比关系。结果表明：电容 C 与 q 及 U 均无关系，仅仅与两导体的几何形状、相互位置及空间介电常数有关。

实际中，有时会涉及一个孤立导体的电容，这是指孤立导体与无限远处的另一导体之间的电容。如孤立导体所带电量为 q，它相对于无限远处的电位为 φ，则其电容为

$$C=\frac{q}{\varphi} \tag{3-43}$$

普通物理学中已得出，一个半径为 R 的孤立导体球的电容为

$$C=4\pi\varepsilon R$$

在国际单位制中，电容的单位为 F（法拉），但是法拉单位太大。例如，半径如地球半径的孤立导体的电容只有 0.708×10^{-3}F。因此，实际中，通常选择辅助单位 μF（微法）及 pF（皮法）作为电容单位。三者换算关系为

$$1\mu\text{F}=10^{-6}\text{F},\ 1\text{pF}=10^{-12}\text{F}$$

要计算电容的大小，可以根据电容的定义式（3-42）来求，这里有两种方法。

（1）可首先赋予两导体以等值而异号的电量 q，并求其作用下两导体的电压 U，然后按式（3-42）即可求出两导体间电容。此时，两导体的电压 U 可通过积分式

$$U=\int_l \boldsymbol{E}\cdot \mathrm{d}\boldsymbol{l} \tag{3-44}$$

求得。从理论上讲，积分路径可以任意地选取，只需要其始末两端分别落在两导体表面，然而，为了能简单求得积分，总是要根据实际观察，选取一条合适的路径。

（2）也可首先赋予两导体的电位差 U，再求在此情况下，每导体的所具有的电量 q，同样按式（3-42）即可求出两导体间电容。每导体所具有的电量可通过积分式

$$q=\int_S \sigma \mathrm{d}S \tag{3-45}$$

求得。

从式（3-44）和式（3-45）可看出，无论采用哪一种方法求解电容，都必须先求解电场。这一点在计算导体间电容时，应十分明确。

【例 3-2】 两长直圆柱导体的几何轴线重合，它们的半径分别为 R_1、R_2，两导体间介质为空气。试求每单位长度内导体、外导体间的电容。

解 设内导体单位长度内的电荷为 q，围绕内导体作一截面半径为 ρ 的圆柱面作为高斯面，应用高斯定律，可得

$$\boldsymbol{E}=\frac{q}{2\pi\varepsilon_0\rho}\boldsymbol{e}_\rho$$

内导体、外导体之间的电压 U 为

$$U=\int_{R_1}^{R_2}E\,\mathrm{d}\rho=\frac{q}{2\pi\varepsilon_0}\ln\left(\frac{R_2}{R_1}\right)$$

因此每单位长度内导体、外导体间的电容为

$$C=\frac{q}{U}=\frac{2\pi\varepsilon_0}{\ln(R_2/R_1)}$$

这种电容器通常被称为同轴圆柱形电容器。

【例 3-3】 在【例 3-2】的同轴圆柱形电容器中，内导体、外导体的半径分别设为 R_1、R_3，两导体间充有 ε_1 和 ε_2 双层介质，介质分界面的半径为 R_2，试求单位长度同轴圆柱形电容器的电容。

解　仍设内导体单位长度内的电荷为 q，根据高斯定律，可得：

介质 1 中

$$\boldsymbol{E}=\frac{q}{2\pi\varepsilon_1\rho}\boldsymbol{e}_\rho \qquad R_1\leqslant\rho\leqslant R_2$$

介质 2 中

$$\boldsymbol{E}=\frac{q}{2\pi\varepsilon_2\rho}\boldsymbol{e}_\rho \qquad R_2\leqslant\rho\leqslant R_3$$

内导体、外导体之间的电压 U 为

$$U=\int_{R_1}^{R_2}\frac{q}{2\pi\varepsilon_1\rho}\mathrm{d}\rho+\int_{R_2}^{R_3}\frac{q}{2\pi\varepsilon_2\rho}\mathrm{d}\rho=\frac{q}{2\pi\varepsilon_1}\ln\left(\frac{R_2}{R_1}\right)+\frac{q}{2\pi\varepsilon_2}\ln\left(\frac{R_3}{R_2}\right)$$

可得

$$C=\frac{q}{U}=\frac{1}{\dfrac{\ln\left(\dfrac{R_2}{R_1}\right)}{2\pi\varepsilon_1}+\dfrac{\ln\left(\dfrac{R_3}{R_2}\right)}{2\pi\varepsilon_2}}=\frac{2\pi\varepsilon_1\varepsilon_2}{\varepsilon_2\ln\left(\dfrac{R_2}{R_1}\right)+\varepsilon_1\ln\left(\dfrac{R_3}{R_2}\right)}$$

结果表明，双层介质的圆柱形电容器，可视为两个单一介质的圆柱形电容器串联而成。

为了说明双层介质的意义，现在对双层介质的圆柱形电容器中的电场进行研究。从上例的电场强度的计算结果可见，介质 1 中，最大电场强度出现在内导体表面处；介质 2 中，最大电场强度出现在介质分界面处。它们分别为

$$E_{1,\ \max}=\frac{q}{2\pi\varepsilon_1R_1} \qquad E_{2,\ \max}=\frac{q}{2\pi\varepsilon_2R_2}$$

由此可得

$$\frac{E_{1,\ \max}}{E_{2,\ \max}}=\frac{\varepsilon_2R_2}{\varepsilon_1R_1}$$

如果希望两处场强最大值相等，则有

$$\varepsilon_1R_1=\varepsilon_2R_2$$

由于 $R_1<R_2$，因此应使内层介质的介电常数较大，而外层介质的介电常数较小。这样每一层介质所承受的电场强度将比较均匀，而且电介质也得到最为有效的使用。

上述结论可以推广到多层介质的情况，实际中通常叫做多层绝缘。采用了多层绝缘的电容器，其内部的电场分布较单一绝缘的电场分布均匀，并且使得电容器的绝缘性能得到了加强。

【例 3-4】 试计算不考虑大地影响时的二线传输线的电容。设二线传输线的轴间距离为 $2d$，导线半径均为 a，如图 3-11 所示。

解 首先应用电轴法确定电轴位置 $b=\sqrt{d^2-a^2}$，然后选取两根输电线表面内侧两点 1 和 2 点，它们的电位分别为

$$\varphi_1=\frac{\tau}{2\pi\varepsilon_0}\ln\frac{b+(d-a)}{b-(d-a)}$$

$$\varphi_2=\frac{\tau}{2\pi\varepsilon_0}\ln\frac{b-(d-a)}{b+(d-a)}$$

式中：τ 为单位长度输电线上所带的电荷量。

由此可得两输电线间的电压为

$$U=\varphi_1-\varphi_2=\frac{\tau}{\pi\varepsilon_0}\ln\frac{b+(d-a)}{b-(d-a)}$$

所以二线传输线单位长度的电容为

$$C=\frac{\tau}{U}=\frac{\pi\varepsilon_0}{\ln\dfrac{b+(d-a)}{b-(d-a)}}$$

通常 $d\gg a$，因而 $b\approx d$，故

$$C=\frac{\pi\varepsilon_0}{\ln\dfrac{2d}{a}}$$

3.5 静电场的能量和力

静电场能量（简称静电能量）和力是静电场理论在实际工程中应用时经常要解决的问题。它是一个具有实际意义的问题，例如，利用功能转换关系可以研制一些测量仪表，而且与静电能量和力有关的重要概念在静电场的数值计算中亦得到了应用。

从目前所学可知，静电场对置于其中的带电体有力的作用，并可对带电体做功。这说明静电场具有力效应，由此也说明了静电场中储存有能量。该能量是在电场建立过程中由外力做功形成的，因此，可以根据建立该电场时外力所做的功来计算静电能量。

为了研究问题简便起见，作如下假设：①静电能量决定于电场的最终分布状态，与建立电场的过程无关；②系统中的介质为各向同性的线性媒质，因而各带电体电位与各带电体电荷具有线性关系，电场各量适用叠加原理；③不考虑电场建立过程中，介质的热损耗及诸如辐射等所带来的能量损耗。在此前提下，讨论建立一个作任意分布的电荷系统时外力所做的功，即场中储存的电场能量。

设该电荷的体密度为 ρ。假设带电体目前已经充电到这样的程度，此时场中某一特定点上的电位是 φ，如再引入电荷增量 $\mathrm{d}q$ 置于该点，需要做的功为

$$\mathrm{d}W=\varphi'(x,y,z)\mathrm{d}q \tag{3-46}$$

全部静电能量可通过式（3-46）的积分而得。

由于静电能量与建立电场的过程无关，因此可选择一个对研究问题有利的建立方式，即在任一时刻使所有带电体的电荷按同一比例增长。令此比值为 m，且 $1 \geqslant m \geqslant 0$，即在开始时，各处的电荷密度都为零（相当于 $m=0$），到最终时刻，各处的电荷密度都等于其最终值（相当于 $m=1$）。在中间任何时刻，电荷密度的增量为

$$\mathrm{d}\rho = \mathrm{d}[m\rho(x,y,z)] = \rho(x,y,z)\mathrm{d}m \tag{3-47}$$

代入式（3-46）中，进行积分得到总的静电能量为

$$W_{\mathrm{e}} = \int_0^1 \mathrm{d}m \int_V \rho(x,y,z)\varphi'(x,y,z)\mathrm{d}V \tag{3-48}$$

由于所有电荷按同一比例增长，故电位为 $\varphi'(x,y,z) = m\varphi(x,y,z)$，$\varphi(x,y,z)$ 是 (x,y,z) 点上最终电位值。将此关系代入式（3-48）中得

$$W_{\mathrm{e}} = \frac{1}{2}\int_V \rho\varphi \mathrm{d}V \tag{3-49}$$

注意：对于同时存在面电荷分布和线电荷分布情形，式（3-49）可改写为

$$W_{\mathrm{e}} = \frac{1}{2}\int_V \rho\varphi \mathrm{d}V + \frac{1}{2}\int_S \sigma\varphi \mathrm{d}S + \frac{1}{2}\int_l \tau\varphi \mathrm{d}l$$

特殊地，对于系统中只有带电导体的情况，其静电能量可表示为

$$W_{\mathrm{e}} = \frac{1}{2}\int_S \sigma\varphi \mathrm{d}S \tag{3-50}$$

式中：S 为所有导体表面。

由于每一导体表面都是等位面，因此对于第 k 号导体，有

$$\frac{1}{2}\int_{S_k} \sigma\varphi \mathrm{d}S = \frac{1}{2}\varphi_k \int_{S_k} \sigma \mathrm{d}S = \frac{1}{2}\varphi_k q_k$$

由此可得导体系统中的总静电能量为

$$W_{\mathrm{e}} = \frac{1}{2}\sum_{k=1}^{n} \varphi_k q_k \tag{3-51}$$

式中：φ_k 和 q_k 分别是第 k 号导体表面上分布的电位值和总电荷量。

应当指出，式（3-49）、式（3-50）和式（3-51）仅表示静电能量的总值，并不表示能量存在于电荷所在处。事实上，电场中到处都有静电力存在，说明静电能量是存在于整个电场中的。应用下面关系式

$$\boldsymbol{E} = -\nabla\varphi \quad 和 \quad \nabla \cdot \boldsymbol{D} = \rho$$

以及散度定理和矢量恒等式

$$\nabla \cdot (\varphi\boldsymbol{D}) = \varphi\nabla \cdot \boldsymbol{D} + \boldsymbol{D} \cdot \nabla\varphi$$

将式(3-49) 的结果用场量表示，可得

$$\begin{aligned} W_{\mathrm{e}} &= \frac{1}{2}\int_V (\nabla \cdot \boldsymbol{D})\varphi \mathrm{d}V \\ &= \frac{1}{2}\int_V (\nabla \cdot \varphi\boldsymbol{D})\mathrm{d}V - \frac{1}{2}\int_V \boldsymbol{D} \cdot (\nabla\varphi)\mathrm{d}V \\ &= \frac{1}{2}\int_V \boldsymbol{D} \cdot \boldsymbol{E}\mathrm{d}V + \frac{1}{2}\oint_S \varphi\boldsymbol{D} \cdot \mathrm{d}\boldsymbol{S} \end{aligned} \tag{3-52}$$

其中，积分体积 V 只要包含所有电荷即可，S 是限定 V 的外表面。现在将 V 扩展到整个空间，即 S 为半径取无穷大的球面。对一无穷大球面积分，由于 φ 与 $\frac{1}{r}$ 成正比，D 与 $\frac{1}{r^2}$ 成正比，$\mathrm{d}S$ 与 r^2 成正比，所以 $\frac{1}{2}\oint_S \varphi \boldsymbol{D}\cdot \mathrm{d}\boldsymbol{S}$ 随 $\frac{1}{r}$ 变化。如果积分区域为无限大空间，则此项积分将为零，故

$$W_e = \frac{1}{2}\int_V \boldsymbol{D}\cdot\boldsymbol{E}\mathrm{d}V \tag{3-53}$$

由式（3-53）不难看出，空间各点的静电能量的体密度为

$$w_e = \frac{1}{2}\boldsymbol{D}\cdot\boldsymbol{E} \tag{3-54}$$

对于各向同性的线性介质，由于 $\boldsymbol{D}=\varepsilon\boldsymbol{E}$，故能量密度还可以写成

$$w_e = \frac{1}{2}\varepsilon\boldsymbol{E}^2 = \frac{\boldsymbol{D}^2}{2\varepsilon} \tag{3-55}$$

式（3-55）表明：静电能量与场强平方成正比，因此，静电场能量的计算不能采用叠加原理。

在计算场源是连续分布电荷的静电能量时，式（3-49）和式（3-53）是完全等效的。但是应注意使用时的区别：前者是电荷积分式，积分区域为电荷存在的区域；后者为电场积分式，积分区域为整个空间，也就是有电场分布的全部区域。

【例 3-5】 真空中的孤立带电导体球带有电荷 q，半径为 R_1，计算电场储存的能量。

解 方法一，应用式（3-53）计算。$r>R_1$ 时，电场强度和电位移分别为

$$\boldsymbol{E} = \frac{q}{4\pi\varepsilon r^2}\boldsymbol{e}_r$$

$$\boldsymbol{D} = \varepsilon\boldsymbol{E}$$

由式（3-53）得电场能量为

$$W_e = \frac{1}{2}\int_V \boldsymbol{D}\cdot\boldsymbol{E}\mathrm{d}V = \frac{\varepsilon_0}{2}\int_V E^2\mathrm{d}V = \frac{\varepsilon_0}{2}\int_{R_{1l}}^{\infty}\left(\frac{q}{4\pi\varepsilon_0 r^2}\right)^2 4\pi r^2\mathrm{d}r$$

$$= \frac{q^2}{8\pi\varepsilon_0}\int_{R_1}^{\infty}\frac{\mathrm{d}r}{r^2} = \frac{q^2}{8\pi\varepsilon_0 R_1}$$

方法二，应用式（3-49）计算。由于目前的系统为导体系统，式（3-49）可演变为式（3-51）。将导体球的电位 $\varphi = \frac{q}{4\pi\varepsilon_0 R_1}$ 代入式（3-51）中，得

$$W_e = \frac{1}{2}\varphi q = \frac{q^2}{8\pi\varepsilon_0 R_1}$$

两种方法所得结果相同，静电能量存储于整个电场占据的空间。

【例 3-6】 在【例 3-5】中，若导体球外套有原来不带电的同心球，球壳的内半径、外半径分别为 R_2 和 R_3，电场储存的能量又为多少？又若用导线把导体球与球壳相连，结果如何？

解 导体球带电荷为 q，它在球壳的内表面、外表面感应有电荷 $-q$、q，可以求得导体球的电位为

$$\varphi_1 = \frac{q}{4\pi\varepsilon_0 R_1} - \frac{q}{4\pi\varepsilon_0 R_2} + \frac{q}{4\pi\varepsilon_0 R_3}$$

外球壳的电位为

$$\varphi_2 = \frac{q}{4\pi\varepsilon_0 R_3}$$

由式（3-51），得

$$W_e = \frac{1}{2}(\varphi_1 q - \varphi_2 q + \varphi_2 q) = \frac{1}{2}\varphi_1 q$$

其中第二、三项分别考虑了球壳的内表面、外表面所带的电荷。将 φ_1 代入上式得

$$W_e = \frac{q^2}{8\pi\varepsilon_0}\left(\frac{1}{R_1} - \frac{1}{R_2} + \frac{1}{R_3}\right)$$

注意到 $R_2 < R_3$，可见这时电场中的储能比【例 3-5】的要少些，只有当球壳的厚度可以忽略，即 $R_2 = R_3$ 时，电场中的储能才与【例 3-5】相同。

用导线将导体球与球壳相连，则导体球上的电荷 q 全部转移到球壳外表面，在球壳以内没有电场。这时球壳电位仍为

$$\varphi_2 = \frac{q}{4\pi\varepsilon_0 R_3}$$

静电能量为

$$W_e = \frac{1}{2}\varphi_2 q = \frac{q^2}{8\pi\varepsilon_0 R_3}$$

可见，由于 $R_1 < R_3$，所以导线连接导体球与球壳之后的静电能量减少了。减少的这部分能量等于把电荷 q 从导体球移至球壳外表面时电场力所做的功，电场力做功则电场中的能量减少。

在静电场中，各个带电体都要受到电场力，这个力原则上可以借助库仑定律，或根据电场强度 $\boldsymbol{E}$ 的定义来计算，即 $\boldsymbol{F} = q\boldsymbol{E}$，其中 $\boldsymbol{E}$ 为除 q 以外其他电荷在 q 所在处引起的电场强度。例如有一导体，其表面分布的电荷面密度为 σ，则导体表面单位面积上所受的电场力 $F = \frac{1}{2}\sigma^2/\varepsilon_0$，而不是 $F = \sigma^2/\varepsilon_0$。但是对于连续分布的电荷，若再用 $\boldsymbol{F} = q\boldsymbol{E}$ 来计算，会相当复杂的。为此，本节将利用静电能量的计算及力与能量之间的关系介绍一种计算电场力的方法——虚位移法。

采用虚位移法计算电场力的时候，需要用到广义坐标和广义力的概念。广义坐标是一些与几何尺寸及位置有关的量，如距离、面积、体积、角度等。广义力则是企图改变某一广义坐标的力。广义力乘上由它引起的广义坐标的改变量，应等于功。例如，当广义坐标为距离时，广义力为机械力；当广义坐标为角度时，广义力为力矩；当广义坐标为面积时，广义力为张力；当广义坐标为体积时，广义力为压力或膨胀力等。

为了说明虚位移法，下面分别以平行板电容器、静电多导体系统及不同介质的分界面为例进行研究。

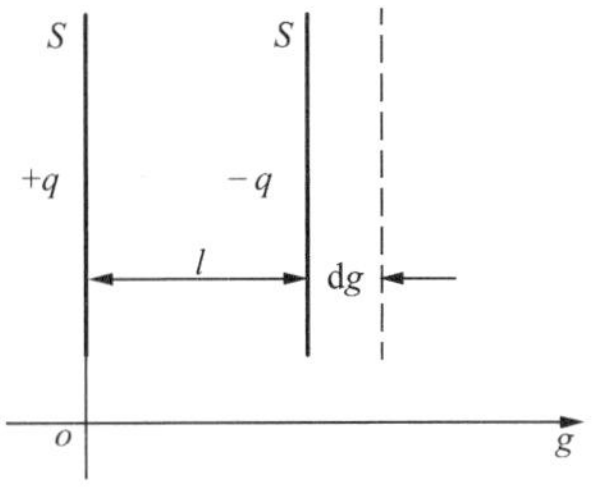

图 3-15　平行板电容器

首先考察一个带电平行板电容器极板所受力的问题。设平行板电容器每极板的面积为 S，分别带有电量 $+q$ 和 $-q$，极板间距离为 l，如图 3-15 所示。为了计算方便，令正极板不动，而负极板在电场力 f_g 作用下沿坐标 g 的方向移动一微小距离

dg。此时电场力所做的功为 $f_g dg$ 。与此同时，由于负极板的移动，必然使电场能量发生变化，设其变化量为 dW_e。利用功能守恒定律，得

$$dW = dW_e + f_g dg \tag{3-56}$$

式中：dW 为外源所做的功。

式（3-56）表明：外源所做的功一部分供给电场力做功，另一部分则转变为电场能量的增量。

当平行板电容器与外源不相连时，极板上的电荷为常数，即 q=常数。此时，外源做功为

$$dW = 0$$

所以，式（3-56）变为

$$f_g dg = -dW_e$$

由此可得

$$f_g = -\left.\frac{dW_e}{dg}\right|_{q=\text{常数}} \tag{3-57}$$

考虑到电场能量不仅仅是单一坐标的函数，则式（3-57）中的微分可以改写为

$$f_g = -\left.\frac{\partial W_e}{\partial g}\right|_{q=\text{常数}} \tag{3-58}$$

式（3-58）即为电场力的计算公式。在这种情况下，外源被隔绝，电场力做功只有靠极板间电场能量的减少来实现。

已知平行板电容器储存的能量为

$$W_e = \frac{1}{2}\frac{q^2}{C} = \frac{q^2}{2}\frac{l}{\varepsilon S} \tag{3-59}$$

代入式（3-58）中得

$$f_g = -\frac{q^2}{2\varepsilon S} \tag{3-60}$$

式（3-60）中负号表明了电场力的实际方向指向坐标减小的方向，说明电场力总是企图使负极板向正极板方向移动。故所求极板受的电场力为吸力。

当平行板电容器与外源相连时，极板上的电位为常数。可以假设负极板接地，电位为零，正极板电位为 φ 。此时 $dW \neq 0$，式（3-56）可改写为

$$f_g dg = dW - dW_e$$

由此得

$$f_g = \left.\frac{dW - dW_e}{dg}\right|_{\varphi=\text{常数}} \tag{3-61}$$

根据电位的定义可知外源所做的功为

$$dW = \varphi dq$$

而电容器的电场能量为

$$W_e = \frac{1}{2}C\varphi^2 = \frac{1}{2}\varphi q$$

所以

$$dW_e = d\left(\frac{1}{2}\varphi q\right) = \frac{1}{2}\varphi dq = \frac{1}{2}dW \tag{3-62}$$

可见，电场能量的增量正好是外源提供能量的一半，外源提供的另一半能量将用于电场力做功。将式（3-62）代入式（3-61）中，得

$$f_{\mathrm{g}}=\left.\frac{\mathrm{d}W_{\mathrm{e}}}{\mathrm{d}g}\right|_{\varphi=\text{常数}} \tag{3-63}$$

同样，考虑到电场能量不仅仅是单一坐标的函数，式（3-63）的微分也可改写为

$$f_{\mathrm{g}}=\left.\frac{\partial W_{\mathrm{e}}}{\partial g}\right|_{\varphi=\text{常数}} \tag{3-64}$$

式（3-64）亦是电场力的计算公式。此种情况下，电场力所做的功是由外源来提供。

已知 $W_{\mathrm{e}}=\frac{1}{2}C\varphi^2=\frac{\varphi^2\varepsilon S}{2l}$，代入式（3-64）得

$$f_{\mathrm{g}}=-\frac{\varphi^2}{2}\frac{\varepsilon S}{l^2}=-\frac{q^2}{2\varepsilon S} \tag{3-65}$$

此结果与式（3-60）结果完全相同。

应该指出，式（3-58）和式（3-64）表面上似乎不一样，但计算结果完全相同。因为某一瞬间的力只决定于该瞬间的电荷、电位值，与它们以后的改变状况并无关系。需要说明，上述的平行电容器的极板实际上并没有移动，上述位移是虚构的，因此称为虚位移。而这种利用虚位移求电场力的方法就称为虚位移法。

综上所述，应用虚位移法求解电场力时，应注意几点：①选择一个合适的广义坐标来描写导体的虚位移情况，并将电场能量表示为位移坐标的函数。例如，以上讨论选取了距离作为广义坐标。当然根据所求力的性质不同，也可以选择其他的广义坐标，比如还可选择面积作为广义坐标；②选择一个方便的计算公式进行计算。例如，电位已知时，用式（3-64）方便，而电荷已知时，则用式（3-58）方便；③根据所选的广义坐标，说明对应的广义电场力的性质，并且根据计算结果的正负判断电场力的方向。

对于独立的多导体静电系统，也可以借鉴上述分析方法来计算其中任意导体所受到的电场力。现假设导体系统中有 $n+1$ 个导体，其对应的电位和电荷量分别为 $\varphi_0,\varphi_1,\cdots,\varphi_k,\cdots,\varphi_n$ 和 $q_0,q_1,\cdots,q_k,\cdots,q_n$，再假设其中的第 k 个导体在电场力作用下，沿某一广义坐标发生了一个位移变化 $\mathrm{d}g$。然后，依据不同的条件，求该导体所受的（广义）电场力。

（1）保持各导体电荷不变，此时，系统与外源隔绝，$\mathrm{d}W=0$，由式（3-56）得

$$f_{\mathrm{g}}\mathrm{d}g=-\mathrm{d}W_{\mathrm{e}}$$

所以有

$$f_{\mathrm{g}}=-\left.\frac{\partial W_{\mathrm{e}}}{\partial g}\right|_{q_k=\text{常数}} \tag{3-66}$$

（2）保持各导体电位不变，此时，系统与外源相连，$\mathrm{d}W\neq 0$，且其值为 $\sum\varphi_k\mathrm{d}q_k$，而整个系统的电场能量变化量 $\mathrm{d}W_{\mathrm{e}}=\frac{1}{2}\sum\varphi_k\mathrm{d}q_k$。由式（3-56）依然可得

$$f_{\mathrm{g}}=\left.\frac{\partial W_{\mathrm{e}}}{\partial g}\right|_{\varphi_k=\text{常数}} \tag{3-67}$$

同样，式（3-66）和式（3-67）是等效的，它们的计算结果完全相同。此外，还应注意广义坐标的选择、使用的条件以及力的性质和方向的判断。

下面考察不同介质分界面的受力情况。以平行板电容器为例，将其极板所受的电场力

公式（3-60）或式（3-65）整理为场量 $\boldsymbol{D}$、$\boldsymbol{E}$ 的表达式，并先将负号略去，得

$$f_g = \frac{q^2}{2\varepsilon S} = \frac{1}{2}DES$$

由此可见，极板上单位面积所受的电场力为

$$f_0 = \frac{f_g}{S} = \frac{1}{2}DE = \frac{1}{2}\boldsymbol{D} \cdot \boldsymbol{E} \tag{3-68}$$

式（3-68）表明：极板上单位面积所受的电场力，在数值上等于该处的静电能量密度。这一结论虽然是从均匀电场中导体与介质分界面导得的，然而同样适用于均匀电场中不同介质分界面的单位面积受力情况。那么，对于不均匀电场中各种分界面的情况该结论是否适用？请读者自己思考。

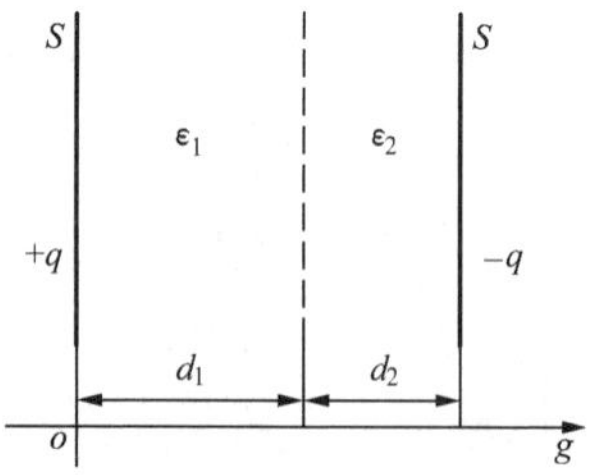

图 3-16　双层介质的平行板电容器

【例 3-7】 如图 3-16 所示为一具有双层介质的平行板电容器，试求介质分界面上单位面积所受的电场力。

解　方法一：首先将此电容器看成是两个具有单一介质的电容器的串联，则等效电容为

$$C = \frac{C_1C_2}{C_1 + C_2} = \frac{\dfrac{\varepsilon_1 S}{d_1}\dfrac{\varepsilon_2 S}{d_2}}{\dfrac{\varepsilon_1 S}{d_1} + \dfrac{\varepsilon_2 S}{d_2}}$$

由式（3-58）和式（3-59），可得

$$f_{d_1} = -\frac{\partial W_e}{\partial d_1}\bigg|_{q=\text{常数}} = -\frac{\partial}{\partial d_1}\left(\frac{1}{2}\frac{q^2}{C}\right) = \frac{q^2}{2S}\left(\frac{1}{\varepsilon_2} - \frac{1}{\varepsilon_1}\right)$$

$$f_0 = \frac{f_{d_1}}{S} = \frac{q^2}{2S^2}\left(\frac{1}{\varepsilon_2} - \frac{1}{\varepsilon_1}\right) = \frac{\sigma^2}{2}\left(\frac{1}{\varepsilon_2} - \frac{1}{\varepsilon_1}\right) = \frac{D^2}{2}\left(\frac{1}{\varepsilon_2} - \frac{1}{\varepsilon_1}\right)$$

方法二：在介质分界面处的两侧有

$$D_1 = D_2 = D$$

由于极板间的电场为均匀电场，则由极板上的电荷分布面密度 $\sigma = \dfrac{q}{S}$，得

$$D = \sigma = \frac{q}{S}$$

由式（3-68），可得分界面处两侧单位面积上所受的力分别为

$$f_{01} = \frac{1}{2}D_1E_1 = \frac{1}{2}\frac{D^2}{\varepsilon_1} \qquad f_{02} = \frac{1}{2}D_2E_2 = \frac{1}{2}\frac{D^2}{\varepsilon_2}$$

f_{01} 方向向左，f_{02} 方向向右，由此可得它们向右的合力为

$$f_0 = f_{02} - f_{01} = \frac{D^2}{2}\left(\frac{1}{\varepsilon_2} - \frac{1}{\varepsilon_1}\right)$$

当 $\varepsilon_1 > \varepsilon_2$ 时，$f_0 > 0$，表明力的方向垂直向右，即从介质 1 指向介质 2；当 $\varepsilon_1 < \varepsilon_2$ 时，$f_0 < 0$，表明力的方向垂直向左，即从介质 2 指向介质 1。综上所述，不同介质分界面上单位面积所受的电场力的方向总是由介质大的指向介质小的。这个结果对于任意两种介质的分界面都是正确的。

【例 3-8】 与【例 3-7】不同，平行板电容器中的介质分界面垂直于极板，如图 3-17 所

示。试再求介质分界面上单位面积所受的电场力。

解　在介质分界面处的两侧有

$$E_1 = E_2 = E$$

由式（3-68）得，介质分界面上单位面积所受的向下的电场力为

$$f_0 = \frac{1}{2}\varepsilon_1 E^2 - \frac{1}{2}\varepsilon_2 E^2 = \frac{1}{2}E^2(\varepsilon_1 - \varepsilon_2)$$

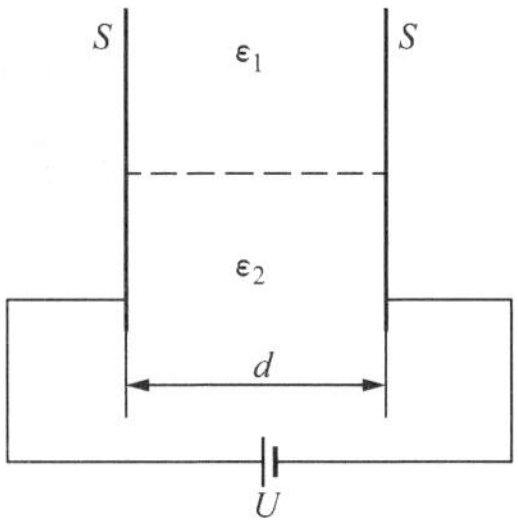

图 3-17　双层介质的平行板电容器

最后，介绍基于法拉第观点计算电场力的方法。

法拉第认为，在静电场中的每一段电通密度（电位移）管，沿其轴线方向要受到纵张力，而在垂直于轴线的方向则要受到侧压力。纵张力和侧压力的量值都等于 $\frac{1}{2}DE$，单位是 N/m^2（牛/米^2）。这样，电通密度管本身可看作被拉紧了的橡皮筋，沿轴线方向有收缩的趋势，而在垂直于轴向的方向有扩张的趋势。

用法拉第的力密度观点，结合场图，就可以定性判断带电体的受力情况，并且有助于定量计算。

【例 3-9】　试应用法拉第的力密度观点计算平行板电容器两极板之间的作用力。

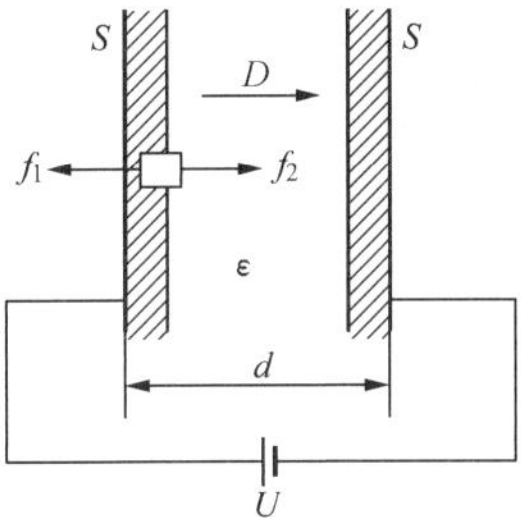

图 3-18　平行板电容器极板的受力

解　如图 3-18 所示，取正极板为分析对象，沿电场方向作一很短的电通密度（D）管，截面积为 ΔS。根据法拉第观点，由于极板间的电场均匀，该电通密度管的管壁侧压力将相互抵消，表明电通密度管在垂直于轴线方向上受力平衡。已知极板内电场为零，故左侧纵张力 $f_1 = 0$。令所取电通密度管的长度趋向于零，则右侧纵张力 f_2 即为作用于极板上的每单位面积上的电场力，其值为

$$f_2 = \frac{1}{2}DE = \frac{1}{2}\varepsilon E^2 = \frac{1}{2}\varepsilon\left(\frac{U}{d}\right)^2 = \frac{\varepsilon U^2}{2d^2}(\mathrm{N/m^2})$$

因而极板受力为

$$f = \frac{\varepsilon S U^2}{2d^2}(\mathrm{N})$$

同样，【例 3-7】和【例 3-8】的结果，也可由法拉第观点做出解释并计算出来。

*3.6　多导体系统和部分电容

3.4 节讨论了两导体系统及两导体间的电容问题。在实际问题中，经常遇到的电场是由两个以上的带电导体形成的。例如，真空三极管就是三个导体系统；三相输电线则是三个或四个导体的系统。这种由三个或三个以上的导体构成的系统称为多导体系统，该系统中的电位与电荷间关系要比两导体系统复杂得多。

需要指出，这里所研究的导体系统是静电独立系统。在这样的系统中，电场的分布只与本系统内各导体的形状、尺寸、相互位置和电介质的分布有关，而和系统外部无关。并且所有的 $\boldsymbol{D}$ 通量全部从系统内的导体发出，也全部终止于系统内的导体上。这样的系统就是静电独立系统。

现在考察由 $n+1$ 个导体组成的静电独立系统。令各导体按 $0 \sim n$ 顺序编号，相应地，它们的电荷分别为 $q_0, q_1, \cdots, q_k, \cdots, q_n$，则有

$$q_0+q_1+\cdots+q_k+\cdots+q_n=0 \tag{3-69}$$

对于线性系统，计算电位时可应用叠加原理。因此，各导体和第 0 号导体间的电压（即各导体的电位）与各导体的电荷之间可得下列关系

$$\left.\begin{aligned}\varphi_1&=\alpha_{11}q_1+\alpha_{12}q_2+\cdots+\alpha_{1k}q_k+\cdots+\alpha_{1n}q_n\\ &\cdots\ \cdots\ \cdots\ \cdots\ \cdots\ \cdots\ \cdots\ \cdots\ \cdots\\ \varphi_k&=\alpha_{k1}q_1+\alpha_{k2}q_2+\cdots+\alpha_{kk}q_k+\cdots+\alpha_{kn}q_n\\ &\cdots\ \cdots\ \cdots\ \cdots\ \cdots\ \cdots\ \cdots\ \cdots\ \cdots\\ \varphi_n&=\alpha_{n1}q_1+\alpha_{n2}q_2+\cdots+\alpha_{nk}q_k+\cdots+\alpha_{nn}q_n\end{aligned}\right\} \tag{3-70}$$

用矩阵表示为

$$[\varphi]=[\alpha][q] \tag{3-71}$$

由于式（3-69）的关系，式（3-70）中没有出现 q_0。式（3-71）中的 α 叫做导体系统的电位系数。它表明各电荷对各导体电位的贡献。具体可分成两类：下标相同的，如 $\alpha_{11},\cdots,\alpha_{kk},\cdots,\alpha_{nn}$ 等，称为导体的自有电位系数；下标不相同的，如 $\alpha_{12},\cdots,\alpha_{nk},\cdots,\alpha_{kn}$ 等，称为两导体的互有电位系数。这些系数的值可以通过给定电荷，求各导体的电位求得。它们都具有明确的物理意义。例如

$$\left.\begin{aligned}\alpha_{11}&=\frac{\varphi_1}{q_1}\bigg|_{q_2=q_3=\cdots=q_k=\cdots=q_n=0}\\ \alpha_{kk}&=\frac{\varphi_k}{q_k}\bigg|_{q_1=q_2=\cdots=q_{k-1}=q_{k+1}=\cdots=q_n=0}\end{aligned}\right\} \tag{3-72}$$

以及

$$\left.\begin{aligned}\alpha_{k1}&=\frac{\varphi_k}{q_1}\bigg|_{q_2=q_3=\cdots=q_k=\cdots=q_n=0}\\ \alpha_{n1}&=\frac{\varphi_n}{q_1}\bigg|_{q_2=q_3=\cdots=q_k=\cdots=q_n=0}\end{aligned}\right\} \tag{3-73}$$

应该指出 $\alpha_{jk}=\alpha_{kj}$ 是静电场中互易原理的体现。

对于电位系数，应注意以下结论：由于正电荷所引起的电位均为正，负电荷所引起的电位均为负，故所有电位系数均为正值；自有电位系数大于与它有关的互有电位系数；电位系数只和导体的几何形状、尺寸、相互位置以及电介质的介电常数有关。

如果对式（3-71）求解各电荷，可得用电位表示电荷的关系如下

$$\left.\begin{aligned}q_1&=\beta_{11}\varphi_1+\beta_{12}\varphi_2+\cdots+\beta_{1k}\varphi_k+\cdots+\beta_{1n}\varphi_n\\ &\cdots\ \cdots\ \cdots\ \cdots\ \cdots\ \cdots\ \cdots\ \cdots\ \cdots\\ q_k&=\beta_{k1}\varphi_1+\beta_{k2}\varphi_2+\cdots+\beta_{kk}\varphi_k+\cdots+\beta_{kn}\varphi_n\\ &\cdots\ \cdots\ \cdots\ \cdots\ \cdots\ \cdots\ \cdots\ \cdots\ \cdots\\ q_n&=\beta_{n1}\varphi_1+\beta_{n2}\varphi_2+\cdots+\beta_{nk}\varphi_k+\cdots+\beta_{nn}\varphi_n\end{aligned}\right\} \tag{3-74}$$

用矩阵表示

$$[q]=[\alpha]^{-1}[\varphi]=[\beta][\varphi] \tag{3-75}$$

式（3-75）中的 β 叫做导体系统的静电感应系数或电容系数。它表明各导体电位对各导体上电荷的贡献。具体可分成两类：下标相同的，如 $\beta_{11},\cdots,\beta_{kk},\cdots,\beta_{nn}$ 等，称为导体的自有静电

感应系数；下标不相同的，如 $\beta_{12},\cdots,\beta_{nk},\cdots,\beta_{kn}$ 等，称为两导体的互有静电感应系数。它们和电位系数之间的关系为

$$\beta_{kk}=\frac{A_{kk}}{\Delta},\qquad \beta_{kn}=\frac{A_{kn}}{\Delta}$$

式中：Δ 为式（3-71）中的各电位系数组成的行列式，A_{kk} 为 α_{kk} 的余因式，A_{kn} 为 α_{kn} 的余因式。

可见这些感应系数也是只和导体的几何形状、尺寸、相互位置及电介质的介电常数有关。这些系数的值可以通过给定电位，求各导体的电荷来求得。它们都具有明显的物理意义。如

$$\left.\begin{aligned}\beta_{11}&=\frac{q_1}{\varphi_1}\bigg|\varphi_2=\varphi_3=\cdots=\varphi_k=\cdots=\varphi_n=0\\ \beta_{kk}&=\frac{q_k}{\varphi_k}\bigg|\varphi_1=\varphi_2=\cdots=\varphi_{k-1}=\varphi_{k+1}=\cdots=\varphi_n=0\end{aligned}\right\}\tag{3-76}$$

以及

$$\left.\begin{aligned}\beta_{k1}&=\frac{q_k}{\varphi_1}\bigg|\varphi_2=\varphi_3=\cdots=\varphi_k=\cdots=\varphi_n=0\\ \beta_{n2}&=\frac{q_n}{\varphi_2}\bigg|\varphi_1=\varphi_3=\cdots=\varphi_k=\cdots=\varphi_n=0\end{aligned}\right\}\tag{3-77}$$

应该指出由于 $\alpha_{jk}=\alpha_{kj}$，因而有 $\beta_{jk}=\beta_{kj}$

对于感应系数，应注意以下结论：自有感应系数均为正值，互有感应系数均为负值，自有感应系数大于与它有关的互有感应系数的绝对值。

现在如果对式（3-74）也进行改写，将式中导体的电位代之以导体间的电压，则可避免在方程中出现呈现负值的互有感应系数，便于应用。下面以其中的第 k 式为例，对式中每一项加减同一个量，则有

$$\begin{aligned}q_k&=\beta_{k1}\varphi_1+\beta_{k2}\varphi_2+\cdots+\beta_{kk}\varphi_k+\cdots+\beta_{kn}\varphi_n\\ &=-\beta_{k1}(\varphi_k-\varphi_1)-\beta_{k2}(\varphi_k-\varphi_2)-\cdots-\beta_{kk}(\varphi_k-\varphi_k)-\cdots\\ &\quad-\beta_{kn}(\varphi_k-\varphi_n)+(\beta_{k1}+\beta_{k2}+\cdots+\beta_{kk}+\cdots+\beta_{kn})\varphi_k\\ &=-\beta_{k1}U_{k1}-\beta_{k2}U_{k2}-\cdots+(\beta_{k1}+\beta_{k2}+\cdots+\beta_{kk}+\cdots+\beta_{kn})U_{k0}-\cdots-\beta_{kn}U_{kn}\cdots\\ &=C_{k1}U_{k1}+C_{k2}U_{k2}+\cdots+C_{kk}U_{k0}+\cdots+C_{kn}U_{kn}\end{aligned}$$

其中

$$C_{k1}=-\beta_{k1},C_{k2}=-\beta_{k2},\cdots,C_{kn}=-\beta_{kn}$$
$$C_{kk}=(\beta_{k1}+\beta_{k2}+\cdots+\beta_{kk}+\cdots+\beta_{kn})$$

对于整个方程组则可改写成

$$\left.\begin{aligned}q_1&=C_{11}U_{10}+C_{12}U_{12}+\cdots+C_{1k}U_{1k}+\cdots+C_{1n}U_{1n}\\ &\cdots\quad\cdots\quad\cdots\quad\cdots\quad\cdots\quad\vdots\\ q_k&=C_{k1}U_{k1}+C_{k2}U_{k2}+\cdots+C_{kk}U_{k0}+\cdots+C_{kn}U_{kn}\\ &\cdots\quad\cdots\quad\cdots\quad\cdots\quad\cdots\quad\vdots\\ q_n&=C_{n1}U_{n1}+C_{n2}U_{n2}+\cdots+C_{nk}U_{nk}+\cdots+C_{nn}U_{n0}\end{aligned}\right\}\tag{3-78}$$

用矩阵表示

$$[q]=[C][U]$$

式（3-78）中的各电容系数可分成两类：下标相同的，如 $C_{11},\cdots,C_{kk},\cdots,C_{nn}$ 等，称为导体

的自有部分电容，即各导体与参考导体（0 号导体）间的部分电容；下标不相同的，如 $C_{12},\cdots,C_{nk},\cdots,C_{kn}$ 等，称为两导体的互有部分电容。部分电容也是只和导体的几何形状、尺寸、相互位置及电介质的介电常数有关，而与各导体的带电状况无关。它们的值可以根据 β 的值计算，也可以直接由试验测定。例如

$$\left.\begin{aligned} C_{11}&=\frac{q_1}{U_{10}}\bigg|U_{12}=U_{13}=\cdots=U_{1k}=\cdots=U_{1n}=0\\ C_{kk}&=\frac{q_k}{U_{k0}}\bigg|U_{k1}=U_{k2}=\cdots=U_{k,\,k-1}=U_{k,\,k+1}=\cdots=U_{kn}=0\end{aligned}\right\}\tag{3-79}$$

以及

$$\left.\begin{aligned} C_{k1}&=\frac{q_k}{U_{k1}}\bigg|U_{k2}=U_{k3}=\cdots=U_{k0}=\cdots=U_{kn}=0\\ C_{n2}&=\frac{q_n}{U_{n2}}\bigg|U_{n1}=U_{n3}=\cdots=U_{nk}=\cdots=U_{n0}=0\end{aligned}\right\}\tag{3-80}$$

所有部分电容都为正值，而且互有部分电容仍然具有互易性

$$C_{kj}=C_{jk}$$

顺便指出，对于由（$n+1$）个导体构成的静电独立系统，由以上分析可以推论，因每两个导体之间都有部分电容存在，总共应有 $n(n+1)/2$ 个部分电容。

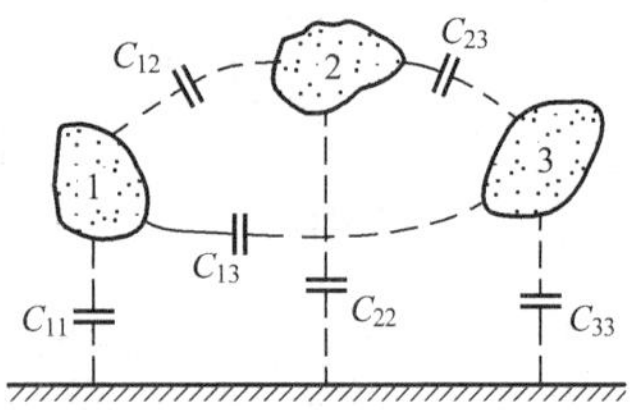

图 3-19　部分电容的等效电路图

当采用部分电容来表示导体系统的电荷与电压关系时，根据式（3-78），可以用部分电容构成的等效电路图来表示，如图 3-19 所示。这样就把一个静电场的问题转变为一个电容电路的问题。所以部分电容的概念是两个导体间的电容在多导体系统情况下的推广。

在实际应用中还经常提到多导体系统中任意两导体之间的电容的概念。它是将此两导体作为电容器的两个极板，设在这两个极板间加上已知电压 U 时，极板上所带电荷为 $\pm q$，则 $C_e=\dfrac{q}{U}$。这个电容称为这两个导体间的等效电容或工作电容。它与这两个导体单独存在时两个导体间的电容是不相同的。例如图 3-20 所示的架空输电线，当考虑地面影响时，便是一个多导体系统。现在来求它的单位长度的等效电容。

现直接引用部分电容的概念

$$\left.\begin{aligned} q_1&=C_{11}U_{10}+C_{12}U_{12}\\ q_2&=C_{21}U_{21}+C_{22}U_{20}\end{aligned}\right\}\tag{3-81}$$

进行推证。这里，$q_1=-q_2=\tau$，则有

$$\left.\begin{aligned} \tau&=C_{11}U_{10}+C_{12}U_{12}\\ -\tau&=C_{21}U_{21}+C_{22}U_{20}\end{aligned}\right\}\tag{3-82}$$

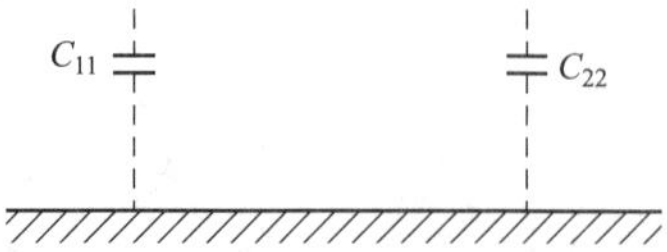

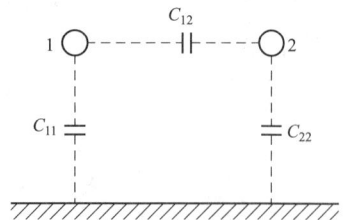

图 3-20　架空输电线的电容

解此方程组，得

$$U_{12}=\frac{\tau(C_{11}+C_{22})}{C_{12}(C_{11}+C_{22})+C_{11}C_{22}}\tag{3-83}$$

由电容的定义得

$$C_e = \frac{\tau}{U_{12}} = C_{12} + \frac{C_{11}C_{22}}{C_{11}+C_{22}} \tag{3-84}$$

可见，这个结果与等值电容电路中从两线端看进去的等效电容相等。

综上所述，多导体系统的电荷和电位关系，可以通过三套系数：电位系数、静电感应系数或部分电容来表示。三者相比，电位系数比较易于计算；静电感应系数则比较易于测定；而部分电容可通过电位系数计算，也可直接进行测定，其主要优点是可以把场的概念和路的概念联系起来。

【例 3-10】 试求考虑地面影响时一对架空输电线的各个部分电容。设两输电线距地面高度分别为 h_1、h_2，线间距离为 d，导线半径为 a，且 $a \ll d$，$a \ll h_1$ 和 h_2，如图 3-21 (a) 所示。

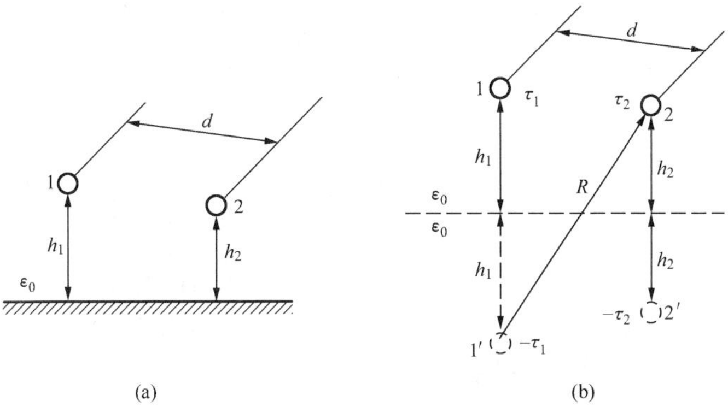

图 3-21　架空输电线

解　根据镜像法，将地面的影响用镜像电荷代替，如图 3-21 (b) 所示。由题意可设电轴与导线几何轴线重合，则导线的电位为

$$\varphi_1 = \frac{\tau_1}{2\pi\varepsilon_0}\ln\left(\frac{2h_1}{a}\right) + \frac{\tau_2}{2\pi\varepsilon_0}\ln\left(\frac{R}{d}\right) = \alpha_{11}\tau_1 + \alpha_{12}\tau_2$$

$$\varphi_2 = \frac{\tau_1}{2\pi\varepsilon_0}\ln\left(\frac{R}{d}\right) + \frac{\tau_2}{2\pi\varepsilon_0}\ln\left(\frac{2h_2}{a}\right) = \alpha_{21}\tau_1 + \alpha_{22}\tau_2$$

各个部分电容为

$$C_{12} = C_{21} = -\beta_{21} = -\beta_{12} = \frac{\alpha_{21}}{\Delta}$$

$$C_{11} = \beta_{11} + \beta_{12} = \frac{\alpha_{22} - \alpha_{21}}{\Delta} \qquad \Delta = \begin{vmatrix} \alpha_{11} & \alpha_{12} \\ \alpha_{21} & \alpha_{22} \end{vmatrix}$$

$$C_{22} = \beta_{21} + \beta_{22} = \frac{\alpha_{11} - \alpha_{21}}{\Delta}$$

通常 $h_1 = h_2 = h$ ，则

$$R = \sqrt{4h^2 + d^2}，\ \ln\left(\frac{R}{d}\right) = \ln\left[\left(\frac{2h}{d}\right)^2 + 1\right]^{\frac{1}{2}}$$

于是单位长度的该输电线系统的各个部分电容分别为

$$C_{11} = C_{22} = \frac{2\pi\varepsilon_0}{\ln\left[\frac{2h}{a}\sqrt{\left(\frac{2h}{d}\right)^2 + 1}\right]}$$

$$C_{12}=C_{21}=\frac{2\pi\varepsilon_0\ln\left[\frac{2h}{a}\sqrt{\left(\frac{2h}{d}\right)^2+1}\right]}{\ln\left[\frac{2h}{a}\sqrt{\left(\frac{2h}{d}\right)^2+1}\right]\cdot\ln\left[\frac{2h}{a}\left(\sqrt{\left(\frac{2h}{d}\right)^2+1}\right)^{-1}\right]}$$

【例 3-11】 图 3-22 所示为一个三导体系统，其中导体 0 将导体 1 完全包围并接地。试分析导体 1 和导体 2 间通过电场的相互影响。

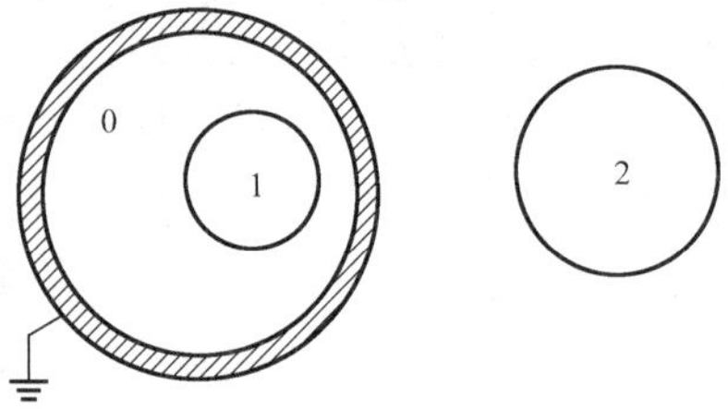

图 3-22　三导体系统

解　对于三导体系统有

$$\left.\begin{aligned}q_1&=C_{11}U_{10}+C_{12}U_{12}\\q_2&=C_{21}U_{21}+C_{22}U_{20}\end{aligned}\right\}$$

令 $q_1=0$，则 0 号导体内无电场，因此 $U_{10}=0$。则有

$$C_{12}U_{12}=0$$

由于导体 2 的电荷可取任意值，因此 U_{12} 也可有各种数值，故必有 $C_{12}=0$，且 $C_{21}=C_{12}=0$。最后可得

$$q_1=C_{11}U_{10}\qquad\qquad q_2=C_{22}U_{20}$$

结果表明，q_1 只与导体 1 的电位有关；q_2 只与导体 2 的电位有关。导体 1 和导体 2 之间不存在通过电场的相互影响。0 号导体的存在，消除了导体 1、2 间的静电联系，这种作用称为静电屏蔽。工程上常常利用这个作用来隔绝有害的静电影响。例如，高压设备周围的屏蔽网就是静电屏蔽的应用实例。

*3.7　架空地线的作用

在高压输电线路中，为防止雷电的袭击，常装设架空地线。地线经过支架接地，有屏蔽附近输电线的作用。

3.7.1　单根架空地线

单根架空地线如图 3-23 所示。设空中有带正电荷的云，则云下的空间在相当大范围内具有向下的均匀电场 E_0，则地面以上距地面 x 远处任一点 P 的电位为

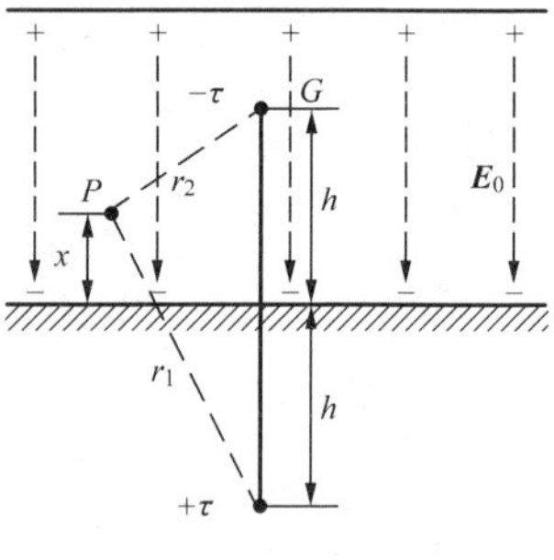

图 3-23　单根架空地线

$$u_1=\int_P^0\boldsymbol{E}_0\cdot d\boldsymbol{l}=-\int_x^0E_0dx=E_0x$$

由于上空的云带正电，则地面带负电，又因为架空地线 G 是经过支架接地的，则在架空地线 G 上感应出负电荷。设地线上的线电荷密度为 $-\tau$，距地面高度为 h，那么，在地面下 h 深处应该有它的镜像电荷，线电荷密度为 $+\tau$。于是，在 P 点由线电荷 $-\tau$ 及 $+\tau$ 产生的电位为

$$u_2=\frac{\tau}{2\pi\varepsilon_0}\ln\frac{r_2}{r_1}=-\frac{\tau}{2\pi\varepsilon_0}\ln\frac{r_1}{r_2}$$

因为地线的半径 r_0 远小于各距离 h、r_1、r_2，所以求 P 点电位时，把地线及镜像的有效电荷的中心线看作与它们的几何轴线重合。P 点的总电位为

$$u=u_1+u_2=E_0x-\frac{\tau}{2\pi\varepsilon_0}\ln\frac{r_1}{r_2}\tag{3-85}$$

在地线的表面一点，$r_1=2h$，$r_2=r_0$，因地线电位为零，所以

$$0=E_0h-\frac{\tau}{2\pi\varepsilon_0}\ln\frac{2h}{r_0}$$

由此得

$$\tau=2\pi\varepsilon_0\frac{E_0h}{\ln\frac{2h}{r_0}} \tag{3-86}$$

代入式（3-85）中，得

$$u=E_0\left(x-\frac{h}{\ln\frac{2h}{r_0}}\ln\frac{r_1}{r_2}\right) \tag{3-87}$$

可见，由于架空地线的存在，P 点的电位降低了

$$u_1-u=E_0h\frac{\ln\frac{r_1}{r_2}}{\ln\frac{2h}{r_0}}$$

有时用减少因子 η 来表示，并且

$$\eta=\frac{u_1-u}{u_1}=\frac{h}{x}\frac{\ln\frac{r_1}{r_2}}{\ln\frac{2h}{r_0}} \tag{3-88}$$

【例 3-12】 某架空地线较输电线高出 1m，而输电线离地面 10m，地线直径是 8mm，试求在输电线处的减少因子。

解　已知 $h=10+1=11\text{m}$，$x=10\text{m}$，$r_0=4\times10^{-3}\text{m}$，$r_1=11+10=21\text{m}$，$r_2=1\text{m}$，由式（3-88）可得

$$\eta=\frac{h}{x}\frac{\ln\frac{r_1}{r_2}}{\ln\frac{2h}{r_0}}=\frac{11}{10}\times\frac{\ln\frac{21}{1}}{\ln\frac{22\times10^3}{4}}=0.39=39\%$$

3.7.2　两根架空地线

设有两根平行的架空地线，相距 d，离地面高度各是 h。比如因空中有带正电荷的云，使地面上在一定范围内呈现均匀向下的电场，电场强度是 $\boldsymbol{E}_0$，则在任一点 P（距地面 x）处产生的电位

$$u_1=E_0x$$

又设每一地线上感应的电荷密度都是 $-\tau/2$，如图 3-24 所示。则在地面下距地面 h 深处有两根镜像电荷，线电荷密度各是 $+\tau/2$。欲求由地线电荷在 P 点产生的电位时，可以近似地认为两根架空地线的共同有效电荷线在它们连线的中点 M，线密度为 $-\tau$，有效镜像电荷线也在两镜像电荷连线的中点 N，线密度也为 $+\tau$。令 $PN=r_1$，$PM=r_2$，则由架空地线上的电荷在 P 点产生的电位为

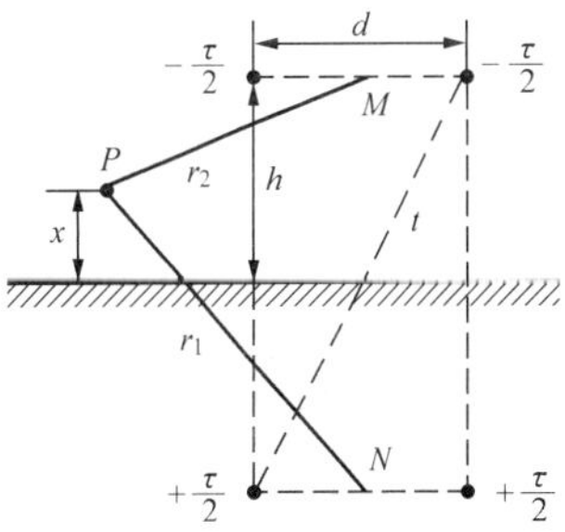

图 3-24　两根架空地线

$$u_2=\frac{\tau}{2\pi\varepsilon_0}\ln\frac{r_2}{r_1}=-\frac{\tau}{2\pi\varepsilon_0}\ln\frac{r_1}{r_2}$$

P 点的总电位为

$$u=u_1+u_2=E_0x-\frac{\tau}{2\pi\varepsilon_0}\ln\frac{r_1}{r_2} \tag{3-89}$$

求任一地线（比如左边的地线）表面的电位时，需要考虑两组地线与镜像电荷产生的电位，即

$$0=E_0h-\frac{\tau/2}{2\pi\varepsilon_0}\ln\frac{2h}{r_0}-\frac{\tau/2}{2\pi\varepsilon_0}\ln\frac{t}{d}$$

实际上 $d\ll h$，所以 $t\approx 2h$，则

$$E_0h-\frac{\tau}{2\pi\varepsilon_0}\ln\frac{2h}{\sqrt{r_0d}}=0$$

$$\tau=\frac{2\pi\varepsilon_0E_0h}{\ln\dfrac{2h}{\sqrt{r_0d}}} \tag{3-90}$$

代入式（3-89）中，得

$$u=E_0\left(x-\frac{h}{\ln\dfrac{2h}{\sqrt{r_0d}}}\ln\frac{r_1}{r_2}\right) \tag{3-91}$$

减少因子 η 为

$$\eta=\frac{u_1-u}{u_1}=\frac{h}{x}\,\frac{\ln\dfrac{r_1}{r_2}}{\ln\dfrac{2h}{\sqrt{r_0d}}} \tag{3-92}$$

因为 d 大于 r_0，所以两根架空地线的减少因子比一根的大得多。比如 $h=11\text{m}$，$r_0=4\times 10^{-3}\text{m}$，$d=2\text{m}$，则在 $x=10\text{m}$ 处的减少因子为

$$\eta=\frac{11}{10}\times\frac{\ln\dfrac{21}{1}}{\ln\dfrac{22\times10^3}{\sqrt{8\times10^{-3}}}}=0.61=61\%$$

本 章 小 结

（1）静电场的唯一性定理说明，静电场中，满足给定边界条件的电位方程的解是唯一的。其中电位所满足的方程称为泊松方程或拉普拉斯方程

$$\nabla^2\varphi=-\rho/\varepsilon \quad 或 \quad \nabla^2\varphi=0$$

边界条件可分为以下三类：

1）一类边值条件又称为狄里赫利边界条件 $\varphi\big|_S=f_1(s)$。

2）二类边值条件又称为诺伊曼边界条件 $\dfrac{\partial\varphi}{\partial n}\Big|_S=f_2(s)$。

3）三类边值条件又称为混合边界条件 $\left(\varphi+\frac{\partial\varphi}{\partial n}\right)\bigg|_S=f_3(s)$ 。

根据唯一性定理，用不同的方法，对同一问题求解，不管解的形式如何，只要满足相同的边界条件，则所求解均应彼此相等。

（2）镜像法和电轴法是应用唯一性定理求解电场问题的典型例子。

镜像法是以镜像电荷代替边界处复杂的分布电荷的作用，使场的边界条件保持不变，从而保持被研究的场的解不变。镜像法只能用于一些特殊边界的情形。

点电荷对于无限大接地导体平面的镜像特点是等量异号、位置对称，镜像电荷位于边界外；点电荷对无限大介质平面的镜像电荷计算为

$$q'=\frac{\varepsilon_1-\varepsilon_2}{\varepsilon_1+\varepsilon_2}q \qquad q''=\frac{2\varepsilon_2}{\varepsilon_1+\varepsilon_2}q$$

位置对称。在点电荷对接地导体球的镜像中，如点电荷在球外，则镜像电荷为

$$q_2=-\frac{a}{d}q_1$$

它与球心相距为

$$b=\frac{a^2}{d}$$

由此可见，镜像法的主要步骤是确定镜像电荷的位置和大小，同时必须注意有效适应区域。

电轴法则是以等效电轴代替带电细线上的电荷对外作用的中心线，使场的边界条件保持不变，从而保持被研究的有效区域的场的解不变。电轴法只能解决带等量异号电荷的两平行圆柱导体间的静电场问题，可通过

$$b^2=h^2-a^2$$

确定电轴的位置。

应用电轴法解题时，关键是确定电轴的位置，同时也必须注意有效适应区域。

（3）各向同性的线性介质中，如果两导体形成一个电容器，则其电容为

$$C=\frac{q}{U}$$

电容器的电容值由它的两个导体的几何形状、尺寸、中间填充的介质及两导体的相对位置决定，与其带电量无关。

对于由多个导体组成的静电独立系统，需要引入部分电容的概念。这时，电位与电荷的关系为

$$[\varphi]=[\alpha][q]$$

电荷与电位的关系为

$$[q]=[\beta][\varphi]$$

电荷与电压的关系为

$$[q]=[C][U]$$

每一导体对参考导体都具有自有部分电容，而每两个导体之间亦都存在互有部分电容。所有部分电容的值均决定于各导体的几何形状、中间填充的介质及导体间的相互位置，而与导体间电压及各导体所带的电量无关。

任何一个电容的求解问题，都可以归结为一个电场的求解问题。

（4）静电场中储存有电场能量，又称为静电能量。它是在建立电场的过程中，由外源做功转化来的。

导体系统的电场能量为

$$W_e=\frac{1}{2}\sum_{k=1}^{n}\varphi_k q_k$$

连续分布电荷系统的电场能量为

$$W_e=\frac{1}{2}\int_V \rho\varphi \mathrm{d}V+\frac{1}{2}\int_S \sigma\varphi \mathrm{d}S+\frac{1}{2}\int_l \tau\varphi \mathrm{d}l$$

对于所有情形，总能量可用场量计算

$$W_e=\frac{1}{2}\int_V \boldsymbol{D}\cdot\boldsymbol{E}\mathrm{d}V$$

静电能量的体密度为

$$w_e=\frac{1}{2}\boldsymbol{D}\cdot\boldsymbol{E}$$

（5）电场对电荷的作用力即为静电力。力的大小可根据电场强度的定义直接求解，也可应用虚位移法由能量的变化来计算，其计算公式为

$$f_g=-\left.\frac{\partial W_e}{\partial g}\right|_{q_k=\text{常数}} \quad 和 \quad f_g=\left.\frac{\partial W_e}{\partial g}\right|_{\varphi=\text{常数}}$$

应用此计算公式时，首先必须选择一合适的广义坐标，将电场能量表示为广义坐标的函数，然后根据电荷不变或电位不变，利用上式求出对应的广义力。

利用法拉第的力密度观点（每一电通密度管，沿其轴向要受到纵张力，而在垂直于轴向的方向则要受到侧压力。纵张力和侧压力的量值都等于 $\frac{1}{2}DE$ ）可以分析带电体的受力情况。在两种介质分界面上，无论电场方向如何，静电力必与分界面垂直，且总是由介电常数大的介质指向介电常数小的介质。

（6）在高压输电线路中，为防止雷电的袭击，常装设架空地线。它具有屏蔽附近输电线的作用。

习 题

3.1 有一点电荷 q 位于介电常数分别为 ε_1 和 ε_2 的无限大分界面上，试求空间的电位函数。

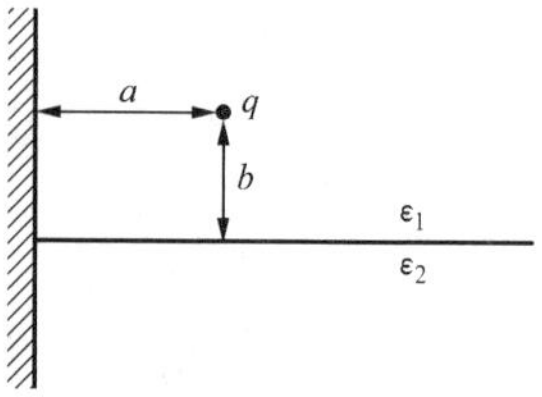

图 3-25 题 3.3 图

3.2 一点电荷 q 放在成 60°夹角的两相连导体平面内的（1，1）处。试求出所有镜像电荷的位置和大小，并求出点（2，1）处的电位。

3.3 已知点电荷 q 位于介质 ε_1 和 ε_2 分界面的上方距离 b 处，左边为一很大的垂直导体壁，q 距离壁面处为 a，已知 $a=\sqrt{3}b$ ，如图 3-25 所示，试求 q 所受的力。

3.4 一半径为 a 的导体球，放置在一无限大接地导体平板

上方，球心与导体平板的距离为 b。且 $b>a$，试证明导体球与导电平板间的电容为

$$C=4\pi\varepsilon_0\left(1+r+\frac{r^2}{1-r^2}+\cdots\right)$$

式中：$r=\dfrac{a}{2b}$。

3.5　一半径为 R 的长直圆柱体，平行放置于地面上空。圆柱导体的轴线距离地面高度为 h，导体与地面间的电压为 U_0。求地面上空各点的电位，以及单位长度上导体与地面间的电容。

3.6　球形电容器的内球外半径为 R_1，外球内半径为 R_2，介质的介电常数为 ε_0。要使得该电容器的电容与空气中半径为 R_1 的孤立导体球的电容之差不超过 1%，试确定球形电容器的半径之比 R_1/R_2。

3.7　两长直圆柱导体的几何轴线偏移 $d=0.1\text{m}$，它们的半径分别为 $R_1=0.1\text{m}$，$R_2=0.3\text{m}$，试求每单位长度的电容（介质为空气）。

3.8　半径为 a 的导体球面上有一层厚度为 d，介电常数为 ε 的同心均匀介质球壳。设导体球带电 q。试求：

（1）电位和电场分布。

（2）系统的电容 C。

（3）系统所储存的静电能量。

3.9　把一电量为 q、半径为 a 的导体球切成两半，试求两半球之间的电场力。

3.10　有一半径为 a、带电量为 q 的导体球，其球心位于两种介质的分界面上，此两种介质的介电常数分别为 ε_1 和 ε_2，分界面可视为无限大平面。试求球的电容和总的电场能量。

3.11　若将某对称的三芯电缆中的三个导体相连，测得导体与铅皮间的电容为 $0.051\mu\text{F}$，若将电缆中的两个导体相连，它们与另外一个导体间的电容为 $0.037\mu\text{F}$，试求：

（1）电缆的各部分电容。

（2）每一项的等效电容。

（3）若在导体 1、2 之间加直流电压 100V，导体每单位长度的电荷。

第4章 恒 定 电 场

当闭合导体中有直流电源时，回路中便会出现恒定的电流（直流）。这个恒定电流是导体中的自由电荷在电场作用下发生定向运动的结果，这个电场就称为恒定电场。在恒定电流情形下，导体表面电荷的分布和它产生的电场都不随时间改变，所以电场的性质和静止电荷的场（即静电场）是相同的，它们都是位场。这里，静电场的许多重要的概念和分析方法，可以同样地应用于恒定电场；特别是当这两种场有相同的边界条件而静电场问题已经有解时，很容易导出恒定电场的结果。

4.1 电流密度和电动势

4.1.1 电流和电流密度

在导体内任取一个面，单位时间内穿过这个面的电量，称为这个面上的电流强度，简称电流。用 I 表示电流强度，即

$$I=\frac{\mathrm{d}q}{\mathrm{d}t} \tag{4-1}$$

电流的单位为 A（安培）。规定电流的正方向为正电荷运动的方向。实际上，在金属导体中，电流是自由电子（负电荷）逆电场方向运动引起的，等效于正电荷沿电场方向的运动。

为了表示电流在导体内的分布，可取一个矢量，方向为该点正电荷的运动方向，大小等于垂直于它的单位面积上的电流，称其为电流密度，用 J 表示电流密度，单位为 $\mathrm{A/m^2}$（安/米^2），即

$$J=\frac{\mathrm{d}I}{\mathrm{d}S} \tag{4-2}$$

式中：$\mathrm{d}S$ 为恒定电场中某点任一方向的面积元，$\mathrm{d}I$ 为通过 $\mathrm{d}S$ 的电荷对时间的变化率，即通过任一面积元 $\mathrm{d}S$ 的电流。

很明显，穿过任意表面 S 的电流等于电流密度矢量穿过这个表面的通量。即

$$I=\int_S \boldsymbol{J}\cdot\mathrm{d}\boldsymbol{S} \tag{4-3}$$

另外，式（4-2）也可写为

$$\boldsymbol{J}=\rho\boldsymbol{v} \tag{4-4}$$

式中：ρ 为电荷体密度，v 为电荷体密度匀速运动的速度。

因为 $\boldsymbol{J}$ 是电荷体密度运动而形成的。所以也称为体电流密度矢量。同样，如果面电荷和线电荷都以速度 $\boldsymbol{v}$ 运动时，就分别形成面电流密度矢量和线电流。可写为

$$\boldsymbol{K}=\sigma\boldsymbol{v}(\mathrm{A/m}) \tag{4-5}$$

$$I=\tau v(\mathrm{A}) \tag{4-6}$$

式中：σ 为面电荷密度；τ 为线电荷密度。

应该指出，面电流和线电流是通常概念的电流（即体电流）的极限情况。面电流是在厚

度可以忽略不计的面上的电流，线电流是在截面积可以忽略不计的线中的电流。

在恒定电场中，电荷的运动是稳定的。我们可以在场中绘出曲线，使曲线上各点的切线与在该点的电流密度的方向一致，这就是电流线。电流线是闭合的，或延伸到无限远。

图 4-1 所示为一段横截面均匀的柱形导体，电场沿轴的方向，而且 $\boldsymbol{E}$ 是均匀分布的。这样，导体内各点 $\boldsymbol{J}$ 也是相同的。通过横截面 S 的电流为 I。由电路理论知，导体两端的电压与流过它的电流成正比，即

$$U = IR \tag{4-7}$$

式（4-7）称为欧姆定律，其中 R 是导体的电阻。

对于均匀截面的导体有

$$R = \frac{l}{\gamma S} \tag{4-8}$$

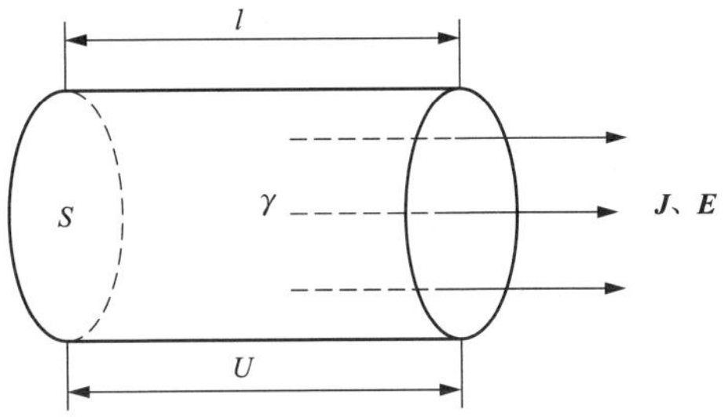

图 4-1　横截面均匀的柱形导体

式中：γ 为电导率，单位是 S/m（西/米）。γ 的倒数称为电阻率，单位是 $\Omega \cdot$ m（欧·米）。

设柱形导体长为 l，其横截面积 S 在此长度上可认为是均匀的，则流过该柱形导体横截面 S 任意小截面 $\mathrm{d}S$ 的电流为

$$\mathrm{d}I = \boldsymbol{J} \cdot \mathrm{d}S \tag{4-9}$$

设柱形导体 l 两端的电压 U，则任意 $\mathrm{d}l$ 长导体两端的电压为 $\mathrm{d}U$，有

$$\mathrm{d}U = \boldsymbol{E} \cdot \mathrm{d}\boldsymbol{l} \tag{4-10}$$

利用欧姆定律式（4-7）有

$$\boldsymbol{E} \cdot \mathrm{d}\boldsymbol{l} = \boldsymbol{J} \cdot \mathrm{d}\boldsymbol{S}\,\frac{\mathrm{d}l}{\gamma\,\mathrm{d}S} \tag{4-11}$$

因为 $\mathrm{d}\boldsymbol{l}$ 的方向就是 $\mathrm{d}\boldsymbol{S}$ 的法线方向，所以得

$$\boldsymbol{J} = \gamma \boldsymbol{E} \tag{4-12}$$

式（4-12）是欧姆定律的微分形式。它给出了导电媒质中任一点的电流密度与电场强度间的关系。此式虽是从恒定情况下导出的，但对非恒定情况也适用。

4.1.2　焦耳定律的微分形式

自由电荷在导电媒质内移动时，不可避免地会与其他质点发生碰撞。如金属导体中自由电子在电场力作用下定向运动时，会不断与原子晶格发生碰撞，将动能转变为原子的热振动，造成能量损耗。因此，如果要在导体内维持恒定电流，必须持续地对电荷提供能量，这些能量最终都转化为热能。

设导体每单位体积内有 N 个自由电子，它们的平均速度为 $\boldsymbol{v}$，则式（4-4）可以写成

$$\boldsymbol{J} = N(-e)\boldsymbol{v} \tag{4-13}$$

式中：e 为电子电荷量。

如导体中存在电场强度 $\boldsymbol{E}$，则每一电子所受的电场作用力是 $f = -e\boldsymbol{E}$。在 $\mathrm{d}t$ 时间内，电场力对每一电子所做的功为

$$\mathrm{d}W_\mathrm{e} = \boldsymbol{f} \cdot \mathrm{d}\boldsymbol{l} = -e\boldsymbol{E} \cdot \boldsymbol{v}\mathrm{d}t \tag{4-14}$$

移动元体积 $\mathrm{d}V$ 内所有电子需要做功为

$$\mathrm{d}W = (N\mathrm{d}V)\mathrm{d}W_\mathrm{e} = N(-e)\boldsymbol{v} \cdot \boldsymbol{E}\mathrm{d}V\mathrm{d}t \tag{4-15}$$

考虑到式（4-13），式（4-15）可以写为

$$\mathrm{d}W=\boldsymbol{J}\cdot\boldsymbol{E}\mathrm{d}V\mathrm{d}t \tag{4-16}$$

式（4-16）给出了在 $\mathrm{d}t$ 时间内，导体每一元体积 $\mathrm{d}V$ 内，由于电子运动而转换成的热能，从而可以得到功率密度为

$$p=\frac{\mathrm{d}P}{\mathrm{d}V}=\frac{\mathrm{d}W/\mathrm{d}t}{\mathrm{d}V}=\boldsymbol{J}\cdot\boldsymbol{E}=\gamma E^2 \tag{4-17}$$

式（4-17）为焦耳定律的微分形式。

p 的单位是 $\mathrm{W/m^3}$（瓦/米^3），表示导体内任一点单位体积的功率损耗与该点的电流密度与电场强度间的关系。电路理论中的焦耳定律（积分形式为 $P=I^2R$）可由它积分而得。

4.1.3 电动势

如果把柱形导体的两端连接于一个已充电的电容器的两个极板上，如图 4-2（a）所示，由于电容放电，这种方法只能产生瞬间电流。若把导体的 A、B 两端分别与直流电源的正、负极相连，如图 4-2（b）所示，则由于电源内存在一种对电荷的作用力，使正电荷由负极向正极运动，不断补充电容极上的电荷，其结果使电荷分布保持不变。这样，在导体中便得到了恒定不变的电流。

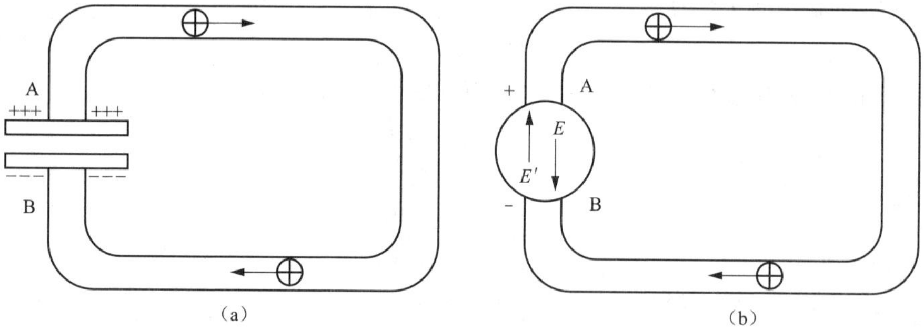

图 4-2 电动势

在电源内部存在两个电场：一个是由导体上的电荷产生的库仑场 $\boldsymbol{E}$，另一个是由外部能量产生的非库仑场 $\boldsymbol{E}'$。两者方向相反。非库仑场只存在于电源内部，在电源外部空间（导体或介质内）只存在库仑场。

既然导体上电荷分布不随时间改变，其电场必然和静止电荷的电场的性质相同。静止电荷的场是无旋场，所以恒定电场也是无旋场，即电场强度沿任何闭合路径的线积分恒为零。故有

$$\oint_l \boldsymbol{E}\cdot\mathrm{d}\boldsymbol{l}=0 \tag{4-18}$$

和

$$\nabla\times\boldsymbol{E}=0 \tag{4-19}$$

因此，在恒定电场中可以引入电位函数 φ

$$\boldsymbol{E}=-\nabla\varphi \tag{4-20}$$

现在沿着电流取闭合回路，取电场强度沿这个闭合回路的线积分。因为闭合回路穿过电源，考虑到电源内有两种场，电场强度是指合成电场$\boldsymbol{E}_l=\boldsymbol{E}+\boldsymbol{E}'$，则

$$\oint_l \boldsymbol{E}_l\cdot\mathrm{d}\boldsymbol{l}=\oint_l(\boldsymbol{E}+\boldsymbol{E}')\cdot\mathrm{d}\boldsymbol{l}=\oint_l \boldsymbol{E}\cdot\mathrm{d}\boldsymbol{l}+\oint_l \boldsymbol{E}'\cdot\mathrm{d}\boldsymbol{l} \tag{4-21}$$

式（4-21）中

$$\oint_l \boldsymbol{E} \cdot \mathrm{d}\boldsymbol{l} = 0 \tag{4-22}$$

故合成电场沿闭合回路的线积分等于

$$\oint_l \boldsymbol{E}_l \cdot \mathrm{d}\boldsymbol{l} = \oint_l \boldsymbol{E}' \cdot \mathrm{d}\boldsymbol{l} = e \tag{4-23}$$

式中：e 为电动势，单位为 V，它是非库仑场对单位正电荷（在电源内从 A 至 B）所做的功。

在电源外只存在库仑场，故积分 $\int_A^B \boldsymbol{E} \cdot \mathrm{d}\boldsymbol{l}$ 与所取的路径无关，为一定值

$$\int_A^B \boldsymbol{E} \cdot \mathrm{d}\boldsymbol{l} = U_{\mathrm{AB}} \tag{4-24}$$

式中：U_{AB} 为电源的端电压，它等于单位正电荷从 A 移至 B 时库仑场所做的功。

如果设电源的内阻为零，即假设电源是完纯导体，电导率 $\gamma \to \infty$。因为 $\boldsymbol{J}_{\mathrm{C}} = \gamma \boldsymbol{E}$，而 $\boldsymbol{J}_{\mathrm{C}}$ 为有限值，所以 $\boldsymbol{E}$ 应等于零，则 $\boldsymbol{E}_l = 0$，即 $\boldsymbol{E} = -\boldsymbol{E}'$，而

$$\int_B^A \boldsymbol{E}' \cdot \mathrm{d}\boldsymbol{l} = -\int_A^B \boldsymbol{E}' \cdot \mathrm{d}\boldsymbol{l} = \int_A^B \boldsymbol{E} \cdot \mathrm{d}\boldsymbol{l} \tag{4-25}$$

即

$$e = U_{\mathrm{AB}} \tag{4-26}$$

式（4-26）表示库仑场在外部电路对单位正电荷所做的功（变为热或其他形式的能量）等于非库仑场在电源内对同样电量所做的功。

因为对于导体的任一部分的 $\boldsymbol{J}$ 可以写成 $\boldsymbol{J} = \gamma \boldsymbol{E} = \gamma(\boldsymbol{E}_l - \boldsymbol{E}')$，则得

$$e = \oint_l \boldsymbol{E}_l \cdot \mathrm{d}\boldsymbol{l} = \oint_l \frac{\boldsymbol{J}}{\gamma} \cdot \mathrm{d}\boldsymbol{l} \tag{4-27}$$

如果导体横截面是均匀的，则 $J = I/S$，得

$$e = I \oint_l \frac{\mathrm{d}l}{\gamma S} = I \frac{l}{\gamma S} = IR \tag{4-28}$$

式中：R 为整个导体回路的电阻，包括电源的电阻在内。

式（4-28）即为全电路的欧姆定律。

4.2 电流连续性

恒定电流是在导体内电场不随时间变化的条件下产生的，这时导体上的电荷分布也是不随时间变化的。很明显，如果由于电荷运动而引起导体上电荷分布改变的话，导体内的电场也就随着改变，而电流就不可能再保持恒定了。所以在恒定电流情形下，在导体内的任何一个体积 V 内的电量是不会随时间改变的。这是电荷运动达到平衡的情形。即任何时刻流入体积 V 的电量和从这个体积流出的电量是相等的。换言之，从包围此体积的闭合面穿出的 $\boldsymbol{J}$ 的通量为零。又因为从闭合面流出的电流等于单位时间内体积中电荷的减少量，故有

$$\oint_S \boldsymbol{J} \cdot \mathrm{d}\boldsymbol{S} = -\frac{\partial}{\partial t}\int_V \rho \, \mathrm{d}V = \int_V -\frac{\partial \rho}{\partial t} \mathrm{d}V = 0 \tag{4-29}$$

由散度定理，得

$$\oint_S \boldsymbol{J} \cdot \mathrm{d}\boldsymbol{S} = \int_V \nabla \cdot \boldsymbol{J} \, \mathrm{d}V = 0 \tag{4-30}$$

因为式（4-30）与体积的选择无关，故被积函数应等于零，即

$$\nabla \cdot \boldsymbol{J} = -\frac{\partial \rho}{\partial t} = 0 \tag{4-31}$$

式（4-29）和式（4-31）表示电流密度是无源的。若用电流线来表示 $\boldsymbol{J}$，则电流线都是闭合曲线。电流的这个性质称为连续性。式（4-29）应用于包含几个导体分支的结点时，便得到电路中的基尔霍夫第一定律

$$\sum I_l = 0 \tag{4-32}$$

事实上，电路中任何一个平衡过程，都是要通过一个不平衡的过程建立起来的，不是过程一开始就达到平衡的状态的。例如，接通电源时，导体上开始聚集电荷（由于电荷相互排斥，电荷都向表面扩散），并在导体中建立起电场。电荷是逐渐达到它的最后分布的；导体中的电场和电流密度在向平衡状态的过渡中都不是恒定不变的。

4.3 恒定电场的基本方程和边界条件

4.3.1 恒定电场的基本方程

根据电荷守恒定律，由任一闭合面流出的传导电流应等于该闭合面内自由电荷 q 的减少率，即

$$\oint_S \boldsymbol{J} \cdot \mathrm{d}\boldsymbol{S} = -\frac{\partial q}{\partial t} \tag{4-33}$$

在恒定电场中，电荷的分布不随时间变化，因而 $\frac{\partial q}{\partial t}=0$，故得

$$\oint_S \boldsymbol{J} \cdot \mathrm{d}\boldsymbol{S} = 0 \tag{4-34}$$

这就是恒定电场中，传导电流的连续性方程。

下面进一步讨论恒定电场基本方程的积分形式和微分形式。

取电场强度矢量的环路线积分，先设所取积分路线经过电源，即

$$\oint_l (\boldsymbol{E}' + \boldsymbol{E}) \cdot \mathrm{d}\boldsymbol{l} = \oint_l \boldsymbol{E} \cdot \mathrm{d}\boldsymbol{l} + \oint_l \boldsymbol{E}' \cdot \mathrm{d}\boldsymbol{l} = 0 + e \tag{4-35}$$

故得

$$\oint_l (\boldsymbol{E}' + \boldsymbol{E}) \cdot \mathrm{d}\boldsymbol{l} = e \tag{4-36}$$

如果所取闭合路线不经过电源，即有

$$\oint_l \boldsymbol{E} \cdot \mathrm{d}\boldsymbol{l} = 0 \tag{4-37}$$

在各向同性媒质中，对电源以外的区域，电流密度与电场强度间关系是 $\boldsymbol{J}=\gamma\boldsymbol{E}$，在电源内部 $\boldsymbol{J}=\gamma(\boldsymbol{E}+\boldsymbol{E}')$。

为了清楚起见，把导电媒质中恒定电场的基本方程整理在一起得

$$\left.\begin{aligned} &\oint_l \boldsymbol{E} \cdot \mathrm{d}\boldsymbol{l} = 0 \\ &\oint_S \boldsymbol{J} \cdot \mathrm{d}\boldsymbol{S} = 0 \end{aligned}\right\} \tag{4-38}$$

两场量关系为

$$\boldsymbol{J}=\gamma\boldsymbol{E} \tag{4-39}$$

式（4-36）～式（4-38）是表征导电媒质中恒定电场性质的方程，通常称为基本方程的积分形式。

根据基本方程的积分形式，应用斯托克斯定理和高斯散度定理，可导出恒定电场基本方程的微分形式，即

$$\nabla\times\boldsymbol{E}=0 \tag{4-40}$$

$$\nabla\cdot\boldsymbol{J}=0 \tag{4-41}$$

式（4-40）和式（4-41）表明在电源以外导电媒质中的恒定电场是无旋无源场。

和静电场一样，在恒定电场中，也存在着一个标量位函数 φ，它与电场强度矢量的关系仍然为

$$\boldsymbol{E}=-\nabla\varphi \tag{4-42}$$

在均匀媒质中，标量位函数满足拉普拉斯方程，即

$$\nabla^2\varphi=0 \tag{4-43}$$

4.3.2 恒定电场的边界条件

现在讨论两种导电媒质分界面上，恒定电场必须满足的条件。在具有不同电导率 γ_1 和 γ_2 的两种导体的分界面上，电流要发生突变。这是由于分界面上聚积电荷的结果。分界面上的电荷是在接通电源后的短时间聚积起来的。它使分界面上电场发生突变，因而分界面上电流密度也发生突变。分界面上 $\boldsymbol{J}$、$\boldsymbol{E}$ 所服从的关系称为分界面上的边界条件。利用电流连续性及无旋场性质，可以推导出这些边界条件。

如图 4-3 所示，高 h 是在分界面上取的一个小的柱形闭合面，上下两底面分处于两导体中，且和分界面平行，高 h 为无限小量。则从闭合面流出的电流等于从上下两底面流出的电流的代数和。根据电流连续性原理，此电流为零，即

$$\oint_S\boldsymbol{J}\cdot\mathrm{d}\boldsymbol{S}=J_{1\mathrm{n}}\Delta S-J_{2\mathrm{n}}\Delta S=0 \tag{4-44}$$

得到

$$J_{1\mathrm{n}}=J_{2\mathrm{n}} \tag{4-45}$$

即在分界上电流密度的法线分量是连续的。

其次，在分界曲上取一矩形闭合回路，两个边分别处于两导体中，且和分界面平行，高 h 为无限小量（如图 4-4 所示），则沿此闭合路径的 $\boldsymbol{E}$ 的线积分等于

$$\oint_l\boldsymbol{E}\cdot\mathrm{d}\boldsymbol{l}=-E_{1\mathrm{t}}\Delta l+E_{2\mathrm{t}}\Delta l=0 \tag{4-46}$$

得到

$$E_{1\mathrm{t}}=E_{2\mathrm{t}} \tag{4-47}$$

即在分界面上电场强度的切线分量是连续的。

由分界面上的边界条件式（4-45）和式（4-47），可以导出分界面上的折射关系为

$$\frac{\tan\theta_1}{\tan\theta_2}=\frac{\gamma_1}{\gamma_2} \tag{4-48}$$

如果导体 2 是不良导体，例如，漏电的绝缘体就应该看作是一种极不良的导体，即 $\gamma_1>\gamma_2$，则由式（4-48）看出，不管 θ_1 值如何，θ_2 总是接近于零，即在不良导体中的电场总是近似地与分界面垂直，而分界面近似为一个等位面。在具有良导体与极不良导体的分界面的

边值问题的计算中，这一结论是非常有用的。

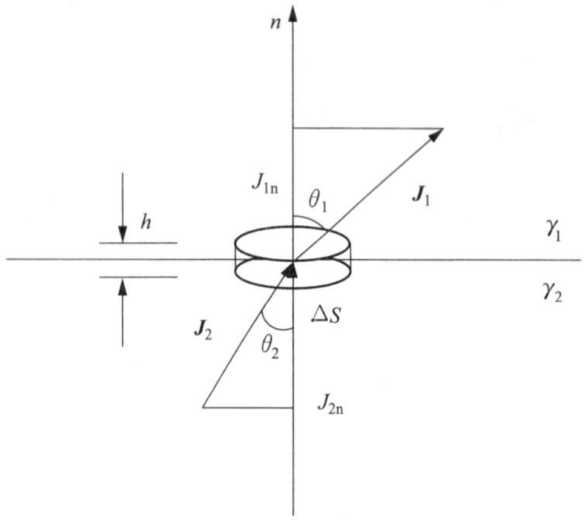

图 4-3　分界面上 J_n 的边界条件

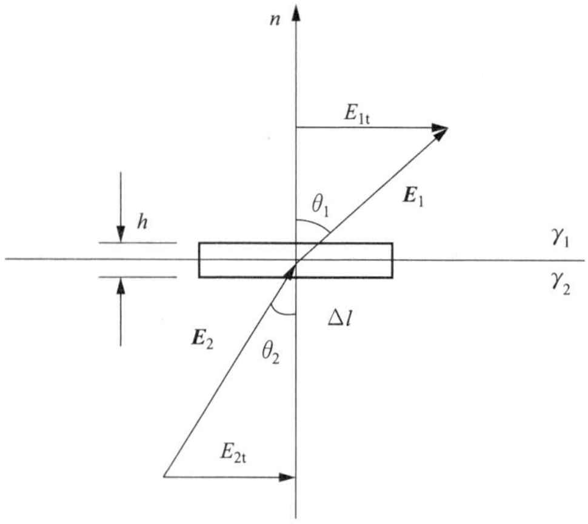

图 4-4　分界面上 E_t 的边界条件

最后，看一下分界面上的电荷分布。导体表面是有电荷的。在给导体充电时，电荷都趋向于表面，这就是导体表面电荷的来源。不仅是导体与介质的分界面，而且两种不同导体的分界面上都有电荷分布。例如在两种导体的分界上，由式（4-45）可得

$$\gamma_1 E_{1n} = \gamma_2 E_{2n} \tag{4-49}$$

因为 $\gamma_1 \neq \gamma_2$，所以 $E_{1n} \neq E_{2n}$。电场强度法线分量不连续说明分界面上存在电荷。如果两种导体都是金属导体（通常认为金属导体的介电常数和真空相同），则分界面上没有束缚电荷，而只有自由电荷。由静电场理论可得

$$E_{1n} - E_{2n} = \frac{\sigma}{\varepsilon_0} \tag{4-50}$$

式中：σ 是分界面上的自由电荷面密度，有

$$\sigma = \varepsilon_0 (E_{1n} - E_{2n}) = \varepsilon_0 \left(\frac{\gamma_2}{\gamma_1} - 1\right) E_{2n} = \varepsilon_0 \left(1 - \frac{\gamma_1}{\gamma_2}\right) E_{1n} \tag{4-51}$$

可见，分界面上电荷密度取决于两种导体的电导率之比。

4.4　恒定电场与静电场的相似对比

对于导电媒质中的恒定电场（电源以外）和没有电荷分布区域内的静电场进行比较，可发现二者的方程具有相似的形式，归纳见表 4-1。

表 4-1　恒定电场与静电场的比较

静电场（$\rho=0$ 处）	导电媒质中的恒定电场
$\nabla \times \boldsymbol{E} = 0$	$\nabla \times \boldsymbol{E} = 0$
$\nabla \cdot D = 0$	$\nabla \cdot \boldsymbol{J} = 0$
$\nabla^2 \varphi = 0$	$\nabla^2 \varphi = 0$
$\boldsymbol{D} = \varepsilon \boldsymbol{E}$	$\boldsymbol{J} = \gamma \boldsymbol{E}$
$q = \int_S \boldsymbol{D} \cdot \mathrm{d}\boldsymbol{S}$	$I = \int_S \boldsymbol{J} \cdot \mathrm{d}\boldsymbol{S}$

由于导电媒质中的恒定电场等同于不存在自由电荷区域的静电场，它们的电位函数都满足拉普拉斯方程式。因此如果媒质是均匀的，则在同样的边界条件下两种场的分布规律完全相同，即 $\boldsymbol{J}$ 线与 $\boldsymbol{D}$ 线分布一致。

如果两种场中媒质分片均匀，例如各由两种媒质组成，它们的介电常数和电导率分别为 ε_1、ε_2，和 γ_1、γ_2，当满足

$$\gamma_1/\gamma_2=\varepsilon_1/\varepsilon_2 \tag{4-52}$$

时，则在同样的媒质分界面形状及边界条件下，两种场的分布规律也应完全相同。

根据上述原理，在一定条件下，就可以把一种场的计算和实验所得的结果，推广应用于另一种场，这种方法称为静电比拟法。用静电比拟法可以较方便地求出电导或电阻。

例如，一个球形电容器的电容为

$$C=\frac{q}{V}=\frac{\varepsilon\int_S \boldsymbol{E}\cdot \mathrm{d}\boldsymbol{S}}{\int_a^b \boldsymbol{E}\cdot \mathrm{d}\boldsymbol{l}}=\frac{4\pi\varepsilon ab}{b-a} \tag{4-53}$$

式中：S 为内球的表面积；a 为内球的半径；b 为外球壳的半径。

若将此电容器内部充以导电媒质，则它的电导为

$$G=\frac{1}{R}=\frac{I}{U}=\frac{\gamma\int_S \boldsymbol{E}\cdot \mathrm{d}\boldsymbol{S}}{\int_a^b \boldsymbol{E}\cdot \mathrm{d}\boldsymbol{l}} \tag{4-54}$$

当两种情况下极板的电势都相同（$\boldsymbol{E}$ 也相同）时，只需把 ε 改为 γ，就可由 C 求得电导为

$$G=\frac{4\pi\gamma ab}{b-a} \tag{4-55}$$

4.5 深埋球形接地极和点源

4.5.1 接地的基本概念

在电力系统中，为了保障安全的供电与用电，将电气设备的某部分与埋入大地中的导体相连接，叫做接地。接地通常分为工作接地和保护接地。工作接地是指为了保证电力系统正常运行而设置的接地，例如，110kV 以上高压系统中性点接地、220V/380V 三相四线制系统变压器中性点接地。保护接地也称安全接地，是指为了防止过电压对人体造成危害而设置的接地，例如，电力设备金属外壳接地、防雷接地、防静电接地等。

埋入大地并直接与大地接触的金属导体，称为接地极。兼作接地用的各种金属构件、金属管道、建筑物地基等，称为自然接地极。将电力设备与接地极连接的金属导体，称为接地线。接地极和接地线的总和称为接地装置。接地装置的对地电压和流入地中的电流比值叫做接地电阻。接地电阻包括接地装置的自身电阻、接地极与土壤的接触电阻、入地电流在土壤中的扩散电阻三者之和。由于前两者很小，可忽略不计，一般认为扩散电阻就是接地电阻。按照流入地中的工频电流求得的接地电阻，称为工频接地电阻；按照流入地中的冲击电流求得的接地电阻，称为冲击接地电阻（一般用来衡量防雷接地的效果，本书不讨论）。

通常，将大地的电位视为零电位，即电位参考点。当电流经接地极流入大地时，理论上，在距离接地点无穷远处电位才为零；而实际上，在距离接地点足够远的地方（当接地极

面积不大时，约为 20m）电位已趋近于零，如图 4-5（b）所示。工程上将电位趋于零的地方叫做电气上的“地”。

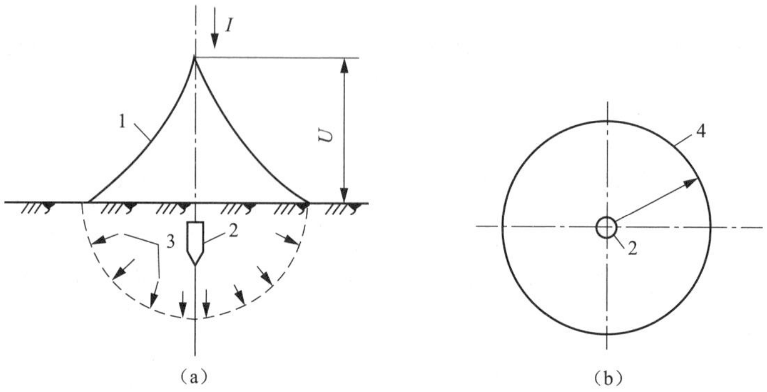

图 4-5　接地极对地电压

（a）接地极侧视图；（b）接地极俯视图

1—对地电压曲线；2—接地极；3—扩散电场；4—零电位面

4.5.2　深埋球形接地极

按照埋入地中的深度，可把接地极分为深埋接地极和浅埋接地极。深埋接地极无需考虑空气与土壤的分界面对扩散电流的影响，因此计算相对简单，其中最简单的为深埋球形接地极，如图 4-6 所示。由于金属球的电导率远大于土壤的电导率，所以由球面发出的电流线都是径向的，与球面垂直，故球面为一等位面，距离球心 o 为 r 远处的电流密度为

$$J=\frac{I}{4\pi r^2}$$

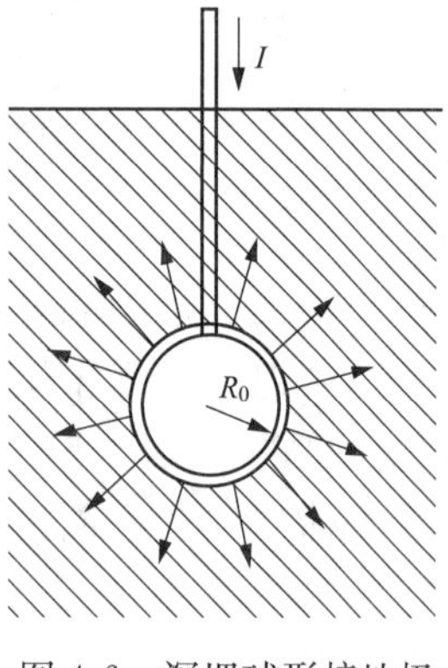

图 4-6　深埋球形接地极

该处的电场强度为

$$E=\frac{J}{\gamma}=\frac{I}{4\pi\gamma r^2}$$

若设无限远处的电位为零，则该处的电位为

$$U=\int_r^{\infty}\boldsymbol{E}\cdot\mathrm{d}\boldsymbol{r}=\frac{I}{4\pi\gamma}\int_r^{\infty}\frac{\mathrm{d}r}{r^2}=\frac{I}{4\pi r\gamma}\tag{4-56}$$

式中：γ 为土壤的电导率。

则半径为 R_0 的球面电位为

$$U_0=\frac{I}{4\pi R_0\gamma}$$

式中：U_0 为接地极与土壤的接触电压；I 为流入地中的电流。

根据接地电阻的定义可知，球形接地极的接地电阻为

$$R=\frac{U_0}{I}=\frac{1}{4\pi a\gamma}$$

4.5.3　点源

由式（4-56）可以看出，深埋球形接地极球面以外任一点的电位和球面半径无关。即便 $R_0\to 0$，也不影响接地极以外电场的分布情况。因此，在计算深埋球形接地极以外区域的电场分布时，可以把球形接地极视作一点，称为点源。距点源 r 处的一点的电位仍用式（4-56）计算。

当存在多个点源时，可以按照叠加原理进行计算，比如 n 个点源同时存在时，附近任一点 P 的电位为

$$U=\frac{1}{4\pi\gamma}\sum_{k=1}^{n}\frac{I_k}{r_k}$$

式中：I_k 为由第 k 个点源发出的电流；r_k 为 P 点相对于对第 k 个点源的距离。

【例 4-1】 目前的电气铁道一般为接触网供电，接触网可以视作一根单导线供电线路。当采用直接供电方式时，回流电通过钢轨的接地极返回牵引变电站，如图 4-7 所示。假设机车至牵引变电站距离为 l，另有一以大地作为回线的电信传输线（与接触网平行）长也为 l，两种输电线相距为 b。若电气铁道的地中回流电流为 I，求在电信线接地极产生的外加电压是多少？当 $l\gg b$ 时，此电压又是多少？

解 将电气铁道地中回流通路的两端视为两个深埋接地极 Q_1 和 Q_2，将电信传输线的接地极视为两个深埋接地极 P_1 和 P_2，如图 4-8 所示。

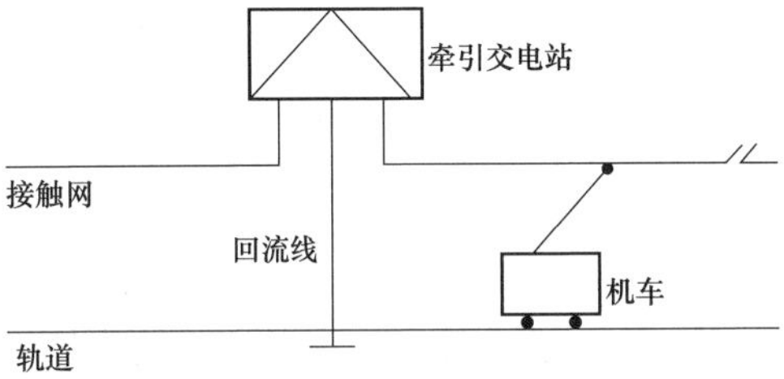

图 4-7 电气化铁路

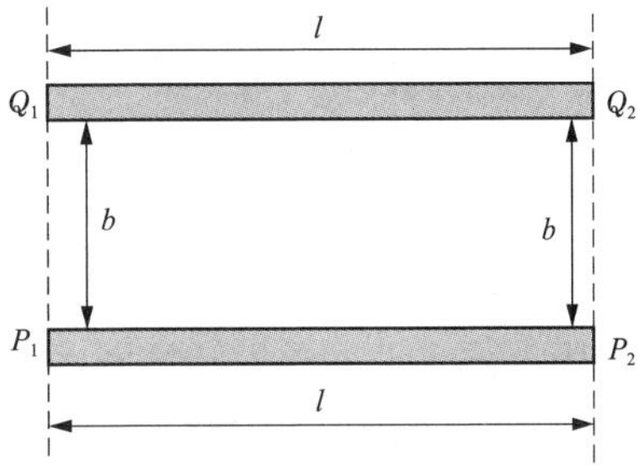

图 4-8 电气铁道地中回流产生电场

令 Q_1 处的点源电流是 I，则 Q_2 处的点源电流是 $-I$。可知，由点源 Q_1 和 Q_2 在 P_1 点产生的电位为

$$U_1=\frac{I}{4\pi\gamma}\left(\frac{1}{b}-\frac{1}{\sqrt{l^2+b^2}}\right)$$

在 P_2 点产生的电位为

$$U_2=-\frac{I}{4\pi\gamma}\left(\frac{1}{b}-\frac{1}{\sqrt{l^2+b^2}}\right)$$

P_1 和 P_2 间的外加电压为

$$U_{12}=U_1-U_2=\frac{I}{2\pi\gamma}\left(\frac{1}{b}-\frac{1}{\sqrt{l^2+b^2}}\right)$$

当 $l\gg b$ 时，有

$$U_{12}=U_1-U_2=\frac{I}{2\pi b\gamma}$$

*4.6 线源和深埋管形接地极

在实际工程中，另外一种常见的接地极是深埋管形接地极。计算它的接地电阻时，通常视为线源来处理。线源是无穷多个点源在同一直线上的集合，每单位长度发出相等电流的线

源称为均匀线源。

例如，一均匀直线线源，长为 $2C$，共发出电流 I。它在平面坐标的位置如图 4-7 所示，坐标原点 o 在线源的中心。今求任一点 $P(x, y)$ 的电位。在线源上任取一小段 $d\tau$，由这一小段发出的电流为

$$dI=\frac{I}{2C}d\tau \tag{4-57}$$

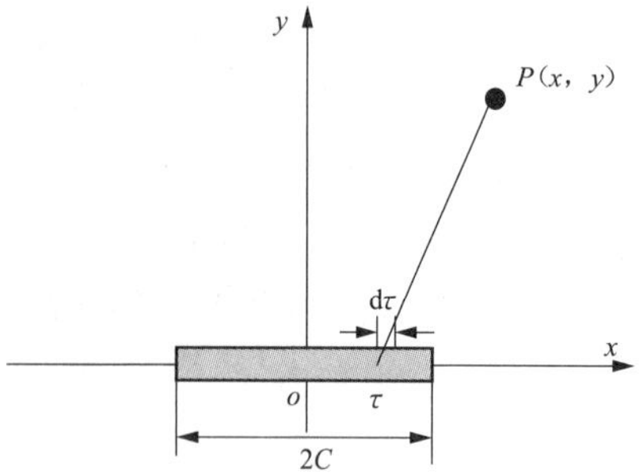

图 4-9　线源产生的电场

由此在 P 点产生的电位为

$$dU=\frac{dI}{4\pi r\gamma}=\frac{I\,d\tau}{8\pi r\gamma C} \tag{4-58}$$

其中

$$r=\sqrt{(x-\tau)^2+y^2} \tag{4-59}$$

于是，整个线源在 P 点产生的电位为

$$U=\frac{I}{8\pi\gamma C}\int_{-C}^{C}\frac{d\tau}{\sqrt{(x-\tau)^2+y^2}} \tag{4-60}$$

由此得

$$U=\frac{I}{8\pi\gamma C}\ln\frac{x+C+\sqrt{(x+C)^2+y^2}}{x-C+\sqrt{(x-C)^2+y^2}} \tag{4-61}$$

可知线源附近的等位面是回转椭圆面，等位线是一椭圆族，焦点在（$\pm C$，0）；电流线是一共焦双曲线族。当回转椭圆面的半长轴是 a、半短轴是 b（a、b、C 三者之间满足关系式 $a^2-b^2=C^2$）时，回转椭圆面上的电位为

$$U=\frac{I}{4\pi\gamma C}\ln\frac{a+C}{b} \tag{4-62}$$

如有一深埋管形接地极，长为 l，直径为 d。通以电流 I，大地土壤电导率为 γ，则其可近似地看做一细长的回转椭圆体，且 $a\approx C\approx l/2$，$b\approx d/2$。由式（4-62）可知深埋管形接地极的电位为

$$U_0=\frac{I}{2\pi\gamma l}\ln\frac{2l}{d} \tag{4-63}$$

于是深埋管形接地极的接地电阻为

$$R=\frac{U_0}{I}=\frac{1}{2\pi\gamma l}\ln\frac{2l}{d} \tag{4-64}$$

【例 4-2】 在实际工程中，应用更多的是组合接地极。组合接地极是由若干个相同或不同形式的接地极复合而成的系统。如图 4-10 所示，有一个深埋组合接地极，由两根尺寸相同的管形接地极并联而成。两管各长 l，直径 d，平行放置相距 D，大地土壤电导率是 γ，试求组合接地极的接地电阻。

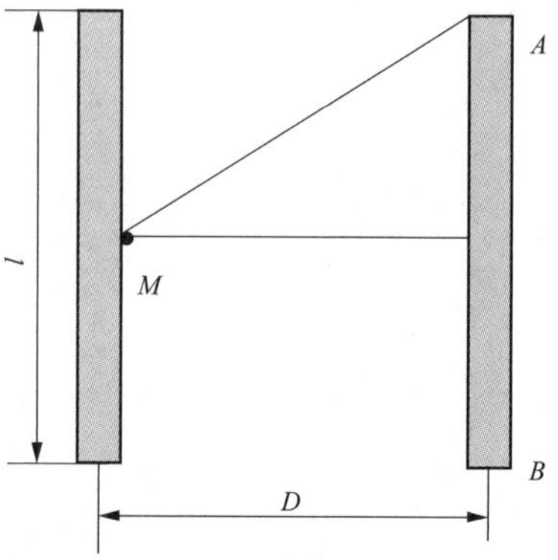

图 4-10　深埋接地极产生的电场

解　组合接地极可看做由两根平行的均匀线源构成。设两线源电流各是 I，每一管的表面近似地认为是回转椭圆面的等位面，半长轴、半焦距和半短轴的尺寸分别是

$a \approx C \approx l/2$，$b \approx d/2$。在一管的中心表面上取一点 M，则在 M 点由本线源产生的电位为

$$U_1 = \frac{I}{2\pi\gamma l}\ln\frac{2l}{d}$$

由 M 点至另一管一端点的距离为

$$MA = \sqrt{D^2 + C^2}$$

若认为 M 也是由线源 AB 产生的等位椭圆上的一点，这一椭圆的半长轴为

$$a = MA = \frac{1}{2}\sqrt{(2D)^2 + l^2}$$

半短轴 $b = D$，所以线源 AB 在 M 点产生的电位为

$$U_2 = \frac{I}{2\pi\gamma l}\ln\frac{\sqrt{(2D)^2 + l^2} + l}{2D} = \frac{I}{2\pi\gamma l}\operatorname{arcsh}\frac{l}{2D}$$

M 点的电位为

$$U_0 = U_1 + U_2 = \frac{I}{2\pi\gamma l}\left(\ln\frac{2l}{d} + \operatorname{arcsh}\frac{l}{2D}\right)$$

如果近似地认为上式就代表管的电位，则这一接地极的接地电阻为 $R = \frac{U_0}{2I}$，即

$$R = \frac{1}{4\pi\gamma l}\left(\ln\frac{2l}{d} + \operatorname{arcsh}\frac{l}{2D}\right)$$

需要指出的是，以上计算是在均匀线源的假设下做出的近似计算。实际管形接地极的等效线源并不是均匀的，每根线源中段的电流密度小些，两端的电流密度大些。

4.7 浅埋接地极

浅埋接地极接地电阻的计算需要考虑空气与土壤的分界面对流散电流的影响（见图 4-11），可以运用镜像法来分析问题。下面讨论几种典型的浅埋接地极接地电阻的计算。

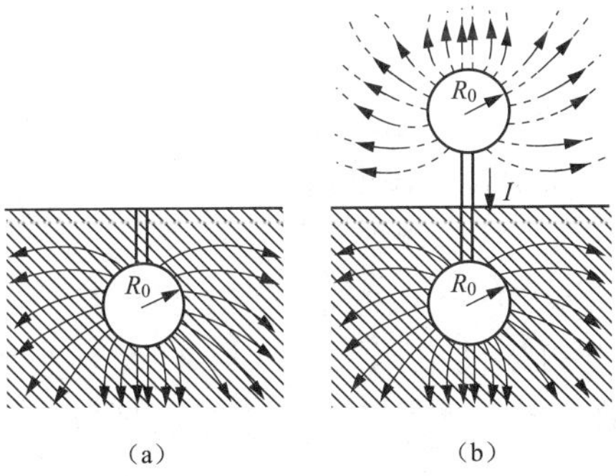

图 4-11 非深埋接地球

(a) 浅埋球形接地极；(b) 镜像法

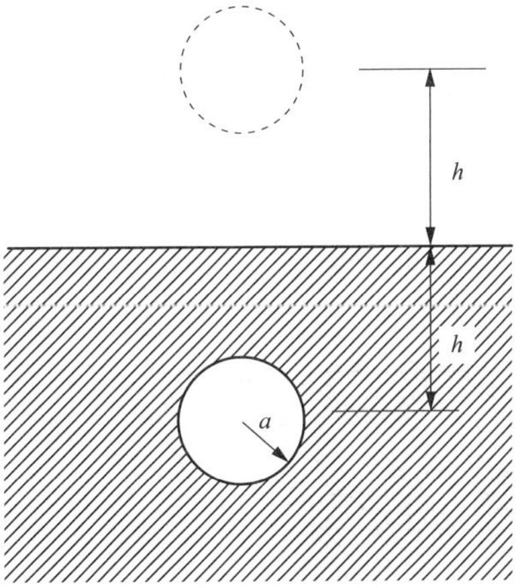

图 4-12 浅埋球形接地极

4.7.1 浅埋球形接地极

图 4-12 所示为一浅埋球形接地极，球形距地面 h，半径为 a，且 $a \ll h$，求接地电阻。

运用镜像法，假定导体球和镜像各发出电流 I，则球面上任一点由导体球本身电流产生的电位为

$$U_1=\frac{I}{4\pi\gamma a}$$

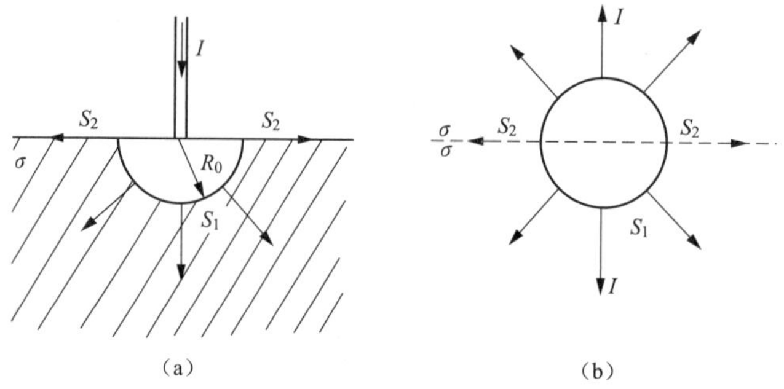

图 4-13　半球形接地体的接地电阻

（a）浅埋半球形接地极；（b）镜像法

由镜像在该点产生的电位为

$$U_2=\frac{I}{4\pi\gamma(2h)}$$

所以导体球面的总电位 $U_0=U_1+U_2$，浅埋球形接地的接地电阻 $R=U_0/I$，即

$$R=\frac{1}{4\pi\gamma a}\left(1+\frac{a}{2h}\right) \tag{4-65}$$

4.7.2　浅埋半球形接地极

图 4-13（a）表示一个浅埋半球形接地，半径为 R_0，接地体中电流是 I，求接地电阻。

假设整个空间充满导电媒质土壤。在上半空间放置一半球形镜像接地极，镜像中流过的电流也为 I。把整体看做一个球形接地极来计算，由图 4-13（b）求得接地体的电位为

$$\varphi=\frac{2I}{4\pi\gamma R_0}=\frac{I}{2\pi\gamma R_0}$$

因此，浅埋半球形接地极的接地电阻为

$$R=\frac{\varphi}{I}=\frac{1}{2\pi\gamma R_0} \tag{4-66}$$

4.7.3　水平浅埋管形接地极

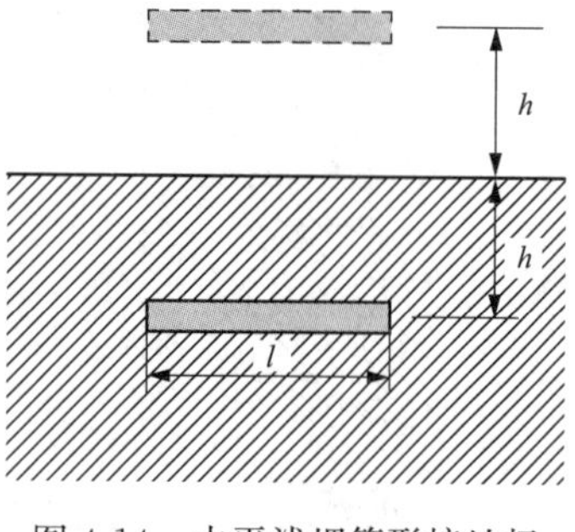

图 4-14　水平浅埋管形接地极

图 4-14 所示为一水平浅埋管形接地极，长为 l，直径为 d，距地面 h。引入镜像后，整体的接地电阻相当于【例 4-2】中的组合接地极的接地电阻，而实际的接地电阻相当于【例 4-2】结论的 2 倍。故可知这一水平浅埋管形接地极的接地电阻为

$$R=\frac{1}{2\pi\gamma l}\left(\ln\frac{2l}{d}+\mathrm{arcsh}\frac{l}{4h}\right) \tag{4-67}$$

$2h$ 相当于【例 4-2】中的 D。

当 $l\gg h$ 时，$\mathrm{arcsh}(l/4h)\approx\ln(l/2h)$，式（4-67）变为

$$R = \frac{1}{2\pi\gamma l} \ln \frac{l^2}{dh} \tag{4-68}$$

4.7.4 垂直浅埋管形接地极（上端与地面齐平）

图 4-15 所示为一垂直浅埋管形接地极，长为 l，直径为 d，垂直插入地下，上端与地面齐平，地面下土壤的电导率为 γ。求这种接地极的接地电阻时，可按镜像法认为上半部空间也由大地充满，且在地面上对称位置具有一镜像。整个长为 $2l$ 的圆棍接地电阻按照式（4-64）应为

$$R_{2l} = \frac{1}{4\pi\gamma l} \ln \frac{4l}{d}$$

但所求长为 l 的浅埋管形接地极的接地电阻 R 应是 R_{2l} 的 2 倍，即

$$R = \frac{1}{2\pi\gamma l} \ln \frac{4l}{d} \tag{4-69}$$

4.7.5 垂直浅埋管形接地极（上端距离地面 h）

图 4-16 所示为一垂直浅埋管形接地极，长为 l，直径为 d，顶端距地面为 h，求接地电阻。

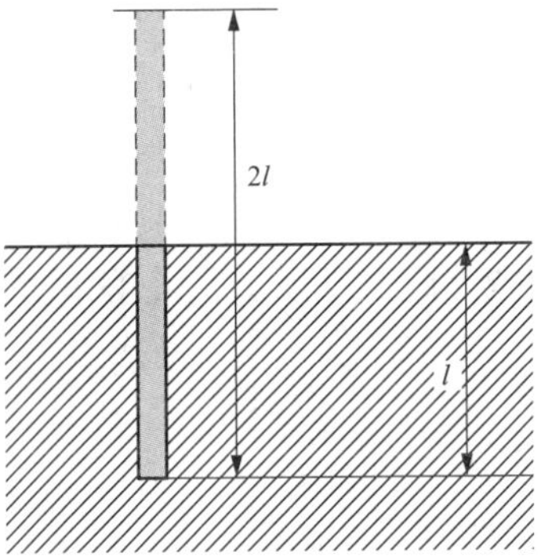

图 4-15 垂直浅埋管形接地极

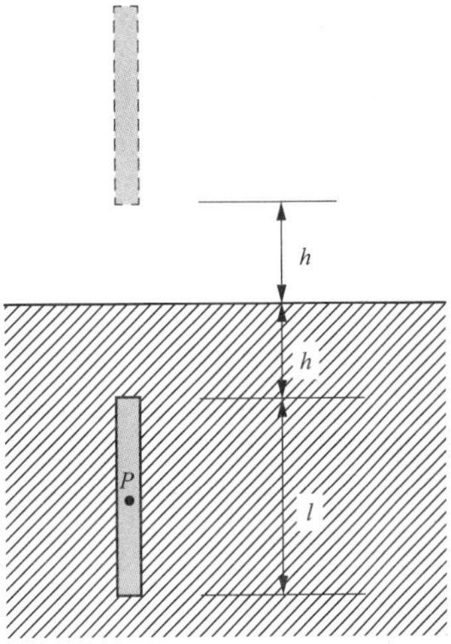

图 4-16 垂直浅埋管形接地极

运用镜像法，在接地极中心的表面取一点 P，则根据式（4-63）可知，由其本身电流在 P 点产生的电位为

$$U_1 = \frac{I}{2\pi\gamma l} \ln \frac{2l}{d}$$

由镜像产生并通过 P 点的等位椭圆半长轴 $a = l + 2h$，半焦距 $C = l/2$，半短轴 $b = \sqrt{a^2 - C^2}$，由式（4-62）可知，镜像在 P 点产生的电位为

$$U_2 = \frac{I}{2\pi\gamma l} \ln \frac{a + C}{\sqrt{a^2 - C^2}}$$

化简，可得

$$U_2 = \frac{I}{4\pi\gamma l} \ln \frac{3l + 4h}{l + 4h}$$

于是，P 点的电位为

$$U_0=U_1+U_2$$

若以 P 点的电位作为管形接地极的电位，则其接地电阻 $R=U_0/I$，即

$$R=\frac{1}{4\pi\gamma l}\left(2\ln\frac{2l}{d}+\ln\frac{3l+4h}{l+4h}\right) \tag{4-70}$$

以上计算是在均匀线源的假设下做出的。虽然是近似计算，但在工程上可以得到满意的结果。

在电力系统中，发电厂和变电站通常采用由水平接地导体组成的长孔或方孔接地网，面积一般与发电厂和变电站面积相当。当该面积内全部铺满钢材（金属板）时，接地电阻值最小；相反，只用导体围成一个网孔的封闭型接地极时，其接地电阻最大。影响接地网接地电阻的因素很多，主要有土壤电阻率、接地网面积、接地极埋设深度、垂直接地极的多少等。本书不作具体讨论。

*4.8 接地极附近的跨步电压

在电力系统中的接地极附近，或是电气设备发生接地故障的接地点附近，由于接地电流在土壤中流过，人在地面上行走时两脚之间可能会承受较高的电位差，这种电位差叫做跨步电压（图 4-17 所示为浅埋半球形接地极附近的跨步电压）。跨步电压超过人体安全限值的区域叫做危险区。

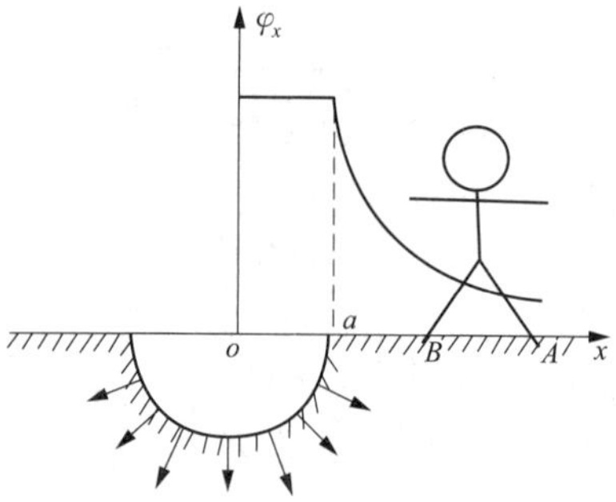

图 4-17 跨步电压

下面讨论浅埋半球形接地极附近地面上的电位分布，然后确定危险区的半径。

半球接地极的半径为 a，如果由接地体流入大地的电流为 I，则在距球心 $x(x\geqslant a)$ 处的电流密度为

$$J=\frac{I}{2\pi x^2}$$

电场强度为

$$E=\frac{J}{\gamma}=\frac{I}{2\pi\gamma x^2}$$

电位为

$$\varphi(x)=\int_x^{\infty}\frac{I}{2\pi\gamma x^2}\mathrm{d}x=\frac{I}{2\pi\gamma x}$$

由此可见，接地极附近电位呈现反比例函数曲线分布，距接地点越远，电位越低。

设地面上 A、B 两点之间的距离为 b，即为人的两脚跨步距离。A 点与接地点的距离为 l，接地点与 B 点相距（$l-b$），则跨步电压为

$$U_{\mathrm{BA}}=\int_{l-b}^{l}\frac{I}{2\pi\gamma x^2}\mathrm{d}x=\frac{I}{2\pi\gamma}\left(\frac{1}{l-b}-\frac{1}{l}\right) \tag{4-71}$$

若对人体有危险的临界电压为 U_0，当 $U_{\mathrm{BA}}=U_0$ 时，A 点就成为危险区的边界。即危险区是以 o 为中心，以 l 为半径的圆形区域。

由 $U_0=\dfrac{I}{2\pi\gamma}\left(\dfrac{1}{l-b}-\dfrac{1}{l}\right)\approx\dfrac{Ib}{2\pi\gamma l^2}$，可得

$$l=\sqrt{\frac{Ib}{2\pi\gamma U_0}} \tag{4-72}$$

应该指出，实际上直接危及生命的不是电压，而是通过人体的电流。当通过人体的工频电流超过 8mA 时，有可能发生危险，超过 30mA 时将危及生命。

在避雷针的接地装置附近，跨步电压称为冲击跨步电压。当冲击电流流过接地极时，由于磁场和集肤效应的作用，使接地极附近不仅存在与工频电流流动时相似的电阻分量，还存在较为显著的与频率相关的阻抗分量。与频率相关的阻抗分量使得接地极附近冲击电位的梯度较大，而且离开接地极越远，这一分量所占比例越小。冲击电位的分布与工频电位的分布具有相似性。在距离避雷针接地极 3m 的范围内，由于冲击电位梯度大，跨步电压较大。因此，避雷针及其接地装置与道路和建筑物出入口的距离不宜小于 3m，否则应采取有效的均压措施或铺设高阻地面，如砾石或沥青等。

当避雷针、避雷线或避雷器的接地引线接入发电厂、变电站的接地网时，会造成接地网的局部电位升高。接地网附近的电缆沟内往往有大量的弱电电缆，可能造成反击事故。因此，需要对接地网进行针对性改进，例如，改进接地网的均压设计、在防雷设备接地处加强集中接地、电缆沟附近另附均压带等。

*4.9 接地极在电力系统中的应用

4.9.1 架空线路杆塔的典型接地装置

在（DL/T 620—1997）《交流电气装置的过电压保护和绝缘配合》和（DL/T 621—1997）《交流电气装置的接地》中对高压架空线路杆塔的接地装置提出了要求。由于不同地域土壤的电阻率不尽相同，杆塔的接地装置形式也不尽相同。

（1）在 $\rho\leqslant 100\Omega\cdot m$ 的潮湿地区，可利用铁塔和钢筋混凝土杆塔作为自然接地极。在居民区，当自然接地电阻符合要求时，可以不设人工接地极装置。

（2）在 $100\Omega\cdot m<\rho\leqslant 300\Omega\cdot m$ 的地区，除利用自然接地外，应增设人工接地装置，工频接地电阻不宜超过 15Ω，接地极埋设深度不宜小于 0.6m。

（3）在 $300\Omega\cdot m<\rho\leqslant 2000\Omega\cdot m$ 的地区，可采用水平敷设的接地装置，工频接地电阻不宜超过 25Ω，接地极埋设深度不宜小于 0.5m。

（4）在 $\rho>2000\Omega\cdot m$ 的地区，可采用 6～8 根总长度不超过 500m 的放射形接地极或连续伸长接地极。工频接地电阻不宜超过 30Ω，接地极埋设深度不宜小于 0.3m。

需要注意的是，3kV 及以上的同级电压线路相互交叉或与较低电压线路、通信线路交叉时，交叉档两端的杆塔（上、下方线路共 4 基），不论有无避雷线均应接地。

4.9.2 小型配电变压器的接地装置

由于小型配电变压器的容量较小，其接地极大多设计成结构比较简单的集中接地方式。图 4-18 所示为一种常用的小型配电变压器接地形式，分别将高压侧避雷器中性点、变压器外壳、低压侧中性点与接地装置连接起来。一般情况下，当变压器容量小于 100kVA 时，接地电阻不宜超过 10Ω；当变压器容量大于 100kVA 时，接地电阻不宜超过 4Ω。

4.9.3 高压直流输电系统的接地装置

高压直流输电系统可以分为两端直流输电系统和多端直流输电系统两大类。由于目前实际投运的几乎都是两端直流输电系统，因此下面讨论的接地极只是针对两端直流输电系统。

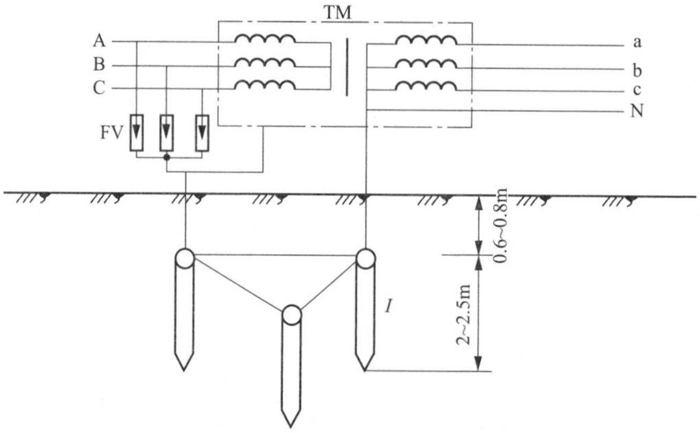

图 4-18 小型配电变压器常用接地形式

两端直流输电系统的主要接线方式有：①单极大地回线方式；②单极金属回线方式；③双极两端不接地方式；④双极一端接地方式；⑤双极两端接地方式。对于方式②、③、④而言，接地极只是起钳制中性点电位的作用，设计标准与其他中性点接地装置无太大区别。而方式①和⑤中的接地极，不仅起着钳制中性点电位的作用，还需要为直流电流提供流通回路，因此对设计有特殊的要求，下面讨论仅针对这两种接地极。

1. 直流接地极选址

直流接地极选址一般应满足以下几点基本要求：

（1）远离人口稠密的地区。

（2）前期要对选址地半径 50km 范围内做环境影响评价。评价因素主要有电磁兼容、无线电干扰、环境噪声等。

（3）前期要对选址地半径 20km 范围内做地质和水文调查，资料不全应进行现场勘测。

（4）测量大地电阻率时，测试深度不宜小于 2km，两个电流极间距应大于 8km。

（5）陆地接地极应设置于土壤电阻率低的空旷处，尽量远离其他金属结构，与换流站距离不宜小于 8～50km。

2. 直流接地极设计要点

（1）应考虑接地极最大短时电流、最大连续电流、额定工作电流。

（2）接地导体温升、接地电阻、跨步电位等均应符合要求。

（3）陆地接地极表面的电流密度宜控制在 0.25～1.0A/m^2 范围内。

（4）水平接地极埋设深度一般为数米，为浅埋型，施工简单且造价低，适用于土壤电阻率低的地区；垂直接地极埋设深度一般为数十米，个别可达数百米，为深埋型，施工难度大，但占地面积小，适用于土壤电阻率高的地区。

（5）接地极的形状应根据当地的地形、地质、水文、交通等条件，布置成环形、星形、直线形等。几种常见直流接地极的形式如图 4-19 所示，其适用范围和优缺点见表 4-2。

（6）接地极的设计寿命应不少于 30 年，应根据电腐蚀损耗率计算接地导体的材料用量，且留有 50%～100%的裕量。

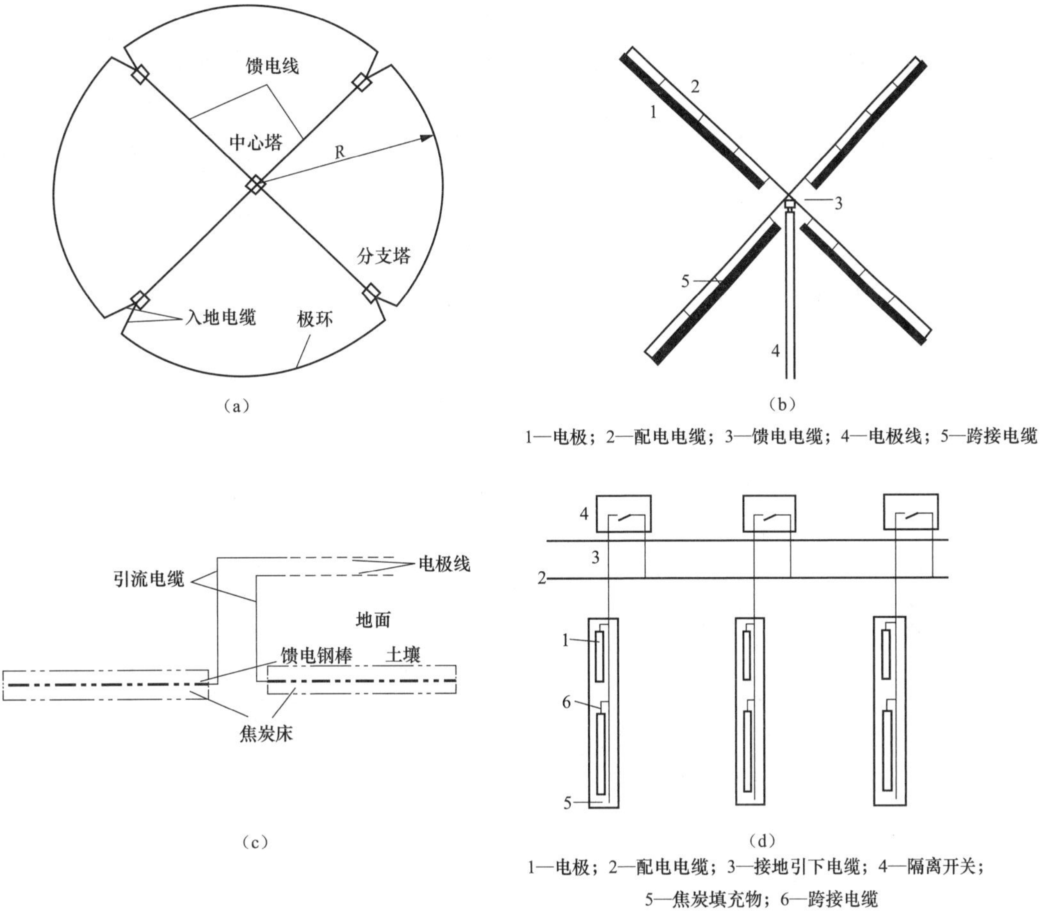

图 4-19 几种常见的接地极典型结构

(a) 浅埋环型接地极；(b) 浅埋星形接地极；(c) 浅埋直线形接地极；(d) 深埋直线型接地极

表 4-2 **几种常见的接地极对比**

接地极名称	适用范围	优点	缺点
环形(浅埋)	地形较平坦，对占地面积无要求	电位分布和散流都均匀，电极材料利用充分	占地面积大
星形(浅埋)	受地形限制不能采用环形	电位分布均匀	用材量多，接地导体散流不均匀
直线形(浅埋)	占地面积要求小	用地经济，用材量少于星形	电位和散流都不均匀
直线形(深埋)	占地面积要求非常小	用地经济，排列形状可因地制宜	施工难度大，成本高于浅埋接地极

本 章 小 结

(1) 传导电流是导电媒质中的自由电子在电场力作用下产生定向移动而形成的电流，传导电流密度与电流关系为

$$I=\int_S \boldsymbol{J}\cdot \mathrm{d}\boldsymbol{S}$$

(2) 传导电流密度与电场强度关系为

$$\boldsymbol{J}=\gamma\boldsymbol{E}$$

（3）导电媒质中有电流时，必伴随有功率损耗，功率损耗密度的表达式为

$$p=\boldsymbol{J}\cdot\boldsymbol{E}=\gamma E^2$$

因此要在导电媒质中维持一定的电流，必须与电源相连。电源的特性可以用它的电动势来表示

$$e=\oint_l \boldsymbol{E}'\cdot \mathrm{d}\boldsymbol{l}$$

（4）导电媒质中恒定电场（电源外）基本方程的积分形式为

$$\oint_S \boldsymbol{J}\cdot \mathrm{d}\boldsymbol{S}=0$$

$$\oint_l \boldsymbol{E}\cdot \mathrm{d}\boldsymbol{l}=0$$

微分形式为

$$\nabla\cdot\boldsymbol{J}=0$$

$$\nabla\times\boldsymbol{E}=0$$

（5）导电媒质中电位函数满足拉普拉斯方程

$$\nabla^2\varphi=0$$

（6）两种不同媒质分界面的条件为

$$J_{1\mathrm{n}}=J_{2\mathrm{n}} \qquad \boldsymbol{E}_{1\mathrm{t}}=\boldsymbol{E}_{2\mathrm{t}}$$

（7）恒定电场和静电场具有相似性，在一定条件下，可以把一种场的计算结果，推广应用于另一种场，这种方法叫做静电比拟法。

（8）球形接地极球面外任一点的电位与球面半径无关

$$U=\frac{I}{4\pi r\gamma}$$

球形接地极的接地电阻为

$$R=\frac{1}{4\pi a\gamma}$$

（9）深埋管形接地极的接地电阻为

$$R=\frac{U_0}{I}=\frac{1}{2\pi\gamma l}\ln\frac{2l}{d}$$

（10）镜像法可以用来计算各种形式浅埋接地极的接地电阻。

（11）在电力系统的接地体附近，存在跨步电压，危险区的半径为

$$l=\sqrt{\frac{Ib}{2\pi\gamma U_0}}$$

习　题

4.1 在恒定电场中的导体，表面存在自由电荷分布，这些自由电荷是否都是静止不动的？其电荷面密度是否随时间变化？

4.2 在电流密度 $J\neq0$ 的地方，电荷体密度是否可能等于零？

4.3 直径为 2mm 的导线，如果流过它的电流是 20A，且电流密度均匀，导体内的电导率为$\frac{1}{\pi}\times10^{8}\mathrm{S/m}$，试求导线内部的电场强度。

4.4 如果导电媒质不均匀，媒质中的电位是否满足方程$\nabla^2\varphi=0$?

4.5 在两种导电媒质的分界面两侧，什么条件下静电场和恒定电场具有相同的分布规律?

4.6 同轴线内导体、外导体半径分别为 a 和 b，其间充填介质的电导率为 γ，内外导体间的电压为 U_0，试求此同轴线单位长度的功率损耗。

4.7 球形电容器的内外半径分别为 R_1、R_2，中间的非理想介质的电导率为 γ，已知内外导体间电压为 U_0，求非理想介质中各点的电位和电场强度。

4.8 有恒定电流流过两种不同媒介（介电常数和电导率分别为 ε_1、γ_1 和 ε_2、γ_2）的分界面。问若要使两种导电媒介分界面处的电荷密度 $\sigma=0$，则 ε_1、γ_1 和 ε_2、γ_2 应满足什么条件。

4.9 两无限大平行金属板，相距为 d，板间置有两种导电媒质，分解面为平面。第一种媒质（电导率 γ_1，介电常数 ε_1）厚度为 a，第二种媒质（电导率 γ_2，介电常数 ε_2）厚度为（$d-a$）。已知金属板的电位分别为 φ_1 和 φ_2。试求达到稳定状态时分界面上的电位及电荷密度。

4.10 由两块不同电导率的薄钢片构成一导电圆弧片，如图 4-20 所示。若 $\gamma_1=6.5\times10^7\mathrm{S/m}$，$\gamma_2=1.2\times10^7\mathrm{S/m}$，$R_1=30\mathrm{cm}$，$R_2=45\mathrm{cm}$，厚度为 2cm，电极间电压 $U=30\mathrm{V}$，且 $\gamma_{电极}\gg\gamma_1$。试求：

（1）弧片内的电位分布。

（2）总电流和弧片电阻。

（3）在分界面上，**D**、**J**、**E** 是否发生突变。

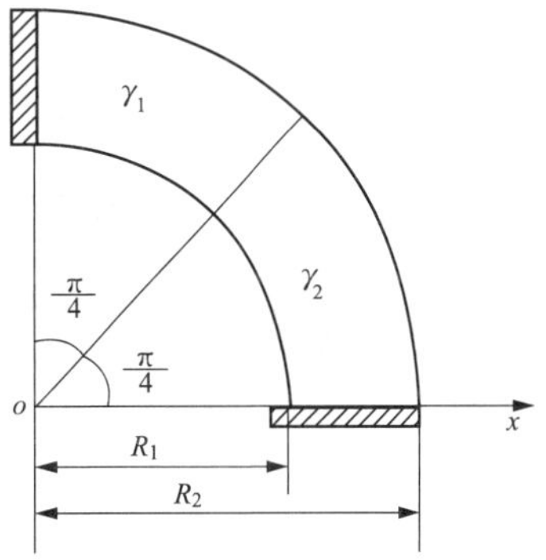

图 4-20 题 4.10 图

4.11 加有恒定电压的输电线在有电流通过与没有电流通过的两种情况下，导线周围介质中的电场有哪些相似和不同?

4.12 半径为 a 的长圆柱导体放在无限大导体平板上方，圆柱轴线距平板的距离为 h，空间充满电导率为 γ 的不良导电媒介。若导体的电导率远大于 γ，试求圆柱和平板间单位长度的电阻。

4.13 接地电阻是怎样形成的? 接地装置附近的危险区是怎样形成的? 跨步电压与哪些量有关?

4.14 一个由钢条组成的接地体系统，已知接地电阻为 100Ω，土壤的电导率 $\gamma=10^{-2}\mathrm{S/m}$。设有短路电流 500A 从钢条流入地中，有人正以 0.6m 的步距向此接地体系统前进，前脚距钢条中心 2m，试求跨步电压。

4.15 一半径为 0.5m 的导体球当作接地电极深埋地下，土壤的电导率 $\gamma=10^{-2}\mathrm{S/m}$，试求此接地体的接地电阻。

第5章 恒 定 磁 场

1820年，丹麦科学家奥斯特发现了电流的磁效应，即通有电流的导线能使附近的磁针发生偏转。说明当导体通有恒定电流时，在其内外还存在着一种特殊形式的物质，这种物质称为磁场，这个不随时间变化的磁场即恒定磁场。磁场是统一的电磁场的另一个方面，它的表现是对引入其中的运动电荷有力的作用。

5.1 安培力定律和磁感应强度

5.1.1 安培力定律

设 l'、l 为真空中由细导线组成的两个回路，分别通以恒定电流 I'、I。l'是一个引起场的源回路，l 是试验回路。在两个回路上选元电流 $I'\mathrm{d}\boldsymbol{l}'$、$I\mathrm{d}\boldsymbol{l}$，$\mathrm{d}\boldsymbol{l}'$ 和 $\mathrm{d}\boldsymbol{l}$ 的方向分别对应于 I' 和 I 流动的方向，如图5-1所示。$\boldsymbol{r}'$、$\boldsymbol{r}$ 是元电流的位置矢量，它们的相对位置矢量 $\boldsymbol{R}=\boldsymbol{r}-\boldsymbol{r}'$。将试验回路靠近源回路，可通过实验测得试验回路所受的力为

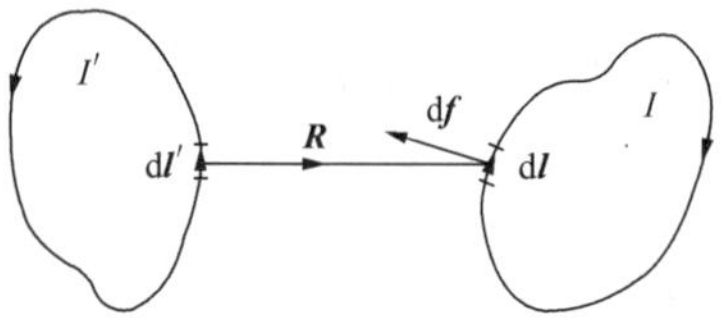

图5-1 源回路与试验回路

$$\boldsymbol{f}=\frac{\mu_0}{4\pi}\oint_l\oint_{l'}\frac{I\mathrm{d}\boldsymbol{l}\times(I'\mathrm{d}\boldsymbol{l}'\times\boldsymbol{e}_R)}{R^2} \tag{5-1}$$

式中：μ_0 为真空中的磁导率，在国际单位制中，$\mu_0=4\pi\times10^{-7}$ H/m（亨/米）；$\boldsymbol{e}_R$ 为沿 $\boldsymbol{R}$ 方向的单位矢量。

式（5-1）是真空中的安培力定律，它给出了两个电流回路之间的作用力表达式。

5.1.2 磁感应强度

式（5-1）可以改写为

$$\boldsymbol{f}=\oint_l I\mathrm{d}\boldsymbol{l}\times\left(\frac{\mu_0}{4\pi}\oint_{l'}\frac{I'\mathrm{d}\boldsymbol{l}'\times\boldsymbol{e}_R}{R^2}\right) \tag{5-2}$$

从场的观点考虑，式（5-2）括号中的量代表电流 I' 在 $I\mathrm{d}\boldsymbol{l}$ 处产生的效应，用 $\boldsymbol{B}$ 表示为

$$\boldsymbol{B}=\frac{\mu_0}{4\pi}\oint_{l'}\frac{I'\mathrm{d}\boldsymbol{l}'\times\boldsymbol{e}_R}{R^2} \tag{5-3}$$

式（5-3）为毕奥—萨伐尔定律。$\boldsymbol{B}$ 称为磁感应强度（又称磁通密度），它是表征磁场特性的基本场量，它的单位是T（特斯拉），$1\mathrm{T}=1\mathrm{Wb/m^2}$（韦伯/米^2）。

在恒定电场的讨论中，曾提到过几种元电流段，除了 $I\mathrm{d}\boldsymbol{l}$，还有 $\boldsymbol{J}\mathrm{d}V$ 和 $\boldsymbol{K}\mathrm{d}S$，相应地，毕奥—萨伐尔定律还可以分别表示为

$$\boldsymbol{B}(x,y,z)=\frac{\mu_0}{4\pi}\int_{V'}\frac{\boldsymbol{J}(x',y',z')\times\boldsymbol{e}_R}{R^2}\mathrm{d}V' \tag{5-4}$$

$$\boldsymbol{B}(x,y,z)=\frac{\mu_0}{4\pi}\int_{S'}\frac{\boldsymbol{K}(x',y',z')\times\boldsymbol{e}_R}{R^2}\mathrm{d}S' \tag{5-5}$$

若在磁场中有电流为 I 的线电流回路，则磁场对该电流回路的作用力可以写为

$$\boldsymbol{f}=\oint_{l} I \mathrm{d}\boldsymbol{l} \times \boldsymbol{B} \tag{5-6}$$

式（5-6）即为一般形式的安培力定律。若有电荷 q，在磁场中以速度 $\boldsymbol{v}$ 运动，则磁场对它的作用力为磁场作用于运动电荷的力，又称洛伦兹力，即

$$\boldsymbol{f}=q\boldsymbol{v}\boldsymbol{B} \tag{5-7}$$

由式（5-7）看出：静止的电荷在磁场中不会受到磁场的作用力，运动的电荷所受到的力总与运动的速度相垂直，它只能改变速度的方向，不能改变速度的量值，因此它与库仑力不同，洛伦兹力不做功。

仿照静电场中的 $\boldsymbol{E}$ 线，在恒定磁场中也可以作 $\boldsymbol{B}$ 线（磁感应强度线或磁力线）。$\boldsymbol{B}$ 线是一种曲线，曲线上每一点的切线方向与该点的磁感应强度的方向一致，若 $\mathrm{d}\boldsymbol{l}$ 为磁力线的长度元，则该 $\mathrm{d}\boldsymbol{l}$ 处的 $\boldsymbol{B}$ 矢量将与 $\mathrm{d}\boldsymbol{l}$ 的方向一致。$\boldsymbol{B}$ 线的微分方程应为

$$\boldsymbol{B} \times \mathrm{d}\boldsymbol{l}=0 \tag{5-8}$$

5.1.3 磁场叠加原理

和电场一样，磁场也服从叠加原理。如果有 n 个载流导体，它们在空间某点 P 都产生各自的磁感应强度，分别为 $\boldsymbol{B}_1, \boldsymbol{B}_2, \cdots, \boldsymbol{B}_n$，则这 n 个载流导体在 P 点共同产生的磁感应强度等于每个载流导体单独存在时在 P 点所产生的磁感应强度的矢量和，即

$$\boldsymbol{B}=\boldsymbol{B}_1+\boldsymbol{B}_2+\cdots+\boldsymbol{B}_i+\cdots+\boldsymbol{B}_n=\sum_{i=1}^{n} \boldsymbol{B}_i \tag{5-9}$$

这一结论称为磁场叠加原理。

下面举例说明载流导体所产生的磁感应强度的计算。

【例 5-1】 计算真空中载电流 I 的长为 $2L$ 的长直细导线在导线外任一点所引起的磁感应强度。

解 导线上恒定电流为 I，考虑到对称性，选择圆柱坐标系，导线与 z 轴重合，坐标原点放在导线中点上，直导线产生的磁场与 ϕ 角无关，如图 5-2 所示。

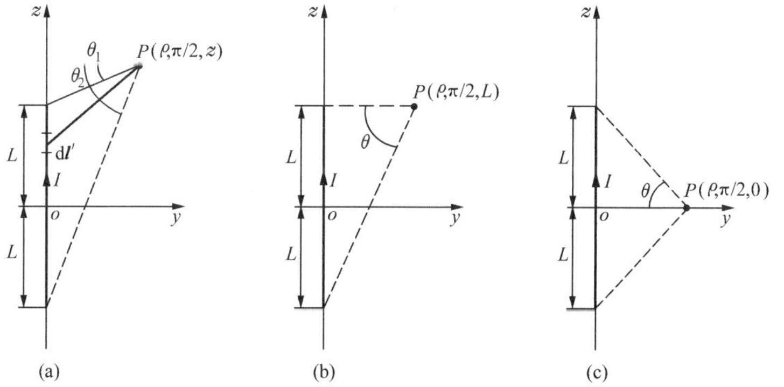

图 5-2 长直细导线产生的磁场

（a）P 点处于空间任一点；（b）当 P 点处于导线一端时；（c）当 P 点处于导线垂直平分线上时

P 点的磁感应强度由式（5-3）可写为

$$\boldsymbol{B}=\frac{\mu_0}{4\pi}\oint_{l'} \frac{I'\mathrm{d}\boldsymbol{l}' \times \boldsymbol{e}_R}{R^2}$$

其中：$I'\mathrm{d}\boldsymbol{l}'=I\mathrm{d}z'\boldsymbol{e}_z$，$R=\sqrt{\rho^2+(z-z')^2}$，$I'\mathrm{d}\boldsymbol{l}' \times \boldsymbol{e}_R=I\mathrm{d}z'\boldsymbol{e}_z \times \boldsymbol{e}_R=I\mathrm{d}z'\dfrac{\rho}{R}\boldsymbol{e}_\phi$，故

$$\boldsymbol{B}=\boldsymbol{e}_{\phi}\frac{\mu_0 I\rho}{4\pi}\int_{-L}^{L}\frac{\mathrm{d}z'}{[\rho^2+(z-z')^2]^{3/2}}$$

$$=\boldsymbol{e}_{\phi}\frac{\mu_0 I\rho}{4\pi}\frac{-(z-z')}{\rho^2[\rho^2+(z-z')^2]^{1/2}}\Big|_{-L}^{L}$$

$$=\boldsymbol{e}_{\phi}\frac{\mu_0 I}{4\pi\rho}\left\{\frac{z+L}{[\rho^2+(z+L)^2]^{1/2}}-\frac{z-L}{[\rho^2+(z-L)^2]^{1/2}}\right\}$$

式中：ρ 为场点到导线的垂直距离；$\boldsymbol{B}$ 的方向垂直穿入纸平面。

当 ρ 点处于（ρ，$\pi/2$，L）位置时，如图 5-2（b）所示，且有

$$\boldsymbol{B}=\boldsymbol{e}_{\phi}\frac{\mu_0 I}{4\pi\rho}\sin\theta=\boldsymbol{e}_{\phi}\frac{\mu_0 I}{4\pi\rho}\frac{2L}{\sqrt{\rho^2+4L^2}}$$

当 ρ 点处于（ρ，$\pi/2$，0）位置时，如图 5-2（c）所示，且有

$$\boldsymbol{B}=\boldsymbol{e}_{\phi}\frac{\mu_0 I}{4\pi\rho}\sin\theta=\boldsymbol{e}_{\phi}\frac{\mu_0 I}{4\pi\rho}\frac{2L}{\sqrt{\rho^2+L^2}}$$

若为无限长载流长直细导线，即 $L\to\infty$，$\theta_1=-\frac{\pi}{2}$，$\theta_2=\pi/2$ 可得

$$\boldsymbol{B}=\frac{\mu_0 I}{2\pi\rho}\boldsymbol{e}_{\phi}$$

在无限长载流直导线所产生的磁场中，容易看出，磁感应强度线是中心在导线轴上而与导线垂直的一些圆，其方向与电流方向成右手螺旋关系。

【例 5-2】 如图 5-3（a）所示，$y=0$ 平面上有恒定电流线密度 $K_0\boldsymbol{e}_z$，求其所产生的磁感应强度。

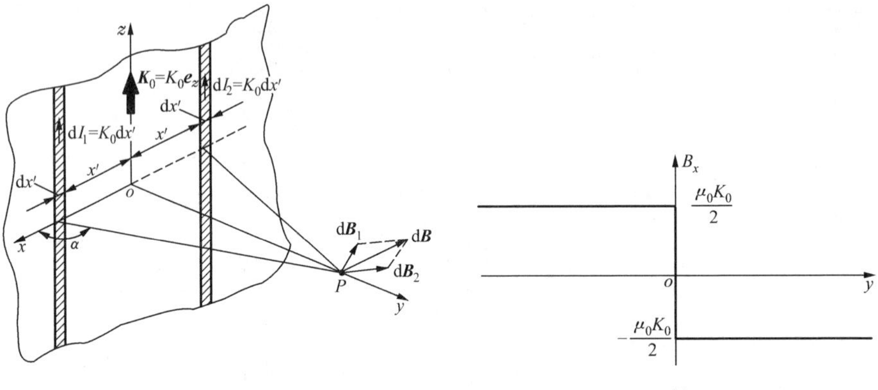

图 5-3 【例 5-2】图

（a）无限大电流平面；（b）无限大载流片的磁场分布

解 在电流片上取宽为 dx 的一条，就可以看成是无限长线电流。它引起的磁感应强度已经在【例 5-1】中讨论过。由于是无限大电流平面，所以选 P 点在 y 轴上，这样在对称地离 P 为 $|x|$ 处取两无限长线电流，它们引起的磁感应强度的 y 分量互相抵消，而 x 分量互相增强。因此，整个面电流分布所产生的合成磁感应强度为

$$\boldsymbol{B}=B_x\boldsymbol{e}_x=\left[-\int_{-\infty}^{+\infty}\frac{\mu_0 K_0\sin\alpha}{2\pi(x^2+y^2)^{1/2}}\mathrm{d}x\right]\boldsymbol{e}_x$$

$$=\left(-\frac{\mu_0 K_0}{2\pi}\int_{-\infty}^{+\infty}\frac{y\mathrm{d}x}{x^2+y^2}\right)\boldsymbol{e}_x=\left(-\frac{\mu_0 K_0}{2\pi}\arctan\frac{x}{y}\bigg|_{-\infty}^{+\infty}\right)\boldsymbol{e}_x$$

$$=\begin{cases}-\dfrac{\mu_0 K_0}{2}\boldsymbol{e}_x & y>0\\ +\dfrac{\mu_0 K_0}{2}\boldsymbol{e}_x & y<0\end{cases}$$

$\boldsymbol{B}$ 的分布如图 5-3（b）所示。

【例 5-3】 设在空气中有一个边长分别为 1m 和 0.5m 的矩形回路，通以电流 $I=4\text{A}$，求其中心垂直轴线上离回路平面 1m 处的磁感应强度。

解　由于对称性，可分析长方形回路四条边上的电流在 P 点产生的磁感应强度的方向沿图 5-4 所示的 $\boldsymbol{e}_z$ 方向，利用叠加原理，P 点的磁感应强度可视为两组对边的线电流在 P 点产生的磁感应强度的矢量和，即

$$\boldsymbol{B}=2\times\left(\frac{\mu_0 I}{4\pi\rho_1}\frac{2l_1}{\sqrt{\rho_1^2+l_1^2}}\cos\alpha_1+\frac{\mu_0 I}{4\pi\rho_2}\frac{2l_2}{\sqrt{\rho_2^2+l_2^2}}\cos\alpha_2\right)\boldsymbol{e}_z$$

其中 $\rho_1=\sqrt{1^2+0.25^2}=\sqrt{1.0625}\,(\text{m})$

$\rho_2=\sqrt{1^2+0.5^2}=\sqrt{1.25}\,(\text{m})$，$l_1=\dfrac{1}{2}\times 1=0.5(\text{m})$

$l_2=\dfrac{1}{2}\times 0.5=0.25(\text{m})$，$\cos\alpha_1=\dfrac{0.25}{\rho_1}$，$\cos\alpha_2=\dfrac{0.5}{\rho_2}$

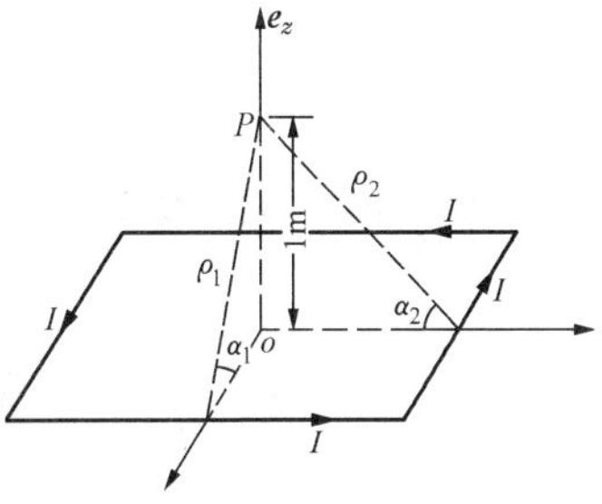

图 5-4　【例 5-3】图

将上面各数字代入 $\boldsymbol{B}$ 中，可得

$$\boldsymbol{B}=3.039\times 10^{-7}\boldsymbol{e}_z(\text{T})$$

【例 5-4】 试求真空中半径为 a、电流为 I 的圆形线圈在轴线上各点的磁感应强度。

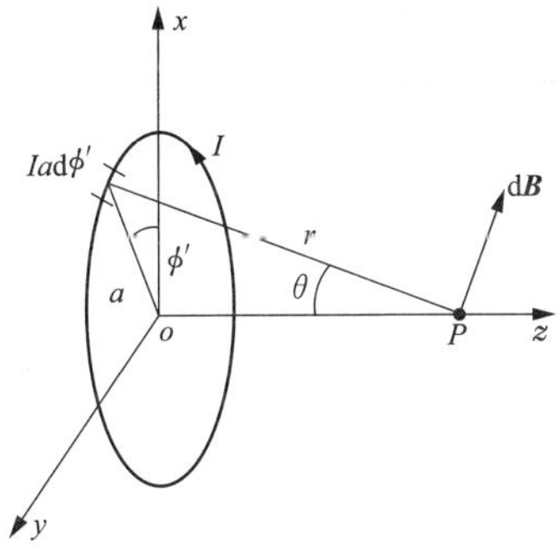

图 5-5　圆形线电流的磁感应强度

解　如图 5-5 所示，根据电流的对称性，采用圆柱坐标系。坐标原点设在圆形线圈的圆心，z 轴与线圈轴线重合。场点 P 的坐标为（0，ϕ，z）。取一个电流元 $Ia\mathrm{d}\phi'$，原点坐标为（a，ϕ'，0）。计算 P 点磁感应强度时，场点坐标（0，ϕ，z）不变，原点坐标（a，ϕ'，0）中只有 ϕ' 是变量。整个圆形线圈电流产生的磁感应强度沿 $\boldsymbol{e}_\rho$ 方向的分量相互抵消，只有 $\boldsymbol{e}_z$ 方向的分量。而且

$$B_z=\int_0^{2\pi}\frac{\mu_0 Ia\mathrm{d}\phi'}{4\pi r^2}\sin\theta=\frac{\mu_0 Ia^2}{2r^3}=\frac{\mu_0 Ia^2}{2(a^2+z^2)^{3/2}}$$

$$\boldsymbol{B}=B_z\boldsymbol{e}_z=\frac{\mu_0 Ia^2}{2(a^2+z^2)^{3/2}}\boldsymbol{e}_z$$

当 P 点位于圆心处时，$z=0$，则有

$$\boldsymbol{B}=B_z\boldsymbol{e}_z=\frac{\mu_0 I}{2a}\boldsymbol{e}_z$$

5.2　磁通和磁通的连续性原理

磁感应强度 $\boldsymbol{B}$ 通过任一面积 S 的通量称为磁通，用 Φ_{m} 表示，即

$$\Phi_m = \int_S \boldsymbol{B} \cdot d\boldsymbol{S} \tag{5-10}$$

在国际单位制中，磁通的单位是 Wb（韦伯）。

分析一下 $\boldsymbol{B}$ 在任意闭合面上的磁通量 Φ_m 。为了简化计算，只分析无界真空中的磁场。在直流回路 l 的磁场中任意取一闭合面 S ，则 S 上的磁通量 Φ 为

$$\begin{aligned}\oint_S \boldsymbol{B} \cdot d\boldsymbol{S} &= \oint_S \left(\frac{\mu_0}{4\pi}\oint_l \frac{I d\boldsymbol{l} \times \boldsymbol{e}_R}{R^2}\right) \cdot d\boldsymbol{S} \\ &= \oint_l \frac{\mu_0 I d\boldsymbol{l}}{4\pi} \cdot \oint_S \frac{\boldsymbol{e}_R \times d\boldsymbol{S}}{R^2} \\ &= \oint_l \frac{\mu_0 I d\boldsymbol{l}}{4\pi} \cdot \oint_S \left(-\nabla \frac{1}{R} \times d\boldsymbol{S}\right)\end{aligned}$$

在上式中代入矢量恒等式 $-\oint_S \boldsymbol{A} \times d\boldsymbol{S} = \int_V \nabla \times \boldsymbol{A} dV$，得到 $\oint_S \boldsymbol{B} \cdot d\boldsymbol{S} = \oint_l \frac{\mu_0 I d\boldsymbol{l}}{4\pi} \cdot \int_V \nabla \times \nabla \frac{1}{R} dV$，因为 $\nabla \times \nabla \frac{1}{R} = 0$，故得

$$\oint_S \boldsymbol{B} \cdot d\boldsymbol{S} = 0 \tag{5-11}$$

即 $\boldsymbol{B}$ 穿过任意闭合面的磁通量恒为零，由高斯散度定理可得

$$\oint_S \boldsymbol{B} \cdot d\boldsymbol{S} = \int_V \nabla \cdot \boldsymbol{B} dV = 0$$

从而得到微分形式的方程为

$$\nabla \cdot \boldsymbol{B} = 0 \tag{5-12}$$

式（5-12）表明磁场是一种无散度的矢量场。式（5-11）和式（5-12）称为磁通连续性方程。$\boldsymbol{B}$ 线总是一些既无始端也无终端的闭合曲线。这表明自然界没有孤立的磁荷存在，因此也就没有供 $\boldsymbol{B}$ 线发出或终止的源或沟。

【例 5-5】 真空中长直导线通有电流 I ，在其产生的磁场中有一个等边三角形回路，如图 5-6 所示，试求三角形回路内的磁通。

解 利用【例 5-1】的结论，长直导线的磁场为

$$\boldsymbol{B} = \frac{\mu_0 I}{2\pi\rho}\boldsymbol{e}_\phi$$

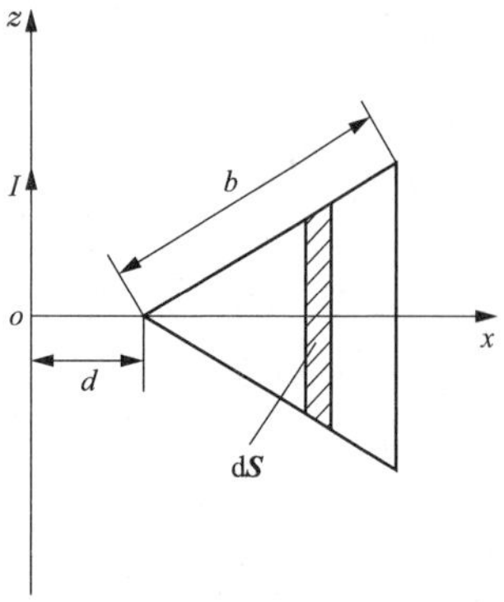

图 5-6 【例 5-5】图

穿过三角形回路面积的磁通为

$$\Phi_m = \int_S \boldsymbol{B} \cdot d\boldsymbol{S} = \frac{\mu_0 I}{2\pi}\int_d^{d+\sqrt{3}b/2} \frac{2}{x}\left(\int_0^z dz\right) dx = \frac{\mu_0 I}{\pi}\int_d^{d+\sqrt{3}b/2} \frac{z}{x} dx$$

由图 5-6 可知，$z = (x-d)\tan\left(\frac{\pi}{6}\right) = \frac{x-d}{\sqrt{3}}$ ，故有

$$\begin{aligned}\Phi_m &= \frac{\mu_0 I}{\sqrt{3}\pi}\int_d^{d+\sqrt{3}b/2} \frac{x-d}{x} dx \\ &= \frac{\mu_0 I}{\pi}\left[\frac{b}{2} - \frac{d}{\sqrt{3}}\ln\left(1+\frac{\sqrt{3}b}{2d}\right)\right]\end{aligned}$$

5.3 安培环路定律

在真空中，若磁场是由一根无限长载流 I 的直导线引起的，根据【例 5-1】可知，距离导线 ρ 远处的磁感应强度为 $B=\mu_0 I/2\pi\rho$ 。在垂直于导线的任一平面内取一闭合回路 l 作为积分路径，如图 5-7 所示。积分路径上的元长度 $\mathrm{d}l$ ，距导线的距离为 ρ ，对轴线所张的角是 $\mathrm{d}\phi$，且与 $\boldsymbol{B}$ 的夹角为 α ，则 $\rho\mathrm{d}\phi=\mathrm{d}l\cos\alpha$ ，则有

$$\oint_l \boldsymbol{B}\cdot\mathrm{d}\boldsymbol{l}=\oint_l \frac{\mu_0 I}{2\pi\rho}E_\phi\cdot\mathrm{d}\boldsymbol{l}=\oint_l \frac{\mu_0 I}{2\pi\rho}\rho\mathrm{d}\phi=\frac{\mu_0 I}{2\pi}\int_0^{2\pi}\mathrm{d}\phi=\mu_0 I \tag{5-13}$$

如果积分回路没有与电流交链，如图 5-8 所示，则近似认为 $\int_0^0\mathrm{d}\phi=0$，从而 $\oint_l \boldsymbol{B}\cdot\mathrm{d}\boldsymbol{l}=0$。

如果积分路径所交链的电流不止一个，如图 5-9 所示，显然应有 $\oint_l \boldsymbol{B}\cdot\mathrm{d}\boldsymbol{l}=\mu_0(I_1+I_2-I_3)$

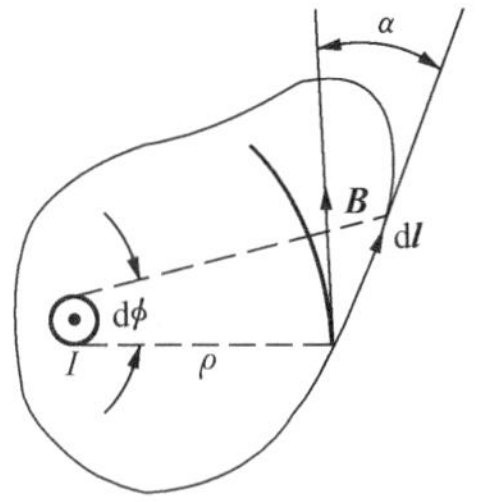

图 5-7 电流与回路交链

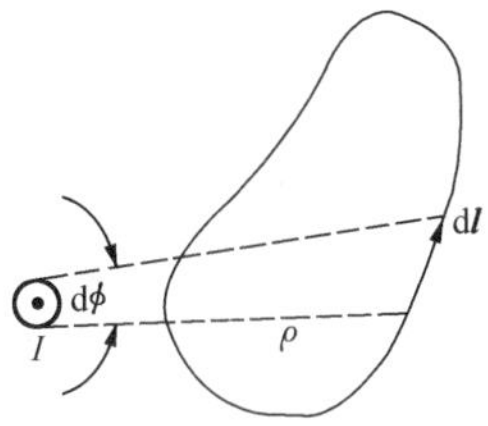

图 5-8 电流与回路不交链

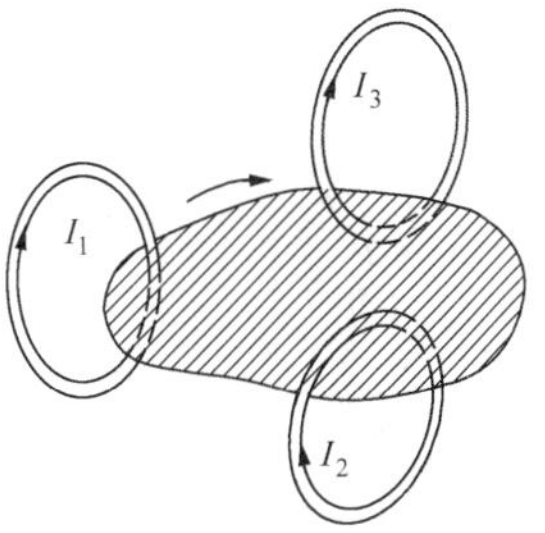

图 5-9 多个电流与回路交链

综上所述，在真空的磁场中，沿任意回路取 $\boldsymbol{B}$ 的线积分，其值等于真空的磁导率乘以穿过该回路所限定面积上的电流的代数和，即

$$\oint_l \boldsymbol{B}\cdot\mathrm{d}\boldsymbol{l}=\mu_0\sum_{k=1}^{n}I_k \tag{5-14}$$

式（5-14）是真空中的安培环路定律。式中，电流 I_k 的正负取决于电流的方向与积分回路绕行方向是否符合右手螺旋关系，符合时为正，否则为负。

对于具有对称性的磁场分布，应用安培环路定律可以使 $\boldsymbol{B}$ 的计算变得很简单。此时应恰当地选择积分路径，使积分路径上每一点的 $\boldsymbol{B}$ 与 $\mathrm{d}\boldsymbol{l}$ 方向间具有同一夹角，且 $\boldsymbol{B}$ 的量值相等。下面举例说明安培环路定律的应用。

【例 5-6】 图 5-10（a）所示为一根无限长同轴电缆的截面，芯线通有均匀分布的电流 I ，外皮通有量值相同但方向相反的电流，试求各部分的磁感应强度。

解 这是一个平行平面磁场，磁场的分布与电缆的长度无关，也和 ϕ 角无关。根据图中给定的电流方向，用右手螺旋法则判断 $\boldsymbol{B}$ 线应是反时针

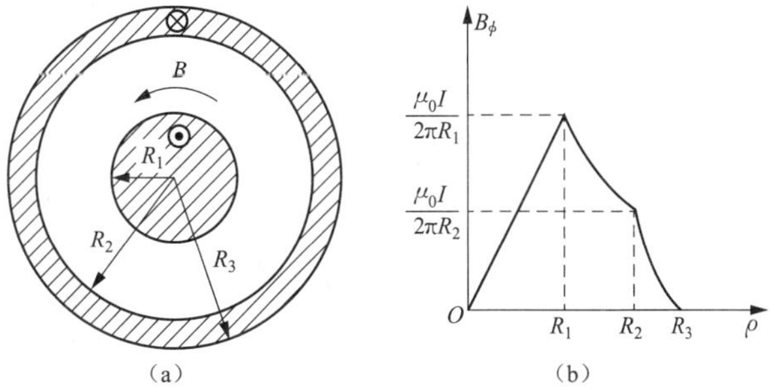

图 5-10 同轴电缆的磁场

（a）无限长同轴电缆截面；（b）B_ϕ 随 P 变化的曲线

方向的同心圆。

当 $\rho < R_1$ 时，内导体中电流密度 $J = \dfrac{I}{\pi R_1^2}$，取一个圆周为积分回路，则穿过圆面积的电流 I' 为

$$I' = \frac{I}{\pi R_1^2}\int_0^{\rho}\int_0^{2\pi}\rho\,\mathrm{d}\rho\,\mathrm{d}\phi = I\,\frac{\rho^2}{R_1^2}$$

根据式（5-14）

$$\int_0^{2\pi} B_\phi \rho\,\mathrm{d}\phi = \mu_0\,\frac{I\rho^2}{R_1^2}$$

得

$$B_\phi = \frac{\mu_0 I\rho}{2\pi R_1^2}$$

当 $R_1 < \rho < R_2$ 时，以 ρ 为半径取一个圆周为积分回路，根据式（5-14）得

$$\int_0^{2\pi} B_\phi \rho\,\mathrm{d}\phi = \mu_0 I\text{，从而 } B_\phi = \frac{\mu_0 I}{2\pi\rho}$$

当 $R_2 < \rho < R_3$ 时，采用同样的方法，这时穿过半径为 ρ 的圆面积的电流为

$$I' = I - I\,\frac{\rho^2 - R_2^2}{R_3^2 - R_2^2} = I\,\frac{R_3^2 - \rho^2}{R_3^2 - R_2^2}$$

根据式（5-14）得

$$B_\phi = \frac{\mu_0 I}{2\pi\rho}\,\frac{R_3^2 - \rho^2}{R_3^2 - R_2^2}$$

对于电缆外（$\rho > R_3$ 处），$I' = 0$，则 $B_\phi = 0$。图 5-10（b）为 B_ϕ 随 ρ 变化的曲线。

【例 5-7】 试求具有恒定电流线密度 $\boldsymbol{K}_0$ 的无限大电流片所产生的磁感应强度。

解 如图 5-11 所示，设无限大电流片在 xoz 平面上，电流沿 z 轴正方向，则电流线密度 $\boldsymbol{K}_0 = K_0\boldsymbol{e}_z$ 所产生的磁感应强度将平行于 x 轴，且在 $y < 0$ 处 $\boldsymbol{B}$ 沿 $+\boldsymbol{e}_x$ 方向，$y > 0$ 处 $\boldsymbol{B}$ 沿 $-\boldsymbol{e}_x$ 方向。现在 $z = 0$ 平面上取一个矩形回路，使它平行于 x 轴的两条边对称于 x 轴，应用式（5-14）得

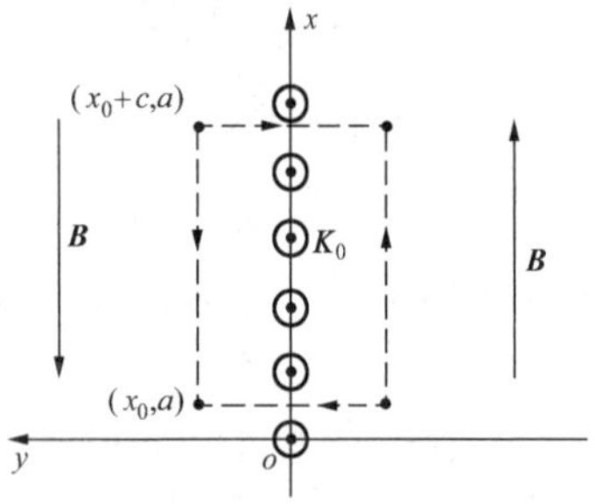

图 5-11 无限大电流片产生的磁场

$$\oint_l \boldsymbol{B}\cdot\mathrm{d}\boldsymbol{l} = \int_{x_0}^{x_0+c}\boldsymbol{B}_{x1}\cdot\boldsymbol{e}_x\,\mathrm{d}x + \int_{-a}^{a}0\mathrm{d}y + \int_{x_0+c}^{x_0} -\boldsymbol{B}_{x1}\cdot\boldsymbol{e}_x\,\mathrm{d}x + \int_{a}^{-a}0\mathrm{d}y$$
$$= B_{x1}(x_0 + c - x_0) - B_{x1}(x_0 - x_0 - c) = 2B_{x1}c = \mu_0 K_0 c$$

从而得

$$B_{x1} = \frac{\mu_0 K_0}{2}$$

$$\boldsymbol{B} = \begin{cases} -\dfrac{\mu_0 K_0}{2}\boldsymbol{e}_x & y > 0 \\ +\dfrac{\mu_0 K_0}{2}\boldsymbol{e}_x & y < 0 \end{cases}$$

与【例 5-2】的结果相同。

*5.4 磁偶极子的磁场

磁偶极子即为一个任意形状的小平面载流回路。设回路电流为 I_0，回路的面积为 ΔS 。空间任一观察点 P 至回路的距离远大于回路的几何尺寸，如图 5-12 所示，选用球坐标系，使小回路的中心位于坐标原点，z 轴正向与 ΔS 的法线方向一致。

根据安培环路定律可以证明，在一个电流为 I_0 的载流回路的磁场中，若观察点 P 位移 $\mathrm{d}\boldsymbol{l}$ ，有

$$\boldsymbol{B}\cdot\mathrm{d}\boldsymbol{l}=\frac{\mu_0 I_0}{4\pi}\mathrm{d}\Omega \tag{5-15}$$

式中：$\boldsymbol{B}$ 是在回路观察点处的磁感应强度；$\mathrm{d}\Omega$ 为观察点 P 位移 $\mathrm{d}\boldsymbol{l}$ 时回路对 P 所张立体角的增量。

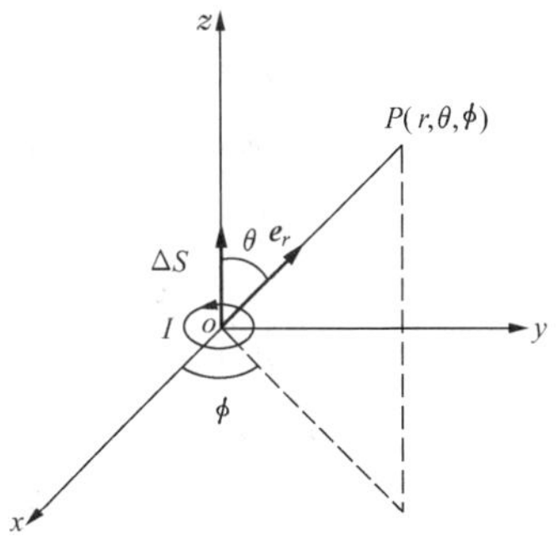

图 5-12 磁偶极子的磁场

由式（5-15）可得

$$B_l=\frac{\mu_0 I_0}{4\pi}\frac{\partial\Omega}{\partial l} \tag{5-16}$$

式中：l 为空间任一方向；B_l 为 I_0 在观察点的磁感应强度沿 l 方向的分量。

根据立体角的定义，上述小回路对观察点 P 所张的立体角为

$$\Omega=\frac{\Delta\boldsymbol{S}\cdot(-\boldsymbol{e}_r)}{r^2}=\frac{-\Delta S\cos\theta}{r^2} \tag{5-17}$$

这里的 $\boldsymbol{e}_r$ 为球坐标系中的单位矢量，从面积元 ΔS 处指向观察点，与前面立体角定义中规定的相反，故式（5-17）中有一个负号。

考虑导球坐标系中 $\boldsymbol{e}_\theta$ 和 $\boldsymbol{e}_\phi$ 方向上的长度元分别为 $\mathrm{d}l=r\mathrm{d}\theta$ 和 $\mathrm{d}l=r\sin\theta\mathrm{d}\phi$ 。对 θ 求偏导数时 r 应视作常量，对 ϕ 求偏导数时 $r\sin\theta$ 应视作常量。故由式（5-16）和式（5-17）求得上述小载流回路在观察点的磁感应强度 $\boldsymbol{B}$ 沿各个球坐标的分量为

$$B_\mathrm{r}=\frac{\mu_0 I_0}{4\pi}\frac{\partial\Omega}{\partial r}=\frac{\mu_0 I_0\Delta S}{4\pi r^3}2\cos\theta$$

$$B_\theta=\frac{\mu_0 I_0}{4\pi}\frac{1}{r}\frac{\partial\Omega}{\partial\theta}=\frac{\mu_0 I_0\Delta S}{4\pi r^3}\sin\theta$$

$$B_\phi=\frac{\mu_0 I_0}{4\pi}\frac{1}{r\sin\theta}\frac{\partial\Omega}{\partial\phi}=0$$

定义磁偶极子的磁偶极矩（简称磁矩）为 $\boldsymbol{m}=I_0\Delta\boldsymbol{S}$ ，其单位是 $\mathrm{A\cdot m^2}$（安·米^2），则

$$\boldsymbol{B}=\frac{\mu_0 m}{4\pi r^3}(\boldsymbol{e}_r 2\cos\theta+\boldsymbol{e}_\theta\sin\theta) \tag{5-18}$$

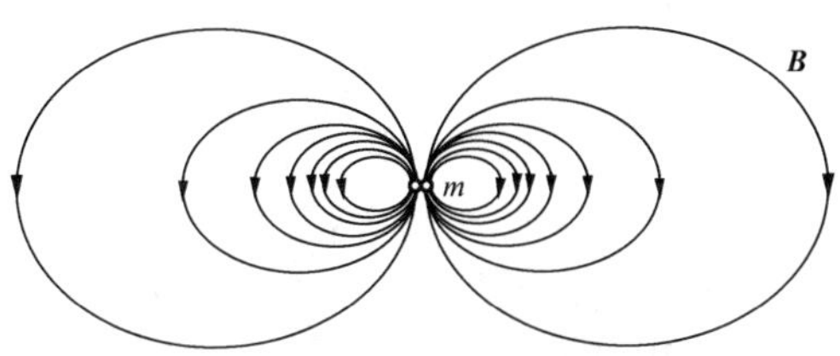

图 5-13 磁偶极子的磁力线分布

将式（5-18）与静电场中一个电偶极子产生的电场强度比较，可见二者在形式上相似。因此我们将一个小平面载流回路称作磁偶极子。

磁偶极子的磁感应强度与距离的三次方成反比。磁力线的分布如图 5-13 所示。

处于外磁场中的磁偶极子将受到转矩的作用。一个磁偶极子处的外磁场分量可看作是均匀的。磁偶极子 $\boldsymbol{m}$ 在外磁场 $\boldsymbol{B}$ 中受到的转矩为

$$\boldsymbol{T}=\boldsymbol{m}\times\boldsymbol{B} \tag{5-19}$$

该转矩使磁偶极子向外磁场的方向转动。

5.5 物质的磁化和磁场强度

我们知道，原子中的电子在自己的轨道上围绕原子核不断旋转，从而形成一个闭合的环形电流，这种环形电流相当于一个磁偶极子，它具有的磁矩称为轨道磁矩。另一方面，电子及原子核本身还要自旋，因而也相当于形成磁偶极子，其磁矩称为自旋磁矩。通常情况下，由于热运动的结果，这些磁偶极子的排列方向杂乱无章，使得宏观的合成磁矩为零，对外不显示磁性。当外加磁场时，由于物质中这些带电粒子处于运动状态，因此它们受到磁场力的作用。在磁场力的作用下，这些带电粒子的运动方向发生变化，甚至产生新的电流，导致各个磁矩重新排列，宏观的合成磁矩不再为零，这种现象称为磁化。与介质极化过程一样，磁化过程如图 5-14 所示。

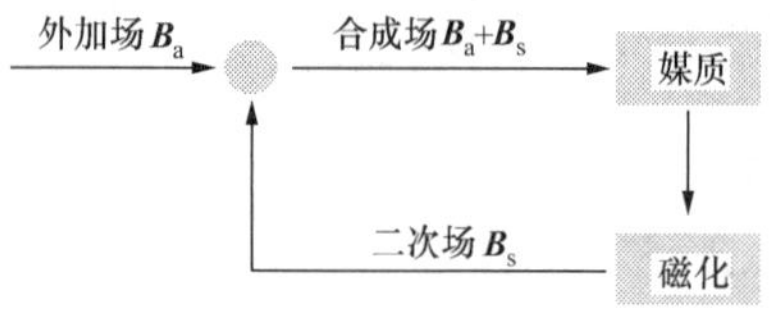

图 5-14 媒质磁化过程

磁化结果出现的合成磁矩产生二次磁场 $\boldsymbol{B}_s$，这种二次磁场影响外加磁场 $\boldsymbol{B}_a$，导致磁化状态发生改变，从而又使二次磁场发生变化，一直到物质中的合成磁场产生的磁化能够建立一个稳定的二次磁场，磁化状态达到平衡。但是，与极化现象不同的是，磁化结果使物质中的合成磁场可能减弱或增强，而介质极化总是导致合成电场减弱。

根据物质的磁化过程，可以把物质的磁性能分为抗磁性、顺磁性和铁磁性及亚铁磁性三种。

1. 抗磁性

抗磁性物质在正常情况下，原子中的合成磁矩为零。当外加磁场时，电子除了自旋及轨道运动外，轨道还要围绕外加磁场发生运动，这种运动方式称为进动。分析表明，电子进动产生的附加磁矩方向总是与外加磁场的方向相反，导致物质中合成磁场减弱。因此，这种磁性能称为抗磁性，如银、铜、铋、锌、铅及汞等属抗磁性物质。

2. 顺磁性

顺磁性物质在正常情况下，原子中的合成磁矩并不为零，只是由于热运动结果，宏观的合成磁矩为零。在外加磁场的作用下，除了引起电子进动，从而产生磁性以外，磁偶极子的磁矩方向朝着外加磁场方向转动，使得合成磁场增强，这种磁性能称为顺磁性，如铝、锡、镁、钨、铂及钯等属顺磁性物质。

3. 铁磁性及亚铁磁性

上述抗磁性及顺磁性物质的磁化现象均不显著。铁磁性及亚铁磁性物质在外磁场作用下，会发生显著的磁化现象。这种物质内部存在“磁畴”，每个“磁畴”中磁矩方向相同，但是各个“磁畴”的磁矩方向仍然杂乱无章，彼此不同，对外不显示磁性。在外磁场作用下，大量“磁畴”发生转动，各个“磁畴”方向趋于一致，且畴界面积还会扩大，因而产生

较强的磁性，这种磁性能称为铁磁性，如铁、钴、镍等。这种铁磁性物质的磁性能还具有非线性特性，且存在磁滞及剩磁现象。还有一类金属氧化物，他们的磁化现象比铁磁物质稍弱一些，但剩磁小，且电导率很低，这类物质称为亚铁磁物质，例如，铁氧体等就是亚铁磁性物质。由于其电导率很低，高频电磁波可以进入内部，具有高频下涡流损耗小等可贵的特性，使得铁氧体在高频和微波器件中获得广泛的应用。

由上可见，无论哪一种磁性能物质，磁化结果都在物质中产生了磁矩。因此，为了衡量磁化程度，定义单位体积中磁矩的矢量和称为磁化强度，以 $\boldsymbol{M}$ 表示，即

$$\boldsymbol{M}=\lim_{\Delta V\to 0}\frac{\sum_{i=1}^{N}\boldsymbol{m}_i}{\Delta V} \tag{5-20}$$

式中：$\boldsymbol{m}_i$ 为 ΔV 中第 i 个磁偶极子具有的磁矩；ΔV 为物理无限小体积，也就是说，其尺寸远大于分子、原子的间距，而远小于物质及场的宏观不均匀性。

物质发生磁化后，出现的磁矩是由于物质中形成新的电流产生的，这种电流称为磁化电流。实际上，磁化电流是由于物质内电子的运动方向改变，或者产生新的运动方式形成的。但是形成磁化电流的电子仍然被束缚在原子或分子的周围，所以磁化电流又称为束缚电流。

为了计算磁化电流，在媒质内任取一块面积 S，其周界为 l，如图 5-15 所示。可以看出，只有分子电流与 S 面相交链时，对 S 面的电流才有贡献。与 S 面相交链的分子电流有两种情况，一种是在面内相交链，分子电流穿入穿出 S 面各一次，其对 S 面的总电流没有贡献；另一种情况是与 S 面的边界线 l 交链的分子电流，它们只通过 S 面一次，因而对 S 面的总电流有贡献。在 S 的边界线 l 上取元长度 $\mathrm{d}l$，$\mathrm{d}l$ 的方向沿边界线 l 的环绕方向，如图 5-15（b）所示。在 $\mathrm{d}\boldsymbol{l}$ 附近磁化可看作是均匀的。设分子电流的面积为 a，则选以 $\boldsymbol{a}$ 为底，$\mathrm{d}\boldsymbol{l}$ 为轴的圆柱体，柱内的分子均与 $\mathrm{d}\boldsymbol{l}$ 交链，且通过 S 面一次。柱中的分子数为 $N\boldsymbol{a}\cdot\mathrm{d}\boldsymbol{l}$，$N$ 为单位体积内的分子数。因此，圆柱内的分子对 S 面贡献的磁化电流为

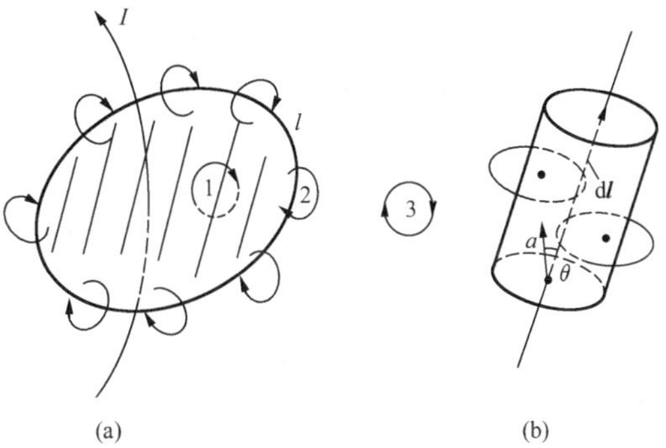

图 5-15　媒质中的磁化电流

（a）媒质内任取 S 面分子电流分布；

（b）S 面边界 l 上交链的分子电流

$$\mathrm{d}I_{\mathrm{m}}=IN\boldsymbol{a}\cdot\mathrm{d}\boldsymbol{l}=N\boldsymbol{m}\cdot\mathrm{d}\boldsymbol{l}=\boldsymbol{M}\cdot\mathrm{d}\boldsymbol{l} \tag{5-21}$$

穿过 S 面的总磁化电流为

$$I_{\mathrm{m}}=\oint_l \boldsymbol{M}\cdot\mathrm{d}\boldsymbol{l} \tag{5-22}$$

将 S 面的磁化电流用磁化电流密度 $\boldsymbol{J}_{\mathrm{m}}$ 表示，则

$$\int_S \boldsymbol{J}_{\mathrm{m}}\cdot\mathrm{d}\boldsymbol{S}=\oint_l \boldsymbol{M}\cdot\mathrm{d}\boldsymbol{l}$$

利用斯托克斯定理，则

$$\int_S \boldsymbol{J}_{\mathrm{m}}\cdot\mathrm{d}\boldsymbol{S}=\int_S \nabla\times\boldsymbol{M}\cdot\mathrm{d}\boldsymbol{S}$$

由于 S 面是任取的，上式要成立只有被积函数相等，即

$$\boldsymbol{J}_{\mathrm{m}}=\nabla\times\boldsymbol{M} \tag{5-23}$$

式（5-22）表明：媒质内通过任意面 S 的磁化电流是磁化强度沿该面周界的线积分。式(5-23）表示媒质内任一点的磁化电流密度是该点磁化强度的旋度。

【例 5-8】 已知半径为 a 、长度为 l 的圆柱形磁性材料，沿轴线方向获得均匀磁化。若磁化强度为 $\boldsymbol{M}$ ，试求位于圆柱轴线上、距离远大于圆柱半径的 P 点处由磁化电流产生的磁感应强度。

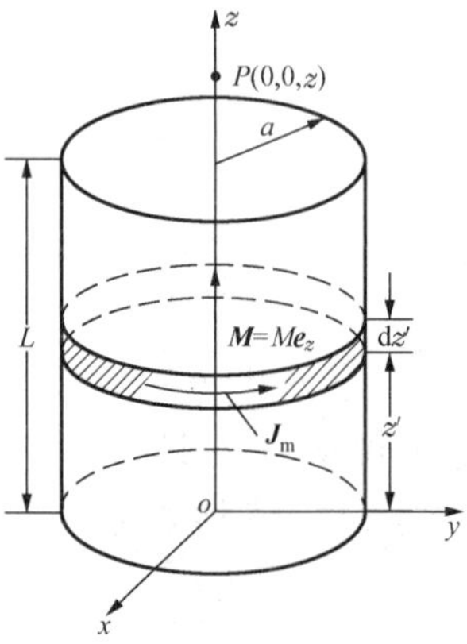

图 5-16 【例 5-8】图

解 取圆柱坐标系，令 z 轴与圆柱轴线一致，且置于 xoy 平面上，如图 5-16 所示。由于是均匀磁化，在圆柱内部，磁化强度 $\boldsymbol{M}$ 为一常矢量，因此，$\boldsymbol{J}_{\mathrm{m}}=\nabla\times\boldsymbol{M}=0$，即不存在磁化体电流密度。另一方面，该圆柱表面上的磁化面电流密度 $\boldsymbol{J}_{\mathrm{m}}=\boldsymbol{M}\times\boldsymbol{e}_n$ 。因 $\boldsymbol{M}=M\boldsymbol{e}_z$ ，故 $\boldsymbol{J}_{\mathrm{m}}$ 仅存在于圆柱侧壁，而在上下圆柱端面上的磁化面电流密度为零。这样，$\boldsymbol{J}_{\mathrm{m}}=\boldsymbol{M}\times\boldsymbol{e}_n=M\boldsymbol{e}_z\times\boldsymbol{e}_n$ 。可见，从磁效应考察，该磁体如同一个载有面电流密度为 $\boldsymbol{M}$ 的圆柱形薄层。现首先如图截取宽度为 $\mathrm{d}z'$ 的环形元电流 $\boldsymbol{J}_{\mathrm{m}}\mathrm{d}z'$，它可被看作为磁偶极子，因此可求该环形元电流在轴线上 P 点处产生的磁感应强度为

$$\mathrm{d}\boldsymbol{B}=\boldsymbol{e}_z\frac{\mu_0 a^2 M}{2(z-z')^3}\mathrm{d}z'$$

那么侧壁上全部磁化电流在轴线上 P 点处产生的合成磁感应强度为

$$\boldsymbol{B}=\boldsymbol{e}_z\frac{\mu_0 a^2 M}{2}\int_0^l\frac{1}{(z-z')^3}\mathrm{d}z'=\boldsymbol{e}_z\frac{\mu_0 a^2 M}{4}\left[\frac{1}{(z-l)^2}-\frac{1}{z^2}\right]$$

如果在具有导磁媒质的磁场中，任取一闭合路径 l ，则磁感应强度沿此回路的线积分为

$$\oint_l\boldsymbol{B}\cdot\mathrm{d}\boldsymbol{l}=\mu_0\left(\sum I+\sum I_{\mathrm{m}}\right)$$

式中：$\sum I$ 为自由电流；$\sum I_{\mathrm{m}}$ 为磁化电流。

将式（5-22）代入，则可以写成

$$\oint_l\boldsymbol{B}\cdot\mathrm{d}\boldsymbol{l}=\mu_0\left(\sum I+\oint_l\boldsymbol{M}\cdot\mathrm{d}\boldsymbol{l}\right)$$

即

$$\oint_l\left(\frac{\boldsymbol{B}}{\mu_0}-\boldsymbol{M}\right)\cdot\mathrm{d}\boldsymbol{l}=\sum I \tag{5-24}$$

定义一个新的场量——磁场强度 $\boldsymbol{H}$，令

$$\boldsymbol{H}=\frac{\boldsymbol{B}}{\mu_0}-\boldsymbol{M} \tag{5-25}$$

这样，式（5-24）可写为

$$\oint_l\boldsymbol{H}\cdot\mathrm{d}\boldsymbol{l}=\sum I \tag{5-26}$$

这就是磁场中安培环路定律的一般形式，它对媒质中和真空中的磁场都适用。定律表明，磁场强度沿任一闭合曲线的环量等于该闭合曲线所限定面积上穿过的传导电流的代数和，而与媒质的分布无关。由此可见，磁场强度的引入简化了媒质中磁场的分析计算。

对于大多数媒质，磁化强度与磁场强度成正比，即

$$\boldsymbol{M}=\chi_m \boldsymbol{H} \tag{5-27}$$

式中：χ_m 为磁化率，是一个无量纲的常数。将它代入式（5-25），可得

$$\boldsymbol{B}=\mu_0(1+\chi_m)\boldsymbol{H}$$

令 $\mu=\mu_0(1+\chi_m)$，则有

$$\boldsymbol{B}=\mu \boldsymbol{H} \tag{5-28}$$

式中：μ 为媒质的磁导率，单位是 H/m（亨/米）。

式（5-28）称为媒质特性的构成方程。实际中经常使用磁导率的相对值，即所谓相对磁导率，其定义为

$$\mu_r=\mu/\mu_0=1+\chi_m \tag{5-29}$$

【例 5-9】 半径为 a、磁导率为 μ 的无限长导磁媒质圆柱，其中心有无限长的线电流 I，圆柱外是空气。试求圆柱内外的磁感应强度、磁场强度和磁化强度。

解 先利用安培环路定律求磁场强度。以线电流 I 为轴线，半径为 ρ 的圆周为安培环路有

$$\oint_l \boldsymbol{H}\cdot d\boldsymbol{l}=2\pi\rho \boldsymbol{H}=I$$

$$\boldsymbol{H}=\frac{I}{2\pi\rho}\boldsymbol{e}_\phi$$

当 $0<\rho<a$ 时，$\boldsymbol{B}=\mu\boldsymbol{H}=\dfrac{\mu I}{2\pi\rho}\boldsymbol{e}_\phi$，$\boldsymbol{M}=\dfrac{\mu}{\mu_0}\boldsymbol{H}-\boldsymbol{H}=\left(\dfrac{\mu}{\mu_0}-1\right)\dfrac{I}{2\pi\rho}\boldsymbol{e}_\phi$

当 $\rho>a$ 时， $\boldsymbol{B}=\mu_0\boldsymbol{H}=\dfrac{\mu_0 I}{2\pi\rho}\boldsymbol{e}_\phi$，$\boldsymbol{M}=0$

5.6 恒定磁场的基本方程和边界条件

5.6.1 恒定磁场的基本方程

磁通连续性原理和安培环路定律表征了恒定磁场的基本性质。不论导磁媒质分布情况如何，凡是恒定磁场，都具备这两个特性。这里将其表达式重新列出如下

$$\oint_S \boldsymbol{B}\cdot d\boldsymbol{S}=0 \tag{5-30}$$

$$\oint_l \boldsymbol{H}\cdot d\boldsymbol{l}=I \tag{5-31}$$

式（5-30）和式（5-31）并称为恒定磁场的（积分形式的）基本方程。

将斯托克斯定理应用于式（5-31），并用 $\boldsymbol{J}$ 的面积分表示自由电流，得

$$\oint_l \boldsymbol{H}\cdot d\boldsymbol{l}=\oint(\nabla\times\boldsymbol{H})\cdot d\boldsymbol{S}=\oint\boldsymbol{J}\cdot d\boldsymbol{S}$$

$$\nabla\times\boldsymbol{H}=\boldsymbol{J} \tag{5-32}$$

这就是安培环路定律的微分形式。

磁通连续性方程的微分形式为式（5-12），重列如下

$$\nabla\cdot\boldsymbol{B}=0 \tag{5-33}$$

式（5-32）和式（5-33）并称为恒定磁场基本方程的微分形式。可见恒定磁场是无源有旋场。

恒定磁场的媒质构成方程为

$$\boldsymbol{B}=\mu\boldsymbol{H} \tag{5-34}$$

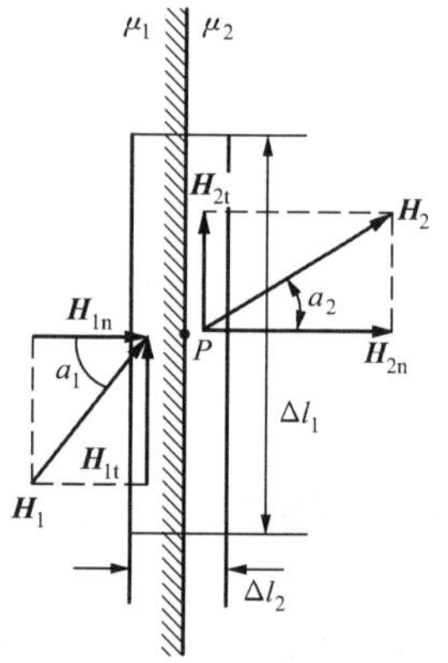

图 5-17　媒质分界面上的安培环路定律

5.6.2　分界面上的衔接条件

现在推导磁场强度和磁感应强度在两种不同媒质分界面上必须满足的边界条件。在媒质分界面上，围绕任一点 P 取一矩形回路，如图 5-17 所示。令 $\Delta l_2\to 0$，根据 $\oint_l \boldsymbol{H}\cdot\mathrm{d}\boldsymbol{l}=I$，如果分界面上存在面自由电流，则有

$$H_{1\mathrm{t}}\Delta l_1-H_{2\mathrm{t}}\Delta l_1=K\Delta l_1$$

或

$$H_{1\mathrm{t}}-H_{2\mathrm{t}}=K \tag{5-35}$$

电流线密度 K 的正负，要看它的方向与沿 $H_{1\mathrm{t}}$ 绕行方向是否符合右手螺旋关系而定。写出矢量形式为 $(\boldsymbol{H}_1-\boldsymbol{H}_2)\times\boldsymbol{e}_n=\boldsymbol{K}$。其中 $\boldsymbol{e}_n$ 为分界面上从媒质 1 指向媒质 2 的法线方向单位矢量。

如果分界面上无面电流，则

$$H_{1\mathrm{t}}=H_{2\mathrm{t}} \tag{5-36}$$

说明在这种条件下，磁场强度的切向分量是连续的，但磁感应强度的切向分量是不连续的。

若在媒质分界面上包围某点 P 作一扁圆柱体，如图 5-18 所示，且令 $\Delta l\to 0$，则根据 $\oint_S \boldsymbol{B}\cdot\mathrm{d}\boldsymbol{S}=0$，可以得到

$$B_{1\mathrm{n}}=B_{2\mathrm{n}} \tag{5-37}$$

写成矢量形式则为 $(\boldsymbol{B}_1-\boldsymbol{B}_2)\cdot\boldsymbol{e}_n=0$。可见，磁感应强度的法线方向分量是连续的，而磁场强度的法向分量则不连续。

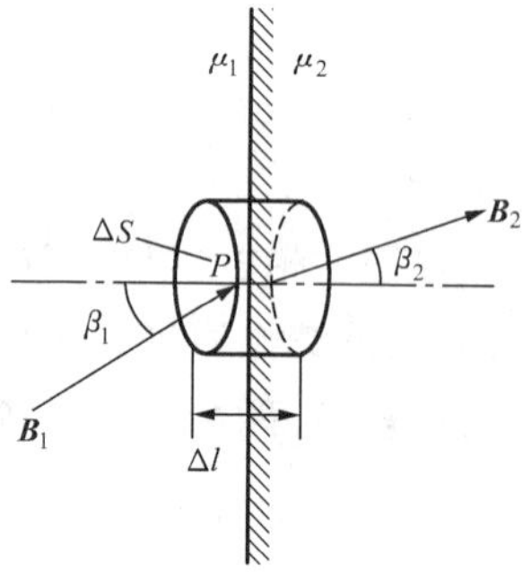

图 5-18　媒质分界面上磁通连续性

根据式（5-36）和式（5-37）两式，并考虑到 $\boldsymbol{B}=\mu\boldsymbol{H}$，可以得出如下结论：如两种媒质均为各向同性，这样，图 5-17 和图 5-18 中有 $\alpha_1=\beta_1$，$\alpha_2=\beta_2$，则在它们的分界面上（设无电流线密度）$\boldsymbol{B}$ 线和 $\boldsymbol{H}$ 线的折射规律为

$$\frac{\tan\alpha_1}{\tan\alpha_2}=\frac{\mu_1}{\mu_2} \tag{5-38}$$

式（5-38）表明：磁场从第一种媒质进入到第二种媒质时，它的方向要发生折射。例如，当磁感应强度线由铁磁质进入非铁磁质时，由于铁磁质的磁导率较非铁磁质的磁导率大得多，故无论磁感应线在铁磁质中与分界面的法线成什么角度（只要不是 90°），它在紧挨着分界面的非铁磁质中，都可认为是与分界面相垂直的。如设 $\mu_1=3000\mu_0$，则当 $\alpha_1=88°$时，在真空中磁感应强度线与法线的夹角 $\alpha_2=\arctan\left(\dfrac{\mu_0}{3000\mu_0}\tan 88°\right)=\arctan 0.00955=33'$。

【例 5-10】　设 $y=0$ 平面是两种媒质的分界面。在 $y>0$ 处媒质的磁导率 $\mu_1=5\mu_0$；在 $y<0$ 处，媒质的磁导率 $\mu_2=3\mu_0$。设已知分界面上无电流分布，且 $\boldsymbol{H}_2=(10\boldsymbol{e}_x+20\boldsymbol{e}_y)$，试求 $\boldsymbol{B}_2$、$\boldsymbol{B}_1$ 和 $\boldsymbol{H}_1$。

解　对于 $\boldsymbol{B}_2$，可以直接写出 $\boldsymbol{B}_2=\mu_2\boldsymbol{H}_2=3\mu_0\boldsymbol{H}_2=\mu_0(30\boldsymbol{e}_x+60\boldsymbol{e}_y)$

由于分界面上无电流线密度（$K=0$），因此有

$$H_{1x}=H_{1t}=H_{2t}=10$$

$$B_{1y}=B_{1n}=B_{2n}=60\mu_0$$

可求得 $B_{1x}=\dfrac{\mu_1}{\mu_2},B_{2x}=\dfrac{5}{3}(30\mu_0)=50\mu_0$ ，$H_{1y}=\dfrac{\mu_1}{\mu_2}H_{2y}=\dfrac{3}{5}\times 20=12$

因此

$$\boldsymbol{B}_1=\mu_0(50\boldsymbol{e}_x+60\boldsymbol{e}_y)$$

$$\boldsymbol{H}_1=(10\boldsymbol{e}_x+12\boldsymbol{e}_y)$$

5.7 标 量 磁 位

5.7.1 标量磁位的概念

讨论静电场时，静电场的无旋性，决定了静电场是一个位场，用一个标量位函数，即电位 φ，便足以描述场的性质和分布，并简化了静电场的分布和计算。而对于磁场，从其旋度方程 $\nabla\times\boldsymbol{H}=\boldsymbol{J}$ 可知磁场不是无旋场，因而不具有位场的性质，一般不能用一个标量位函数来表征磁场的特性。

不过，在没有电流分布的区域内，传导电流密度 $\boldsymbol{J}=0$，则

$$\nabla\times\boldsymbol{H}=0 \tag{5-39}$$

因此在传导电流为零的区域内，可将 $\boldsymbol{H}$ 表示为一个标量函数的梯度

$$\boldsymbol{H}=-\nabla\varphi_{\rm m} \tag{5-40}$$

式中：$\varphi_{\rm m}$ 为磁位，亦称标量磁位，在国际单位制中，$\varphi_{\rm m}$ 的单位是 A（安）。引入磁位的概念完全是为了使某些情况下磁场的计算简化，并无物理意义。

磁位相等的各点形成的曲面称为等磁位面，方程是 $\varphi_{\rm m}=\text{const}$ 。等磁位面与磁场强度 $\boldsymbol{H}$ 线相互垂直。在铁磁物质内无自由电流的情况下，因为铁的磁导率远大于真空的磁导率，故铁磁物质中的 $\boldsymbol{H}$ 与空气中的 $\boldsymbol{H}$ 相比很小，因此磁导率很大的铁磁材料表面是近似的“等磁位面”。

磁场中，两点间的磁压定义为

$$U_{\rm mAB}=\int_A^B\boldsymbol{H}\cdot{\rm d}\boldsymbol{l}=-\int_{\varphi_{\rm mA}}^{\varphi_{\rm mB}}{\rm d}\varphi_{\rm m}=\varphi_{\rm mA}-\varphi_{\rm mB} \tag{5-41}$$

在静电场中，两点间的电压只与该两点的位置有关，而与积分路径无关，也就是说，只要选定参考点，场中各点都有确定的电位值。但在磁场中，情况就不同了。如图 5-19 所示，取一围绕电流的闭合路径 $AlBmA$ 来求 $\boldsymbol{H}$ 的线积分，则根据安培环路定律，应有 $\oint_{AlBmA}\boldsymbol{H}\cdot{\rm d}\boldsymbol{l}=I$ 可以写成 $\int_{AlB}\boldsymbol{H}\cdot{\rm d}\boldsymbol{l}=\int_{AmB}\boldsymbol{H}\cdot{\rm d}\boldsymbol{l}+I$，如果取积分回路围绕电流 k 次（k 是任意整数），则

$$\oint_{AlBmA}\boldsymbol{H}\cdot{\rm d}\boldsymbol{l}=kI \text{ 或 } \int_{AlB}\boldsymbol{H}\cdot{\rm d}\boldsymbol{l}=\int_{AmB}\boldsymbol{H}\cdot{\rm d}\boldsymbol{l}+kI$$

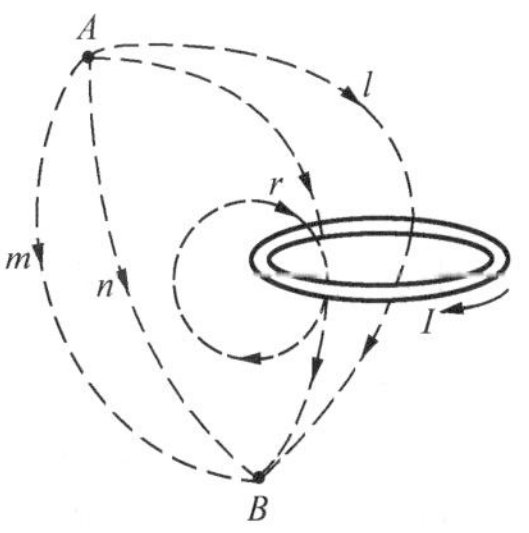

图 5-19 磁位与积分路径的关系

这说明在磁场中，A、B 两点间的磁压随积分路径而变。这样，对于磁场中任意一点来说，即使参考点已选定，磁位仍是一个多值函数。磁位的多值性，对于计算磁感应强度和磁场强度并没有影响。另外还可以做一些规定来消除多值性，例如，在电流回路引起的磁场中，可以规定积分路线不准穿过截流回路所限定的面，即所谓磁

屏障面，使磁场中各点的磁位成为单值函数，两点间的磁压，也就与积分路径无关了。

【例 5-11】 试计算一无限长直线电流的标量磁位。

解 先利用安培环路定律求磁场强度。以线电流 I 为轴线、半径为 ρ 的圆周为安培环路

$$\oint_l \boldsymbol{H} \cdot \mathrm{d}\boldsymbol{l} = 2\pi\rho H = I$$

$$\boldsymbol{H} = \frac{I}{2\pi\rho}\boldsymbol{e}_\phi$$

取两侧 $\phi=0$ 和 $\phi=2\pi$ 的半无限大平面为磁屏障，积分路径不能穿越；并设 $\phi=2\pi$ 一侧的 Q 点为参考点，则任一观察点 $P(\rho, \phi)$ 处的标量磁位为

$$\varphi_\mathrm{m} = \int_P^Q \boldsymbol{H} \cdot \mathrm{d}\boldsymbol{l} = \int_\phi^{2\pi} \frac{I}{2\pi\rho}\rho\,\mathrm{d}\phi = \frac{I}{2\pi}(2\pi - \phi)$$

可见无限长直线电流的磁场中，等磁位面为 $\varphi_\mathrm{m}=\mathrm{const}$ 的半无限大平面。

5.7.2 标量磁位的边值问题

在均匀媒质中，磁位也满足拉普拉斯方程，证明如下。

在基本方程之一 $\nabla \cdot \boldsymbol{B}=0$ 中，代入 $\boldsymbol{B}=\mu\boldsymbol{H}$，并考虑到 $\boldsymbol{H}=-\nabla\varphi_\mathrm{m}$，则有

$$\nabla \cdot (-\mu \nabla \varphi_\mathrm{m}) = -\nabla\varphi_\mathrm{m} \cdot \nabla\mu - \mu \nabla \cdot \nabla\varphi_\mathrm{m} = 0$$

由于媒质是均匀的，$\nabla\mu=0$，因此上式成为

$$\nabla^2\varphi_\mathrm{m} = 0 \tag{5-42}$$

这就是拉普拉斯方程。

两种不同媒质分界面上的边界条件，也可以用磁位表示，它们是

$$\varphi_\mathrm{m1} = \varphi_\mathrm{m2} \tag{5-43}$$

和

$$\mu_1 \frac{\partial\varphi_\mathrm{m1}}{\partial n} = \mu_2 \frac{\partial\varphi_\mathrm{m2}}{\partial n} \tag{5-44}$$

式（5-42）、式（5-43）和式（5-44）与场域边界条件一起就构成了用磁位描述恒定磁场的边值问题。可以通过求标量磁位的拉普拉斯方程在给定边界条件下的解答来求得磁场分布，较之直接计算场矢量 $\boldsymbol{B}$ 或 $\boldsymbol{H}$ 要简便。但是在应用时，还须考虑在该区域内磁位的适用条件（即应注意在有电流分布的区域里，不能引用磁位）。

5.8 磁场中的镜像法

求解恒定磁场问题，通常可归结为求解满足给定边值条件的泊松方程或拉普拉斯方程的问题。根据磁场问题解答的唯一性，可以应用与静电场相似的镜像法来求解恒定磁场的问题。

例如，有两种媒质，磁导率分别为 μ_1 和 μ_2，在媒质 1 内置有电流为 I 的无限长直导线，且平行于分界面，如图 5-20（a）所示，求解这两种媒质内的磁场。

对照静电场的镜像法，要求解媒质 1 中的场，可考虑整个场都充满导磁媒质 μ_1，而其中的场是由线电流 I 和像电流 I' 共同产生的，如图 5-20（b）所示。同样，对于媒质 2 中的场，如图 5-20（c）所示。这样不论对媒质 1 区域还是媒质 2 区域，位函数所满足的方程都没有改变。如果在两种媒质分界面上满足衔接条件，则原来场中的一切条件都能得到满足。下面利用衔接条件来确定 I'、I''。

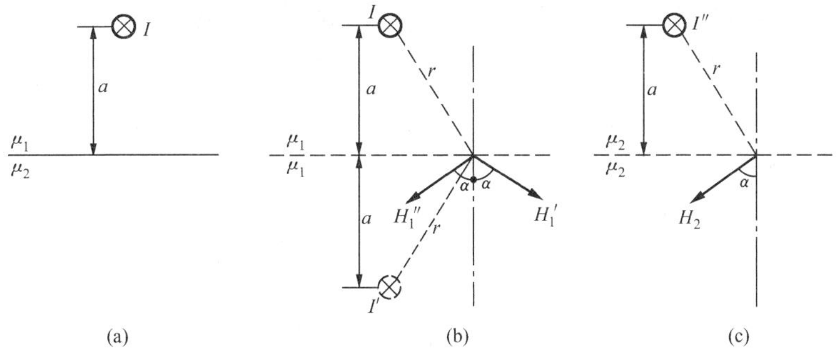

图 5-20 磁场中镜像法的应用

(a) 媒质 1 中置有通电导线；(b) 整个场充满 μ_1 媒质的镜像；(c) 整个场充满 μ_2 媒质的镜像

若分界面处不存在自由面电流，磁场强度的切向分量必连续，有

$$\frac{I}{2\pi r}\sin\alpha - \frac{I'}{2\pi r}\sin\alpha = \frac{I''}{2\pi r}\sin\alpha \tag{5-45}$$

再由磁感应强度的法向分量必连续，即 $B_{1n}=B_{2n}$，可得

$$\mu_1\frac{I_1}{2\pi r}\cos\alpha + \mu_1\frac{I'}{2\pi r}\cos\alpha = \mu_2\frac{I''}{2\pi r}\cos\alpha \tag{5-46}$$

式（5-45）和式（5-46）即为

$$I - I' = I'' \tag{5-47}$$

$$\mu_1(I + I') = \mu_2 I'' \tag{5-48}$$

联立解式（5-47）和式（5-48），即得

$$I' = \frac{\mu_2 - \mu_1}{\mu_2 + \mu_1}I \tag{5-49}$$

$$I'' = \frac{2\mu_1}{\mu_2 + \mu_1}I \tag{5-50}$$

这里要注意，在式（5-49）和式（5-50）中，I' 和 I'' 的参考方向都规定和 I 的参考方向一致。可以看出，I'' 总是正的，即它的方向总是和 I 的方向一致；但 I' 的方向要看（$\mu_2-\mu_1$）的正负而定。下面分别讨论这两种特殊情况。

（1）若第一种媒质是空气（$\mu_1=\mu_0$），第二种媒质是铁磁物质（$\mu_2\to\infty$），载流导线置于空气中，则根据式（5-49）和式（5-50），得

$$I' = \frac{\mu_2 - \mu_0}{\mu_2 + \mu_0}I \approx I,\ I'' = \frac{2\mu_1}{\mu_2 + \mu_0}I \approx 0$$

此时，铁磁物质内的磁场强度 H_2 将处处为零，但不要认为磁感应强度 B_2 也处处为零。实际上有

$$B_2 = \mu_2 H_2 = \mu_2\frac{I''}{2\pi r} = \mu_2\left(\frac{2\mu_0}{\mu_2 + \mu_0}I\right)\frac{1}{2\pi r} = \frac{\mu_0 I}{\pi r}$$

载流导线在空气中时的磁感应强度线分布如图 5-21 所示。

（2）两种媒质的分布未变，但载流导线置于铁磁物质中，也就是 $\mu_1\to\infty$，而 $\mu_2=\mu_0$，此时

$$I' = \frac{\mu_0 - \mu_1}{\mu_1 + \mu_0}I \approx -I,\ I'' = \frac{2\mu_1}{\mu_1 + \mu_0}I \approx 2I$$

可见，空气中的磁感应强度与整个空间都充满空气（即铁磁物质不存在）时相比较，增大了一倍（设两种情况下导线中的电流值相等）。载流导线在铁磁物质中时的磁力线分布如图 5-22 所示。

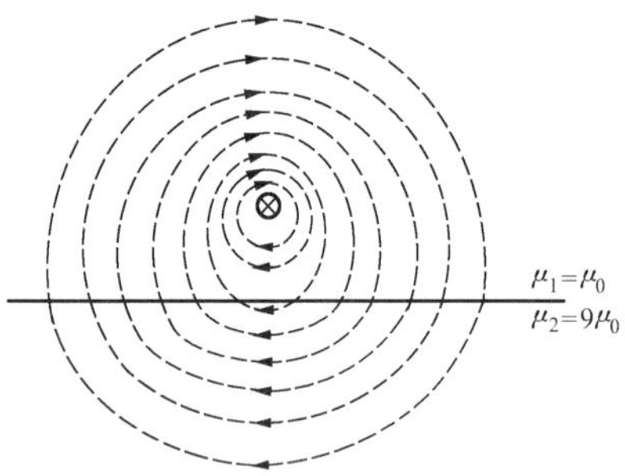

图 5-21 载流导线在空气中时的磁感应线分布

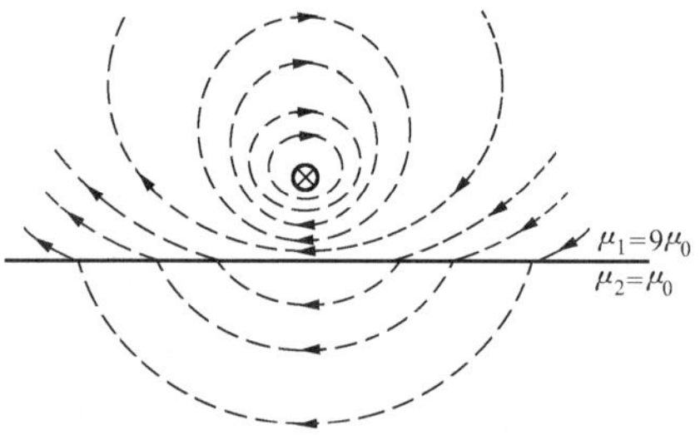

图 5-22 载流导线在铁磁物质中时的磁感应线分布

5.9 矢 量 磁 位

5.9.1 矢量磁位的概念

静电场由于其无旋性，可以引入标量位函数来描述。由于磁场的无散性（$\nabla \cdot \boldsymbol{B}=0$），根据矢量恒等式

$$\nabla \cdot (\nabla \times \boldsymbol{A})=0$$

可以引入一个矢量位函数 $\boldsymbol{A}$，将磁感应强度表示为其旋度

$$\boldsymbol{B}=\nabla \times \boldsymbol{A} \tag{5-51}$$

显然，式（5-51）恒满足 $\nabla \cdot \boldsymbol{B}=\nabla (\nabla \times \boldsymbol{A}) \equiv 0$。这个矢量函数 $\boldsymbol{A}$ 称为恒定磁场的矢量磁位，也称磁矢位。在国际单位制中，它的单位是 Wb/m（韦伯/米）。

由安培环路定律的微分形式 $\nabla \times \boldsymbol{H}=\boldsymbol{J}$，同时考虑到各向同性的线性导磁媒质中 $\boldsymbol{B}=\mu \boldsymbol{H}$，因此有

$$\nabla \times \boldsymbol{B}=\mu \boldsymbol{J} \tag{5-52}$$

再把式（5-51）代入式（5-52），可得

$$\nabla \times (\nabla \times \boldsymbol{A})=\mu \boldsymbol{J}$$

应用矢量恒定式 $\nabla \times (\nabla \times \boldsymbol{A})=\nabla (\nabla \cdot \boldsymbol{A})-\nabla^2 \boldsymbol{A}$，则有

$$\nabla (\nabla \cdot \boldsymbol{A})-\nabla^2 \boldsymbol{A}=\mu \boldsymbol{J} \tag{5-53}$$

在矢量场中，要确定一个矢量，必须同时知道它的散度与旋度。因此现在必须规定 $\boldsymbol{A}$ 的散度。为了简便，令

$$\nabla \cdot \boldsymbol{A}=0 \tag{5-54}$$

式（5-54）称为库仑规范条件。这样式（5-53）可写为

$$\nabla^2 \boldsymbol{A}=-\mu \boldsymbol{J} \tag{5-55}$$

式（5-55）表明，矢量磁位 $\boldsymbol{A}$ 满足矢量形式的泊松方程。在无源区中，$\boldsymbol{J}=0$，则式（5-55）变为 $\nabla^2 \boldsymbol{A}=0$。这表明，在无源区中，矢量磁位 $\boldsymbol{A}$ 满足矢量形式的拉普拉斯方程。在直角坐

标系中，矢量形式的泊松方程和拉普拉斯方程均可分解为相应的三个坐标分量的方程。式（5-55）的分量方程为

$$\nabla^2 A_x = -\mu J_x, \nabla^2 A_y = -\mu J_y, \nabla^2 A_z = -\mu J_z \tag{5-56}$$

式（5-56）中的这三个方程的形式和静电场电位的泊松方程完全一样。参照静电场中泊松方程的解答形式，当电流分布在有限空间，且规定无限远处矢量磁位的量值为零时，式（5-56）的解答分别是

$$A_x = \frac{\mu}{4\pi}\int_{V'} \frac{J_x \mathrm{d}V'}{R} \qquad A_y = \frac{\mu}{4\pi}\int_{V'} \frac{J_y \mathrm{d}V'}{R} \qquad A_z = \frac{\mu}{4\pi}\int_{V'} \frac{J_z \mathrm{d}V'}{R} \tag{5-57}$$

将式（5-57）中的三式合并，即得

$$\boldsymbol{A} = \frac{\mu}{4\pi}\int_{V'} \frac{\boldsymbol{J} \mathrm{d}V'}{R} \tag{5-58}$$

前面曾指出，元电流段还有 $I\mathrm{d}\boldsymbol{l}$ 和 $\boldsymbol{K}\mathrm{d}S$ 形式，因此由这两种电流分布的整个电流引起的矢量磁位应为

$$\boldsymbol{A} = \frac{\mu}{4\pi}\oint_{l'} \frac{I \mathrm{d}\boldsymbol{l}'}{R} \tag{5-59}$$

$$\boldsymbol{A} = \frac{\mu}{4\pi}\oint_{S'} \frac{\boldsymbol{K} \mathrm{d}S'}{R} \tag{5-60}$$

可见，每个元电流产生的矢量磁位与元电流有相同的方向。

【例 5-12】 应用矢量磁位分析真空中磁偶极子的磁场。

解 设磁偶极子被置于 xoy 平面上，如图 5-23 所示。根据式（5-59），任一点的矢量磁位可写成

$$\boldsymbol{A} = \frac{\mu_0 I}{4\pi}\oint_{l'} \frac{\mathrm{d}\boldsymbol{l}'}{R}$$

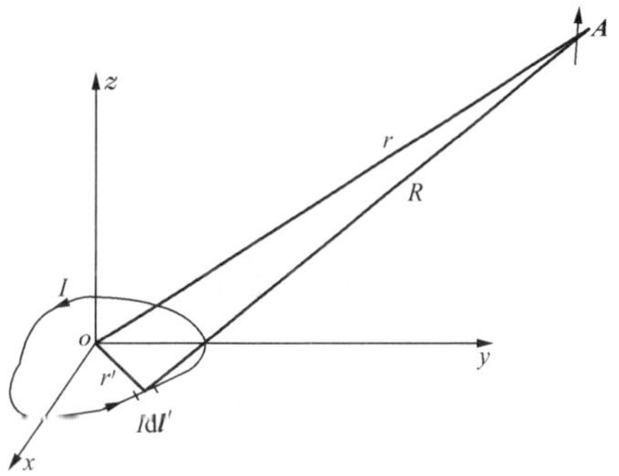

图 5-23 磁偶极子的磁场

应用矢量恒等式

$$-\oint_l \Psi \mathrm{d}\boldsymbol{l} = \int_S \nabla \Psi \times \mathrm{d}\boldsymbol{S}$$

则前一式可改写为

$$\boldsymbol{A} = \frac{\mu_0 I}{4\pi}\int_{S'} \left[\boldsymbol{e}_z \times \nabla\left(\frac{1}{R}\right)\right] \mathrm{d}\boldsymbol{S}' = \frac{\mu_0 I}{4\pi}\int_{S'} \left(\boldsymbol{e}_z \times \frac{\boldsymbol{e}_R}{R^2}\right) \mathrm{d}\boldsymbol{S}'$$

由于磁偶极子的尺度远小于到场点的距离，$R \approx r$，$\boldsymbol{e}_r \approx \boldsymbol{e}_R$，因而上式可以写成

$$\boldsymbol{A} = \frac{\mu_0 I}{4\pi}\int_{S'} \left(\boldsymbol{e}_z \times \frac{\boldsymbol{e}_R}{r^2}\right) \mathrm{d}\boldsymbol{S}' = \frac{\mu_0 I}{4\pi r^2}\int_{S'} (\boldsymbol{e}_z \times \boldsymbol{e}_r) \mathrm{d}\boldsymbol{S}'$$

由于 $\boldsymbol{e}_r = \dfrac{\boldsymbol{r}}{r} = \dfrac{x\boldsymbol{e}_x + y\boldsymbol{e}_y + z\boldsymbol{e}_z}{r} = \dfrac{r\sin\theta\cos\phi\boldsymbol{e}_x + r\sin\theta\sin\phi\boldsymbol{e}_y + r\cos\theta\boldsymbol{e}_z}{r}$，代入 $\boldsymbol{A}$ 中可得矢量磁位的分量为

$$A_x = \frac{\mu_0 I y}{4\pi r^3}\int_S \mathrm{d}S' = -\frac{\mu_0 IS}{4\pi r^2}\sin\theta\sin\phi$$

$$A_y=\frac{\mu_0 Ix}{4\pi r^3}\int_S \mathrm{d}S'=\frac{\mu_0 IS}{4\pi r^2}\sin\theta\cos\phi$$

$$A_z=0$$

转换到球面坐标，**A** 的分量是

$$A_r=0, A_\theta=0, A_\phi=\frac{\mu_0 IS}{4\pi r^2}\sin\theta$$

通过球面坐标系中的旋度运算，可得磁感应强度的分量

$$B_r=\frac{\mu_0 IS}{2\pi r^3}\cos\theta, B_\theta=\frac{\mu_0 IS}{4\pi r^3}\sin\theta, B_\phi=0$$

将磁矩 $\boldsymbol{m}=I\boldsymbol{S}$ 代入，可将上面的矢量磁位 **A** 和磁感应强度 **B** 两式写为

$$\boldsymbol{A}=\frac{\mu_0}{4\pi}\frac{\boldsymbol{m}\times\boldsymbol{e}_R}{r^2}$$

$$\boldsymbol{B}=\frac{\mu_0 m}{4\pi r^3}(2\cos\theta\boldsymbol{e}_r+\sin\theta\boldsymbol{e}_\theta)$$

【例 5-13】 空气中有一长度为 l 、截面积为 S 、位于 z 轴上的短铜线，如图 5-24 所示。电流密度 $\boldsymbol{J}$ 沿 $\boldsymbol{e}_z$ 方向。设电流是均匀分布的，试求离铜线较远处（ $r\gg l$ ）磁感应强度。

解 可以应用矢量磁位来计算，可令 $\boldsymbol{J}=J\boldsymbol{e}_z$ ，则

$$\boldsymbol{A}=\frac{\mu_0}{4\pi}\int\frac{\boldsymbol{J}}{R}\mathrm{d}V'\approx\frac{\mu_0}{4\pi r}\boldsymbol{e}_z\int_{-l/2}^{+l/2}\int_S J\,\mathrm{d}S'\mathrm{d}\boldsymbol{l}'=\frac{\mu_0}{4\pi r}\boldsymbol{e}_z\int_{-l/2}^{+l/2}I\mathrm{d}\boldsymbol{l}$$

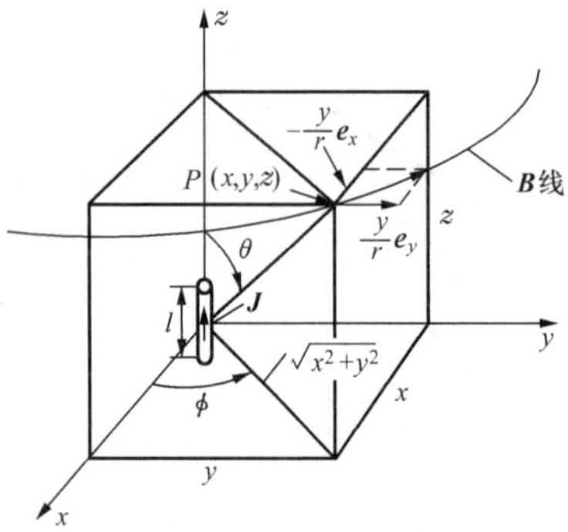

图 5-24 【例 5-13】图

式中，$I=JS$ ，继续积分，可得

$$\boldsymbol{A}=\frac{\mu_0 Il}{4\pi r}\boldsymbol{e}_z=\boldsymbol{A}_z\boldsymbol{e}_z$$

对上式进行旋度运算，有

$$\nabla\times\boldsymbol{A}=\frac{\mu_0 Il}{4\pi r^2}\left(-\boldsymbol{e}_x\frac{y}{r}+\boldsymbol{e}_y\frac{x}{r}\right)=\frac{\mu_0 Il}{4\pi r^2}\frac{\sqrt{x^2+y^2}}{r}\boldsymbol{e}_\phi$$

或
$$\boldsymbol{B}=\nabla\times\boldsymbol{A}=\frac{\mu_0 Il}{4\pi r^2}\sin\theta\boldsymbol{e}_\phi$$

矢量磁位除用于计算 **B** 外，还可由它直接计算磁通量。因为 $\Phi_\mathrm{m}=\int\boldsymbol{B}\cdot\mathrm{d}\boldsymbol{S}$ ，利用斯托克斯定理，可得

$$\Phi_\mathrm{m}=\int_S\boldsymbol{B}\cdot\mathrm{d}\boldsymbol{S}=\int_S\nabla\times\boldsymbol{A}\cdot\mathrm{d}\boldsymbol{S}=\oint_l\boldsymbol{A}\cdot\mathrm{d}\boldsymbol{l}\tag{5-61}$$

式（5-61）表明：**A** 沿任一闭合路径 l 的环量，等于穿过以此路径为周界的任一曲面的磁通量。

5.9.2 矢量磁位的边值问题

矢量磁位满足泊松方程或拉普拉斯方程。当场中电流分布已知时可以通过建立微分方程和相关的边界条件，建立起恒定磁场中矢量磁位的边值问题。

先推导媒质分界面上用 **A** 表示的边界条件。在媒质分界面上任一点 P 处，取一矩形回路，回路所围面积上通过的磁通量 $\Phi_\mathrm{m}=\int_S\boldsymbol{B}\cdot\mathrm{d}\boldsymbol{S}=\oint_l\boldsymbol{A}\cdot\mathrm{d}\boldsymbol{l}$，如图 5-25 所示。令 $\Delta l_2\to 0$，

则 $\Phi_m=0$，所以$\oint_l \boldsymbol{A}\cdot d\boldsymbol{l}=0$，可得

$$A_{1t}-A_{2t}=0 \tag{5-62}$$

即矢量磁位的切向分量在分界面上连续。又因为$\nabla\cdot\boldsymbol{A}=0$（库仑规范），可在分界面$P$点处作一个小圆柱，如图5-26所示，利用$\oint_S \boldsymbol{A}\cdot d\boldsymbol{S}=\int_V \nabla\cdot\boldsymbol{A}dV=0$。当圆柱的高$\Delta h\rightarrow 0$时，可得

$$A_{2n}-A_{1n}=0 \tag{5-63}$$

即矢量磁位的法向分量在分界面上也连续。因此，由式（5-62）和式（5-63）得

$$\boldsymbol{A}_1=\boldsymbol{A}_2 \tag{5-64}$$

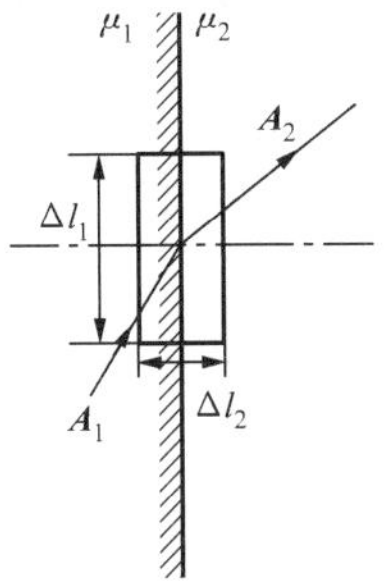

图5-25 矢量磁位的切向分量

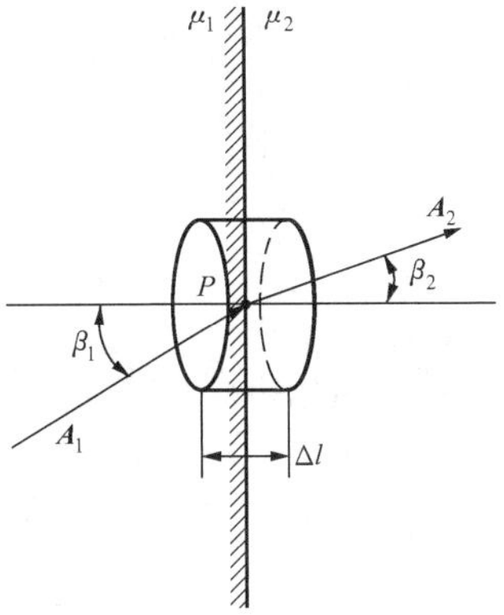

图5-26 矢量磁位的法向分量

式（5-64）说明在媒质分界面上矢量磁位连续。另外由式（5-35）和式（5-51）得

$$\left(\frac{1}{\mu_1}\nabla\times\boldsymbol{A}_1-\frac{1}{\mu_2}\nabla\times\boldsymbol{A}_2\right)\times\boldsymbol{e}_n=\boldsymbol{K} \tag{5-65}$$

对于平行平面磁场，分界面上的边界条件是

$$\boldsymbol{A}_1=\boldsymbol{A}_2$$
$$\frac{1}{\mu_1}\frac{\partial\boldsymbol{A}_1}{\partial n}-\frac{1}{\mu_2}\frac{\partial\boldsymbol{A}_2}{\partial n}=K \tag{5-66}$$

式（5-66）是矢量磁位在媒质分界面上所满足的边界条件。它和矢量磁位所满足的微分方程

$$\nabla^2\boldsymbol{A}=-\mu\boldsymbol{J} \tag{5-67}$$

式（5-67）与场域边界上给定的边界条件一起构成了描述恒定磁场的边值问题。

【例5-14】 如图5-27所示，一半径为a的长直圆柱导体通有电流，电流密度$\boldsymbol{J}=J_z\boldsymbol{e}_z$。试求导体内外的矢量磁位（导体内外媒质的磁导率均为μ_0）和磁感应强度。

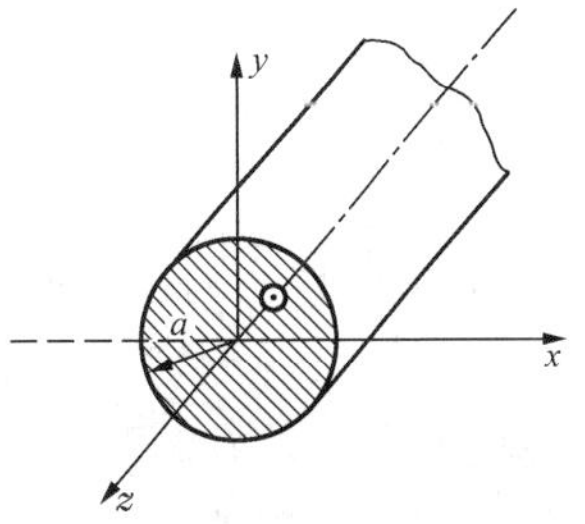

图5-27 【例5-14】图

解 由对称性可知，$\boldsymbol{A}=A_z\boldsymbol{e}_z$，$A_z$仅为$\rho$的函数，且满足方程$\nabla^2\boldsymbol{A}=-\mu_0\boldsymbol{J}$，当$\rho\leqslant a$时，$\frac{1}{\rho}\frac{\partial}{\partial\rho}\left(\rho\frac{\partial A_1}{\partial\rho}\right)=-\mu_0 J_z$。

当$\rho\geqslant a$时，$\frac{1}{\rho}\frac{\partial}{\partial\rho}\left(\rho\frac{\partial A_2}{\partial\rho}\right)=0$。边界条件为

$$A_1\big|_{\rho=a}=A_2\big|_{\rho=a};\frac{1}{\mu_1}\frac{\partial A_1}{\partial\rho}\bigg|_{\rho=a}=\frac{1}{\mu_2}\frac{\partial A_2}{\partial\rho}\bigg|_{\rho=a},即\frac{\partial A_1}{\partial\rho}\bigg|_{\rho=a}=\frac{\partial A_2}{\partial\rho}\bigg|_{\rho=a}$$

设 $\rho=a$ 处，$A_1\big|_{\rho=a}=A_2\big|_{\rho=a}=0$；当 $\rho\to0$，A_1 为有限值。容易得到

$$A_1=-\frac{\mu_0J_z}{4}\rho^2+C_1\ln\rho+C_2$$

$$A_2=C_3\ln\rho+C_4$$

代入边界条件可得：当 $\rho\to0$，A_1 为有限值，故应有 $C_1=0$。

当 $\rho=a$ 时，$A_1=0$，故 $C_2=\dfrac{\mu_0Ja^2}{4}$，所以 $\boldsymbol{A}_1=\dfrac{\mu_0J_z}{4}(a^2-\rho^2)\boldsymbol{e}_z$

当 $\rho=a$ 时，$A_1=A_2=0$，故 $C_4=-C_3\ln a$。

再利用 $\dfrac{\partial A_1}{\partial\rho}\bigg|_{\rho=a}=\dfrac{\partial A_2}{\partial\rho}\bigg|_{\rho=a}$，有 $-\dfrac{\mu_0J_z}{4}a=\dfrac{C_3}{a}$，所以 $C_3=-\dfrac{\mu_0J_z}{2}a^2$，最后得

$$\boldsymbol{A}_2=\frac{\mu_0J_za^2}{2}\ln\frac{a}{\rho}\boldsymbol{e}_z$$

利用 $\boldsymbol{B}=\nabla\times\boldsymbol{A}$，可以解出磁感应强度，即

$$\boldsymbol{B}=\frac{\mu_0J_z\rho}{2}\boldsymbol{e}_\phi\qquad\rho\leqslant a$$

$$\boldsymbol{B}=\frac{\mu_0J_za^2}{2\rho}\boldsymbol{e}_\phi\qquad\rho\geqslant a$$

在这一例题中，等 $\boldsymbol{A}$ 线是一族以圆柱轴线为中心的同心圆，与磁感应线相同。

在平行平面磁场中，若矢量磁位 $\boldsymbol{A}=A_z\boldsymbol{e}_z$，则在 xoy 平面内磁感应强度线的方程为

$$\frac{B_x}{\mathrm{d}x}=\frac{B_y}{\mathrm{d}y}$$

$$B_y\mathrm{d}x-B_x\mathrm{d}y=0$$

因为 $\boldsymbol{B}=\nabla\times\boldsymbol{A}=\dfrac{\partial A_z}{\partial y}\boldsymbol{e}_x-\dfrac{\partial A_z}{\partial x}\boldsymbol{e}_y$ 故 $B_x=\dfrac{\partial A_z}{\partial y}$，$B_y=\dfrac{-\partial A_z}{\partial x}$。代入上式得

$$\frac{\partial A_z}{\partial y}\mathrm{d}x+\frac{\partial A_z}{\partial x}\mathrm{d}y=0$$

即 $\mathrm{d}A_z=0$。这说明平行平面磁场中等 $\boldsymbol{A}$ 线就是 $\boldsymbol{B}$ 线。

5.10 电感及其计算

由电磁学、电路理论可知，描述一个电路或两个相邻电路间因电流变化而感生电动势效应的物理参数，分别是自感系数和互感系数，统称为电感。与电容、电阻参数的计算相同，运用场的观点，在相应的场分布分析的基础上，才能计算出实际电磁系统的电感参数。

5.10.1 自感

载有电流 I 的线圈，其各匝交链的磁通的总和称为磁链 Ψ_{m}（也称为自感磁链）。显然，若 N 匝的线圈，各匝磁通均等于 Φ_{m}，则其磁链 $\Psi_{\mathrm{m}}=N\Phi_{\mathrm{m}}$。然而，实际上线圈各匝所交链的磁通往往并不相同，如图 5-28 所示。此时，存在部分交链的情况，从而线圈的总磁链应表

示为相应线匝磁链的总和，即 $\Psi_{\mathrm{m}}=\sum N_i\Phi_{\mathrm{mi}}$。

在各向同性的线性媒质中，线圈的自感磁链 Ψ_{m} 与其励磁电流 I 成正比。该比值定义为线圈的静态自感系数（简称自感）L，即

$$L=\frac{\Psi_{\mathrm{m}}}{I} \tag{5-68}$$

在国际单位制中，自感的单位是 H（亨）。

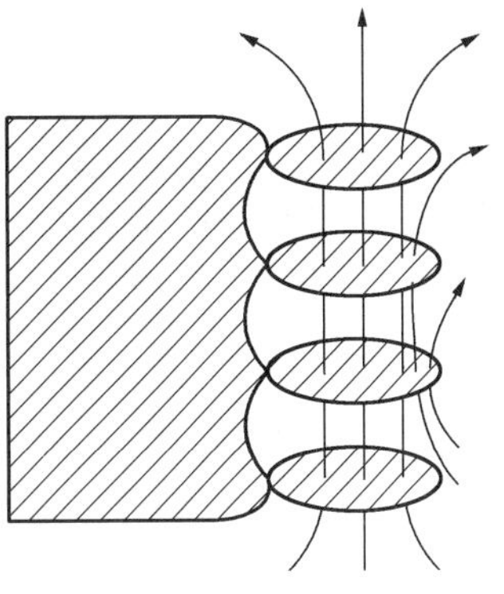

图 5-28 磁通与线圈的交链情况

若磁场中含有铁磁媒质，则媒质非线性的磁特性，决定了 Ψ_{m} 和 I 之间的非线性关系，此时，定义磁链的增量 $\mathrm{d}\Psi_{\mathrm{m}}$ 对电流增量 $\mathrm{d}I$ 的比值为动态自感 L_{d} 。显然，本节在恒定磁场分布的基础上，对应于线性媒质的讨论，静态与动态自感是相同的，决定于回路的尺寸、几何形状及媒质的分布，而与通过回路的电流及磁链的具体量值无关。

当载流导体截面较大时，通常又将自感磁链 Ψ_{m} 分为内磁链 Ψ_{mi} 和外磁链 Ψ_{mo} ，以分别对应于如图 5-29 所示的不同的磁通与线匝交链的情况。可以看出，完全在载流导体外部闭合的磁通（如典型的由一束磁场线所组成的磁感应强度管 a ），形成外磁链 Ψ_{mo} ，而由磁感应强度管 b 描述的则为与部分电流 I'交链的内磁通 $\mathrm{d}\Phi_{\mathrm{mi}}$ 。这时线匝数以载流 I 为基数，则与 I'相交链磁通对应的匝数应计为分数匝，其值为 I'/I 。于是相应的元磁链 $\mathrm{d}\Psi_{\mathrm{mi}}=(I'/I)\mathrm{d}\Phi_{\mathrm{mi}}$ ，而内磁链为

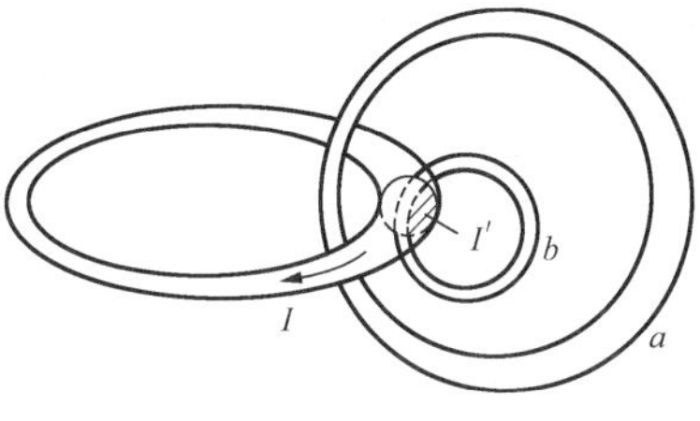

图 5-29 内外磁链示意图

$$\Psi_{\mathrm{mi}}=\int_S\frac{I'}{I}\mathrm{d}\Phi_{\mathrm{mi}} \tag{5-69}$$

若令 $I'=I$ ，则式（5-69）即转换为外磁链 Ψ_{mo} 的计算公式。

对应于内磁链、外磁链的分析方法，由式（5-68）自感也可以表示为内自感与外自感之和，即

$$L=L_{\mathrm{i}}+L_{\mathrm{o}} \tag{5-70}$$

【例 5-15】 试计算图 5-30 所示长为 l 的同轴电缆的自感。

解 设构成电缆的所有材料的磁导率均为 μ_0，$R_3\approx R_2$，即外壳的厚度可以忽略不计。假设通过的电流为 I ，如图 5-30 所示。

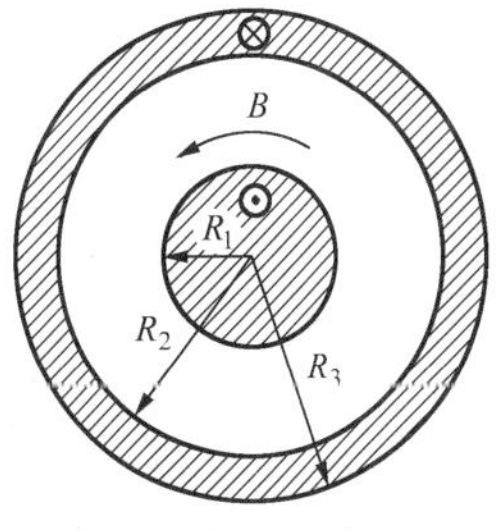

图 5-30 同轴电缆的自感

内导体中电流密度 $\boldsymbol{J}=\frac{I}{\pi R_1{}^2}\boldsymbol{e}_z$ 。先求内磁链，由安培环路定律，可求出在内导体中，即 $\rho<R_1$ 处

$$\boldsymbol{B}=\frac{\mu_0 I\rho}{2\pi R_1{}^2}\boldsymbol{e}_\phi$$

穿过由轴向长度 l 宽为 $\mathrm{d}\rho$ 构成的矩形元面积上的元磁通为

$$\mathrm{d}\Phi_{\mathrm{mi}}=\boldsymbol{B}\cdot\mathrm{d}\boldsymbol{S}=\frac{\mu_0 I\rho}{2\pi R_1{}^2}l\,\mathrm{d}\rho$$

求磁链时，必须注意，与 $\mathrm{d}\Phi_{\mathrm{mi}}$ 相交链的电流不是 I ，仅是它的一部分 I' ，且

$$I'=\frac{\pi\rho^2}{\pi R_1{}^2}I=\frac{\rho^2}{R_1{}^2}I$$

因此，与 $\mathrm{d}\Phi_{\mathrm{mi}}$ 相应的元磁链为

$$\mathrm{d}\Psi_{\mathrm{mi}}=\frac{I'}{I}\mathrm{d}\Phi_{\mathrm{mi}}=\frac{\mu_0 I\rho^3}{2\pi R_1^{\ 4}}l\,\mathrm{d}\rho$$

内导体中的自感磁链总量为

$$\Psi_{\mathrm{mi}}=\int \mathrm{d}\Psi_{\mathrm{mi}}=\int_0^{R_1}\frac{\mu_0 I\rho^3}{2\pi R_1^{\ 4}}\mathrm{d}\rho=\frac{\mu_0 Il}{8\pi}$$

由此可得内自感为

$$L_{\mathrm{i}}=\frac{\Psi_{\mathrm{mi}}}{I}=\frac{\mu_0 l}{8\pi}$$

值得注意，内自感的值，仅与圆导线的长度有关，而与半径无关。

当 $R_1\leqslant\rho\leqslant R_2$ 时，由安培环路定律，可得

$$B=\frac{\mu_0 I}{2\pi\rho}$$

此时，$\mathrm{d}\Psi_{\mathrm{mo}}=\dfrac{\mu_0 Il}{2\pi\rho}\mathrm{d}\rho$，$\Psi_{\mathrm{mo}}=\int \mathrm{d}\Psi_{\mathrm{mo}}=\int_{R_1}^{R_2}\dfrac{\mu_0 Il}{2\pi\rho}\mathrm{d}\rho=\dfrac{\mu_0 Il}{2\pi}\ln\dfrac{R_2}{R_1}$，故外自感为

$$L_0=\frac{\Psi_{\mathrm{mo}}}{I}=\frac{\mu_0 l}{2\pi}\ln\frac{R_2}{R_1}$$

当 $\rho>R_2\approx R_3$ 时，$\boldsymbol{B}=0$，无磁场。故总电感为

$$L=L_{\mathrm{i}}+L_{\mathrm{o}}=\frac{\mu_0 l}{2\pi}\left(\frac{1}{4}+\ln\frac{R_2}{R_1}\right)$$

若外壳厚度不能忽略，即 $R_3\neq R_2$ 时，只要再计算出外壳层的内自感，与前面所计算出的电感相加即可。

当 $R_2\leqslant\rho\leqslant R_3$ 时，$B=\dfrac{\mu_0 I}{2\pi\rho}\dfrac{R_3^{\ 2}-\rho^2}{R_3^{\ 2}-R_2^{\ 2}}$，$\mathrm{d}\Phi'_{\mathrm{mi}}=Bl\,\mathrm{d}\rho$，这时与电流交链的磁链有

$$\mathrm{d}\Psi'_{\mathrm{mi}}=\frac{R_3^{\ 2}-\rho^2}{R_3^{\ 2}-R_2^{\ 2}}\frac{\mu_0 Il}{2\pi\rho}\frac{R_3^{\ 2}-\rho^2}{R_3^{\ 2}-R_2^{\ 2}}\mathrm{d}\rho$$

则

$$\begin{aligned}\Psi'_{\mathrm{mi}}&=\int_{R_2}^{R_3}\frac{\mu_0 Il}{2\pi}\left(\frac{R_3^{\ 2}-\rho^2}{R_3^{\ 2}-R_2^{\ 2}}\right)^2\frac{1}{\rho}\mathrm{d}\rho\\&=\frac{\mu_0 Il}{2\pi}\left[\left(\frac{R_3^{\ 2}}{R_3^{\ 2}-R_2^{\ 2}}\right)^2\ln\frac{R_3}{R_2}-\frac{R_3^{\ 2}}{R_3^{\ 2}-R_2^{\ 2}}+\frac{1}{4}\frac{R_3^{\ 2}+R_2^{\ 2}}{R_3^{\ 2}-R_2^{\ 2}}\right]\end{aligned}$$

则外壳导体的内自感为

$$L'_i=\frac{\mu_0 l}{2\pi}\left[\left(\frac{R_3^{\ 2}}{R_3^{\ 2}-R_2^{\ 2}}\right)^2\ln\frac{R_3}{R_2}-\frac{R_3^{\ 2}}{R_3^{\ 2}-R_2^{\ 2}}+\frac{1}{4}\frac{R_3^{\ 2}+R_2^{\ 2}}{R_3^{\ 2}-R_2^{\ 2}}\right]$$

此时电缆的总电感

$$\begin{aligned}L&=L_{\mathrm{i}}+L_{\mathrm{o}}+L'_{\mathrm{i}}\\&=\frac{\mu_0 l}{8\pi}+\frac{\mu_0 l}{2\pi}\ln\frac{R_2}{R_1}+\frac{\mu_0 l}{2\pi}\left[\left(\frac{R_3^{\ 2}}{R_3^{\ 2}-R_2^{\ 2}}\right)^2\ln\frac{R_3}{R_2}-\frac{R_3^{\ 2}}{R_3^{\ 2}-R_2^{\ 2}}+\frac{1}{4}\frac{R_3^{\ 2}+R_2^{\ 2}}{R_3^{\ 2}-R_2^{\ 2}}\right]\end{aligned}$$

【例 5-16】 试求图 5-31 所示二线传输线的自感。

解 两导线的几何尺寸如图 5-31 所示，由于电流均匀分布，在计算外磁链时，可认为电流集中在几何轴线上，在距左轴线 x 处的磁感应强度

$$B_x=\frac{\mu_0 I}{2\pi x}+\frac{\mu_0 I}{2\pi(D-x)}$$

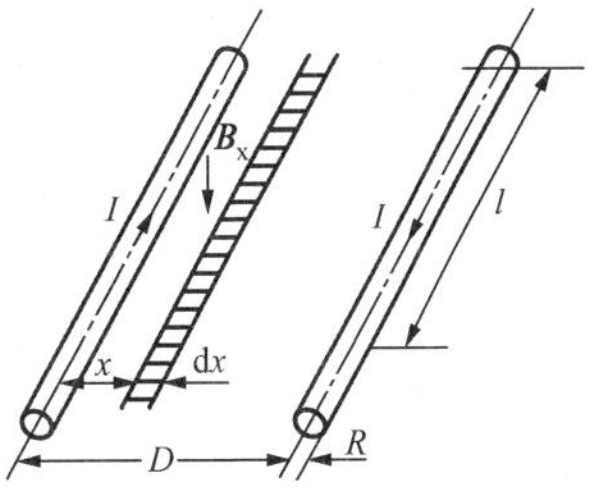

图 5-31 二线传输线的自感

其方向如图，穿过元面积 $l\mathrm{d}x$ 的磁通 $\mathrm{d}\Phi_m=B_x l\mathrm{d}x$，故外磁链

$$\Psi_0=\int\mathrm{d}\Phi_m=\int_R^{D-R}B_x l\mathrm{d}x=\frac{\mu_0 I}{\pi}\ln\frac{D-R}{R}$$

因而外自感

$$L_o=\frac{\Psi_{mo}}{I}=\frac{\mu_0 l}{\pi}\ln\frac{D-R}{R}$$

一般情况下，$D\gg R$，故

$$L_o\approx\frac{\mu_0 l}{\pi}\ln\frac{D}{R}$$

二线传输线的内自感为

$$L_i=2\times\frac{\mu_0 l}{8\pi}=\frac{\mu_0 l}{4\pi}$$

由此得二线传输线的自感为

$$L=\frac{\mu_0 l}{4\pi}+\frac{\mu_0 l}{\pi}\ln\frac{D}{R}=\frac{\mu_0 l}{\pi}\left(\frac{1}{4}+\ln\frac{D}{R}\right)$$

5.10.2 互感

在线性媒质中，由回路 1 的电流 I_1 所产生而与回路 2 相交链的磁链 Ψ_{m21} 称为互感磁链，它和 I_1 成正比，即

$$M_{21}=\frac{\Psi_{m21}}{I_1} \tag{5-71}$$

式中：M_{21} 即回路 1 对回路 2 的互感。

同理，回路 2 对回路 1 的互感可表示为

$$M_{12}=\frac{\Psi_{m12}}{I_2} \tag{5-72}$$

式（5-71）和式（5-72）中的 Ψ_{m21} 和 Ψ_{m12} 都表示互感磁链，它们下标的第一个数字表示与磁通交链的回路，第二个数字表示引起磁通的电流回路。可以证明

$$M_{12}=M_{21} \tag{5-73}$$

互感不仅和线圈及导线的形状、尺寸和周围媒质及导线材料的磁导率有关，还和两回路的相互位置有关。在国际单位制中，互感的单位是 H（亨）。

【例 5-17】 如图 5-32 所示，试求真空中沿 z 轴放置的无限长线电流和匝数为 1000 的矩形回路之间的互感。

解 设无限长直线电流为 I，沿 z 轴正方向。则在其周围产生的穿过矩形回路的磁感应强度为

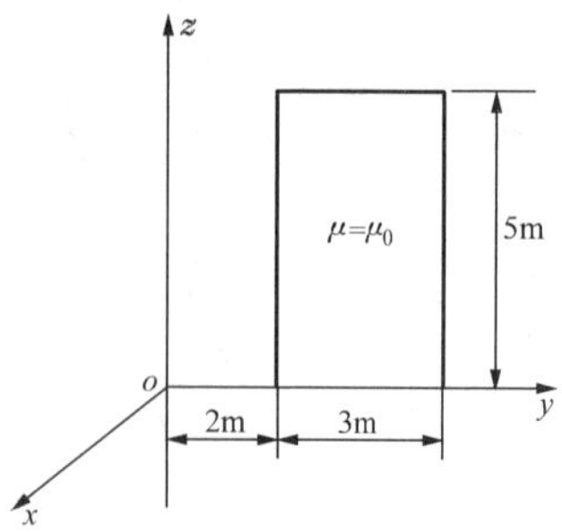

图 5-32 线电流与矩形回路的互感

$$\boldsymbol{B}=\frac{\mu_0 I}{2\pi y}(-\boldsymbol{e}_x)$$

在 $2\leqslant y\leqslant 5$ 的范围内，在距电流 I 的 y 处选一个 $\mathrm{d}S=5\mathrm{d}y$ 的小面元，穿过小面元的磁通为

$$\mathrm{d}\Phi_{\mathrm{m}}=\boldsymbol{B}\cdot\mathrm{d}\boldsymbol{S}=\frac{\mu_0 I}{2\pi y}\times 5\mathrm{d}y$$

该磁通与 N 匝矩形回路交链的磁链为

$$\mathrm{d}\Psi_{\mathrm{m}}=N\mathrm{d}\Phi_{\mathrm{m}}=\frac{\mu_0 NI}{2\pi y}\times 5\mathrm{d}y$$

$$\Psi_{\mathrm{m}}=\int_2^5\frac{\mu_0 NI}{2\pi y}\times 5\mathrm{d}y=\frac{5\mu_0 NI}{2\pi}\ln\frac{5}{2}$$

无限长线电流和匝数为 1000 的矩形回路之间的互感为

$$M=\frac{\Psi_{\mathrm{m}}}{I}=0.916(\mathrm{mH})$$

【例 5-18】 求图 5-33 所示传输线的互感。图中 AB 表示一对传输线，CD 表示另一对传输线，设 AB 上电流方向如图中所示。

解 电流均匀流动，故可以把导线几何轴线作为电流对外作用的中心线，因此导线 A 中的电流所产生的与 CD 传输线相交链的互感磁链应为

$$\Psi_{\mathrm{mA}}=\Phi_{\mathrm{mA}}=\frac{\mu_0 Il}{2\pi}\ln\frac{D_{\mathrm{AD}}}{D_{\mathrm{AC}}}$$

同理导线 B 中的电流所产生的与 CD 传输线相交链的互感磁链为

$$\Psi_{\mathrm{mB}}=\Phi_{\mathrm{mB}}=\frac{\mu_0 Il}{2\pi}\ln\frac{D_{\mathrm{BC}}}{D_{\mathrm{BD}}}$$

由于这两部分磁通方向相同，总的互感磁链为

$$\Psi_{\mathrm{m}}=\Psi_{\mathrm{mA}}+\Psi_{\mathrm{mB}}=\frac{\mu_0 Il}{2\pi}\ln\frac{D_{\mathrm{AD}}\cdot D_{\mathrm{BC}}}{D_{\mathrm{AC}}\cdot D_{\mathrm{BD}}}$$

从而得互感为

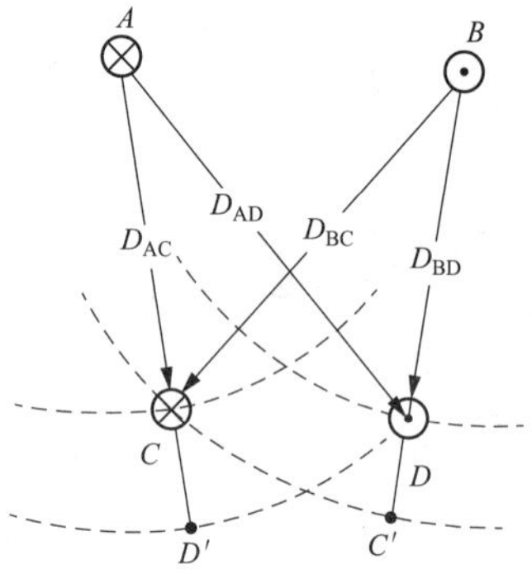

图 5-33 两对传输线间的互感

$$M=\frac{\Psi_{\mathrm{m}}}{I}=\frac{\mu_0 l}{2\pi}\ln\frac{D_{\mathrm{AD}}\cdot D_{\mathrm{BC}}}{D_{\mathrm{AC}}\cdot D_{\mathrm{BD}}}$$

5.10.3 诺依曼公式

在计算自感和互感时还可以应用矢量磁位的线积分来计算磁通，从而求出磁链。这里介绍应用矢量磁位 $\boldsymbol{A}$ 计算互感和自感的一般公式，即诺依曼公式。

图 5-34 所示为两个由细导线构成的回路，设导线及周围媒质的磁导率都为 μ_0。令回路 1 中通有电流 I_1，因导线是线性的，故电流的对外作用中心可看作集中在导线的几何轴线上，回路 2 也可以看成由图中点划线组成横截面积为零的回路。因此，回路 1 中电流 I_1 在 $\mathrm{d}\boldsymbol{l}_2$ 处产生的矢量磁位为

$$\boldsymbol{A}_1=\frac{\mu_0 I_1}{4\pi}\oint_{l_1}\frac{\mathrm{d}\boldsymbol{l}_1}{R}$$

由回路 1 中电流 I_1 产生而和回路 2 相交链的互感磁链为

$$\Psi_{m21}=\Phi_{m21}=\oint_{l_2}\boldsymbol{A}_1\cdot d\boldsymbol{l}_2=\frac{\mu_0 I_1}{4\pi}\oint_{l_2}\oint_{l_1}\frac{d\boldsymbol{l}_1\cdot d\boldsymbol{l}_2}{R} \tag{5-74}$$

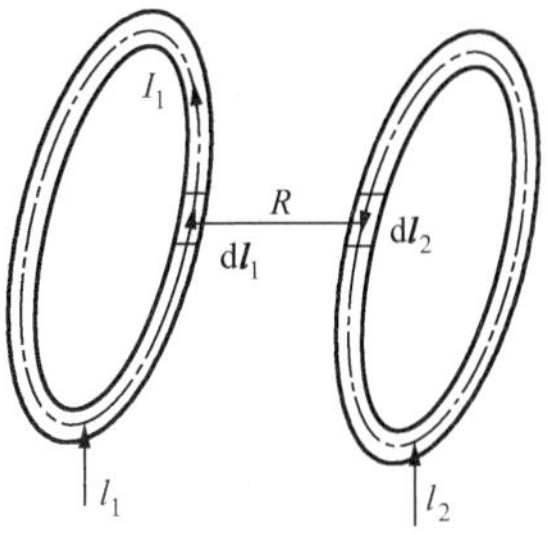

图 5-34 两个线性回路间的互感

可见，两细导线回路间的互感为

$$M_{21}=\frac{\Psi_{m21}}{I_1}=M_{12}=\frac{\mu_0}{4\pi}\oint_{l_2}\oint_{l_1}\frac{d\boldsymbol{l}_1\cdot d\boldsymbol{l}_2}{R} \tag{5-75}$$

若回路 1、2 分别由 N_1、N_2 匝的细导线紧密绕制而成，则互感为

$$M_{21}=M_{12}=\frac{N_1 N_2\mu_0}{4\pi}\oint_{l_2}\oint_{l_1}\frac{d\boldsymbol{l}_1\cdot d\boldsymbol{l}_2}{R} \tag{5-76}$$

式中：l_1、l_2 分别为一匝的长度。

式（5-76）就是通过矢量磁位来计算电感的一般公式，称为诺依曼公式。

应用诺依曼公式也可计算线圈的自感。设图 5-34 中的两个细导线回路的形状和尺寸相同，将它们重叠起来，便成为图 5-35 所示的导线回路了。仍然研究匝数等于 1 的情况。应该指出，现在计算自感不能直接套用式（5-76）的右边部分，因为这里的 l_1、l_2 已重合在一起，积分式中的 R 有可能等于零，因而将使积分值趋于无限大。这个困难可通过下面的办法来克服：导线回路的自感一般仍可分为外自感和内自感两部分，和外自感对应的那部分外磁通和电流相交链的次数是整数，因而在计算外磁通时，应以导线内侧边线 l_2 作为回路的边界，但对于其中流过的电流的对外作用中心线仍然应看作集中在几何轴线上，如图 5-35 中点划线 l_1 所示。这样计算细导线回路的外自感就相当于计算由 l_1、l_2 所构成的两回路间的互感了，因而可以直接应用式（5-75），从而得到

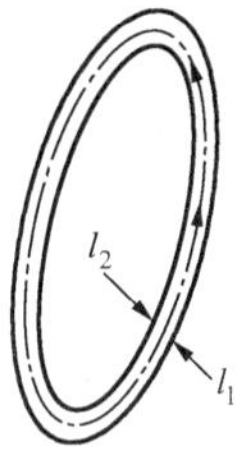

图 5-35 线圈重合

$$L_o=\frac{\mu_0}{4\pi}\oint_{l_2}\oint_{l_1}\frac{d\boldsymbol{l}_1\cdot d\boldsymbol{l}_2}{R} \tag{5-77}$$

对于匝数等于 N 的紧密绕制的导线回路来说，其外自感应等于

$$L_o=\frac{N^2\mu_0}{4\pi}\oint_{l_2}\oint_{l_1}\frac{d\boldsymbol{l}_1\cdot d\boldsymbol{l}_2}{R} \tag{5-78}$$

因为构成细导线回路的导线横截面的半径远小于该回路的曲率半径，所以导线内的电流可近似地认为是均匀分布，因而长度等于 l 的导线回路的内自感 L_i 可认为等于 $\frac{\mu_0 l_1}{8\pi}$。通常导线回路的内自感远小于外自感，所以它的自感为

$$L=L_i+L_o\approx L_o$$

5.11 磁场能量及磁场力

静电场中储存有能量，恒定磁场中也储存有能量。这些能量是在电场或磁场建立过程中由外源做功转换而来的。本节将介绍磁场能量的计算及其分布方式，并在此基础上介绍计算磁场力的虚位移法和法拉第的力密度观点。

5.11.1 恒定磁场中的能量

假设磁场和电流的建立过程都缓慢进行，周围均为线性媒质，且无电磁能量损耗。这样，

外源所做的功都转变为磁场中存储的能量。为简单起见，下面先讨论单个电流回路的情况。

设有一个回路 l，通入电流时，穿过回路的磁通发生变化，会在回路中产生感应电动势。在 $\mathrm{d}t$ 时间间隔中，外源克服感应电动势所做的功 $\mathrm{d}A=ui\mathrm{d}t$。因为电压 $u=\dfrac{\mathrm{d}\Psi_\mathrm{m}}{\mathrm{d}t}=L\dfrac{\mathrm{d}i}{\mathrm{d}t}$，所以 $\mathrm{d}A=Li\mathrm{d}i$，整个过程中外源所做的功全部转化为磁场中存储的能量，故

$$W_\mathrm{m}=\int\mathrm{d}A=\int_0^I Li\mathrm{d}i=\frac{1}{2}LI^2 \tag{5-79}$$

式（5-79）表明：磁场能量只与回路电流最终状态有关，与电流建立的过程无关。

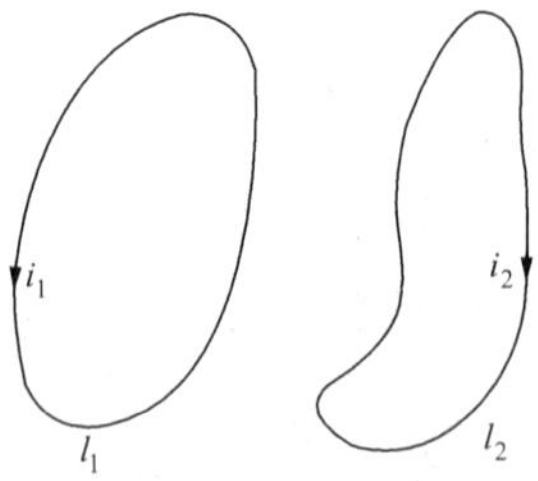

图 5-36　两个载流回路

若线性媒质中有两个回路 l_1、l_2，它们电流分别为 I_1、I_2。这时，可以选择一个便于计算的电流建立过程。让两回路电流都按同一比例增长，即在磁场建立过程的某一瞬间，两回路电流分别为 $i_1=mI_1$，$i_2=mI_2$，如图 5-36 所示。其中 m 是一个变量 $(0\leqslant m\leqslant 1)$。也就是在磁场建立之初，$m=0$；磁场建成后，$m=1$。由于回路中的磁场和电流有线性关系，在这一瞬间，穿过两回路的磁链分别为 $m\Psi_{\mathrm{m}1}$ 和 $m\Psi_{\mathrm{m}2}$。这样外源所做的功应为两回路中外源克服感应电动势所做功之和，即

$$\mathrm{d}A=\mathrm{d}A_1+\mathrm{d}A_2$$

其中

$$\mathrm{d}A_1=u_1i_1\mathrm{d}t=\frac{\mathrm{d}(m\Psi_{\mathrm{m}1})}{\mathrm{d}t}mI_1\mathrm{d}t=mI_1\mathrm{d}(m\Psi_{\mathrm{m}1})$$

$$\mathrm{d}A_2=mI_2\mathrm{d}(m\Psi_{\mathrm{m}2})$$

整个过程中外源对回路电流所做的功都转变成磁场中存储的能量，故

$$\begin{aligned}W_\mathrm{m}&=\int\mathrm{d}A=\int mI_1\mathrm{d}(m\Psi_{\mathrm{m}1})+\int mI_2\mathrm{d}(m\Psi_{\mathrm{m}2})=(I_1\Psi_{\mathrm{m}1}+I_2\Psi_{\mathrm{m}2})\int_0^1 m\mathrm{d}m\\&=\frac{1}{2}(I_1\Psi_{\mathrm{m}1}+I_2\Psi_{\mathrm{m}2})=\frac{1}{2}\sum_{k=1}^{2}I_k\Psi_{\mathrm{m}k}\end{aligned} \tag{5-80}$$

式（5-80）就是两个电流回路系统存储的磁场能量。它等于各回路电流与磁链乘积的代数和的一半，其中 I_k、$\Psi_{\mathrm{m}k}$ 都是建立过程的最终值。达到稳定后，磁链与电流有下列关系，即

$$\begin{aligned}\Psi_{\mathrm{m}1}&=L_1I_1+M_{12}I_2\\\Psi_{\mathrm{m}2}&=L_2I_2+M_{21}I_1\end{aligned} \tag{5-81}$$

因为 $M_{12}=M_{21}=M$。将式（5-81）代入式（5-80）中，得

$$W_\mathrm{m}=\frac{1}{2}(L_1I_1{}^2+L_2I_2{}^2+2MI_1I_2) \tag{5-82}$$

顺便指出，式（5-82）中，$\frac{1}{2}L_1I_1{}^2$ 和 $\frac{1}{2}L_2I_2{}^2$ 分别仅与 1 号和 2 号回路各自的电流和自感系数有关，故称为自有能。MI_1I_2 是两个电流回路间的相互作用能，它与两回路电流及互感系数有关，称为互有能。自有能恒为正，互有能则可正可负，随电流流向而定。如同在电路理论中规定的方法，当两回路电流同时自回路（线圈）同名端流入（出）时，互有能为正，否则为负。

对于 n 个电流回路组成的系统，不难推知磁场能量的表达式为

$$W_{\mathrm{m}}=\frac{1}{2}\sum_{k=1}^{n}I_{k}\Psi_{\mathrm{m}k} \tag{5-83}$$

其中

$$\Psi_{\mathrm{m}k}=M_{k1}I_{1}+M_{k2}I_{2}+\cdots+L_{k}I_{k}+\cdots+M_{kn}I_{n} \tag{5-84}$$

将式（5-84）代入式（5-83）中，得

$$W_{\mathrm{m}}=\frac{1}{2}L_{1}I_{1}^{2}+\frac{1}{2}L_{2}I_{2}^{2}+\cdots+\frac{1}{2}L_{n}I_{n}^{2}+M_{12}I_{1}I_{2}+M_{13}I_{1}I_{3}+\cdots+M_{(n-1)n}I_{n-1}I_{n} \tag{5-85}$$

式（5-85）中已应用了 $M_{kj}=M_{jk}$ 这一关系。

5.11.2 磁场能量的分布及其密度

磁场能量虽然来源于回路电流建立过程中外源所做的功，但它并不是只存在于电流回路内，而是分布于磁场所存在的整个空间中。为了更清楚地表明这一点，下面寻求磁场能量 W_{m} 与场量 $\boldsymbol{B}$ 、$\boldsymbol{H}$ 的关系。在 n 个电流回路（设它们都是单匝的）的磁场中，第 k 号回路的磁链可表示为

$$\Psi_{\mathrm{m}k}=\int_{S_{k}}\boldsymbol{B}\cdot\mathrm{d}\boldsymbol{S}=\oint_{l_{k}}\boldsymbol{A}\cdot\mathrm{d}\boldsymbol{l}_{k} \tag{5-86}$$

式中：$\boldsymbol{A}$ 为各回路电流在 k 号回路长度元 $\mathrm{d}\boldsymbol{l}_{k}$ 处产生的合成矢量磁位。

将式（5-86）代入式（5-83），即得 n 个线形载流回路系统的磁场能量为

$$W_{\mathrm{m}}=\frac{1}{2}\sum_{k=1}^{n}I_{k}\oint_{l_{k}}\boldsymbol{A}\cdot\mathrm{d}\boldsymbol{l}_{k} \tag{5-87}$$

若载流回路中为体电流分布，则由元电流 $I_{k}\mathrm{d}\boldsymbol{l}_{k}=\boldsymbol{J}\,\mathrm{d}Vk$ ，并在电流所在体积 V_{k} 中积分。然后，再将式（5-87）中的和式化为体积分，并进一步扩展积分域至整个场空间。这样，n 个载流回路系统的磁场能量也可用矢量磁位 $\boldsymbol{A}$ 表示为

$$W_{\mathrm{m}}=\frac{1}{2}\int_{V}\boldsymbol{A}\cdot\boldsymbol{J}\,\mathrm{d}V \tag{5-88}$$

利用 $\boldsymbol{J}=\nabla\times\boldsymbol{H}$ 的关系，式（5-88）还可写为

$$W_{\mathrm{m}}=\frac{1}{2}\int_{V}\boldsymbol{A}\cdot\nabla\times\boldsymbol{H}\,\mathrm{d}V \tag{5-89}$$

利用矢量恒等式 $\nabla\cdot(\boldsymbol{H}\times\boldsymbol{A})=\boldsymbol{A}\cdot\nabla\times\boldsymbol{H}-\boldsymbol{H}\cdot\nabla\times\boldsymbol{A}$ ，式（5-89）成为

$$W_{\mathrm{m}}=\frac{1}{2}\int_{V}\nabla\cdot(\boldsymbol{H}\times\boldsymbol{A})\,\mathrm{d}V+\frac{1}{2}\int_{V}\boldsymbol{H}\cdot\nabla\times\boldsymbol{A}\,\mathrm{d}V$$

再应用散度定理以及 $\boldsymbol{B}=\nabla\times\boldsymbol{A}$ 的关系，可得

$$W_{\mathrm{m}}=\frac{1}{2}\int_{S}\boldsymbol{H}\times\boldsymbol{A}\,\mathrm{d}\boldsymbol{S}+\frac{1}{2}\int_{V}\boldsymbol{H}\cdot\boldsymbol{B}\,\mathrm{d}V$$

式中，等号右端第一项中的闭合面 S 是包围整个体积 V 的。假设所有电流回路都为有限分布，而把 S 面取得离电流回路很远。这样 $\boldsymbol{H}$ 随 $\frac{1}{r^{2}}$ 变化，$\boldsymbol{A}$ 随 $\frac{1}{r}$ 变化，面积 S 随 r^{2} 变化，故当 $r\to\infty$ 时，第一项的闭合面积分应等于零。因而有

$$W_{\mathrm{m}}=\frac{1}{2}\int_{V}\boldsymbol{H}\cdot\boldsymbol{B}\,\mathrm{d}V \tag{5-90}$$

这一结果与静电能量的表达式完全类似。对比静电能量体密度同样的讨论，由式（5-90）可以推出磁场能量的体密度为

$$w_{\mathrm{m}}=\frac{1}{2}\boldsymbol{H}\cdot\boldsymbol{B} \tag{5-91}$$

对于各向同性的线性导磁媒质，还可写成

$$w_{\mathrm{m}}=\frac{1}{2}\mu H^2=\frac{1}{2}\frac{B^2}{\mu} \tag{5-92}$$

【例 5-19】 试求长度为 l 、内外导体半径分别为 R_1 和 R_2（外导体很薄）的同轴电缆，通有电流 I 时，电缆所存储的磁场能量（两导体间媒质的磁导率为 μ_0）。

解 当 $\rho\leqslant R_1$ 时，　$H_1=\dfrac{I'}{2\pi\rho}=\dfrac{\rho I}{2\pi R_1{}^2}$, $B_1=\dfrac{\mu_0\rho I}{2\pi R_1{}^2}$

$R_1\leqslant\rho<R_2$ 时，　$H_2=\dfrac{I}{2\pi\rho}$, $B_2=\dfrac{\mu_0 I}{2\pi\rho}$

$\rho>R_2$ 时，　$H_2=0$, $B_2=0$

$$W_{\mathrm{m}}=\frac{1}{2}\int_V\boldsymbol{H}\cdot\boldsymbol{B}\mathrm{d}V=\frac{1}{2}\left(\int_0^{R_1}\frac{\rho I}{2\pi R_1{}^2}\cdot\frac{\mu_0\rho I}{2\pi R_1{}^2}\cdot l2\pi\rho\,\mathrm{d}\rho+\int_{R_1}^{R_2}\frac{I}{2\pi\rho}\cdot\frac{\mu_0 I}{2\pi\rho}\cdot l2\pi\rho\,\mathrm{d}\rho\right)$$

$$=\frac{\mu_0}{2}\frac{I^2l}{4\pi^2}\left(\int_0^{R_1}\frac{\rho^3}{R_1{}^4}2\pi\mathrm{d}\rho+\int_{R_1}^{R_2}2\pi\frac{\mathrm{d}\rho}{\rho}\right)=\frac{I^2\mu_0 l}{4\pi}\left(\frac{1}{4}+\ln\frac{R_2}{R_1}\right)$$

利用单一载流回路情况下，磁场能量 $W_{\mathrm{m}}=\dfrac{1}{2}LI^2$ 的关系，可通过磁场能量求得自感，即

$$L=\frac{2W_{\mathrm{m}}}{I^2} \tag{5-93}$$

由此得出【例 5-19】中同轴电缆的自感 $L=\dfrac{2W_{\mathrm{m}}}{I^2}=\dfrac{\mu_0 l}{2\pi}\left(\dfrac{1}{4}+\ln\dfrac{R_2}{R_1}\right)$ 。显然，利用磁场能量计算电感也是很方便的。许多工程实际问题中常用数值计算方法求出场量 $\boldsymbol{B}$ 和 $\boldsymbol{H}$ ，据式（5-90）计算磁场能量，然后利用式（5-93）来确定单个载流系统的电感值。

5.11.3 磁场力

载流导体或运动电荷在磁场中所受的力叫做磁场力或电磁力，工程中许多仪表就是利用电磁力进行设计的。

磁场对运动电荷的作用力可用式（5-7）进行计算。磁场作用于元电流段 $I\mathrm{d}\boldsymbol{l}$ 的力为 $\mathrm{d}\boldsymbol{f}=I\mathrm{d}\boldsymbol{l}\times\boldsymbol{B}$ ，磁场作用于载流回路的力为 $\boldsymbol{f}=\oint_l I\mathrm{d}\boldsymbol{l}\times\boldsymbol{B}$ 。原则上，磁场力都可归结为磁场作用于元电流段的力，但这样需用矢量积分式来计算，通常是很繁复的。如果能像静电场中讨论的那样，应用虚位移法求磁场力，则在很多问题中都可以简化计算。

设有 n 个载流回路所构成的系统，它们分别与电压为 $U_1, U_2, \cdots, U_n$ 的外源相连接，且分别通有电流 $I_1, I_2, \cdots, I_n$ 。假设除了第 P 号回路外，其余都固定不动，且回路 P 也只能这样运动，即仅有一个广义坐标 g 发生变化，这时在该系统中发生的功能过程是

$$\mathrm{d}W=\mathrm{d}W_{\mathrm{m}}+f\mathrm{d}g \tag{5-94}$$

即所有电源提供的能量等于磁场能量的增量加上磁场力所做的功。式（5-94）中，dW 可表示为

$$\mathrm{d}W=\sum_{k=1}^{n} I_k \mathrm{d}\Psi_{\mathrm{m}k} \tag{5-95}$$

下面分别讨论两种情况。

(1) 假定各回路中的电流保持不变，即 $I_k=$常量，这时根据式(5-83)，有

$$\mathrm{d}W_{\mathrm{m}}\big|_{I_k=\text{常量}}=\frac{1}{2}\sum_{k=1}^{n} I_k \mathrm{d}\Psi_{\mathrm{m}k}$$

可见 $\mathrm{d}W_{\mathrm{m}}\big|_{I_k=\text{常量}}=\frac{1}{2}\mathrm{d}W$，即外源提供的能量，有一半作为磁场能量的增量，另一半用于做机械功，即磁场能量的增量与机械功相等，则有

$$f\mathrm{d}g=\mathrm{d}W_{\mathrm{m}}\big|_{I_k=\text{常量}}$$

由此可得广义力为

$$f=\frac{\mathrm{d}W_{\mathrm{m}}}{\mathrm{d}g}\bigg|_{I_k=\text{常量}}=+\frac{\partial W_{\mathrm{m}}}{\partial g}\bigg|_{I_k=\text{常量}} \tag{5-96}$$

(2) 假定与各回路相交链的磁链保持不变，即 $\Psi_{\mathrm{m}k}=$常量，$\mathrm{d}\Psi_{\mathrm{m}k}=0$。这时 $\mathrm{d}W$ 也为零，即外源提供的能量为零。根据式(5-94)，有

$$f\mathrm{d}g=-\mathrm{d}W_{\mathrm{m}}\big|_{\Psi_{\mathrm{m}k}=\text{常量}}$$

从而得广义力为

$$f=-\frac{\mathrm{d}W_{\mathrm{m}}}{\mathrm{d}g}\bigg|_{\Psi_{\mathrm{m}k}=\text{常量}}=-\frac{\partial W_{\mathrm{m}}}{\partial g}\bigg|_{\Psi_{\mathrm{m}k}=\text{常量}} \tag{5-97}$$

此时，磁场力做功只有靠系统磁场能量的减少来完成。

式(5-96)与式(5-97)所得的都是在当时的电流和磁链情况下的力，因此两者是相等的，即

$$f=\frac{\mathrm{d}W_{\mathrm{m}}}{\mathrm{d}g}\bigg|_{I_k=\text{常量}}=-\frac{\mathrm{d}W_{\mathrm{m}}}{\mathrm{d}g}\bigg|_{\Psi_{\mathrm{m}k}=\text{常量}}$$

在实际问题中，有时只要求计算某一系统中的相互作用力，这时，只要写出它们相互作用能的表达式，然后求偏导数即可。

【例 5-20】 试求图 5-37 所示载流平面线圈在均匀外磁场中受到的力矩。设线圈中的电流为 I_1，线圈的面积为 S，其法线方向与外磁场 $\boldsymbol{B}$ 的夹角为 α。

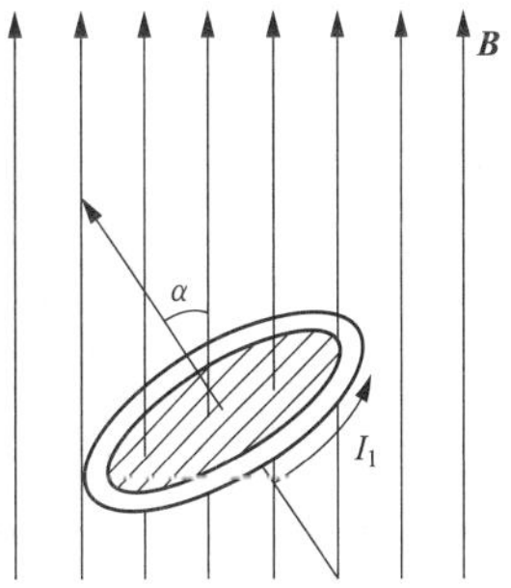

图 5-37 【例 5-20】图

解 这一系统的相互作用能为

$$W_{\mathrm{mM}}=MI_1I_2=I_1\Psi_{\mathrm{m}12}=I_1BS\cos\alpha$$

选 α 为广义坐标，对应的广义力力矩，可得

$$T=\frac{\partial W_{\mathrm{mM}}}{\partial\alpha}\bigg|_{I_1=\text{常量}}=-I_1BS\sin\alpha=-Bm\sin\alpha$$

式中：m 为载流回路的磁矩大小，$m=I_1S$；$T<0$ 表示力矩企图使广义坐标 α 减小。用矢量表示为

$$\boldsymbol{T}=\boldsymbol{m}\times\boldsymbol{B}$$

可见载流回路所受的力矩的作用趋势是要使该回路包围尽可能多的磁通。【例 5-20】完全适用于磁偶极子，也是电磁式仪表的工作原理。

【例 5-21】 试求图 5-38 所示电磁铁的起重力(设气隙中的磁场均匀分布)。

解　由于电磁铁的钢心内部磁场强度很小，故存储在铁磁媒质中的磁场能量远小于储存于空气隙中的部分，因而，前者可以忽略不计。储存在每个空气隙中的磁场能量为

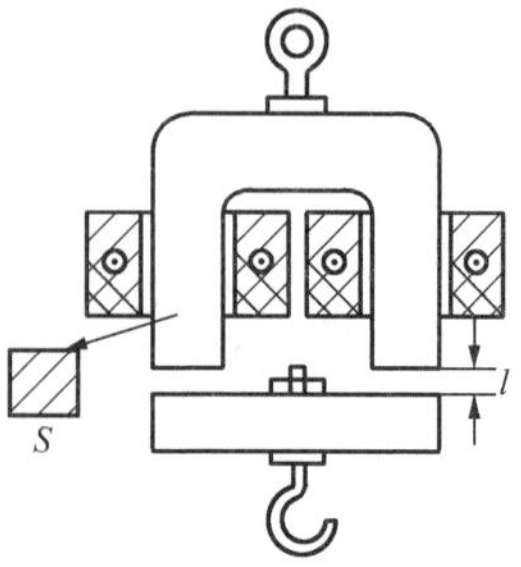

图 5-38　电磁铁的起重力

$$W_{\mathrm{m}}=\frac{B^2}{2\mu_0}Sl=\frac{\Phi_{\mathrm{m}}{}^2}{2\mu_0 S}l$$

作用在每个磁极上的总力为

$$f=-\frac{\partial W_{\mathrm{m}}}{\partial l}\bigg|_{\Phi_{\mathrm{m}}=\text{常量}}=-\frac{\Phi_{\mathrm{m}}{}^2}{2\mu_0 S}$$

其中，$f<0$ 表示该力要使广义坐标 l 减小，即有使气隙缩短的趋势。

这样电磁铁的起重力为

$$F=2f=\frac{\Phi_{\mathrm{m}}{}^2}{\mu_0 S}=\frac{B^2 S}{\mu_0}$$

每单位面积的力

$$f_0=\frac{1}{2}\frac{B^2}{\mu_0}=\frac{1}{2}\mu_0 H^2$$

即磁场力密度等于该处磁场能量体密度。

按照法拉第的力密度观点，每一束磁感应强度线所形成的磁感应强度管沿其轴向受到纵张力，同时在垂直方向受到压力。每单位面积上张力和压力的量值相等，为

$$\frac{1}{2}BH=\frac{1}{2}\mu H^2=\frac{B^2}{2\mu} \tag{5-98}$$

应用法拉第的力密度观点，有时能较简便地算出磁场力并分析回路受力情况。例如对于电磁铁的起重力，可以考虑电磁铁气隙中的 B 管，沿轴向有收缩的趋势，因而在磁极表面上表现为吸力。还可以证明，在两种媒质分界面上，磁场作用于单位面积上的合力为

$$f_0=\frac{\mu_2-\mu_1}{2\mu_1\mu_2}(B_{1\mathrm{n}}^2+\mu_1\mu_2 H_{1\mathrm{t}}^2) \tag{5-99}$$

并且不论磁场方向如何，此力总是垂直于该面积，总是由磁导率较大的媒质指向较小的媒质。

*5.12　圆形线圈任一点周围的磁场

本节讨论空气中平面小载流回路在任一点周围的矢量磁位及其磁感应强度。设回路电流为 I，回路所限定的面积为 S，其方向与回路电流方向符合右螺旋关系。这里分别讨论两种情况：回路是半径为 a 的圆环和回路是任意形状。

圆形线圈的磁场如图 5-39 所示，将回路置于 xoy 平面，并使其中心位于直角和球坐标系原点。记回路为 l'，其上任一线元为 $\mathrm{d}\boldsymbol{l}'$，矢量磁位为

$$\mathbf{A}=\frac{\mu_0}{4\pi}\oint_{l'}\frac{I\mathrm{d}\boldsymbol{l}'}{R} \tag{5-100}$$

式中：R 为观察点 ρ 至线元 $\mathrm{d}\boldsymbol{l}'$ 的距离。

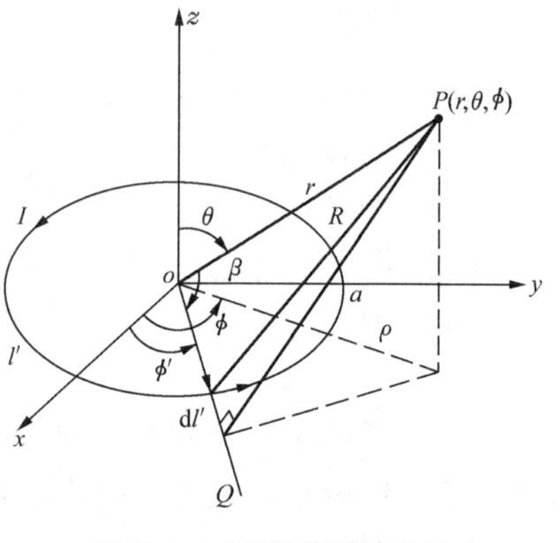

图 5-39　圆形线圈的磁场

（1）回路是半径为 a 的圆环。设任一观察点 P 的

坐标为 (r,θ,ϕ)，回路上任一线元 $\mathrm{d}\boldsymbol{l}'$ 的坐标为 $\left(a,\dfrac{\pi}{2},\phi'\right)$，$\mathrm{d}\boldsymbol{l}'$ 至 P 点距离为 R。

经分析知任一观察点处 $\boldsymbol{A}$ 只有 ϕ 方向分量，并因对称性知 $\boldsymbol{A}$ 只是坐标 (r,θ) 的函数。即

$$\boldsymbol{A}=A_{\phi}(r,\theta)\boldsymbol{e}_{\phi} \tag{5-101}$$

线元 $\mathrm{d}\boldsymbol{l}'=a\,\mathrm{d}\phi'\boldsymbol{e}_{\phi}=a(-\boldsymbol{e}_x\sin\phi'+\boldsymbol{e}_y\cos\phi')\mathrm{d}\phi'$，记原点 o 与 $\mathrm{d}\boldsymbol{l}'$ 连线的延长线上一点为 Q，$\overline{oP}$ 与 $\overline{oQ}$ 之间夹角为 β，有

$$R=\sqrt{r^2+a^2-2ar\cos\beta} \tag{5-102}$$

记 r 在 xoy 平面上的投影为 ρ，则 $\rho=r\sin\theta$。由图 5-39 可见，ρ 在 $\overline{oQ}$ 上的投影等于 $\rho\cos(\phi-\phi')$。因 $r\cos\beta$ 与 $\rho\cos(\phi-\phi')$ 同为 r 在 $\overline{oQ}$ 上的投影，故

$$r\cos\theta=\rho\cos(\phi-\phi')=r\sin\theta\cos(\phi-\phi') \tag{5-103}$$

因此有

$$R=\sqrt{r^2+a^2-2ar\sin\theta\cos(\phi-\phi')} \tag{5-104}$$

矢量磁位为

$$\boldsymbol{A}=\frac{\mu_0 I}{4\pi}\int_0^{2\pi}\frac{a(-\boldsymbol{e}_x\sin\phi'+\boldsymbol{e}_y\cos\phi')\mathrm{d}\phi}{\sqrt{r^2+a^2-2ar\sin\theta\cos(\phi-\phi')}} \tag{5-105}$$

由此积分式知，$A_x=0$，$A_z=0$，故 $A_{\phi}=A_y$，$A_r=0$，$A_{\theta}=0$，得

$$\boldsymbol{A}=\frac{\mu_0 I}{4\pi}\int_0^{2\pi}\frac{a\cos\phi'\mathrm{d}\phi'}{\sqrt{r^2+a^2-2ar\sin\theta\cos\phi'}}\boldsymbol{e}_{\phi} \tag{5-106}$$

此结果是载流圆环在空间任一点的矢量磁位。这个积分可表示为椭圆积分的表达形式，需查表或用数值方法进行计算。

远离回路处，有 $r\gg a$，可采用近似计算予以简化。圆环成为一个磁偶极子，这时

$$\frac{1}{R}=\frac{1}{\sqrt{r^2+a^2-2ar\sin\theta\cos\phi'}}=\frac{1}{r\sqrt{1+\left(\dfrac{a}{r}\right)^2-2\dfrac{a}{r}\sin\theta\cos\phi'}}$$

$$\approx\frac{1}{r\sqrt{1-2\dfrac{a}{r}\sin\theta\cos\phi'}} \tag{5-107}$$

应用泰勒公式展开，并舍去高阶项，得

$$\frac{1}{R}\approx\frac{1}{r}\left(1+\frac{a\sin\theta\cos\phi'}{r}\right) \tag{5-108}$$

因此有

$$\boldsymbol{A}=\frac{\mu_0 I}{4\pi}\int_0^{2\pi}\frac{a\cos\phi'}{r}\left(1+\frac{a\sin\theta\cos\phi'}{r}\right)\mathrm{d}\phi'\boldsymbol{e}_{\phi}=\frac{\mu_0 Ia^2}{4r^2}\sin\theta\boldsymbol{e}_{\phi} \tag{5-109}$$

以磁矩 $m=IS=I\pi a^2$ 代入式（5-109），并考虑到 $\boldsymbol{e}_z\times\boldsymbol{e}_r=\sin\theta\boldsymbol{e}_{\phi}$ 得

$$\boldsymbol{A}=\frac{\mu_0 m}{4\pi r^2}\sin\theta\boldsymbol{e}_{\alpha} \tag{5-110}$$

或

$$\boldsymbol{A}=\frac{\mu_0\boldsymbol{m}\times\boldsymbol{e}_r}{4\pi r^2}=\frac{\mu_0 IS}{4\pi r^2}\sin\theta\boldsymbol{e}_{\phi} \tag{5-111}$$

磁感应强度为

$$\boldsymbol{B}=\nabla\times\boldsymbol{A}=\boldsymbol{e}_r\frac{1}{r\sin\theta}\frac{\partial}{\partial\theta}(\sin\theta A_\phi)-\boldsymbol{e}_\theta\frac{1}{r}\frac{\partial}{\partial r}(rA_\phi)$$

$$=\frac{\mu_0 m}{4\pi r^3}(\boldsymbol{e}_r 2\cos\theta+\boldsymbol{e}_\theta\sin\theta) \tag{5-112}$$

式（5-110）、式（5-111）和式（5-112）分别是磁偶极子的矢量磁位和磁感应强度。

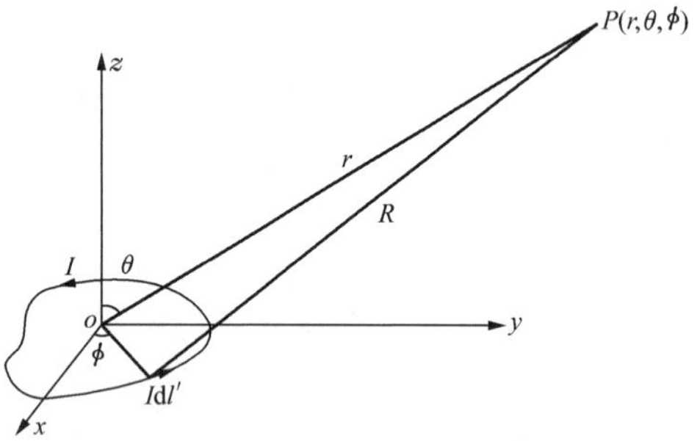

图 5-40 任意回路的磁场

（2）回路是任意形状。

回路为任意形状的磁场如图 5-40 所示。记回路上线元为 d$\boldsymbol{l}'$，回路的面积为 S。应用矢量恒等式

$$\int_S\nabla\Psi\times\mathrm{d}\boldsymbol{S}=-\oint_l\Psi\mathrm{d}\boldsymbol{l}$$

现令 $\Psi=\dfrac{1}{R}$，则式（5-100）变为

$$\boldsymbol{A}=\frac{\mu_0 I}{4\pi}\int_{S'}\boldsymbol{e}_z\times\nabla'\left(\frac{1}{R}\right)\mathrm{d}S \tag{5-113}$$

式中：∇' 为对源点坐标的梯度。

利用 $\dfrac{\boldsymbol{e}_R}{R^2}=\nabla'\left(\dfrac{1}{R}\right)$，得

$$\boldsymbol{A}=\frac{\mu_0 I}{4\pi}\int_{S'}\boldsymbol{e}_z\times\frac{\boldsymbol{e}_R}{R^2}\mathrm{d}S \tag{5-114}$$

在远离回路处，可认为 $R\approx r$，$\boldsymbol{e}_R\approx\boldsymbol{e}_r$，故

$$\boldsymbol{A}\approx\frac{\mu_0 I}{4\pi}\int_{S'}\boldsymbol{e}_z\times\frac{\boldsymbol{e}_r}{R^2}\mathrm{d}S=\frac{\mu_0 I\boldsymbol{e}_z\times\boldsymbol{e}_r}{4\pi r^2}\int_{S'}\mathrm{d}\boldsymbol{S}=\frac{\mu_0 IS}{4\pi r^2}\boldsymbol{e}_z\times\boldsymbol{e}_r \tag{5-115}$$

也即

$$\boldsymbol{A}=\frac{\mu_0 m}{4\pi r^2}\sin\theta\,\boldsymbol{e}_\phi \tag{5-116}$$

或

$$\boldsymbol{A}=\frac{\mu_0\boldsymbol{m}\times\boldsymbol{e}_r}{4\pi r^2} \tag{5-117}$$

磁感应强度为

$$\boldsymbol{B}=\nabla\times\boldsymbol{A}=\frac{\mu_0 m}{4\pi r^3}(\boldsymbol{e}_r 2\cos\theta+\boldsymbol{e}_\theta\sin\theta) \tag{5-118}$$

式（5-111）、式（5-112）和式（5-117）、式（5-118）与【例 5-12】中的结果相同，说明凡是平面载流小回路，不论形状如何，在远离回路的地方均可视作一个磁偶极子。

*5.13 输电线附近的磁场

首先分析长度为 $2L$ 的长直载流细导线周围的矢量磁位和磁感应强度，如图 5-41 所示。

在 xoy 平面上取一点 $P(x, y, 0)$，因电流只沿 z 轴方向，所以矢量磁位 $\boldsymbol{A}$ 只有 z 轴分量，即

$$\boldsymbol{A}=A_z\boldsymbol{e}_z=\frac{\mu_0 I}{4\pi}\int_{-L}^{L}\frac{\mathrm{d}z}{\sqrt{R^2+z^2}}\boldsymbol{e}_z=\frac{\mu_0 I}{2\pi}\ln\frac{L+\sqrt{R^2+L^2}}{R}\boldsymbol{e}_z$$

当 $L\gg R$ 时有

$$\boldsymbol{A}=\frac{\mu_0 I}{2\pi}\ln\frac{2L}{R}\boldsymbol{e}_z \tag{5-119}$$

磁感应强度为

$$\boldsymbol{B}=\nabla\times\boldsymbol{A}=-\frac{\partial A_z}{\partial R}\boldsymbol{e}_\phi=\frac{\mu_0 I}{2\pi R}\boldsymbol{e}_\phi \tag{5-120}$$

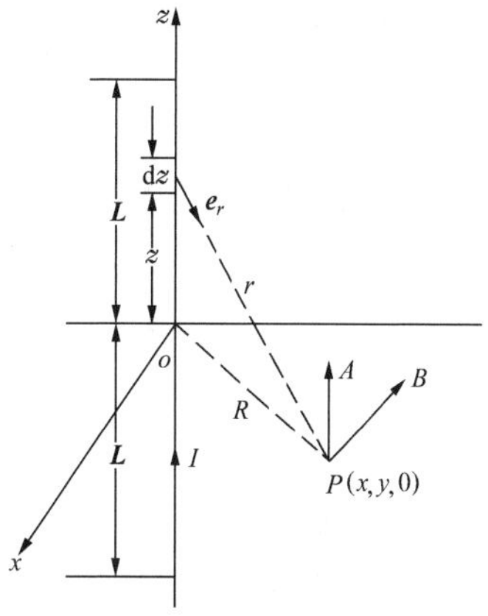

图 5-41　长直导线的矢量磁位

对于一根无限长直的线电流 I，如果利用式（5-119），通过令 $L\to\infty$ 来计算其矢量磁位，得到的结果将是无穷大。这是由于电流不是分布在有限区域而是伸展至无限远，而参考点又位于无限远处造成的。因此，我们可以选二维横截面上有限区域内任一点处作为参考点，记平面上该点到电流 I 的轴线距离是 R_0，如图 5-42 所示，则一无限长线电流的矢量磁位可写为

$$\boldsymbol{A}=\frac{\mu_0 I}{2\pi}\ln\frac{R_0}{R}\boldsymbol{e}_z \tag{5-121}$$

式中：R 和 R_0 分别为平面上任一观察点和选定参考点到电流 I 的距离。

接下来计算载流长直二线传输线的矢量磁位，如图 5-43 所示。

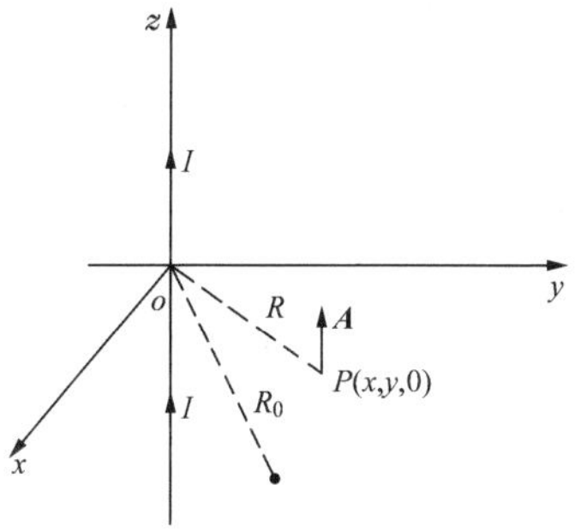

图 5-42　无限长电流的矢量磁位

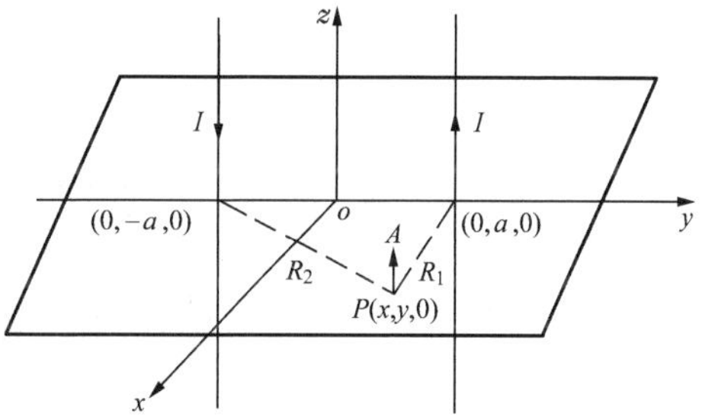

图 5-43　二线传输线的磁场

一对通有相反方向电流的长直细导线传输线，电流可以看作集中在导线的几何轴线上。因轴向长度可视为无限长，其磁场是平行平面场，故只需计算 xoy 平面中任一点 P 处的矢量磁位。

利用式（5-119）及叠加原理，得

$$\begin{aligned}\boldsymbol{A}&=\frac{\mu_0 I}{2\pi}\ln\frac{R_{01}}{R_1}\boldsymbol{e}_z+\frac{\mu_0 I}{2\pi}\ln\frac{R_{02}}{R_2}(-\boldsymbol{e}_z)\\&=\frac{\mu_0 I}{2\pi}\ln\frac{R_2}{R_1}\boldsymbol{e}_z+\frac{\mu_0 I}{2\pi}\ln\frac{R_{01}}{R_{02}}\boldsymbol{e}_z\end{aligned} \tag{5-122}$$

式中：R_1 和 R_2 分别为平面中观察点 P 至顺 z 轴方向的电流和逆 z 轴方向的电流的距离；R_{01} 和 R_{02} 则表示平面上一选定参考点分别到两个线电流的距离。

式（5-122）中第二项为一常矢量。为方便起见，可选 x 轴上一点为参考点，则 $R_{01}=R_{02}$，因此得

$$\boldsymbol{A}=\frac{\mu_0 I}{2\pi}\ln\frac{R_2}{R_1}\boldsymbol{e}_z \tag{5-123}$$

也即

$$\boldsymbol{A}=\frac{\mu_0 I}{4\pi}\ln\frac{x^2+(y+a)^2}{x^2+(y-a)^2}\boldsymbol{e}_z \tag{5-124}$$

由式（5-124）可知，$\boldsymbol{B}$ 线，即等 $\boldsymbol{A}$ 线的方程为

$$\frac{x^2+(y+a)^2}{x^2+(y-a)^2}=k^2 \tag{5-125}$$

式中：k 为常数。

式（5-125）经整理得

$$x^2+\left(y-\frac{k^2+1}{k^2-1}a\right)^2=\left(\frac{2ak}{k^2-1}\right)^2$$

可见 $\boldsymbol{B}$ 线，即等 $\boldsymbol{A}$ 线是偏心的圆族。如图 5-44 所示。

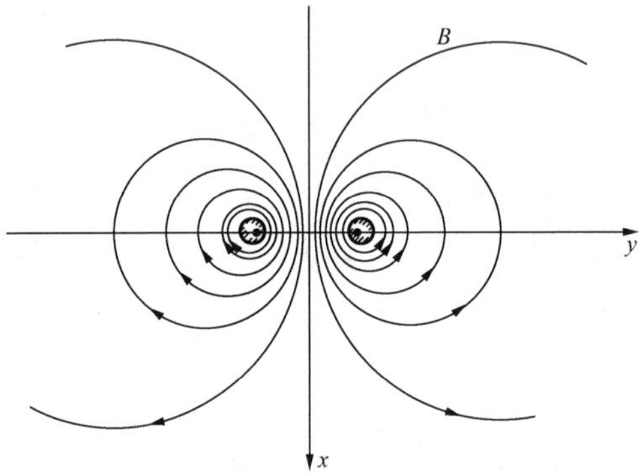

图 5-44　二线传输线的磁力线分布

本 章 小 结

（1）安培力定律表明，真空中两个电流回路之间的相互作用力为

$$\boldsymbol{f}=\frac{\mu_0}{4\pi}\oint_l\oint_{l'}\frac{I\mathrm{d}\boldsymbol{l}\times(I'\mathrm{d}\boldsymbol{l}'\times\boldsymbol{e}_R)}{R^2}$$

（2）由毕奥-萨伐尔定律可知，真空中线电流回路引起的磁感应强度为

$$\boldsymbol{B}=\frac{\mu_0}{4\pi}\oint_{l'}\frac{I'\mathrm{d}\boldsymbol{l}'\times\boldsymbol{e}_R}{R^2}$$

体分布及面分布的电流引起的磁感应强度分别为

$$\boldsymbol{B}(x,\ y,\ z)=\frac{\mu_0}{4\pi}\int_{V'}\frac{\boldsymbol{J}(x',\ y',\ z')\times\boldsymbol{e}_R}{R^2}\mathrm{d}V'$$

$$\boldsymbol{B}(x,\ y,\ z)=\frac{\mu_0}{4\pi}\int_{S'}\frac{\boldsymbol{K}(x',\ y',\ z')\times\boldsymbol{e}_R}{R^2}\mathrm{d}S'$$

磁场服从叠加原理，即

$$\boldsymbol{B}=\boldsymbol{B}_1+\boldsymbol{B}_2+\cdots+\boldsymbol{B}_i+\cdots+\boldsymbol{B}_n=\sum_{i=1}^{n}\boldsymbol{B}_i$$

（3）磁通定义为磁感应强度通过任一面积的通量为

$$\Phi_{\mathrm{m}}=\int_S \boldsymbol{B}\cdot \mathrm{d}\boldsymbol{S}$$

B 线是既无始端也无终端的闭合线，这一现象称为磁通连续性原理，其积分和微分形式的方程分别为

$$\oint_S \boldsymbol{B}\cdot \mathrm{d}\boldsymbol{S}=0 \qquad \nabla\cdot\boldsymbol{B}=0$$

（4）在真空中，沿任意回路取 **B** 的线积分，其值等于真空的磁导率乘以穿过该回路所限定面积上的电流的代数和。此即真空中的安培环路定律为

$$\oint_l \boldsymbol{B}\cdot \mathrm{d}\boldsymbol{l}=\mu_0\sum_{k=1}^{n}I_k$$

（5）任意形状的小平面截流回路称作磁偶极子，磁偶极子（$\boldsymbol{m}=I\boldsymbol{S}$ 是磁偶极矩）产生的磁场为

$$\boldsymbol{B}=\frac{\mu_0 m}{4\pi r^3}(\boldsymbol{e}_r 2\cos\theta+\boldsymbol{e}_\theta\sin\theta)$$

（6）导磁媒质的磁化程度，可用磁化强度 **M** 表示为

$$\boldsymbol{M}=\lim_{\Delta V\to 0}\frac{\sum_{i=1}^{N}\boldsymbol{m}_i}{\Delta V}$$

导磁媒质对磁场的作用，可看作是由磁化电流产生的磁感应强度所致。磁化电流的面密度与磁化强度的关系为

$$\boldsymbol{J}_{\mathrm{m}}=\nabla\times\boldsymbol{M}$$

（7）磁场强度定义为 $\boldsymbol{H}=\dfrac{\boldsymbol{B}}{\mu_0}-\boldsymbol{M}$，引入磁场强度的概念后，可以得到安培环路定律的一般形式为

$$\oint_l \boldsymbol{H}\cdot \mathrm{d}\boldsymbol{l}=\sum I$$

对于各向同性媒质，磁化强度与磁场强度之间有 $\boldsymbol{M}=\chi_{\mathrm{m}}\boldsymbol{H}$，$\chi_{\mathrm{m}}$ 称为磁化率。磁感应强度则等于

$$\boldsymbol{B}=\mu\boldsymbol{H}$$

上式称作媒质特性的构成方程，其中 $\mu=\mu_0(1+\chi_{\mathrm{m}})$ 称为媒质的磁导率。

（8）恒定磁场的基本方程为

$$\oint_S \boldsymbol{B}\cdot \mathrm{d}\boldsymbol{S}=0 \qquad \oint_l \boldsymbol{H}\cdot \mathrm{d}\boldsymbol{l}=I$$

$$\nabla\times\boldsymbol{H}=\boldsymbol{J} \qquad \nabla\cdot\boldsymbol{B}=0$$

$$\boldsymbol{B}=\mu\boldsymbol{H}$$

两种不同媒质分界面上的边界条件为

$$H_{1\mathrm{t}}-H_{2\mathrm{t}}=K \qquad B_{1\mathrm{n}}=B_{2\mathrm{n}}$$

（9）在没有电流分布的区域内，可定义标量磁位 φ_{m} 为

$$\boldsymbol{H} = -\nabla\varphi_{\mathrm{m}}$$

用标量磁位描述恒定磁场边值问题为

$$\nabla^2\varphi_{\mathrm{m}} = 0$$

$$\varphi_{\mathrm{m1}} = \varphi_{\mathrm{m2}} \qquad \mu_1 \frac{\partial\varphi_{\mathrm{m1}}}{\partial n} = \mu_2 \frac{\partial\varphi_{\mathrm{m2}}}{\partial n}$$

（10）在磁场边值问题的求解中，可以采用镜像法，即用镜像电流代替分界面上的磁化电流的影响，来求得满足边界条件的解答。

（11）根据恒定磁场的无源性，引入矢量磁位 A，使得 $\boldsymbol{B} = \nabla\times\boldsymbol{A}$，对于不同形式的元电流段，矢量磁位的计算式为

$$\boldsymbol{A} = \frac{\mu}{4\pi}\int_{V'}\frac{\boldsymbol{J}\mathrm{d}V'}{R} \qquad \boldsymbol{A} = \frac{\mu}{4\pi}\oint_{l'}\frac{I\mathrm{d}\boldsymbol{l}'}{R} \qquad \boldsymbol{A} = \frac{\mu}{4\pi}\oint_{S'}\frac{\boldsymbol{K}\mathrm{d}S'}{R}$$

用矢量磁位描述恒定磁场边值问题的方程为

$$\nabla^2\boldsymbol{A} = -\mu\boldsymbol{J}$$

$$A_1 = A_2$$

$$\frac{1}{\mu_1}\frac{\partial A_1}{\partial n} - \frac{1}{\mu_2}\frac{\partial A_2}{\partial n} = K$$

（12）电感有自感和互感之分，它们分别定义为

$$L = \frac{\boldsymbol{\Psi}_{\mathrm{m}}}{I} \qquad M_{21} = \frac{\boldsymbol{\Psi}_{\mathrm{m21}}}{I_1}$$

两个回路间互感计算的诺依曼公式为

$$M_{21} = M_{12} = \frac{N_1 N_2 \mu_0}{4\pi}\oint_{l_2}\oint_{l_1}\frac{\mathrm{d}\boldsymbol{l}_1 \cdot \mathrm{d}\boldsymbol{l}_2}{R}$$

（13）线性媒质中，电流回路系统的能量为

$$W_{\mathrm{m}} = \frac{1}{2}\sum_{k=1}^{n} I_k \boldsymbol{\Psi}_{\mathrm{m}k}$$

对于连续的电流分布，磁场能量还可以表示为

$$W_{\mathrm{m}} = \frac{1}{2}\int_V \boldsymbol{A}\cdot\boldsymbol{J}\mathrm{d}V \qquad W_{\mathrm{m}} = \frac{1}{2}\int_V \boldsymbol{H}\cdot\boldsymbol{B}\mathrm{d}V$$

磁场能量的体密度为 $w_{\mathrm{m}} = \dfrac{1}{2}\boldsymbol{H}\cdot\boldsymbol{B}$

（14）磁场作用于载流回路的力为 $\boldsymbol{f} = \oint_l I\mathrm{d}\boldsymbol{l}\times\boldsymbol{B}$。磁场力也可以应用虚位移法计算，即

$$f = \left.\frac{\partial W_{\mathrm{m}}}{\partial g}\right|_{I_k=\text{常量}} = -\left.\frac{\partial W_{\mathrm{m}}}{\partial g}\right|_{\Psi_{\mathrm{m}k}=\text{常量}}$$

按照法拉第的力密度观点，磁力线的纵张力与侧压力的值相等，单位面积上的力均为

$$\frac{1}{2}BH = \frac{1}{2}\mu H^2 = \frac{B^2}{2\mu}$$

（15）圆形线圈在空间任一点产生的磁场为

$$\boldsymbol{A} = \frac{\mu_0 I}{4\pi}\int_0^{2\pi}\frac{a\cos\phi'\mathrm{d}\phi'}{\sqrt{r^2 + a^2 - 2ar\sin\theta\cos\phi'}}\boldsymbol{e}_\phi$$

如果距离远大于线圈半径，则可以简化为磁偶极子，且矢量磁位与线圈的形状无关。

（16）无限长线电流在空间某点产生的矢量磁位为

$$\boldsymbol{A}=\frac{\mu_0 I}{2\pi}\ln\frac{R_0}{R}\boldsymbol{e}_z$$

二线传输线的矢量磁位为

$$\boldsymbol{A}=\frac{\mu_0 I}{4\pi}\ln\frac{x^2+(y+a)^2}{x^2+(y-a)^2}\boldsymbol{e}_z$$

习　题

5.1　四条平行的载流 I 无限长直导线垂直地通过一边长为 a 的正方形顶点，试求正方形中心点 P 的磁感应强度。

5.2　真空中，在 $z=0$ 平面上的 $0<x<10$ 和 $y>0$ 范围内，有一密度为 $\boldsymbol{K}=500\boldsymbol{e}_y$ 均匀分布的面电流，试求在点（0，0，5）产生的磁感应强度。

5.3　分别求图 5-45 所示各种形状的线电流在真空中的 P 点产生的磁感应强度。

5.4　真空中，一通有电流（密度 $\boldsymbol{J}=J_0\boldsymbol{e}_z$）、半径为 b 的无限长圆柱内，有一半径为 a 的不同轴圆柱形空洞，两轴线之间相距 d，$d+a<b$，如图 5-46 所示，试证明：小圆柱内的 $\boldsymbol{B}$ 均匀，且为 $\dfrac{\mu_0 J_0 d}{2}\boldsymbol{e}_y$。

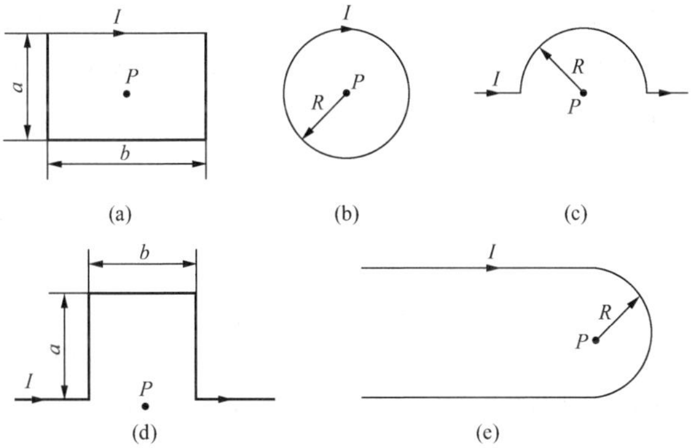

图 5-45　题 5.3 图

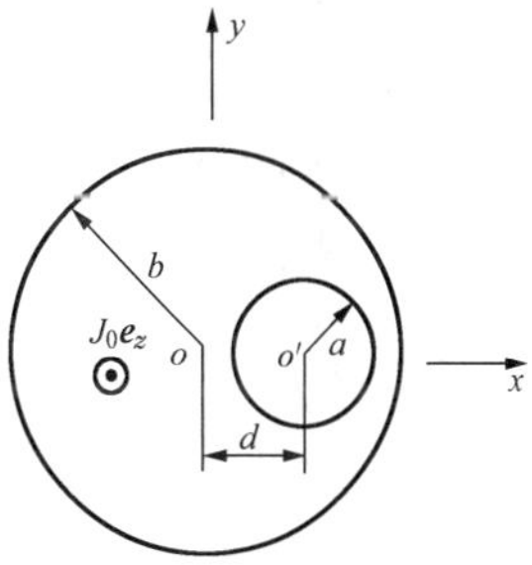

图 5-46　题 5.4 图

5.5　设在真空中有一无限长载流直导线，在其近旁有一与之共面的矩形回路，且有一边与直导线平行，该边的长度为 b，另一边的长度为 a，矩形与直导线的距离为 c，试求通过该回路所围面积的磁通量。

5.6　一半径为 a 的长直圆柱形导体，被一同样长度的同轴圆筒导体所包围，圆筒半径为 b，圆柱导体与圆筒载有相反方向的均匀分布电流 I，试求圆筒内外的磁感应强度（假设导体和圆筒内外导磁媒质的磁导率均为 μ_0）。

5.7　真空中有一厚度为 d 的无限大载流平板（$\boldsymbol{J}=J_0\boldsymbol{e}_z$），在其中心位置有一个半径等于 a 的圆柱形空洞，如图 5-47 所示，试求各处的磁感应强度。

5.8　如图 5-48 所示的两无限大电流片，试分别确定区域①、②和③中的 $\boldsymbol{B}$ 、$\boldsymbol{H}$ 、$\boldsymbol{M}$ 。已知：

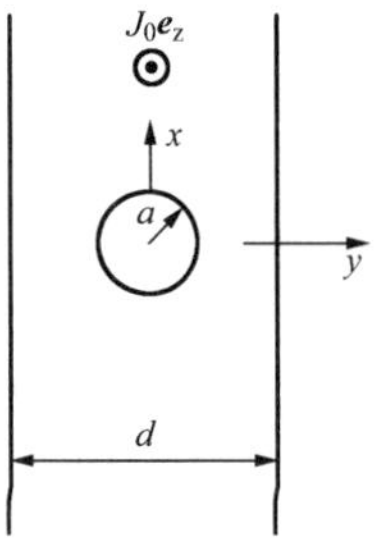

图 5-47　题 5.7 图

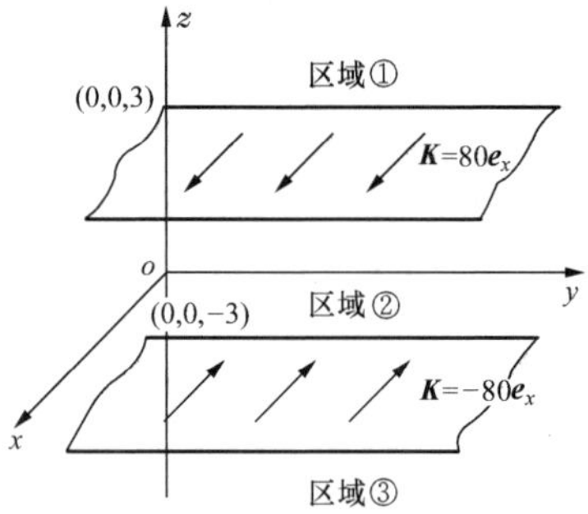

图 5-48　题 5.8 图

（1）所有区域 $\mu_{\mathrm{r}}=0.998$。

（2）区域②中的 $\mu_{\mathrm{r}}=1000$，其他区域中 $\mu_{\mathrm{r}}=\mu_0$。

5.9　有一个圆形截面铁环，环的内外半径分别为 10cm 和 12cm，铁环的 $\mu_{\mathrm{r}}=500$，环上绕有 50 匝通有 2A 电流的线圈，试求环的圆截面内外的磁场强度和磁感应强度（忽略漏磁，环外磁导率为 μ_0）。

5.10　无限长直线电流 $\boldsymbol{I}$ 垂直于磁导率分别为 μ_1 和 μ_2 的两种磁媒质的分界面，试求：

（1）两种磁媒质中的磁感应强度 $\boldsymbol{B}_1$ 和 $\boldsymbol{B}_2$。

（2）磁化电流的分布。

5.11　已知一个平面电流回路在真空中产生的磁场强度为 $\boldsymbol{H}_0$，若此平面电流回路位于磁导率分别为 μ_1 和 μ_2 的两种均匀磁媒质的分界面上，试求两种磁媒质中的磁场强度 $\boldsymbol{H}_1$ 和 $\boldsymbol{H}_2$。

5.12　一根极细的圆铁杆和一个很薄的圆铁盘样品放在磁场 $\boldsymbol{B}_0$ 中，并使它们的轴与 $\boldsymbol{B}_0$ 平行（铁的磁导率为 μ ），试求两样品内的 $\boldsymbol{B}$ 和 $\boldsymbol{H}$ 。若已知 $B_0=1\mathrm{T}$ ，$\mu=5000\mu_0$，试求两样品内的磁化强度。

5.13　截面为圆环形的中空长直导线沿轴向流过均匀分布的电流为 I ，管形导线的内外半径分别为 R_1、R_2。试求导体内外空间各处的磁位和磁场强度。

5.14　真空中 $x=-2\mathrm{m}$ 、$y=0$ 处有一沿 $\boldsymbol{e}_z$ 方向 6mA 的线电流，另外在 $x=2\mathrm{m}$ 、$y=0$ 处有一沿 $-\boldsymbol{e}_z$ 方向 6mA 的线电流，设原点处的磁位 $\varphi_{\mathrm{m}}=0$，试求沿 y 轴的磁位 φ_{m} 。

5.15　在磁导率 $\mu=7\mu_0$ 的半无限大导磁媒质中，距媒质分界面 2cm 处有一载流为 10A 的长直细导线，试求媒质分界面另一侧中距分界面 1cm 处的磁感应强度。

5.16　试画出图 5-49 所示各种情况下的镜像电流，注明电流的大小、方向及有效的计算区域。

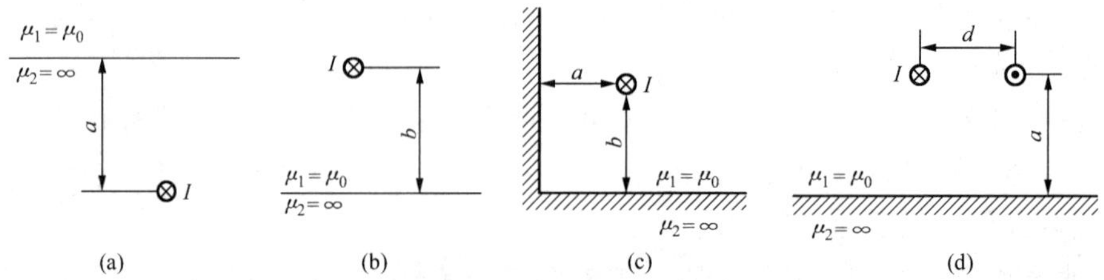

图 5-49　题 5.16 图

5.17　对于真空中下列电流分布情况，试求矢量磁位和磁感应强度：

(1) 半径为 a 的无限长圆柱，带有面电流，电流密度 $\boldsymbol{K}=K_0\boldsymbol{e}_z$。

(2) 厚度为 d 的无限大电流片，通有电流，电流密度 $\boldsymbol{J}=J_0\boldsymbol{e}_z$。

5.18　在恒定磁场中，已知矢量磁位 $\boldsymbol{A}$ 在圆柱坐标中的表达式为

$$A_z=\begin{cases}-\dfrac{\mu I}{4\pi\rho_0^2}\rho^2 & \rho\leqslant\rho_0\\ \dfrac{\mu I}{2\pi}\left(\ln\dfrac{\rho_0}{\rho}-\dfrac{1}{2}\right) & \rho>\rho_0\end{cases}$$

试求 $\boldsymbol{H}$ 的分布。

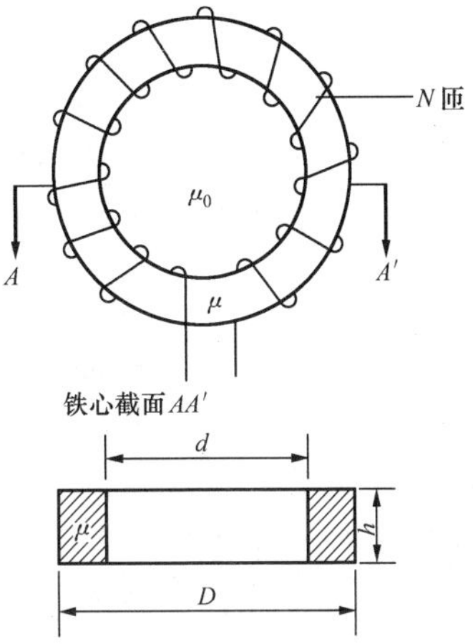

图 5-50　题 5.19 图

5.19　一镯环形铁心线圈，如图 5-50 所示，其有关几何尺寸与参数为 $D=8\text{cm}$，$d=5\text{cm}$，$h=2\text{cm}$，$\mu=125\mu_0$。试求：为获得一个 20mH 的电感，该线圈的匝数 N 应为多少?

5.20　试求图 5-51 所示通有相反电流的两同轴圆柱导体壳系统中储存的磁场能量及自感。

5.21　如图 5-52 所示，试计算两平行长直导线对中间线框的互感，当线框通有电流 I_2，且线框为不变形的刚体时，求长导线对它的作用力。

5.22　图 5-53 所示为厚度为 D（垂直于纸面方向）的铁心，试求线圈的电感和可动部分所受的力。

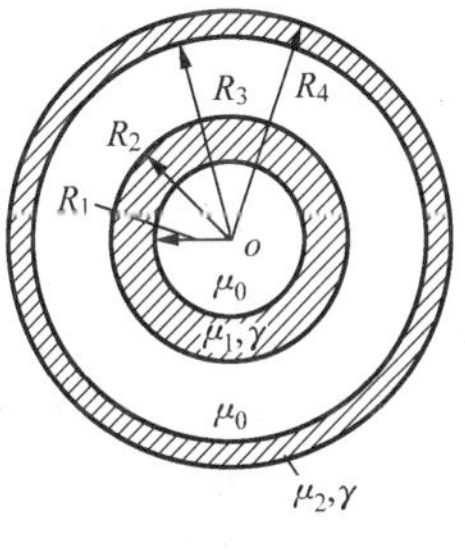

图 5-51　题 5.20 图

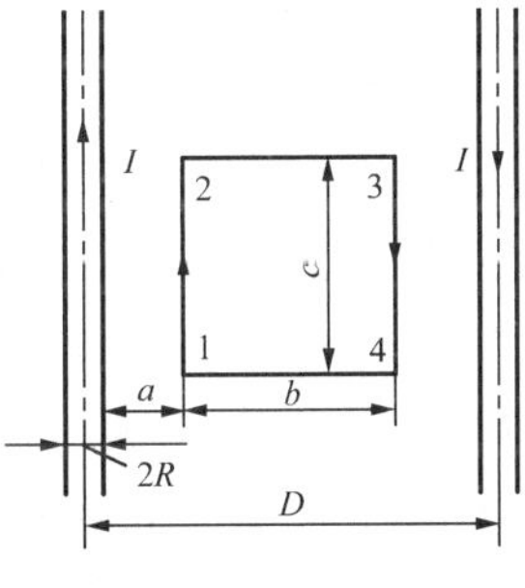

图 5-52　题 5.21 图

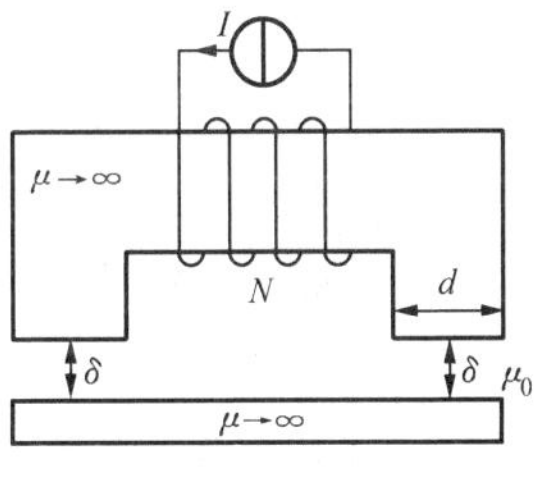

图 5-53　题 5.22 图

第6章 时变电磁场

前面章节分别研究了静止电荷产生的电场以及恒定电流产生的电场、磁场，电场和磁场是相互独立地存在，并且都是不随时间变化的，因而可以分别研究。而本章所讨论的时变电磁场，是由时变的电流和电荷产生的。此时的电场和磁场不仅是空间坐标的函数，还是时间的函数，它们不再彼此独立，而是构成了统一的电磁场的两个方面：变化的电场产生磁场和变化的磁场产生电场，它们两个互为因果关系。麦克斯韦用最简单的数学公式——电磁场基本方程组高度概括了电磁场的基本特性，成为研究电磁场现象的理论基础。

本章将首先介绍全电流定律和电磁感应定律。然后总结出时变电磁场基本方程组，在此基础上再讨论时变电磁场中的边界条件和解的唯一性，以及电磁场的能量和能量传播，并引进坡印亭矢量，尤其要介绍正弦变化的电磁场。最后将引入并讨论动态位的概念及其所满足的达朗贝尔方程解答的性质，接下来将叙述电磁波的辐射，应用动态位分析单元辐射子的场，分别讨论近区与远区中场的特点。

6.1 全电流定律

全电流定律是时变电磁场的基本定律之一。它反映了时变的电场和磁场之间的相互依存和相互转化的关系之一。

第5章中曾介绍了由恒定电流产生的恒定磁场，其中安培环路定律是表征恒定磁场的基本方程之一。它的积分形式如下

$$\oint_l \boldsymbol{H} \cdot \mathrm{d}\boldsymbol{l} = I \tag{6-1}$$

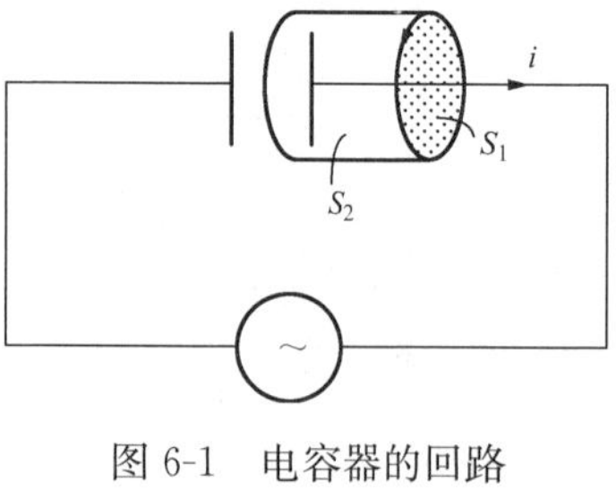

图 6-1 电容器的回路

式（6-1）表明：沿任一闭合回路 l 的磁场强度的积分，等于穿过以 l 为周界的曲面的传导电流之和。我们把式（6-1）应用到图 6-1 所示的电容器的回路中。设该回路中通有交变电流 i，对同一周界 l 张开两个不同的面 S_1 和 S_2，其中 S_1 与导线相截，S_2 穿过电容器的极板间。应用安培环路定律分别于 S_1 和 S_2 面，得到了不同的结果：取 S_1 面作为以 l 为周界的曲面，因穿过 S_1 面的电流为 i，故有 $\oint_l \boldsymbol{H} \cdot \mathrm{d}\boldsymbol{l} = i$；取 S_2 面作为以 l 为周界的曲面，因无电流穿过 S_2，故有 $\oint_l \boldsymbol{H} \cdot \mathrm{d}\boldsymbol{l} = 0$。这样就产生了矛盾。这说明在时变电磁场中安培环路定律需要重新研究。

显然，矛盾的由来是由于电流的不连续。事实上，在时变场情况下的电流连续性原理要由更为普遍的规律——电荷守恒定律导出。在前面曾经讲过，电荷守恒定律的积分形式为

$$\oint_S \boldsymbol{J} \cdot \mathrm{d}\boldsymbol{S} = -\frac{\partial q}{\partial t} \tag{6-2}$$

麦克斯韦认为，描述静电场的基本方程之一高斯定律为

$$\oint_S \boldsymbol{D} \cdot \mathrm{d}\boldsymbol{S} = q \tag{6-3}$$

在时变电磁场中仍然成立。将式（6-3）代入式（6-2）中，得

$$\oint_S \boldsymbol{J} \cdot \mathrm{d}\boldsymbol{S} = -\frac{\partial}{\partial t}\left(\oint_S \boldsymbol{D} \cdot \mathrm{d}\boldsymbol{S}\right)$$

整理得

$$\oint_S \left(\boldsymbol{J} + \frac{\partial \boldsymbol{D}}{\partial t}\right) \cdot \mathrm{d}\boldsymbol{S} = 0 \tag{6-4}$$

式（6-4）称为电流连续性原理的推广形式。其中，$\frac{\partial \boldsymbol{D}}{\partial t}$项具有电流密度的量纲，并和 $\boldsymbol{J}$ 处于相同的地位，麦克斯韦称之为位移电流密度（A/m^2），以 $\boldsymbol{J}_D$ 表示，即

$$\boldsymbol{J}_D = \frac{\partial \boldsymbol{D}}{\partial t} \tag{6-5}$$

而 $\boldsymbol{J} + \frac{\partial \boldsymbol{D}}{\partial t} = \boldsymbol{J} + \boldsymbol{J}_D = \boldsymbol{J}_0$ 称为全电流密度。式（6-4）表示由任意闭合面流出的全电流恒等于零，因此式（6-4）也可以称为全电流连续性原理。

由位移电流密度定义式（6-5）可见，位移电流密度是电位移的时间变化率，或者说是电场的时间变化率。在静电场中，由于 $\frac{\partial \boldsymbol{D}}{\partial t} = 0$，自然不存在位移电流。在时变电磁场中，$\frac{\partial \boldsymbol{D}}{\partial t} \neq 0$，且电场变化越快，产生的位移电流密度越大。若某一时刻的电场变化率为零，即使电场很强，产生的位移电流密度也为零。在电导率较低的媒质中，位移电流密度有可能大于传导电流密度。但是，在良导体中传导电流占主导地位，而位移电流可以忽略不计。

在时变电磁场中，由于位移电流的存在，麦克斯韦认为位移电流也可产生磁场，因此在式（6-1）中必须增加一项位移电流，即

$$\oint_l \boldsymbol{H} \cdot \mathrm{d}\boldsymbol{l} = i + \int_S \frac{\partial \boldsymbol{D}}{\partial t} \cdot \mathrm{d}\boldsymbol{S} \tag{6-6}$$

式（6-6）即为时变电磁场的全电流定律。其中，$\int_S \frac{\partial \boldsymbol{D}}{\partial t} \cdot \mathrm{d}\boldsymbol{S}$ 为位移电流，用 i_D 表示。如将式（6-6）再应用于图 6-1，则通过 S_1 面的电流为传导电流 i，通过 S_2 面的电流为位移电流 i_D。根据全电流连续性原理式（6-4），应有 $i = i_D$，这样前面提到的矛盾就不会存在了。

将斯托克斯定理应用于式（6-6），可得

$$\int_S \nabla \times \boldsymbol{H} \cdot \mathrm{d}\boldsymbol{S} = \int_S \left(\boldsymbol{J} + \frac{\partial \boldsymbol{D}}{\partial t}\right) \cdot \mathrm{d}\boldsymbol{S}$$

因为回路及其所包围的面是任意的，所以可得式（6-6）相应的微分形式为

$$\nabla \times \boldsymbol{H} = \boldsymbol{J} + \frac{\partial \boldsymbol{D}}{\partial t} \tag{6-7}$$

式（6-6）及式（6-7）说明时变电磁场的磁场是由传导电流和位移电流共同产生的。已知位移电流是由变化的电场形成的，所以可得出变化的电场可以产生磁场的结论。

应该注意到，位移电流和传导电流是两个不同的概念。它们的共同性质是按相同的规律产生磁场，而其他方面则是截然不同的。真空中的位移电流仅对应于电场的变化，而不伴随

电荷的任何运动。其次，位移电流不产生焦耳热，对于真空这是很明显的。在电介质中由于 $\frac{\partial \boldsymbol{D}}{\partial t}$ 项的存在，位移电流会产生热效应，然而这和传导电流通过导体产生的焦耳热不同，它遵从完全不同的规律。

另外，在空间运动的电荷可形成一个运流电流，其电流密度为 $\boldsymbol{J}_v=\rho\boldsymbol{v}$，它也将产生磁场。所以对式（6-6）及式（6-7）应加以补充，即

$$\oint_l \boldsymbol{H}\cdot \mathrm{d}\boldsymbol{l}=\int_S \boldsymbol{J}_C\cdot \mathrm{d}\boldsymbol{S}+\int_S \frac{\partial \boldsymbol{D}}{\partial t}\cdot \mathrm{d}\boldsymbol{S}+\int_S \rho\boldsymbol{v}\cdot \mathrm{d}\boldsymbol{S} \tag{6-8}$$

$$\nabla\times\boldsymbol{H}=\boldsymbol{J}_C(\text{或}\,\boldsymbol{J}_v)+\frac{\partial \boldsymbol{D}}{\partial t} \tag{6-9}$$

式中：$\boldsymbol{J}_C$ 为传导电流密度。

需要说明，式（6-9）中的 $\boldsymbol{J}_C$ 和 $\boldsymbol{J}_v$ 不可能在空间同一点上共存。

特殊地，当场量不随时间变化时，$i_D=0$，式（6-6）就变为式（6-1），故恒定磁场是时变电磁场的一种特殊情况。

【例 6-1】 已知海水的电导率为 $\gamma=4\text{S/m}$，$\varepsilon_r=81$，试求当正弦时变场的频率 $f=1\text{MHz}$ 时，位移电流同传导电流的振幅的之比。

解 设海水中的电场强度为

$$E(t)=E_m\sin\omega t$$

由式（6-5）可求得位移电流密度为

$$J_D=\frac{\partial D}{\partial t}=\omega\varepsilon_r\varepsilon_0E_m\cos\omega t$$

振幅值为

$$J_{Dm}=\omega\varepsilon_r\varepsilon_0E_m=2\pi\times10^6\times81\times8.854\times10^{-12}E_m=4.5\times10^{-3}E_m$$

传导电流密度为

$$J_C=\gamma E_m\sin\omega t$$

振幅值为

$$J_{Cm}=4E_m$$

故

$$\frac{J_{Dm}}{J_{Cm}}=1.125\times10^{-3}$$

6.2 电磁感应定律

1831 年，法拉第通过大量实验发现了电磁感应现象，即当穿过一闭合导体回路中的磁通发生变化时（无论什么原因），在该导体回路中就会出现电流，出现的电流称为感应电流，导体中出现感应电流是导体回路中必然存在着某种电动势的反映。这种由电磁感应引起的电动势被称为感应电动势。感应电动势比感应电流更能反映电磁感应现象的本质，因为即使导体回路不闭合，或在任意假想回路情况下，也会发生电磁感应现象，这时并没有感应电流，但是感应电动势依然存在。另外，感应电流的大小取决于回路的阻抗，而感应电动势则与回路的阻抗无关。法拉第总结了上述电磁感应现象的规律性，并指出导体回路中感应电动势的

大小与穿过回路的磁通随时间的变化率成正比，即

$$\boldsymbol{e}=-\frac{\mathrm{d}\Phi_{\mathrm{m}}}{\mathrm{d}t}=-\frac{\mathrm{d}}{\mathrm{d}t}\int_{S}\boldsymbol{B}\cdot\mathrm{d}\boldsymbol{S} \tag{6-10}$$

式（6-10）即为法拉第电磁感应定律的表达式。这里规定感应电动势的参考方向与磁通的参考方向符合右手螺旋关系。式中的“－”号表明感应电动势及其所产生的感应电流的方向总是企图阻止原有磁通的变化；$\boldsymbol{S}$ 为由闭合回路的周界 l 所限定的面积，$\boldsymbol{S}$ 的方向为其法线方向，与周界 l 的绕向也符合右手螺旋关系。

从式（6-10）可知，引起磁通变化的原因有三种情况。

（1）$\boldsymbol{B}$ 随时间 t 变化，而闭合回路的任一部分对媒质没有相对运动，即回路是静止的。此时产生的感应电动势为

$$\boldsymbol{e}=-\int_{S}\frac{\partial\boldsymbol{B}}{\partial t}\cdot\mathrm{d}\boldsymbol{S} \tag{6-11}$$

这种由磁场变化引起的电动势称为感生电动势，在工程上又称为变压器电动势。

（2）$\boldsymbol{B}$ 不随时间 t 变化（即为恒定磁场），而闭合回路的整体或局部相对于媒质（或者说磁场）在运动，如回路运动时切割磁力线，这时回路将受到电磁力。设组成导体回路的元线段 $\mathrm{d}\boldsymbol{l}$ 对磁场的相对速度为 v，则其中的自由电荷 $\mathrm{d}q$ 所受的磁力为 $\mathrm{d}\boldsymbol{f}=\mathrm{d}q(\boldsymbol{v}\times\boldsymbol{B})$。根据前面已定义过的单位正电荷上所受的力即为电场强度，因此可得到对应的电场强度，也称为感应场强，为

$$\boldsymbol{E}_{\mathrm{i}}=\frac{\mathrm{d}\boldsymbol{f}}{\mathrm{d}q}=\boldsymbol{v}\times\boldsymbol{B} \tag{6-12}$$

感应场强的线积分即为感应电动势，即

$$\boldsymbol{e}=\oint_{l}\boldsymbol{E}_{\mathrm{i}}\cdot\mathrm{d}\boldsymbol{l}=\oint_{l}\boldsymbol{v}\times\boldsymbol{B}\cdot\mathrm{d}\boldsymbol{l} \tag{6-13}$$

此感应电动势由导体回路相对运动引起，因此称为动生电动势。又由于式（6-13）表征了发电机的工作原理，因此工程上也称为发电机电动势。

（3）$\boldsymbol{B}$ 随时间 t 变化，而且闭合回路也有相对运动。此时感应电动势为以上两种情况下的电动势的总和，即

$$\boldsymbol{e}=-\int_{S}\frac{\partial\boldsymbol{B}}{\partial t}\cdot\mathrm{d}\boldsymbol{S}+\oint_{l}\boldsymbol{v}\times\boldsymbol{B}\cdot\mathrm{d}\boldsymbol{l} \tag{6-14}$$

前面已指出，无论哪种情况下产生感应电动势，只要导体构成回路，就会在回路中产生感应电流。感应电流的出现意味着导体中存在电场推动电荷运动，这种电场称为感应电场，用 $\boldsymbol{E}_{\mathrm{i}}$ 表示。感应电场强度沿闭合回路的线积分应等于回路中的感应电动势，即

$$\boldsymbol{e}=\oint_{l}\boldsymbol{E}_{\mathrm{i}}\cdot\mathrm{d}\boldsymbol{l} \tag{6-15}$$

将式（6-14）与式（6-15）联立，得

$$\oint_{l}\boldsymbol{E}_{\mathrm{i}}\cdot\mathrm{d}\boldsymbol{l}=-\int_{S}\frac{\partial\boldsymbol{B}}{\partial t}\cdot\mathrm{d}\boldsymbol{S}+\oint_{l}\boldsymbol{v}\times\boldsymbol{B}\cdot\mathrm{d}\boldsymbol{l} \tag{6-16}$$

式（6-16）即为感应电场与磁场的关系式，它表明

$$\oint_{l}\boldsymbol{E}_{\mathrm{i}}\cdot\mathrm{d}\boldsymbol{l}\neq 0 \tag{6-17}$$

反映了感应电场是一涡旋电场。这正是麦克斯韦在法拉第电磁感应定律的基础上提出的“涡旋电场”的假设。

一般情况下，空间不但存在电荷产生的库仑电场 $\boldsymbol{E}_c$，而且存在感应电场 $\boldsymbol{E}_i$，则总电场 $\boldsymbol{E}=\boldsymbol{E}_c+\boldsymbol{E}_i$，而沿任意闭合回路，有

$$\oint_l \boldsymbol{E}\cdot d\boldsymbol{l}=\oint_l \boldsymbol{E}_c\cdot d\boldsymbol{l}+\oint_l \boldsymbol{E}_i\cdot d\boldsymbol{l}=\oint_l \boldsymbol{E}_i\cdot d\boldsymbol{l} \tag{6-18}$$

其中 $\oint_l \boldsymbol{E}_c\cdot d\boldsymbol{l}=0$。将式（6-18）与式（6-16）联立，得

$$\oint_l \boldsymbol{E}\cdot d\boldsymbol{l}=-\int_S \frac{\partial \boldsymbol{B}}{\partial t}\cdot d\boldsymbol{S}+\oint_l \boldsymbol{v}\times\boldsymbol{B}\cdot d\boldsymbol{l} \tag{6-19}$$

式（6-19）是电磁感应定律的积分形式，适用于所有的情形。

应用斯托克斯定理于式（6-19），可得微分形式为

$$\nabla\times\boldsymbol{E}=-\frac{\partial \boldsymbol{B}}{\partial t}+\nabla\times(\boldsymbol{v}\times\boldsymbol{B}) \tag{6-20}$$

式（6-19）和式（6-20）揭示了变化的磁场产生电场这一重要物理本质，从而将电场和磁场紧密地联系在一起。麦克斯韦将其列为时变电磁场基本方程之一。

特殊地，在静止媒质中，由于 $\boldsymbol{v}=0$，得

$$\nabla\times\boldsymbol{E}=-\frac{\partial \boldsymbol{B}}{\partial t} \tag{6-21}$$

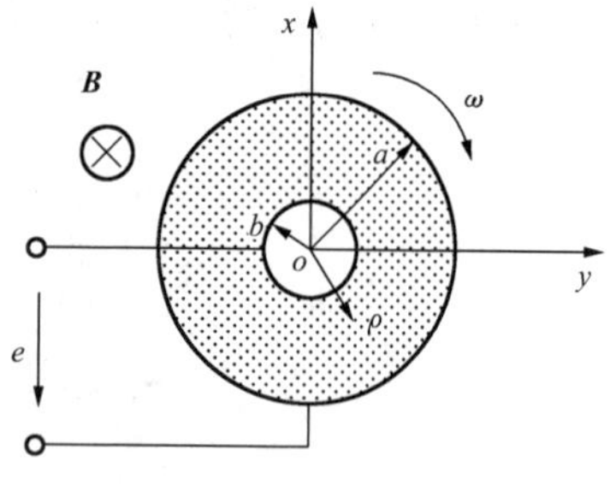

图 6-2　盘式直流发电机

在只有相对运动，$\boldsymbol{B}$ 不随时间变化时，$\nabla\times\boldsymbol{E}=\nabla\times(\boldsymbol{v}\times\boldsymbol{B})$，由于 $\nabla\times\boldsymbol{E}_c=0$，则

$$\nabla\times\boldsymbol{E}_i=\nabla\times(\boldsymbol{v}\times\boldsymbol{B})$$

$$\boldsymbol{E}_i=\boldsymbol{v}\times\boldsymbol{B}$$

【例 6-2】 有一盘式直流发电机，圆盘半径为 a，圆盘在均匀磁场 $\boldsymbol{B}$ 中以角速度 ω 匀速地绕中心轴旋转，轴的半径为 b，如图 6-2 所示，试求感应电动势 e。

解　由题意知，均匀磁场 $\boldsymbol{B}$ 是恒定的，圆盘相对于磁场进行旋转运动。此时圆盘旋转切割磁场将产生感应电动势。现选取圆盘上距离轴心 ρ 处作为场点，此时感应电场为

$$\boldsymbol{E}_i=\boldsymbol{v}\times\boldsymbol{B}=(\omega\rho\boldsymbol{e}_\phi)\times\boldsymbol{B}=\omega\rho\boldsymbol{e}_\phi\times B\boldsymbol{e}_z=\omega\rho B\boldsymbol{e}_\rho$$

感应电动势为

$$e=\int_b^a \boldsymbol{E}_i\cdot d\boldsymbol{l}=\int_b^a \omega B\rho d\rho=\frac{1}{2}\omega Ba^2-\frac{1}{2}\omega Bb^2$$

【例 6-3】 载有电流 $i=I_m\sin\omega t$ 的长直导线附近有一矩形线框，如图 6-3 所示。在下列两种情况下，分别求线框中的感应电动势：

（1）当线框静止不动时的感应电动势。

（2）如果线框以速度 $\boldsymbol{v}$ 向右移动时的感应电动势。

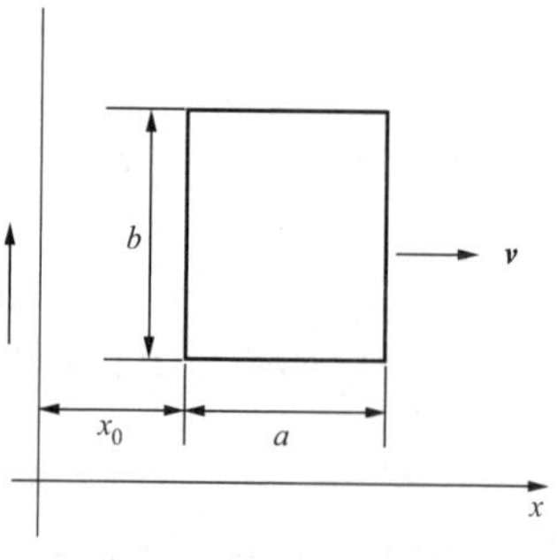

图 6-3 【例 6-3】图

解　距线框 x 处的磁通密度为

$$B=\mu\frac{i}{2\pi x}=\frac{\mu I_m\sin\omega t}{2\pi x}$$

（1）穿过整个线框的磁通为

$$\Phi_{\mathrm{m}}=\int_{x_0}^{x_0+a}\frac{\mu I_{\mathrm{m}}\sin\omega t}{2\pi x}b\,\mathrm{d}x=\frac{b\mu I_{\mathrm{m}}\sin\omega t}{2\pi}\ln\frac{x_0+a}{x_0}$$

假设矩形线框有 N 匝，则匝链线框的磁链为

$$\Psi=N\Phi_{\mathrm{m}}=\frac{Nb\mu I_{\mathrm{m}}\sin\omega t}{2\pi}\ln\frac{x_0+a}{x_0}$$

所以感应电动势为

$$\boldsymbol{e}=-\frac{\mathrm{d}\Psi}{\mathrm{d}t}=-\frac{Nb\mu I_{\mathrm{m}}\omega}{2\pi}\cos\omega t\ln\frac{x_0+a}{x_0}$$

(2) 由于线框在运动，则任意距离 $x=x_0+vt$，代入 (1) 中的磁通式中得

$$\Phi_{\mathrm{m}}=\int_{x_0+vt}^{x_0+vt+a}\frac{\mu I_{\mathrm{m}}\sin\omega t}{2\pi x}b\,\mathrm{d}x=\frac{b\mu I_{\mathrm{m}}\sin\omega t}{2\pi}\ln\frac{x_0+vt+a}{x_0+vt}$$

感应电动势为

$$\begin{aligned}\boldsymbol{e}&=-\frac{\mathrm{d}\Psi}{\mathrm{d}t}=-\left(\frac{\partial\Psi}{\partial t}+\frac{\partial\Psi}{\partial x}\frac{\mathrm{d}x}{\mathrm{d}t}\right)=-\left(\frac{\partial\Psi}{\partial t}+v\frac{\partial\Psi}{\partial x}\right)\\&=-\left[\frac{Nb\mu I_{\mathrm{m}}\omega}{2\pi}\cos\omega t\ln\frac{x_0+vt+a}{x_0+vt}+v\sin\omega t\frac{Nb\mu I_{\mathrm{m}}}{2\pi}\left(\frac{1}{x_0+vt+a}-\frac{1}{x_0+vt}\right)\right]\end{aligned}$$

6.3 时变电磁场基本方程组

6.1 节、6.2 节分别描述了全电流定律和电磁感应定律。其中，位移电流的假设反映了变化的电场在其周围空间会产生磁场，且此磁场一般来说也是随时间变化的，说明充满变化的电场也充满变化的磁场；涡旋电场的假设则反映了变化的磁场在其周围空间会产生电场，且此电场一般来说也是随时间变化的，说明充满变化的磁场也充满变化的电场。因此，变化的磁场和变化的电场是相互联系着的，它们构成了统一的时变电磁场。

麦克斯韦总结归纳了上述内容，由此得到了描述时变电磁场的基本方程组。即

$$\oint_l \boldsymbol{H}\cdot\mathrm{d}\boldsymbol{l}=\int_S \boldsymbol{J}_{\mathrm{C}}\cdot\mathrm{d}\boldsymbol{S}+\int_S\frac{\partial\boldsymbol{D}}{\partial t}\cdot\mathrm{d}\boldsymbol{S}+\int_S\rho\boldsymbol{v}\cdot\mathrm{d}\boldsymbol{S} \tag{6-22a}$$

$$\oint_l \boldsymbol{E}\cdot\mathrm{d}\boldsymbol{l}=-\int_S\frac{\partial\boldsymbol{B}}{\partial t}\cdot\mathrm{d}\boldsymbol{S}+\oint_l\boldsymbol{v}\times\boldsymbol{B}\cdot\mathrm{d}\boldsymbol{l} \tag{6-22b}$$

$$\oint_S \boldsymbol{B}\cdot\mathrm{d}\boldsymbol{S}=0 \tag{6-22c}$$

$$\oint_S \boldsymbol{D}\cdot\mathrm{d}\boldsymbol{S}-q \tag{6-22d}$$

将它们化为对应的微分形式，便可得

$$\nabla\times\boldsymbol{H}=\boldsymbol{J}_{\mathrm{C}}(\text{或}\,\boldsymbol{J}_{\mathrm{v}})+\frac{\partial\boldsymbol{D}}{\partial t} \tag{6-23a}$$

$$\nabla\times\boldsymbol{E}=-\frac{\partial\boldsymbol{B}}{\partial t}+\nabla\times(\boldsymbol{v}\times\boldsymbol{B}) \tag{6-23b}$$

$$\nabla\cdot\boldsymbol{B}=0 \tag{6-23c}$$

$$\nabla\cdot\boldsymbol{D}=\rho \tag{6-23d}$$

上述各方程的物理意义前面已明确阐述过，麦克斯韦将它们分别称为时变电磁场的第一

方程、第二方程、第三方程和第四方程。若在静止媒质中，则第一和第二方程中的速度 $\boldsymbol{v}=0$，此时，时变电磁场的基本方程组将变为

$$\oint_l \boldsymbol{H}\cdot \mathrm{d}\boldsymbol{l}=\int_S \boldsymbol{J}_{\mathrm{C}}\cdot \mathrm{d}\boldsymbol{S}+\int_S \frac{\partial \boldsymbol{D}}{\partial t}\cdot \mathrm{d}\boldsymbol{S} \tag{6-24a}$$

$$\oint_l \boldsymbol{E}\cdot \mathrm{d}\boldsymbol{l}=-\int_S \frac{\partial \boldsymbol{B}}{\partial t}\cdot \mathrm{d}\boldsymbol{S} \tag{6-24b}$$

$$\oint_S \boldsymbol{B}\cdot \mathrm{d}\boldsymbol{S}=0 \tag{6-24c}$$

$$\oint_S \boldsymbol{D}\cdot \mathrm{d}\boldsymbol{S}=q \tag{6-24d}$$

及

$$\nabla\times\boldsymbol{H}=\boldsymbol{J}_{\mathrm{C}}+\frac{\partial \boldsymbol{D}}{\partial t} \tag{6-25a}$$

$$\nabla\times\boldsymbol{E}=-\frac{\partial \boldsymbol{B}}{\partial t} \tag{6-25b}$$

$$\nabla\cdot\boldsymbol{B}=0 \tag{6-25c}$$

$$\nabla\cdot\boldsymbol{D}=\rho \tag{6-25d}$$

后面主要就是以静止媒质中的时变电磁场作为研究对象。

电磁场基本方程组全面地描述了时变电磁场的特性。由方程组的微分形式可以看出，时变的电场是有旋有散的，而时变的磁场是有旋无散的。时变电磁场中的电场和磁场是不可分割的，因此时变电磁场应是有旋有散的。也就是说，时变电磁场既有散度源又有旋度源，其中，散度源为时变的电荷，而旋度源则包括传导电流（或运流电流）、变化的电场及变化的磁场。应该指出，在电荷和电流均不存在的无源区（即 $\rho=0$，$\boldsymbol{J}_{\mathrm{C}}=0$ 的区域）中，时变电磁场是有旋无散的。此时，由式（6-24c）和式（6-24d）可知，时变电磁场中的磁力线和电力线将自行闭合；由式（6-24a）和式（6-24b）可知，磁力线和电力线相互激发，相互交链并且处处相互垂直。这样的磁力线和电力线相互交织，在空间就形成了时变电磁场的特殊运动形式——电磁波。这正是麦克斯韦预见电磁波存在的理论依据。

此外，应注意到，上述的方程组并没有涉及媒质的性质，因此它对于任何媒质中的时变电磁场均应成立。如果考虑媒质的性质，则需要加上描述媒质的本构方程。在各向同性、线性媒质中，有

$$\boldsymbol{D}=\varepsilon\boldsymbol{E} \tag{6-26}$$

$$\boldsymbol{B}=\mu\boldsymbol{H} \tag{6-27}$$

$$\boldsymbol{J}_{\mathrm{C}}=\gamma\boldsymbol{E} \tag{6-28}$$

根据时变电磁场基本方程组及媒质的构成方程，就可以求解出方程中的四个场量 $\boldsymbol{E}$、$\boldsymbol{B}$、$\boldsymbol{D}$、$\boldsymbol{H}$。

【例 6-4】 在无源的自由空间中，已知电场强度为

$$\boldsymbol{E}=100\mathrm{e}^{-\alpha z}\cos(\omega t-\beta z)\boldsymbol{e}_x$$

其中 α、β 为常数。试求空间任一点的磁场强度 $\boldsymbol{H}$。

解 由式（6-25b）和式（6-27）可得

$$\nabla\times\boldsymbol{E}=-\mu\frac{\partial \boldsymbol{H}}{\partial t}$$

即

$$\frac{\partial E_x}{\partial z}\boldsymbol{e}_y = -\mu\frac{\partial \boldsymbol{H}}{\partial t}$$

$$\boldsymbol{e}_y[-100\alpha \mathrm{e}^{-\alpha z}\cos(\omega t-\beta z)+100\mathrm{e}^{-\alpha z}\beta\sin(\omega t-\beta z)] = -\mu\frac{\partial \boldsymbol{H}}{\partial t}$$

$$\begin{aligned}\boldsymbol{H} &= \boldsymbol{e}_y\frac{1}{\mu}[100\alpha \mathrm{e}^{-\alpha z}\int\cos(\omega t-\beta z)\mathrm{d}t-100\beta \mathrm{e}^{-\alpha z}\int\sin(\omega t-\beta z)\mathrm{d}t]\\ &= \boldsymbol{e}_y\frac{100}{\omega\mu}\mathrm{e}^{-\alpha z}[\alpha\sin(\omega t-\beta z)+\beta\cos(\omega t-\beta z)]\\ &= \boldsymbol{e}_y\frac{100}{\omega\mu}\sqrt{\alpha^2+\beta^2}\,\mathrm{e}^{-\alpha z}\cos(\omega t-\beta z-\phi)\end{aligned}$$

其中

$$\phi = \arctan\left(\frac{\alpha}{\beta}\right)$$

【例 6-5】 在无源的自由空间中，已知磁场强度为

$$\boldsymbol{H} = 2.63\times10^{-5}\cos(\omega t-10z)\boldsymbol{e}_y$$

试求位移电流密度 $\boldsymbol{J}_\mathrm{D}$。

解 由于空间无源，故式（6-25a）变为

$$\nabla\times\boldsymbol{H} = \frac{\partial \boldsymbol{D}}{\partial t}$$

由位移电流密度的定义得

$$\boldsymbol{J}_\mathrm{D} = \frac{\partial \boldsymbol{D}}{\partial t} = \nabla\times\boldsymbol{H} = -\boldsymbol{e}_x\frac{\partial H_y}{\partial z} = -2.63\times10^{-4}\sin(\omega t-10z)\boldsymbol{e}_x$$

6.4 时变电磁场中的边界条件和解的唯一性

与静电场、恒定磁场的情况类似，时变电磁场中，在空间不同媒质的分界面上场量可能要发生突变。这时，时变电磁场方程组的微分形式就失去了意义，但是场量间的关系仍然服从时变电磁场的积分方程。本节将应用积分形式的电磁场方程组来推导边界条件，推导方法与静电场、恒定磁场中的方法完全类似。

1. 考虑磁感应强度和电通密度的法向分量

由于时变电磁场中磁通连续性原理和高斯定律仍然成立，即

$$\oint_S \boldsymbol{B}\cdot\mathrm{d}\boldsymbol{S} = 0 \qquad \oint_S \boldsymbol{D}\cdot\mathrm{d}\boldsymbol{S} = q$$

由此可得

$$B_{1\mathrm{n}} = B_{2\mathrm{n}} \tag{6-29}$$

$$D_{2\mathrm{n}} - D_{1\mathrm{n}} = \sigma \tag{6-30}$$

或写成一般形式为

$$\boldsymbol{e}_n\cdot(\boldsymbol{B}_2-\boldsymbol{B}_1) = 0 \tag{6-31}$$

$$\boldsymbol{e}_n\cdot(\boldsymbol{D}_2-\boldsymbol{D}_1) = \sigma \tag{6-32}$$

式中：$\boldsymbol{e}_n$ 为由媒质 1 指向媒质 2 的分界面法向单位矢量；σ 为分界面上自由电荷的面密度。

式（6-29）表明：在不同媒质分界面上，磁感应强度的法线分量是连续的，而式（6-30）

表明在不同媒质分界面上，电通密度的法线分量却不连续，且与分界面上面电荷密度有关。

对于两种理想介质的分界面，通常 $\sigma=0$，因此式（6-30）变为

$$D_{2n}=D_{1n} \tag{6-33}$$

即在两种不同介质分界面上，电通密度的法线分量是连续的。

2. 考虑磁场强度和电场强度的切向分量

时变电磁场中全电流定律和电磁感应定律的积分形式分别为

$$\oint_l \boldsymbol{H}\cdot \mathrm{d}\boldsymbol{l}=\int_S \boldsymbol{J}_\mathrm{C}\cdot \mathrm{d}\boldsymbol{S}+\int_S \frac{\partial \boldsymbol{D}}{\partial t}\cdot \mathrm{d}\boldsymbol{S} \tag{6-34}$$

$$\oint_l \boldsymbol{E}\cdot \mathrm{d}\boldsymbol{l}=-\int_S \frac{\partial \boldsymbol{B}}{\partial t}\cdot \mathrm{d}\boldsymbol{S} \tag{6-35}$$

其中：式（6-34）与恒定磁场中的安培环路定律相比，方程的右端多出 $\dfrac{\partial \boldsymbol{D}}{\partial t}$ 的积分项。式（6-35）与静电场的环路定理相比，方程的右端则多出 $\dfrac{\partial \boldsymbol{B}}{\partial t}$ 的积分项。在具体推导边界条件的过程中，需要选取一个高度为 Δh 的矩形回路作为闭合线积分路径。当取极限 $\Delta h\rightarrow 0$ 时，因 $\dfrac{\partial \boldsymbol{D}}{\partial t}$ 和 $\dfrac{\partial \boldsymbol{B}}{\partial t}$ 不是无限大，则 $\int_S \dfrac{\partial \boldsymbol{D}}{\partial t}\cdot \mathrm{d}\boldsymbol{S}$ 和 $\int_S \dfrac{\partial \boldsymbol{B}}{\partial t}\cdot \mathrm{d}\boldsymbol{S}$ 将趋于零，由此得到

$$H_{1t}-H_{2t}=K \tag{6-36}$$

$$E_{1t}=E_{2t} \tag{6-37}$$

写成一般形式为

$$\boldsymbol{e}_n\times(\boldsymbol{H}_2-\boldsymbol{H}_1)=\boldsymbol{K} \tag{6-38}$$

$$\boldsymbol{e}_n\times(\boldsymbol{E}_2-\boldsymbol{E}_1)=0 \tag{6-39}$$

式中：$\boldsymbol{e}_n$ 的意义同前；$\boldsymbol{K}$ 表示分界面上的面电流密度。

由此可见，它们的关系仍然和恒定磁场及静电场时的对应情形类似。式（6-36）表明了在不同媒质分界面上，磁场强度的切线分量是不连续的，且与分界面上面电流密度有关。而式（6-37）表明在不同媒质分界面上，电通密度的切线分量却是连续。

一般情况下，在两种媒质的分界面上，通常 $K=0$，因此式（6-36）变为

$$H_{1t}=H_{2t} \tag{6-40}$$

即在无面电流分布的两种媒质分界面上，磁场强度的切线分量是连续的。

3. 讨论时变电磁场的折射定律

当分界面上不存在面电荷和面电流时，由式（6-29）、式（6-33）、式（6-37）及式（6-40）可以得到

$$\frac{\tan\alpha_1}{\tan\alpha_2}=\frac{\varepsilon_1}{\varepsilon_2} \tag{6-41}$$

及

$$\frac{\tan\beta_1}{\tan\beta_2}=\frac{\mu_1}{\mu_2} \tag{6-42}$$

式中：α_1、α_2 分别为 $\boldsymbol{E}_1$ 和 $\boldsymbol{E}_2$ 与分界面法线的夹角；β_1、β_2 分别为 $\boldsymbol{H}_1$ 和 $\boldsymbol{H}_2$ 与分界面法线的夹角，如图 6-4 所示。

这就是时变电磁场的折射定律。

4. 讨论时变电磁场中理想导体和理想介质分界面上的边界条件

将这种情况作为不同媒质分界面上边界条件的一个特例。对于理想导体（或完纯导体），

即 $\boldsymbol{E}=0$。又因为在时变电磁场中，电场和磁场总是相互联系的，因而在理想导体中也没有磁场。否则这个变化的磁场必将引起电场。由此可见，在理想导体内部不可能存在时变电场和磁场，也不可能存在传导电流，传导电流只可能分布在理想导体的表面。根据这些讨论，应用式（6-29）、式（6-30）和式（6-36）、式（6-37）可得，在理想导体（设为媒质1）与介质（设为媒质2）的分界面处的边界条件为

$$B_{2n}=0 \tag{6-43}$$

$$D_{2n}=\sigma \tag{6-44}$$

$$H_{2t}=K \tag{6-45}$$

$$E_{2t}=0 \tag{6-46}$$

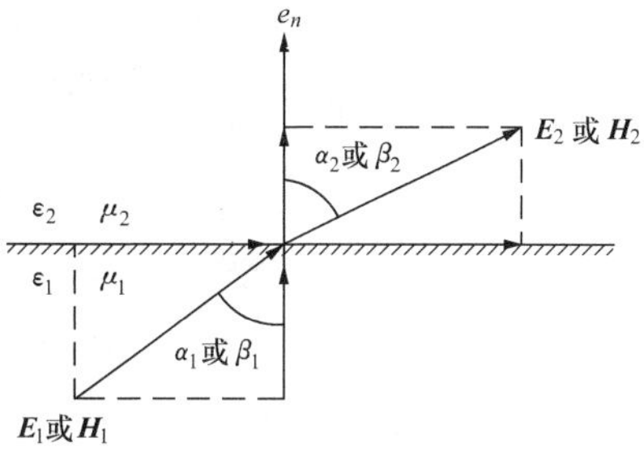

图 6-4 时变电磁场的折射定律

这些关系式表明：在理想导体表面，电场强度只有与表面垂直的分量，且其大小等于 σ/ε；而磁场强度只有与表面相切的分量，其大小等于导体表面的面电流密度 K，方向则与面电流的方向垂直。时变电场必须垂直于理想导体表面，而时变磁场必须平行于理想导体表面。最后特别指出，这种理想导体实际上是不存在的。但是，当场源激励频率很高时，对于电导率 γ 很大的良导体而言，由于集肤效应，使时变电磁场分布趋于表面，此时工程上可将该良导体近似处理为理想导体，因此，上述结果仍可近似地适用。

【例 6-6】 在图 6-5 所示的两块无限大理想导体平板 $z=0$ 和 $z=d$ 之间的无源自由空间中，时变电磁场的磁场强度为

$$\boldsymbol{H}=\boldsymbol{e}_y H_0\cos(\pi z/d)\cos(\omega t-\beta x)$$

式中，β 为常数。试求：

（1）两板间时变的电场强度；

（2）两导体表面上时变的面电流线密度和电荷面密度。

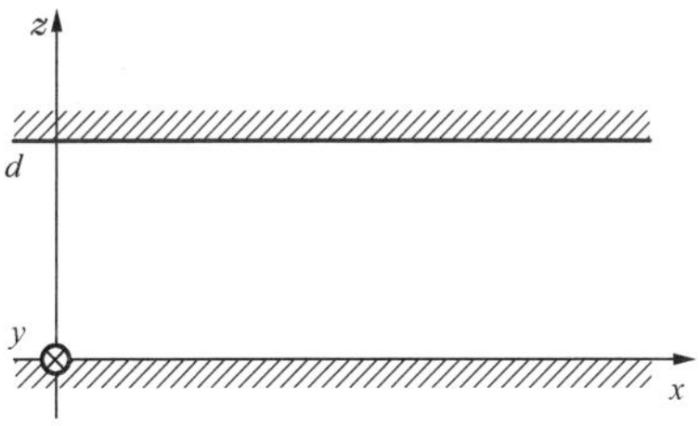

图 6-5 【例 6-6】图

解 （1）由式（6-24a）和式（6-25），得

$$\frac{\partial \boldsymbol{E}}{\partial t}=\frac{1}{\varepsilon}\left(-\boldsymbol{e}_x\frac{\partial H_y}{\partial z}+\boldsymbol{e}_z\frac{\partial H_y}{\partial x}\right)$$

则电场强度为

$$\begin{aligned}\boldsymbol{E}&=\frac{1}{\varepsilon}\int\left(-\boldsymbol{e}_x\frac{\partial H_y}{\partial z}+\boldsymbol{e}_z\frac{\partial H_y}{\partial x}\right)\mathrm{d}t\\&=\frac{H_0}{\omega\varepsilon}\left[\boldsymbol{e}_x\frac{\pi}{d}\sin\left(\frac{\pi}{d}z\right)\sin(\omega t-\beta x)-\boldsymbol{e}_z\beta\cos\left(\frac{\pi}{d}z\right)\cos(\omega t-\beta x)\right]\end{aligned}$$

（2）由边界条件式（6-44）和式（6-45），可得

$z=0$ 处

$$\boldsymbol{K}=K\boldsymbol{e}_x, K=-H_y|_{z=0}=-H_0\cos(\omega t-\beta x)$$

$$\sigma=\varepsilon E_z, \sigma=-\frac{\beta H_0}{\omega}\cos(\omega t-\beta x)$$

$z=d$ 处

$$\boldsymbol{K}=K\boldsymbol{e}_x, K=H_y|_{z=d}=-H_0\cos(\omega t-\beta x)$$

$$\sigma = -\varepsilon E_z, \sigma = -\frac{\beta H_0}{\omega}\cos(\omega t - \beta x)$$

时变电磁场的边界条件确定后，麦克斯韦电磁场方程组的解是否有唯一的解，这仍然是需要讨论的问题。时变电磁场的唯一性定理对该问题进行了正确的回答。它表明：在时变电磁场中，凡满足下列条件的解 $\boldsymbol{E}(x,y,z,t)$、$\boldsymbol{H}(x,y,z,t)$ 是唯一正确的解。

（1）在区域 V 中满足电磁场基本方程。

（2）在区域中各点的 $\boldsymbol{E}$、$\boldsymbol{H}$，满足已知的初始条件 $\boldsymbol{E}_0$、$\boldsymbol{H}_0$，即 $\boldsymbol{E}(x,y,z,t_0)=\boldsymbol{E}_0(x,y,z)$，$\boldsymbol{H}(x,y,z,t_0)=\boldsymbol{H}_0(x,y,z)$。

（3）在区域的边界 S 上，$\boldsymbol{E}$ 的切向分量等于已知值或 $\boldsymbol{H}$ 的切向分量等于已知值。

上述即是时变电磁场中的唯一性定理。

为了使证明简单起见，设体积为 V 的区域，边界为 S，且在 V 中没有外加电源。证明的方法与静电场中类似，采用反证法来证明。

假设 $\boldsymbol{E}_1$、$\boldsymbol{H}_1$ 和 $\boldsymbol{E}_2$、$\boldsymbol{H}_2$ 为区域 V 中的两组解，均满足电磁场基本方程组，且具有相同的初始条件和边界条件。现在来研究二者的差值

$$\begin{cases}\boldsymbol{E}'=\boldsymbol{E}_1-\boldsymbol{E}_2\\ \boldsymbol{H}'=\boldsymbol{H}_1-\boldsymbol{H}_2\end{cases} \tag{6-47}$$

首先，由于电磁场基本方程组是线性的，因此 $\boldsymbol{E}'$ 和 $\boldsymbol{H}'$ 一定满足上述的条件 1)。

其次，在区域 V 内各点，满足已知的初始条件

$$\begin{aligned}\boldsymbol{E}'(x,y,z,t_0)&=\boldsymbol{E}_1(x,y,z,t_0)-\boldsymbol{E}_2(x,y,z,t_0)\\ &=\boldsymbol{E}_0(x,y,z)-\boldsymbol{E}_0(x,y,z)=0\end{aligned} \tag{6-48}$$

$$\begin{aligned}\boldsymbol{H}'(x,y,z,t_0)&=\boldsymbol{H}_1(x,y,z,t_0)-\boldsymbol{H}_2(x,y,z,t_0)\\ &=\boldsymbol{H}_0(x,y,z)-\boldsymbol{H}_0(x,y,z)=0\end{aligned} \tag{6-49}$$

最后，在边界 S 上，满足已知的边界条件

$$E'_t=E_{1t}-E_{2t}=0 \quad 或 \quad H'_t=H_{1t}-H_{2t}=0 \tag{6-50}$$

一般形式为

$$\boldsymbol{e}_n\times\boldsymbol{E}'=0 \quad 或 \quad \boldsymbol{e}_n\times\boldsymbol{H}'=0 \tag{6-51}$$

根据坡印亭定理式（6-62），可得

$$\oint_S(\boldsymbol{E}'\times\boldsymbol{H}')\cdot d\boldsymbol{S}=-\frac{\partial}{\partial t}\int_V\left(\frac{1}{2}\varepsilon E'^2+\frac{1}{2}\mu H'^2\right)dV-\int_V\gamma E'^2 dV \tag{6-52}$$

由式（6-51）得

$$(\boldsymbol{E}'\times\boldsymbol{H}')\cdot\boldsymbol{e}_n=(\boldsymbol{e}_n\times\boldsymbol{E}')\cdot\boldsymbol{H}'=(\boldsymbol{H}'\times\boldsymbol{e}_n)\cdot\boldsymbol{E}'=0$$

故式（6-52）变为

$$-\frac{\partial}{\partial t}\int_V\left(\frac{1}{2}\varepsilon E'^2+\frac{1}{2}\mu H'^2\right)dV=\int_V\gamma E'^2 dV \tag{6-53}$$

等式右端不可能为负值，只能为正值或为零，所以等式左端也只能为正值或为零。这样左端积分项 $\int_V\left(\frac{1}{2}\varepsilon E'^2+\frac{1}{2}\mu H'^2\right)dV$ 应随时间减少或维持恒定。由式（6-48）和式（6-49）知，在初始时刻 t_0，有

$$\int_V\left(\frac{1}{2}\varepsilon E'^2+\frac{1}{2}\mu H'^2\right)dV=0$$

如果满足随时间减少的情形，则在 $t>t_0$ 时将使 $\int_V\left(\frac{1}{2}\varepsilon E'^2+\frac{1}{2}\mu H'^2\right)\mathrm{d}V$ 变为负值，而这是不可能的。故唯一的可能是该项等于恒值，并且为零。即 $\boldsymbol{E}'$ 和 $\boldsymbol{H}'$ 恒为零，也就是说，$\boldsymbol{E}_1=\boldsymbol{E}_2$，$\boldsymbol{H}_1=\boldsymbol{H}_2$。唯一性定理得证。

以上所述说明，为了得到电磁场基本方程组的唯一解答，一般需已知区域 V 中 $\boldsymbol{E}$ 和 $\boldsymbol{H}$ 的初始条件和边界条件。但是在研究正弦稳态解时，初始条件不必考虑，只需已知并满足边界条件就可以了。

6.5　电磁场的能量和能量传播、坡印亭矢量

本节将从电磁场的观点研究电磁能量的传播问题，这是工程中的重要课题之一。

在研究静电场和恒定电磁场时已经知道，静电场中储存有电场能量，恒定磁场中储存有磁场能量，而恒定电场中的导电媒质却消耗能量。同样，时变电磁场中也具有能量问题，这里的能量称为电磁能量。此外，时变电磁场中还具有一个特有的重要现象——能量的流动，即能量的传播。这说明场中任一给定区域中的能量不再是恒量，但是仍然遵循能量守恒和转换定律。本节将利用能量守恒定律及电磁场基本方程组，研究电磁场中的能量关系，并引入一个描述能量流动的物理量——坡印亭矢量。

在时变电磁场中，麦克斯韦认为静电场和恒定磁场中的能量密度公式完全可以推广过来。因为某一时刻的场给定时，其能量也随之确定。又因为时变电磁场中的能量是以电场及磁场两种形式储存，因此，电磁能量的密度为

$$w=w_\mathrm{e}+w_\mathrm{m}=\frac{1}{2}\boldsymbol{D}\cdot\boldsymbol{E}+\frac{1}{2}\boldsymbol{H}\cdot\boldsymbol{B} \tag{6-54}$$

考虑电磁场中任意区域 V，边界的面为 A。设 V 内没有外源存在，研究 V 内电磁能量的变化情况。取 V 内任意小体积元 $\mathrm{d}V$，其中储藏的电磁能量为 $\mathrm{d}W=w\mathrm{d}V$，当场量随时间变化时，$\mathrm{d}V$ 中的电磁能量也随之变化，其变化率为

$$\begin{aligned}\frac{\partial}{\partial t}(\mathrm{d}W)&=\frac{\partial}{\partial t}\left(\frac{1}{2}\boldsymbol{D}\cdot\boldsymbol{E}+\frac{1}{2}\boldsymbol{H}\cdot\boldsymbol{B}\right)\mathrm{d}V\\&=\left[\frac{\partial}{\partial t}\left(\frac{1}{2}\boldsymbol{D}\cdot\boldsymbol{E}\right)+\frac{\partial}{\partial t}\left(\frac{1}{2}\boldsymbol{H}\cdot\boldsymbol{B}\right)\right]\mathrm{d}V\end{aligned} \tag{6-55}$$

对于各向同性的线性媒质，有

$$\begin{aligned}\frac{\partial}{\partial t}\left(\frac{1}{2}\boldsymbol{D}\cdot\boldsymbol{E}\right)&=\frac{1}{2}\boldsymbol{E}\cdot\frac{\partial\boldsymbol{D}}{\partial t}+\frac{1}{2}\boldsymbol{D}\cdot\frac{\partial\boldsymbol{E}}{\partial t}\\&=\frac{1}{2}\boldsymbol{E}\cdot\frac{\partial\boldsymbol{D}}{\partial t}+\frac{1}{2}\boldsymbol{E}\cdot\frac{\partial\boldsymbol{D}}{\partial t}=\boldsymbol{E}\cdot\frac{\partial\boldsymbol{D}}{\partial t}\end{aligned} \tag{6-56}$$

同理有

$$\frac{\partial}{\partial t}\left(\frac{1}{2}\boldsymbol{H}\cdot\boldsymbol{B}\right)=\boldsymbol{H}\cdot\frac{\partial\boldsymbol{B}}{\partial t} \tag{6-57}$$

再利用时变电磁场第一、第二方程，式（6-56）和式（6-57）可化为

$$\frac{\partial}{\partial t}\left(\frac{1}{2}\boldsymbol{D}\cdot\boldsymbol{E}\right)=\boldsymbol{E}\cdot\nabla\times\boldsymbol{H}-\boldsymbol{E}\cdot\boldsymbol{J} \tag{6-58}$$

$$\frac{\partial}{\partial t}\left(\frac{1}{2}\boldsymbol{H}\cdot\boldsymbol{B}\right)=-\boldsymbol{H}\cdot\nabla\times\boldsymbol{E} \tag{6-59}$$

将式（6-58）和式（6-59）代入式（6-55）中，得

$$\frac{\partial}{\partial t}(\mathrm{d}W)=(\boldsymbol{E}\cdot\nabla\times\boldsymbol{H}-\boldsymbol{E}\cdot\boldsymbol{J}-\boldsymbol{H}\cdot\nabla\times\boldsymbol{E})\mathrm{d}V \tag{6-60}$$

利用矢量恒等式

$$\nabla\cdot(\boldsymbol{E}\times\boldsymbol{H})=(\nabla\times\boldsymbol{E})\cdot\boldsymbol{H}-\boldsymbol{E}\cdot(\nabla\times\boldsymbol{H})$$

则式（6-60）变为

$$\frac{\partial}{\partial t}(\mathrm{d}W)=-[\nabla\cdot(\boldsymbol{E}\times\boldsymbol{H})+\boldsymbol{E}\cdot\boldsymbol{J}]\mathrm{d}V \tag{6-61}$$

将式（6-61）对 V 积分，并利用高斯散度定理，便得

$$\frac{\partial}{\partial t}\int_V \mathrm{d}W=-\int_V\nabla\cdot(\boldsymbol{E}\times\boldsymbol{H})\mathrm{d}V-\int_V\boldsymbol{E}\cdot\boldsymbol{J}\mathrm{d}V=-\oint_S(\boldsymbol{E}\times\boldsymbol{H})\cdot\mathrm{d}\boldsymbol{S}-\int_V\boldsymbol{E}\cdot\boldsymbol{J}\mathrm{d}V$$

整理得

$$-\oint_S(\boldsymbol{E}\times\boldsymbol{H})\cdot\mathrm{d}\boldsymbol{S}=\frac{\partial W}{\partial t}+\int_V\boldsymbol{E}\cdot\boldsymbol{J}\mathrm{d}V \tag{6-62}$$

式（6-62）是时变电磁场中的能量守恒定律的表达形式，称为坡印亭定理。式中各项具有明显的物理意义：右端第一项为体积 V 中单位时间内增加的储能，第二项为 V 中单位时间内损耗的能量，根据能量守恒定律，左端必定代表单位时间内通过 A 面进入 V 内的能量。可见，时变电磁场存在着能量的流动。显然 $\boldsymbol{E}\times\boldsymbol{H}$ 代表垂直穿过单位面积的功率，被定义为能流密度矢量，也称为坡印亭矢量，用 $\boldsymbol{S}$ 表示，即

$$\boldsymbol{S}=\boldsymbol{E}\times\boldsymbol{H} \tag{6-63}$$

在国际单位制中，$\boldsymbol{S}$ 的单位是 $\mathrm{W/m^2}$（瓦特/米^2），方向与 $\boldsymbol{E}$ 和 $\boldsymbol{H}$ 构成的平面垂直，又因为 $\boldsymbol{E}$ 和 $\boldsymbol{H}$ 相互垂直，因此 $\boldsymbol{S}$、$\boldsymbol{E}$ 及 $\boldsymbol{H}$ 三者在空间是相互垂直的，且由 $\boldsymbol{E}$ 至 $\boldsymbol{H}$ 与 $\boldsymbol{S}$ 构成右手螺旋关系。这样，若已知空间某点的 $\boldsymbol{E}$ 和 $\boldsymbol{H}$，由上式即可求出坡印亭矢量。对它的进行积分可以计算出通过某一面积的电磁能量及其能量传播的方向。

【例 6-7】 试用坡印亭矢量分析直流电源作用下同轴电缆传输能量的情况。设电缆内、外导体电阻以及外导体的厚度可以忽略不计。

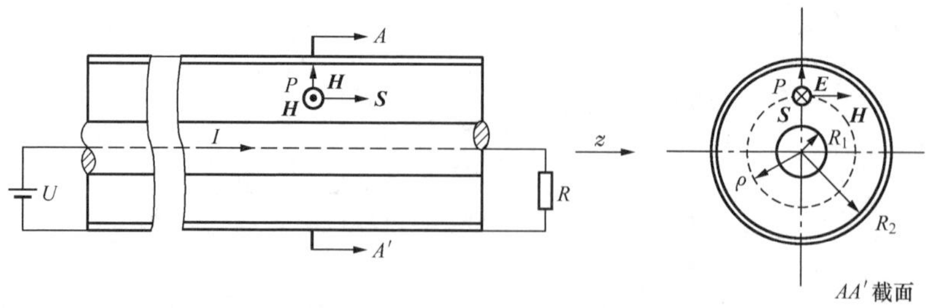

图 6-6 【例 6-7】图

解 设同轴电缆导体为理想导体（$\gamma\to\infty$），内、外导体半径分别为 R_1、R_2，如图 6-6 所示。现在内外导体间加一直流电压 U，流过电缆的电流为 I。容易求得同轴电缆内外电、磁场分别为

$$\boldsymbol{E}=\begin{cases}0 & 0\leqslant\rho<R_1\\ \dfrac{U}{\rho\ln\dfrac{R_2}{R_1}}\boldsymbol{e}_\rho & R_1\leqslant\rho\leqslant R_2\\ 0 & R_2<\rho\end{cases},\qquad \boldsymbol{H}=\begin{cases}\dfrac{I\rho}{2\pi R_1^2}\boldsymbol{e}_\phi & 0\leqslant\rho<R_1\\ \dfrac{I}{2\pi\rho}\boldsymbol{e}_\phi & R_1\leqslant\rho\leqslant R_2\\ 0 & R_2<\rho\end{cases}$$

可见在电缆外部空间没有电场、磁场，在导体内部电场为零，从而坡印亭矢量为零。故只需要计算内导体和外导体之间的坡印亭矢量。

$$\boldsymbol{S}=\boldsymbol{E}\times\boldsymbol{H}=\frac{UI}{2\pi\rho^2\ln\dfrac{R_2}{R_1}}\boldsymbol{e}_z\qquad(R_1\leqslant\rho\leqslant R_2)$$

单位时间内通过同轴电缆内、外导体间的截面 AA' 的总能量，即传输给负载的功率为

$$P=\int_A\boldsymbol{S}\cdot\mathrm{d}\boldsymbol{A}=\int_{R_1}^{R_2}\frac{UI}{2\pi\rho^2\ln\dfrac{R_2}{R_1}}2\pi\rho\,\mathrm{d}\rho=UI$$

为了与坡印亭矢量区别，这里面积元用 $\mathrm{d}\boldsymbol{A}$ 表示。显然，这与电路理论获得的结果相同。

由以上分析计算可见，电磁能量是以电磁场方式通过两导体之间的空间传输给负载的，在内导体内部和外导体之外没有能量流动。而不是像人们直观想象的那样，是以电流为载体通过导体传送给负载。应当指出，导体的作用仅在于建立空间的电磁场，并从电源定向引导能量传输给负载。

【例 6-8】【例 6-7】中，若考虑导体的电阻，再分析同轴电缆的能量传输问题。

解 此时，磁场的分布状况仍和上例相同，但是电场分布发生了变化。内、外导体间存在电场、磁场。在导体内部，由于导体的电阻不为零，这时，导体内部将有沿电流方向的切向电场分量 $\boldsymbol{E}_z$，且只有 z 方向的分量。所以坡印亭矢量为

$$\boldsymbol{S}=\boldsymbol{E}\times\boldsymbol{H}=\boldsymbol{e}_zE_z\times\boldsymbol{e}_\phi H_\phi=-\boldsymbol{e}_\rho S_\rho\qquad(0<\rho\leqslant R_1)$$

可见，在导体内部没有沿 z 方向传输能量，说明能量不在导体内部传输。然而却有逆径向分量的能量，说明有能量输入导体内部。

在内外导体间，由于导体电阻不为零，因而有两个分量 $\boldsymbol{E}_\rho$ 和 $\boldsymbol{E}_z$ 存在，这样，坡印亭矢量为

$$\boldsymbol{S}=\boldsymbol{E}\times\boldsymbol{H}=(\boldsymbol{e}_\rho E_\rho+\boldsymbol{e}_zE_z)\times\boldsymbol{e}_\phi H_\phi=\boldsymbol{e}_zS_z-\boldsymbol{e}_\rho S_\rho\qquad(R_1\leqslant\rho\leqslant R_2)$$

可见，内、外导体间 $\boldsymbol{S}$ 有两个分量 $\boldsymbol{S}_z$ 和 $\boldsymbol{S}_\rho$，说明该空间的能量一部分沿 z 方向传输给负载，另一部分却逆径向输入到内导体，这正是前面输入导体内部的能量。

在同轴电缆外部，由于没有电场、磁场，所以仍然没有能量存在。

对于通过同轴电缆内、外导体间的截面 AA' 的 z 方向流动的功率，计算方法同【例 6-7】。而对于逆径向流动的功率，计算如下。

现截取长度为 l 的内导体，将其表面作为闭合面 A。则有

$$P=\oint_A\boldsymbol{S}\cdot\mathrm{d}\boldsymbol{A}=\int_0^l\frac{I}{2\pi R_1}\,\frac{I}{\pi R_1^2\gamma}2\pi R_1\,\mathrm{d}z=I^2R$$

式中：R 为长为 l 的内导体的直流电阻。

由此可见，这个结果正是我们熟知的电阻上消耗功率的公式。它表明：由 AA' 面进入的坡印亭矢量的通量，正好等于这段导体电阻上的消耗功率。

由这个例子的结果可见，对有损耗的同轴电缆，电磁能量仍在两导体之间传输。只是在传输过程中有部分能量为导体所吸收，变为导体电阻上的能量消耗掉了。大量科学实践都说明电磁能量是在空间传输的。例如，在一处发射电磁波，中间隔了广大的空间，而另一处却能接收到电磁波。

6.6 电磁场方程和坡印亭矢量的相量形式

在很多工程实际问题中，场源及其所产生的电磁场都随时间按正弦规律变化。而且即使是非正弦变化，也可以采用傅里叶分析方法将其分解成直流分量和各次正弦谐波分量来予以研究。因此，随时间按正弦规律变化的电磁场，称为正弦电磁场，被作为最基本的研究对象。

分析正弦电磁场如同分析正弦电流电路，当场中的场量与场源为同频率的正弦量时，可以应用相量法来简化分析。在使用相量法时，需要将各正弦的场量用相量来表示，各个场量满足的方程用相量形式表示。

首先，以电场强度为例，说明正弦的场量的相量表示。设有一正弦的电场强度为

$$\boldsymbol{E}(\boldsymbol{r},\ t)=\boldsymbol{E}_{\mathrm{m}}(\boldsymbol{r})\sin[\omega t+\psi(\boldsymbol{r})] \tag{6-64}$$

其方向与时间无关。在直角坐标系下，可分为

$$\begin{aligned}\boldsymbol{E}(\boldsymbol{r},\ t)=&\boldsymbol{e}_x E_{x\mathrm{m}}(\boldsymbol{r})\sin[\omega t+\psi_x(\boldsymbol{r})]+\boldsymbol{e}_y E_{y\mathrm{m}}(\boldsymbol{r})\sin[\omega t+\psi_y(\boldsymbol{r})]\\&+\boldsymbol{e}_z E_{z\mathrm{m}}(\boldsymbol{r})\sin[\omega t+\psi_z(\boldsymbol{r})]\end{aligned} \tag{6-65}$$

式中：ω 为角频率；$E_{x\mathrm{m}}$、$E_{y\mathrm{m}}$、$E_{z\mathrm{m}}$ 及 ψ_x、ψ_y、ψ_z 分别为电场强度三个分量的振幅和初相位，一般而言，它们仅是空间坐标的函数，而与时间无关。

采用正弦量的相量表示后，式（6-65）可写为

$$\dot{\boldsymbol{E}}(\boldsymbol{r})=\boldsymbol{e}_x\dot{E}_x(\boldsymbol{r})+\boldsymbol{e}_y\dot{E}_y(\boldsymbol{r})+\boldsymbol{e}_z\dot{E}_z(\boldsymbol{r}) \tag{6-66}$$

其中

$$\dot{E}_x=\frac{E_{x\mathrm{m}}}{\sqrt{2}}\mathrm{e}^{\mathrm{j}\psi_x}\quad \dot{E}_y=\frac{E_{y\mathrm{m}}}{\sqrt{2}}\mathrm{e}^{\mathrm{j}\psi_y}\quad \dot{E}_z=\frac{E_{z\mathrm{m}}}{\sqrt{2}}\mathrm{e}^{\mathrm{j}\psi_z}$$

由此可得

$$\boldsymbol{E}(\boldsymbol{r},\ t)=\mathrm{Im}[\sqrt{2}\dot{\boldsymbol{E}}(\boldsymbol{r})\mathrm{e}^{\mathrm{j}\omega t}] \tag{6-67}$$

式中：$\dot{\boldsymbol{E}}(\boldsymbol{r})$为$\boldsymbol{E}(\boldsymbol{r},\ t)$的相量；$\boldsymbol{E}(\boldsymbol{r})$为$\boldsymbol{E}(\boldsymbol{r},\ t)$的有效值。

对于电场强度对时间的偏微分 $\frac{\partial}{\partial t}\boldsymbol{E}(\boldsymbol{r},\ t)$，同样可以用相量表示为

$$\frac{\partial}{\partial t}\boldsymbol{E}(\boldsymbol{r},t)=\mathrm{Im}[\mathrm{j}\omega\sqrt{2}\dot{\boldsymbol{E}}(\boldsymbol{r})\mathrm{e}^{\mathrm{j}\omega t}] \tag{6-68}$$

式中：$\mathrm{j}\omega\dot{\boldsymbol{E}}(\boldsymbol{r})$为$\frac{\partial}{\partial t}\boldsymbol{E}(\boldsymbol{r},\ t)$的相量。

类似地，描述正弦电磁场的其他场量也可以用相量表示出来。然后，把上述各相量代入电磁场基本方程组中，就可得到正弦电磁场基本方程组的相量形式为

$$\nabla\times\dot{\boldsymbol{H}}=\dot{\boldsymbol{J}}+\mathrm{j}\omega\dot{\boldsymbol{D}} \tag{6-69a}$$

$$\nabla\times\dot{\boldsymbol{E}}=-\mathrm{j}\omega\dot{\boldsymbol{B}} \tag{6-69b}$$

$$\nabla \cdot \dot{\boldsymbol{B}} = 0 \tag{6-69c}$$

$$\nabla \cdot \dot{\boldsymbol{D}} = \dot{\rho} \tag{6-69d}$$

相应的媒质构成方程的相量形式为

$$\dot{\boldsymbol{D}} = \varepsilon \dot{\boldsymbol{E}} \tag{6-70}$$

$$\dot{\boldsymbol{B}} = \mu \dot{\boldsymbol{H}} \tag{6-71}$$

$$\dot{\boldsymbol{J}} = \gamma \dot{\boldsymbol{E}} \tag{6-72}$$

显然，方程组的相量形式中，不再含有场量随时间的偏导数，从而将会使分析明显地简化。

最后，应用上述规则，再来讨论坡印亭矢量及坡印亭定理的相量形式。

当电场和磁场随时间按正弦规律变化时，坡印亭矢量的瞬时值为

$$\boldsymbol{S}(\boldsymbol{r},t) = \boldsymbol{E}(\boldsymbol{r},t) \times \boldsymbol{H}(\boldsymbol{r},t) = \boldsymbol{E}_{\mathrm{m}}(\boldsymbol{r})\sin(\omega t + \psi_{\mathrm{E}}) \times \boldsymbol{H}_{\mathrm{m}}(\boldsymbol{r})\sin(\omega t + \psi_{\mathrm{H}}) \tag{6-73}$$

可见，$\boldsymbol{S}$ 也是一个同频率的正弦量。它表示电磁场中某一点处单位时间内的能流密度，也即功率流密度。当 $\boldsymbol{S}>0$ 时，表示在该点上有瞬时功率沿 $\boldsymbol{S}$ 的方向流过；当 $\boldsymbol{S}<0$ 时，表示在该点上有瞬时功率逆 $\boldsymbol{S}$ 的方向流动。它在一个周期内的平均值为

$$\begin{aligned} \boldsymbol{S}_{\mathrm{av}} &= \frac{1}{T}\int_0^T \boldsymbol{S}(\boldsymbol{r},\ t)\mathrm{d}t = \frac{1}{2}\boldsymbol{E}_{\mathrm{m}}(\boldsymbol{r}) \times \boldsymbol{H}_{\mathrm{m}}(\boldsymbol{r})\cos(\psi_{\mathrm{E}} - \psi_{\mathrm{H}}) \\ &= \boldsymbol{E}(\boldsymbol{r}) \times \boldsymbol{H}(\boldsymbol{r})\cos(\psi_{\mathrm{E}} - \psi_{\mathrm{H}}) \end{aligned} \tag{6-74}$$

现在应用交流电路中的复功率、有功功率和无功功率等概念来引入坡印亭矢量的相量形式。

在正弦电流电路中，网络 N 吸收的瞬时功率

$$p = ui$$

对应的复功率为

$$\tilde{S} = \dot{U}\dot{I}^* = P + \mathrm{j}Q$$

此外，$\dot{U}$ 和 $\dot{I}$ 分别为图 6-7 所示的一端口网络端口处的电压 u 和电流 i 的相量。复功率的实部 P 为有功功率，虚部 Q 为无功功率。

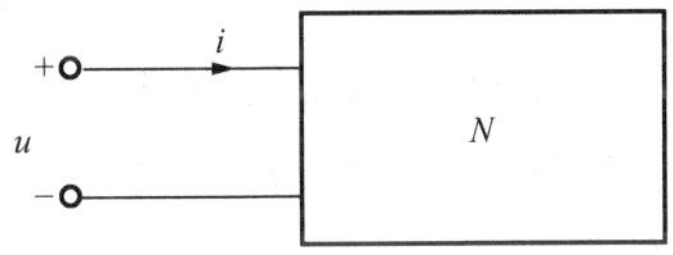

图 6-7　一端口网络

类似地，式（6-73）为坡印亭矢量的瞬时值，其平均值也可以看成是对应的相量的实部，即

$$\begin{aligned} \boldsymbol{S}_{\mathrm{av}} &= \boldsymbol{E}(\boldsymbol{r}) \times \boldsymbol{H}(\boldsymbol{r})\cos(\psi_{\mathrm{E}} - \psi_{\mathrm{H}}) = \mathrm{Re}[\boldsymbol{E}(\boldsymbol{r}) \times \boldsymbol{H}(\boldsymbol{r})\mathrm{e}^{\mathrm{j}(\psi_{\mathrm{E}} - \psi_{\mathrm{H}})}] \\ &= \mathrm{Re}[\boldsymbol{E}(\boldsymbol{r})\mathrm{e}^{\mathrm{j}\psi_{\mathrm{E}}} \times \boldsymbol{H}(\boldsymbol{r})\mathrm{e}^{-\mathrm{j}\psi_{\mathrm{H}}}] \\ &= \mathrm{Re}[\dot{\boldsymbol{E}} \times \dot{\boldsymbol{H}}^*] \end{aligned}$$

式中：$\dot{\boldsymbol{H}}^*$ 为 $\dot{\boldsymbol{H}}$ 的共轭相量。

由此可得，坡印亭矢量的相量形式为

$$\tilde{\boldsymbol{S}} = \dot{\boldsymbol{E}} \times \dot{\boldsymbol{H}}^* \tag{6-75}$$

其对应的实部和虚部分别为

$$\begin{aligned} \mathrm{Re}[\dot{\boldsymbol{E}} \times \dot{\boldsymbol{H}}^*] &= \boldsymbol{E}(\boldsymbol{r}) \times \boldsymbol{H}(\boldsymbol{r})\cos(\psi_{\mathrm{E}} - \psi_{\mathrm{H}}) \\ \mathrm{Im}[\dot{\boldsymbol{E}} \times \dot{\boldsymbol{H}}^*] &= \boldsymbol{E}(\boldsymbol{r}) \times \boldsymbol{H}(\boldsymbol{r})\sin(\psi_{\mathrm{E}} - \psi_{\mathrm{H}}) \end{aligned} \tag{6-76}$$

其中，实部就是坡印亭矢量的平均值，对闭合面积分后即是有功功率，它反映了能量的流动情况；而虚部对闭合面积分后则为无功功率，反映能量的交换情况。

坡印亭矢量的相量形式也可由场的方程和能量守恒原理加以说明。利用矢量恒等式

$$\nabla\cdot(\dot{\boldsymbol{E}}\times\dot{\boldsymbol{H}}^*)=\dot{\boldsymbol{H}}^*\cdot\nabla\times\dot{\boldsymbol{E}}-\dot{\boldsymbol{E}}\cdot\nabla\times\dot{\boldsymbol{H}}^* \tag{6-77}$$

对于式（6-69a）两边取共轭，得

$$\nabla\times\dot{\boldsymbol{H}}^*=\dot{\boldsymbol{J}}^*-\mathrm{j}\omega\dot{\boldsymbol{D}}^* \tag{6-78}$$

将式（6-69b）和式（6-78）代入式（6-77）中，然后两边进行积分得

$$-\oint_A(\dot{\boldsymbol{E}}\times\dot{\boldsymbol{H}}^*)\cdot\mathrm{d}\boldsymbol{A}=\int_V[\dot{\boldsymbol{E}}\cdot\dot{\boldsymbol{J}}^*-\mathrm{j}\omega(\varepsilon\dot{\boldsymbol{E}}\cdot\dot{\boldsymbol{E}}^*-\mu\dot{\boldsymbol{H}}\cdot\dot{\boldsymbol{H}}^*)]\mathrm{d}V \tag{6-79}$$

式（6-79）即为坡印亭定理的相量形式。式中，实部为右端第一项为

$$\int_V\dot{\boldsymbol{E}}\cdot\dot{\boldsymbol{J}}^*\mathrm{d}V=\int_V\gamma E^2\mathrm{d}V$$

表示体积 V 内消耗的有功功率；虚部为右端第二项为

$$\int_V\mathrm{j}\omega(\varepsilon\dot{\boldsymbol{E}}\cdot\dot{\boldsymbol{E}}^*-\mu\dot{\boldsymbol{H}}\cdot\dot{\boldsymbol{H}}^*)\mathrm{d}V=\mathrm{j}\omega\int_V(\varepsilon E^2-\mu H^2)\mathrm{d}V$$

表示体积 V 内的无功功率。

根据等值的观点，有功功率 $P=I^2R$，无功功率 $Q=I^2X$，由此可以计算出体积 V 内媒质的等效电路参数 R 和 X 为

$$\begin{aligned}R&=-\frac{1}{I^2}\mathrm{Re}\left[\oint_A(\dot{\boldsymbol{E}}\times\dot{\boldsymbol{H}}^*)\cdot\mathrm{d}\boldsymbol{A}\right]\\X&=-\frac{1}{I^2}\mathrm{Im}\left[\oint_A(\dot{\boldsymbol{E}}\times\dot{\boldsymbol{H}}^*)\cdot\mathrm{d}\boldsymbol{A}\right]\end{aligned} \tag{6-80}$$

它们可以用来分析导体内的交流阻抗。

【例 6-9】 已知真空中某区域的时变电磁场的电场强度瞬时值为

$$\boldsymbol{E}(\boldsymbol{r},t)=\boldsymbol{e}_y\sin(10\pi x)\sin(\omega t-k_z z)$$

试求其磁场强度的相量形式及坡印亭矢量的平均值。

解 根据正弦量与相量间的关系，可得其相量形式为

$$\dot{\boldsymbol{E}}(\boldsymbol{r})=\boldsymbol{e}_y\sin(10\pi x)\mathrm{e}^{-\mathrm{j}k_z z}$$

已知 $\nabla\times\dot{\boldsymbol{E}}=-\mathrm{j}\omega\mu_0\dot{\boldsymbol{H}}$ 得

$$\dot{\boldsymbol{H}}=\frac{\mathrm{j}}{\omega\mu_0}\nabla\times\dot{\boldsymbol{E}}$$

由于电场强度仅有 y 分量，并且与变量 y 无关，则

$$\begin{aligned}\nabla\times\dot{\boldsymbol{E}}&=-\boldsymbol{e}_x\frac{\partial\dot{E}_y}{\partial z}+\boldsymbol{e}_z\frac{\partial\dot{E}_y}{\partial x}\\&=\boldsymbol{e}_x\mathrm{j}k_z\sin(10\pi x)\mathrm{e}^{-\mathrm{j}k_z z}+\boldsymbol{e}_z10\pi\cos(10\pi x)\mathrm{e}^{-\mathrm{j}k_z z}\end{aligned}$$

得

$$\dot{\boldsymbol{H}}=\frac{1}{\omega\mu_0}[-\boldsymbol{e}_x k_z\sin(10\pi x)+\boldsymbol{e}_z\mathrm{j}10\pi\cos(10\pi x)]\mathrm{e}^{-\mathrm{j}k_z z}$$

已知 $\boldsymbol{S}_{\mathrm{av}}=\mathrm{Re}[\tilde{\boldsymbol{S}}]=\mathrm{Re}[\dot{\boldsymbol{E}}\times\dot{\boldsymbol{H}}^*]$，而

$$\tilde{\boldsymbol{S}}=\dot{\boldsymbol{E}}\times\dot{\boldsymbol{H}}^*=\boldsymbol{e}_z\frac{k_z}{\omega\mu_0}\sin^2(10\pi x)-\boldsymbol{e}_x\mathrm{j}\frac{10\pi}{2\omega\mu_0}\sin(20\pi x)$$

得

$$\boldsymbol{S}_{av}=\boldsymbol{e}_z\frac{k_z}{\omega\mu_0}\sin^2(10\pi x)$$

6.7 时变电磁场中的动态位

在静电场、恒定电场与恒定磁场中，根据各种场的性质，曾经引入过位函数：标量电位和矢量磁位，使得对应场的分析和计算得到了很大程度的简化。类似地，在时变电磁场中也可以引入一些位函数作为辅助场量，以简化电磁场基本方程的求解。下面就根据时变电磁场的性质来引入这些位函数，并进一步将场的基本方程组转化为位函数的微分方程。

为了方便起见，将电磁场基本方程组的微分形式重写如下

$$\nabla\times\boldsymbol{H}=\boldsymbol{J}+\frac{\partial\boldsymbol{D}}{\partial t} \tag{6-81a}$$

$$\nabla\times\boldsymbol{E}=-\frac{\partial\boldsymbol{B}}{\partial t} \tag{6-81b}$$

$$\nabla\cdot\boldsymbol{B}=0 \tag{6-81c}$$

$$\nabla\cdot\boldsymbol{D}=\rho \tag{6-81d}$$

由式（6-81c）可知，时变的磁场是无散场。由旋度的散度恒等于零，可以引入一矢量函数 $\boldsymbol{A}$

$$\boldsymbol{B}=\nabla\times\boldsymbol{A} \tag{6-82}$$

式中：$\boldsymbol{A}$ 称为矢量位，单位是 Wb/m（韦伯/米）。

将式（6-82）再代入式（6-81b）中，可以得到

$$\nabla\times\boldsymbol{E}=-\frac{\partial}{\partial t}(\nabla\times\boldsymbol{A})$$

即

$$\nabla\times\left(\boldsymbol{E}+\frac{\partial\boldsymbol{A}}{\partial t}\right)=0 \tag{6-83}$$

式（6-83）表明：用 $\boldsymbol{E}+\frac{\partial\boldsymbol{A}}{\partial t}$ 描述的场是无旋场。由梯度的旋度恒等于零，可以引入一个标量函数 φ

$$\boldsymbol{E}+\frac{\partial\boldsymbol{A}}{\partial t}=-\nabla\varphi\quad\text{或}\quad\boldsymbol{E}=-\nabla\varphi-\frac{\partial\boldsymbol{A}}{\partial t} \tag{6-84}$$

式中：φ 称为标量位，单位为 V(伏)。

应该注意，这里的矢量位 $\boldsymbol{A}$ 和标量位 φ 不仅是空间坐标的函数，而且是时间的函数，所以，$\boldsymbol{A}$、φ 被称为动态位函数，简称为动态位。只要求得 $\boldsymbol{A}$ 和 φ，就可以由式（6-82）和式（6-84）求得 $\boldsymbol{B}$ 和 $\boldsymbol{E}$。但是满足这两式的动态位并不是唯一的。根据场论知道，要唯一地确定 $\boldsymbol{A}$ 和 φ，除规定 $\boldsymbol{A}$ 的旋度外，还必须同时规定 $\boldsymbol{A}$ 的散度。在恒定磁场中曾经取库伦规范 $\nabla\cdot\boldsymbol{A}=0$。在时变电磁场中做如下讨论。

将式（6-82）和式（6-84）代入式（6-81a）和式（6-81d）中，并利用各向同性、线性的媒质构成方程

$$\boldsymbol{B}=\mu\boldsymbol{H}\quad\boldsymbol{D}=\varepsilon\boldsymbol{E}$$

可得

$$\nabla\times\frac{1}{\mu}(\nabla\times\boldsymbol{A})=\boldsymbol{J}+\frac{\partial}{\partial t}\varepsilon\left(-\nabla\varphi-\frac{\partial\boldsymbol{A}}{\partial t}\right)$$

和

$$\nabla\cdot\varepsilon\left(-\nabla\varphi-\frac{\partial\boldsymbol{A}}{\partial t}\right)=\rho$$

整理得

$$\nabla^2\boldsymbol{A}-\varepsilon\mu\frac{\partial^2\boldsymbol{A}}{\partial t^2}+\nabla\left(\nabla\cdot\boldsymbol{A}+\mu\varepsilon\frac{\partial\varphi}{\partial t}\right)=-\mu\boldsymbol{J} \tag{6-85}$$

和

$$\nabla^2\varphi+\frac{\partial}{\partial t}(\nabla\cdot\boldsymbol{A})=-\frac{\rho}{\varepsilon} \tag{6-86}$$

式（6-85）和式（6-86）为两个二阶偏微分方程，不难看出，对 $\boldsymbol{A}$ 的散度规范不同，方程组的形式也不同。在求解时，理论上可以任意地给出一种规范，例如取库伦规范 $\nabla\cdot\boldsymbol{A}=0$，尽管式（6-86）转化为较简单的泊松方程，但在式（6-85）中依然存在 $\boldsymbol{A}$ 与 φ 的耦合。为了能够使 $\boldsymbol{A}$ 与 φ 在两个方程中完全分离，可令

$$\nabla\cdot\boldsymbol{A}+\mu\varepsilon\frac{\partial\varphi}{\partial t}=0$$

即

$$\nabla\cdot\boldsymbol{A}=-\mu\varepsilon\frac{\partial\varphi}{\partial t} \tag{6-87}$$

此时式（6-85）和式（6-86）变为

$$\nabla^2\boldsymbol{A}-\varepsilon\mu\frac{\partial^2\boldsymbol{A}}{\partial t^2}=-\mu\boldsymbol{J} \tag{6-88}$$

和

$$\nabla^2\varphi-\varepsilon\mu\frac{\partial^2\varphi}{\partial t^2}=-\frac{\rho}{\varepsilon} \tag{6-89}$$

式（6-87）称为洛仑兹条件或洛仑兹规范，它说明了 $\boldsymbol{A}$ 与 φ 应满足的关系。式（6-88）和式（6-89）分别为 $\boldsymbol{A}$ 与 φ 所满足的方程，表明在采用了洛伦兹规范后 $\boldsymbol{A}$ 与 φ 被完全分离在两个方程中，并且显示出 $\boldsymbol{A}$ 的源为 $\boldsymbol{J}$，φ 的源为 ρ。它们通常被称为非齐次的波动方程或动态位的达朗贝尔方程。在场量不随时间变化时，式（6-88）和式（6-89）便退化为恒定磁场和静电场中的泊松方程。

现在通过求达朗贝尔方程的解，介绍 $\boldsymbol{A}$、φ 和场源 $\boldsymbol{J}$、ρ 的关系。由于达朗贝尔的两个方程具有相同的形式，所以只求出一个方程的解即可。在这里，先求式（6-89）中 φ 的解。对于式（6-88），可以把 $\boldsymbol{A}$ 分为三个分量，得到三个与式（6-89）形式相同的标量方程，然后直接套用 φ 的解来求得。

设空间有一点电荷置于坐标原点，那么它产生的场，除原点外在整个空间中满足下列波动方程式

$$\nabla^2\varphi-\mu\varepsilon\frac{\partial^2\varphi}{\partial t^2}=0$$

由于对原点是对称的，所以 $\varphi=\varphi(r,t)$，故有

$$\nabla^2\varphi=\frac{1}{r^2}\frac{\partial}{\partial r}\left(r^2\frac{\partial\varphi}{\partial r}\right)=\frac{1}{r}\frac{\partial^2(r\varphi)}{\partial r^2}$$

则

$$\frac{\partial^2(r\varphi)}{\partial r^2}=\mu\varepsilon\frac{\partial^2(r\varphi)}{\partial t^2}$$

可见，这是关于 $r\varphi$ 的一维波动方程，它的解为

$$r\varphi=f_1\left(t-\frac{r}{v}\right)+f_2\left(t+\frac{r}{v}\right)$$

故

$$\varphi=\frac{f_1\left(t-\frac{r}{v}\right)}{r}+\frac{f_2\left(t+\frac{r}{v}\right)}{r}$$

式中：$v=\frac{1}{\sqrt{\mu\varepsilon}}$；$f_1$ 和 f_2 为两个任意函数，具体形式与点电荷 q 的具体变化情况及空间媒质的情况有关。

下面对解的物理意义进行讨论。首先，观察第一项，当 t 增加 Δt，r 增加 $\Delta r=v\Delta t$ 时，$(t+\Delta t)-\frac{r+v\Delta t}{v}=t-\frac{r}{v}$ 不变，故 $f_1\left(t-\frac{r}{v}\right)$ 不变。也就是说，在 r 处时间为 t 时 f_1 的值，在时间增加 Δt 时将出现在 $r+\Delta r=r+v\Delta t$ 处。故 $\frac{f_1\left(t-\frac{r}{v}\right)}{r}$ 代表沿着 r 方向离开场源的以速度 v 推进的波，称为入射波。同理可知，$\frac{f_2\left(t+\frac{r}{v}\right)}{r}$ 代表沿着 $-r$ 方向向着场源的以速度 v 推进的波，称为反射波。在无限大均匀媒质中，不存在反射波，所以

$$\varphi(r,t)=\frac{f_1\left(t-\frac{r}{v}\right)}{r}$$

当电荷不随时间变化时，电位退化为

$$\varphi(r)=\frac{q}{4\pi\varepsilon r}$$

从而推知 f_1 的函数形式，故得

$$\varphi(r,t)=\frac{q\left(t-\frac{r}{v}\right)}{4\pi\varepsilon r} \tag{6-90}$$

式（6-90）表明：距点电荷为 r 处在 t 时刻的电位值，取决于 $t-\frac{r}{v}$ 时刻的电荷值，而不是 t 时刻的电荷值。即时间上要滞后 $\frac{r}{v}$，这正是以速度 v 推进距离 r 所需要的时间，因此把这个电位叫做滞后电位。

如果已知的是空间某一区域 V 中的电荷体密度 ρ，则可将 V 分成许多元体积 $\mathrm{d}V$，每一元体积的电荷可看成是一个点电荷，根据式（6-90），它引起的电位为

$$\mathrm{d}\varphi=\frac{\rho\left(t-\frac{r}{v}\right)\mathrm{d}V}{4\pi\varepsilon r}$$

将每一元体积中电荷的影响叠加起来，得到

$$\varphi=\frac{1}{4\pi\varepsilon}\int_V\frac{\rho\left(t-\frac{r}{v}\right)}{r}\mathrm{d}V \tag{6-91}$$

式中：r 为元体积 $\mathrm{d}V$ 到场点的距离。

同理，可以求得空间任意点的矢量磁位与场源 $\boldsymbol{J}$ 间的关系为

$$\boldsymbol{A}=\frac{\mu}{4\pi}\int_V\frac{\boldsymbol{J}\left(t-\frac{r}{v}\right)}{r}\mathrm{d}V \tag{6-92}$$

所得 $\boldsymbol{A}$ 结果同样要滞后一段时间，故 $\boldsymbol{A}$ 叫做滞后磁位。

如果场源按正弦规律变化，则在稳态情况下，空间各场点的动态位也都是同频率的正弦函数，因而都可以用对应的相量表示。这时动态位的达朗贝尔方程就成为

$$\nabla^2\dot{\boldsymbol{A}}+\omega^2\varepsilon\mu\dot{\boldsymbol{A}}=-\mu\dot{\boldsymbol{J}} \tag{6-93}$$

$$\nabla^2\dot{\varphi}+\omega^2\varepsilon\mu\dot{\varphi}=-\frac{\dot{\rho}}{\varepsilon} \tag{6-94}$$

考虑到时间滞后因子 $\frac{r}{v}$，对于正弦函数，相当于相位滞后 $\omega\frac{r}{v}$，令 $\beta=\frac{\omega}{v}=\omega\sqrt{\mu\varepsilon}$，则 $\omega\frac{r}{v}=\beta r$，因此式（6-93）和式（6-94）的解分别为

$$\dot{\boldsymbol{A}}=\frac{\mu}{4\pi}\int_V\frac{\dot{\boldsymbol{J}}\mathrm{e}^{-\mathrm{j}\beta r}}{r}\mathrm{d}V \tag{6-95}$$

$$\dot{\varphi}=\frac{1}{4\pi\varepsilon}\int_V\frac{\dot{\rho}\mathrm{e}^{-\mathrm{j}\beta r}}{r}\mathrm{d}V \tag{6-96}$$

式中：β 为波数，$\beta=\frac{\omega}{v}=\frac{2\pi f}{v}=\frac{2\pi}{\lambda}$，它表示 2π 范围内的波的数目。

洛仑兹条件的相量形式为

$$\nabla\cdot\dot{\boldsymbol{A}}=-\mathrm{j}\omega\mu\varepsilon\dot{\varphi} \tag{6-97}$$

正弦场量与动态位之间的关系也可用相量表示为

$$\dot{\boldsymbol{B}}=\nabla\times\dot{\boldsymbol{A}} \tag{6-98}$$

$$\dot{\boldsymbol{E}}=-\nabla\dot{\varphi}-\mathrm{j}\omega\dot{\boldsymbol{A}}=\frac{\nabla\nabla\cdot\dot{\boldsymbol{A}}}{\mathrm{j}\omega\varepsilon\mu}-\mathrm{j}\omega\dot{\boldsymbol{A}} \tag{6-99}$$

由此可见，只要求出动态位 $\boldsymbol{A}$ 的相量，即可计算电场强度和磁场强度。

需要指出的是，当 $\beta r\ll1$ 时，$\mathrm{e}^{-\mathrm{j}\beta r}\approx1$，则滞后效应可以忽略不计，所求场量将具有与恒定场相同的表达形式。也就是说，虽然 $\boldsymbol{J}$、ρ 是随时间变化的，但对于任一瞬间而言，$\boldsymbol{A}$、φ

和场源 $\boldsymbol{J}$、ρ 的关系仍然服从于静电场以及恒定磁场中同样的规律。即可以按静电场的规律求电场，按恒定磁场的规律求磁场，只不过它们都是时间的函数罢了。这样的场被称为似稳场或缓变场，而把 $\beta r \ll 1$ 或 $r \ll \dfrac{\lambda}{2\pi}$ 叫做似稳条件。对于 50Hz 的工业频率而言，$\lambda = 6000\text{km}$，故对于一般研究区域可以看作似稳场处理。但当频率增加至 r 与波长 λ 可以比拟时，就必须考虑滞后效应了。

6.8 电 磁 辐 射

随时间变化的场源 ρ 或 $\boldsymbol{J}$ 产生的电磁场以波的形式在空间传播，这种现象称为场源的电磁辐射。电磁辐射的过程形成了电磁波，并以一定的速度在空间传播。在某些情况下，电磁辐射会造成某些不必要的能量损失且导致对其他系统的电磁干扰（如当电车通过时，由于电车导电回路中接触处的火花所引起的辐射，电视机屏幕上干扰信号的出现），也有可能破坏本系统的正常工作，这些现象应尽量避免。但在某些系统中，正是应用电磁辐射将电磁能量有效地、有目的地向外输送，如广播、电视、雷达及无线电通信等，这种辐射称为工作辐射。因此，了解和掌握电磁辐射的特性是十分重要的。

电磁辐射所用的设备称为辐射器。各种形式的天线就是一种专门的辐射器。在分析天线时常用到两个基本的天线模型：单元电偶极子和单元磁偶极子，它们被统称为偶极子或基本振子，是一种最简单的天线。其中，单元电偶极子是短线天线；单元磁偶极子是小圆环天线。这里的“短”和“小”是指它们的尺寸远小于其辐射的电磁波的工作波长。实际的辐射系统可以认为是由许多偶极子所构成的。本节将重点分析单元电偶极子的辐射特性，至于单元磁偶极子的情况，读者可仿效单元电偶极子自行分析。

单元电偶极子是指电偶极子的电荷随时间按正弦规律变化为

$$q(t) = q_{\mathrm{m}} \sin(\omega t + \psi)$$

对应的相量为

$$\dot{q} = \frac{q_{\mathrm{m}}}{\sqrt{2}} \mathrm{e}^{\mathrm{j}\psi}$$

则其电偶极矩为 $\dot{\boldsymbol{p}} = \dot{q}\boldsymbol{l}$，如图 6-8 所示。与电荷相联系的电流为 i。当 $l \ll \lambda$ 时，则沿线各点的电流的振幅和相位可视为相同，且有

$$i = \frac{\mathrm{d}q}{\mathrm{d}t}$$

$$\dot{I} = \mathrm{j}\omega \dot{q}$$

$$\dot{I}\boldsymbol{l} = \mathrm{j}\omega \dot{q}\boldsymbol{l} = \mathrm{j}\omega \dot{\boldsymbol{p}}$$

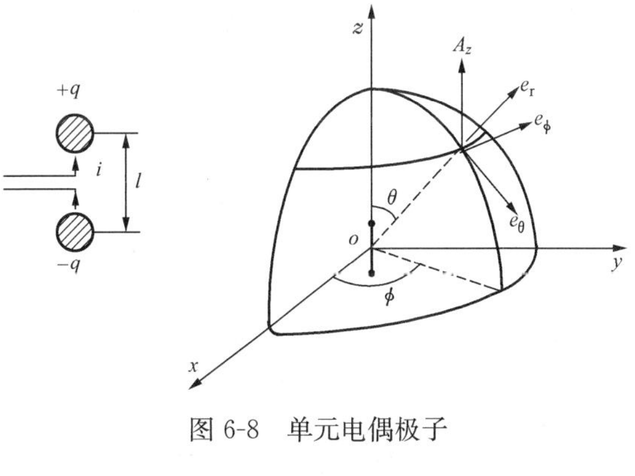

图 6-8　单元电偶极子

将电偶极子置于坐标原点如图 6-8 所示，则由式（6-95）可得矢量磁位为

$$\dot{A} = \dot{A}_z = \frac{\mu_0}{4\pi}\int_V \frac{\dot{J}\,\mathrm{e}^{-\mathrm{j}\beta r}}{r}\mathrm{d}V = \frac{\mu_0}{4\pi}\frac{\mathrm{e}^{-\mathrm{j}\beta r}}{r}\int_l \mathrm{d}l \int_S \dot{J}\,\mathrm{d}S = \frac{\mu_0 \dot{I} l}{4\pi r}\mathrm{e}^{-\mathrm{j}\beta r}$$

如果用球坐标表示，则可得

$$\left.\begin{aligned}\dot{A}_r&=\frac{\mu_0\dot{I}l}{4\pi r}e^{-j\beta r}\cos\theta\\ \dot{A}_\theta&=-\frac{\mu_0\dot{I}l}{4\pi r}e^{-j\beta r}\sin\theta\end{aligned}\right\}\tag{6-100}$$

再将式（6-100）代入式（6-98）中，可得

$$\dot{\boldsymbol{H}}=\frac{1}{\mu_0}\nabla\times\dot{\boldsymbol{A}}=\frac{1}{\mu_0}\frac{1}{r}\left[\frac{\partial}{\partial r}(r\dot{A}_\theta)-\frac{\partial\dot{A}_r}{\partial\theta}\right]\boldsymbol{e}_\phi=\frac{\dot{I}l\cos\theta e^{-j\beta r}}{4\pi}\left(\frac{j\beta}{r}+\frac{1}{r^2}\right)\boldsymbol{e}_\phi\tag{6-101}$$

电场 $\boldsymbol{E}$ 可以由式（6-99）求得，也可直接由电磁场方程（第一方程）求得，其值为

$$\begin{aligned}\dot{\boldsymbol{E}}&=\frac{1}{j\omega\varepsilon_0}\nabla\times\dot{\boldsymbol{H}}=\frac{1}{j\omega\varepsilon_0}\left\{\frac{1}{r\sin\theta}\left[\frac{\partial}{\partial\theta}(\dot{H}_\phi\sin\theta)\right]\boldsymbol{e}_r+\frac{1}{r}\left[-\frac{\partial}{\partial r}(r\dot{H}_\phi)\right]\boldsymbol{e}_\theta\right\}\\&=\frac{\dot{I}l\cos\theta e^{-j\beta r}}{2\pi\omega\varepsilon_0 r^2}\left(\beta-\frac{j}{r}\right)\boldsymbol{e}_r+\frac{\dot{I}l\sin\theta e^{-j\beta r}}{4\pi\omega\varepsilon_0 r^2}\left(j\beta^2 r+\beta-\frac{j}{r}\right)\boldsymbol{e}_\theta\end{aligned}\tag{6-102}$$

因 $\beta=\omega\sqrt{\mu_0 q_0}=\frac{2\pi}{\lambda}$，上述各式又可写成

$$\left.\begin{aligned}\dot{E}_r&=\sqrt{\frac{\mu_0}{\varepsilon_0}}\frac{\dot{I}l\cos\theta e^{-j\frac{2\pi}{\lambda}r}}{2\pi r^2}\left(1-j\frac{\lambda}{2\pi r}\right)\\ \dot{E}_\theta&=\sqrt{\frac{\mu_0}{\varepsilon_0}}\frac{\dot{I}l\sin\theta e^{-j\frac{2\pi}{\lambda}r}}{4\pi r^2}\left(j\frac{2\pi r}{\lambda}+1-j\frac{\lambda}{2\pi r}\right)\\ \dot{E}_\phi&=0\end{aligned}\right\}\tag{6-103}$$

$$\left.\begin{aligned}\dot{H}_\phi&=\frac{\dot{I}l\sin\theta e^{-j\frac{2\pi}{\lambda}r}}{4\pi r^2}\left(j\frac{2\pi r}{\lambda}+1\right)\\ \dot{H}_r&=\dot{H}_\theta=0\end{aligned}\right\}\tag{6-104}$$

式（6-103）及式（6-104）即为通过滞后位求得的电偶极子的电磁场。

现在讨论所得解的物理意义。由于各个表达式中包含有 $\left(\frac{2\pi r}{\lambda}\right)$ 的不同幂次的因子，随着 $\left(\frac{r}{\lambda}\right)$ 的变化，其中某些项将起主要作用，而另一些项将起次要作用。现在分 $\frac{2\pi r}{\lambda}\ll1$ 和 $\frac{2\pi r}{\lambda}\gg1$ 两种情况分别讨论。

（1）$\frac{2\pi r}{\lambda}\ll1$，即 $r\ll\frac{\lambda}{2\pi}$，称为近区。这时，在式（6-103）和式（6-104）中起主要作用的是最后一项，因而可以只保留该项而忽略其他项；同时，$e^{-j\frac{2\pi r}{\lambda}}\approx1$；考虑到 $\dot{I}l=j\omega\dot{p}$，则可得到

$$\left.\begin{aligned}\dot{E}_r&=\sqrt{\frac{\mu_0}{\varepsilon_0}}\frac{\dot{I}l\cos\theta}{2\pi r^2}\left(-j\frac{\lambda}{2\pi r}\right)=\frac{2\dot{p}\cos\theta}{4\pi\varepsilon_0 r^3}\\ \dot{E}_\theta&=\sqrt{\frac{\mu_0}{\varepsilon_0}}\frac{\dot{I}l\sin\theta}{4\pi r^2}\left(-j\frac{\lambda}{2\pi r}\right)=\frac{\dot{p}\sin\theta}{4\pi\varepsilon_0 r^3}\\ \dot{E}_\phi&=0\end{aligned}\right\}\tag{6-105}$$

$$\left.\begin{aligned}\dot{H}_\phi &= \frac{\dot{I}l\sin\theta}{4\pi r^2}\\ \dot{H}_r &= \dot{H}_\theta = 0\end{aligned}\right\}\tag{6-106}$$

由此可见，磁场的表达式与毕奥—萨伐尔定律相符；而电场的表达式则与库仑定律算得的电偶极子的场相符。因此可得出结论：在与电偶极子的距离远小于波长处，电磁场仍然可以近似地按静电场和恒定磁场的规律计算，故称为似稳场区。

从能量的关系来看，$\dot{I}$ 比 $\dot{p}$ 相位超前$\frac{\pi}{2}$，电场强度与磁场强度之间相位相差$\frac{\pi}{2}$，故坡印亭矢量的平均值为零，因而平均传输功率为零，这表示在近区场没有电磁能量向外辐射，电磁能量只在场源和近区电磁场之间交换和振荡，故近区场又称为束缚场或感应场。应当指出，这是在忽略了$\frac{2\pi r}{\lambda}$的高次项后所得的近似结果。实际上，$\frac{2\pi r}{\lambda}$项在近区场中仍然存在，由下面的讨论可知，它代表着远区中的辐射场。

(2) $\frac{2\pi r}{\lambda} \gg 1$，即 $r \gg \frac{\lambda}{2\pi}$，称为远区。这时，在式（6-103）和式（6-104）中起主要作用的是$\frac{2\pi r}{\lambda}$的一次项，因而可以只保留此项而略去零次、负一次项，于是可得到

$$\left.\begin{aligned}\dot{E}_\theta &= \sqrt{\frac{\mu_0}{\varepsilon_0}}\,\mathrm{j}\,\frac{\dot{I}l\sin\theta}{2\lambda r}\mathrm{e}^{-\mathrm{j}\frac{2\pi r}{\lambda}}\\ \dot{E}_r &= \dot{E}_\phi = 0\end{aligned}\right\}\tag{6-107}$$

$$\left.\begin{aligned}\dot{H}_\phi &= \mathrm{j}\,\frac{\dot{I}l\sin\theta}{2\lambda r}\mathrm{e}^{-\mathrm{j}\frac{2\pi r}{\lambda}}\\ \dot{H}_r &= \dot{H}_\theta = 0\end{aligned}\right\}\tag{6-108}$$

对应的瞬时表达式为

$$E_\theta(t,r) = -\sqrt{\frac{\mu_0}{\varepsilon_0}}\frac{I_{\mathrm{m}}l}{2\lambda r}\sin\theta\sin\left(\omega t+\psi-\frac{2\pi}{\lambda}r\right)\tag{6-109}$$

$$H_\phi(t,r) = -\frac{I_{\mathrm{m}}l}{2\lambda r}\sin\theta\sin\left(\omega t+\psi-\frac{2\pi}{\lambda}r\right)\tag{6-110}$$

由式（6-109）和式（6-110）可以看出：

1）远区场量的相位随离源点的距离 r 的增大而滞后，即滞后效应不能忽略。在相同 r 处，电场、磁场量的相位相同，即电偶极子的等相位面为球面。故沿 r 方向传播的为球面电磁波。每经过单位长度滞后的相位为$\frac{2\pi}{\lambda}=\beta$，故 β 又称为相位常数。波的传播速度为

$$v = \frac{\omega}{\beta} = \frac{\omega}{\omega\sqrt{\mu_0\varepsilon_0}} = \frac{1}{\sqrt{\mu_0\varepsilon_0}} = 3\times10^8(\mathrm{m/s})$$

2）$\dot{E}_\theta$ 和 $\dot{H}_\phi$ 的比值为

$$Z_0 = \frac{\dot{E}_\theta}{\dot{H}_\phi} = \sqrt{\frac{\mu_0}{\varepsilon_0}} = 377(\Omega)$$

量纲为阻抗，故称为真空的波阻抗。由波阻抗可以确定空间 $\boldsymbol{E}$、$\boldsymbol{H}$ 间的关系。

3）$\boldsymbol{E}$、$\boldsymbol{H}$ 和波传播方向 $\boldsymbol{e}_r$ 三者相互垂直，并且符合右手螺旋定则。因为坡印亭矢量 $\boldsymbol{S}=\boldsymbol{E}\times\boldsymbol{H}$，它的方向指向 $\boldsymbol{e}_r$ 方向，说明远区中有电磁能量沿传播方向传播。因为 Z_0 为实数，$\boldsymbol{E}$、$\boldsymbol{H}$ 同相位，坡印亭矢量在一个周期内的平均值为

$$\boldsymbol{S}_{\mathrm{av}}=\sqrt{\frac{\mu_0}{\varepsilon_0}}\frac{I^2l^2\sin^2\theta}{(2\lambda r)^2}$$

将它在以原点为中心，r_0 为半径（r_0 远大于 λ）的球面 S 上进行积分，便得到通过 S 面的平均值为

$$P=\int_A \boldsymbol{S}_{\mathrm{av}}\cdot \mathrm{d}\boldsymbol{A}=\sqrt{\frac{\mu_0}{\varepsilon_0}}\frac{I^2l^2}{(2\lambda r_0)^2}\int_0^{\pi}\sin^2\theta 2\pi r_0^2\sin\theta\mathrm{d}\theta$$

$$=240\pi^2\left(\frac{Il}{2\lambda}\right)^2\int_0^{\pi}\sin^3\theta\mathrm{d}\theta=80\pi^2\left(\frac{l}{\lambda}\right)^2I^2 \tag{6-111}$$

式（6-111）表明：平均功率与球面半径的大小无关，即通过以波源为中心的任一球面向外辐射的电磁功率是相同的。这就表明，能量并没有在空间停留，而是不断地从波源处呈辐射状向外传播出去。传播出去的能量叫做辐射能量。所以远区场的性质是辐射场。

由式（6-111）还可以看到，电偶极子辐射能力的大小不仅与电流 I 的大小有关；还与 l/λ 的大小有关。通常引入辐射电阻 R_{r} 来表示辐射源的辐射能力，其定义为

$$R_{\mathrm{r}}=\frac{P}{I^2}$$

R_{r} 越大，辐射源的辐射能力越强。对于上述电偶极子，有

$$R_{\mathrm{r}}=\frac{P}{I^2}=\frac{80\pi^2l^2}{\lambda^2} \tag{6-112}$$

对工业频率而言，$\lambda=6000\mathrm{km}$，l/λ 是一个很小的值，所以一般电路的辐射很小，可以略去不计。但当频率增高至 l 和 λ 之值可以比拟时，便要计及辐射的效应。它使电路的损耗增加，并且造成对其他电路的干扰。实际中，天线一般均工作于较高频率，以便能够有效地辐射电磁能量。

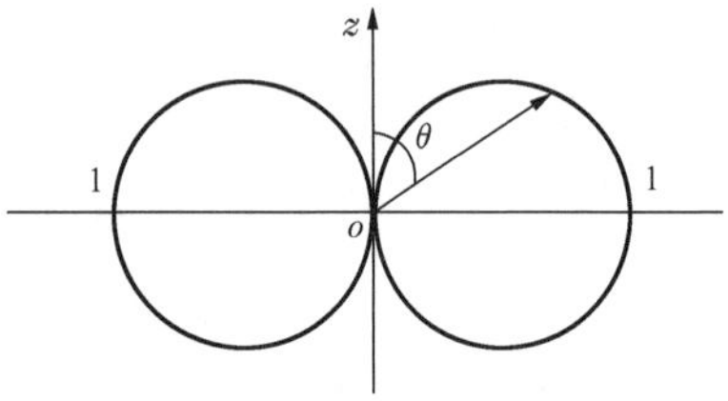

图 6-9　电偶极子的辐射方向图

4）在辐射场中，电场 $\boldsymbol{E}$ 和磁场 $\boldsymbol{H}$ 的振幅不仅与距离 r 有关，而且与观察点所处的方位也有关，它们与 θ 的关系是 $\sin\theta$。也就是说，在不同的方向上，场量以及坡印亭矢量的大小均不相同，这叫做辐射的方向性。即单元电偶极子辐射的电磁波具有一定的方向性。场强公式中与 θ、ϕ 有关的因子称为方向性因子，以 $f(\theta,\phi)$ 表示。对于单元电偶极子天线，$f(\theta,\phi)=\sin\theta$。方向性是天线设备中研究的主要问题之一。图 6-9 所示为以 θ 为变量在任何 ϕ 等于常数的平面内电偶极子的辐射方向图。

本章小结

（1）全电流定律中引入了位移电流，反映了变化的电场产生磁场

$$\oint_l \boldsymbol{H}\cdot\mathrm{d}\boldsymbol{l}=i+\int_S\frac{\partial\boldsymbol{D}}{\partial t}\cdot\mathrm{d}\boldsymbol{S}=\int_S\left(\boldsymbol{J}+\frac{\partial\boldsymbol{D}}{\partial t}\right)\cdot\mathrm{d}\boldsymbol{S}$$

微分形式为

$$\nabla \times \boldsymbol{H} = \boldsymbol{J} + \frac{\partial \boldsymbol{D}}{\partial t}$$

(2) 法拉第电磁感应定律反映了变化的磁场产生电场的规律。对于磁场中任意闭合回路

$$\oint_l \boldsymbol{E} \cdot \mathrm{d}\boldsymbol{l} = -\int_S \frac{\partial \boldsymbol{B}}{\partial t} \cdot \mathrm{d}\boldsymbol{S} + \oint_l (\boldsymbol{v} \times \boldsymbol{B}) \cdot \mathrm{d}\boldsymbol{l}$$

此式是电磁感应定律的积分形式，适用于所有的情形。

其微分形式为

$$\nabla \times \boldsymbol{E} = -\frac{\partial \boldsymbol{B}}{\partial t} + \nabla \times (\boldsymbol{v} \times \boldsymbol{B})$$

对于静止媒质有

$$\oint_l \boldsymbol{E} \cdot \mathrm{d}\boldsymbol{l} = -\int_S \frac{\partial \boldsymbol{B}}{\partial t} \cdot \mathrm{d}\boldsymbol{S}$$

$$\nabla \times \boldsymbol{E} = -\frac{\partial \boldsymbol{B}}{\partial t}$$

(3) 静止媒质中时变电磁场的基本方程组为

积分形式	微分形式
$\oint_l \boldsymbol{H} \cdot \mathrm{d}\boldsymbol{l} = \int_S \boldsymbol{J} \cdot \mathrm{d}\boldsymbol{S} + \int_S \frac{\partial \boldsymbol{D}}{\partial t} \cdot \mathrm{d}\boldsymbol{S}$	$\nabla \times \boldsymbol{H} = \boldsymbol{J}_C(\text{或} \boldsymbol{J}_v) + \frac{\partial \boldsymbol{D}}{\partial t}$
$\oint_l \boldsymbol{E} \cdot \mathrm{d}\boldsymbol{l} = -\int_S \frac{\partial \boldsymbol{B}}{\partial t} \cdot \mathrm{d}\boldsymbol{S}$	$\nabla \times \boldsymbol{E} = -\frac{\partial \boldsymbol{B}}{\partial t}$
$\oint_S \boldsymbol{B} \cdot \mathrm{d}\boldsymbol{S} = 0$	$\nabla \cdot \boldsymbol{B} = 0$
$\oint_S \boldsymbol{D} \cdot \mathrm{d}\boldsymbol{S} = q$	$\nabla \cdot \boldsymbol{D} = \rho$

在各向同性、线性媒质中，媒质的构成方程为

$$\boldsymbol{D} = \varepsilon \boldsymbol{E} \qquad \boldsymbol{B} = \mu \boldsymbol{H} \qquad \boldsymbol{J} = \gamma \boldsymbol{E}$$

只有代入构成方程，电磁场的基本方程才可以求解。

(4) 时变电磁场在不同媒质分界面上的边界条件为

$$B_{1\mathrm{n}} = B_{2\mathrm{n}}$$

$$D_{2\mathrm{n}} - D_{1\mathrm{n}} = \sigma$$

$$H_{1\mathrm{t}} - H_{2\mathrm{t}} = K$$

$$E_{1\mathrm{t}} = E_{2\mathrm{t}}$$

在理想导体表面处的边界条件为

$$B_{2\mathrm{n}} = 0$$

$$D_{2\mathrm{n}} = \sigma$$

$$H_{2\mathrm{t}} = -K$$

$$E_{2\mathrm{t}} = 0$$

(5) 坡印亭定理反映了时变电磁场中的能量守恒及转换定律

$$-\oint_A (\boldsymbol{E} \times \boldsymbol{H}) \cdot \mathrm{d}\boldsymbol{A} = \frac{\partial W}{\partial t} + \int_V \boldsymbol{E} \cdot \boldsymbol{J} \mathrm{d}V$$

其中，能量密度为

$$w=w_e+w_m=\frac{1}{2}\boldsymbol{D}\cdot\boldsymbol{E}+\frac{1}{2}\boldsymbol{H}\cdot\boldsymbol{B}$$

单位时间内通过单位面积的电磁能量（即能流密度），可由坡印亭矢量计算，它等于

$$\boldsymbol{S}=\boldsymbol{E}\times\boldsymbol{H}$$

通过任一闭合面 A 发出的电磁功率为

$$P=\oint_A\boldsymbol{S}\cdot\mathrm{d}\boldsymbol{A}$$

（6）当各场量随时间按正弦规律变化时，可用相量表示。这时电磁场基本方程组的相量形式为

$$\nabla\times\dot{\boldsymbol{H}}=\dot{\boldsymbol{J}}+\mathrm{j}\omega\dot{\boldsymbol{D}} \qquad \nabla\times\dot{\boldsymbol{E}}=-\mathrm{j}\omega\dot{\boldsymbol{B}}$$

$$\nabla\cdot\dot{\boldsymbol{B}}=0 \qquad \nabla\cdot\dot{\boldsymbol{D}}=\dot{\rho}$$

坡印亭矢量和坡印亭定理的相量形式分别为

$$\tilde{\boldsymbol{S}}=\dot{\boldsymbol{E}}\times\dot{\boldsymbol{H}}^*$$

$$-\oint_A(\dot{\boldsymbol{E}}\times\dot{\boldsymbol{H}}^*)\cdot\mathrm{d}\boldsymbol{A}=\int_V[\dot{\boldsymbol{E}}\cdot\dot{\boldsymbol{J}}^*-\mathrm{j}\omega(\varepsilon\dot{\boldsymbol{E}}\cdot\dot{\boldsymbol{E}}^*-\mu\dot{\boldsymbol{H}}\cdot\dot{\boldsymbol{H}}^*)]\mathrm{d}V$$

导电媒质中的等效电路参数——电阻和电抗分别为

$$R=-\frac{1}{I^2}\mathrm{Re}\left[\oint_A(\dot{\boldsymbol{E}}\times\dot{\boldsymbol{H}}^*)\cdot\mathrm{d}\boldsymbol{A}\right]$$

$$X=-\frac{1}{I^2}\mathrm{Im}\left[\oint_A(\dot{\boldsymbol{E}}\times\dot{\boldsymbol{H}}^*)\cdot\mathrm{d}\boldsymbol{A}\right]$$

（7）时变电磁场的一般求解，可引入动态位函数

$$\boldsymbol{B}=\nabla\times\boldsymbol{A} \quad 和 \quad \boldsymbol{E}=-\nabla\varphi-\frac{\partial\boldsymbol{A}}{\partial t}$$

当 $\boldsymbol{A}$ 与 φ 满足洛仑兹条件或洛仑兹规范 $\nabla\cdot\boldsymbol{A}=-\mu\varepsilon\dfrac{\partial\varphi}{\partial t}$ 时，它们满足达朗贝尔方程

$$\nabla^2\boldsymbol{A}-\varepsilon\mu\frac{\partial^2\boldsymbol{A}}{\partial t^2}=-\mu\boldsymbol{J}$$

$$\nabla^2\varphi-\varepsilon\mu\frac{\partial^2\varphi}{\partial t^2}=-\frac{\rho}{\varepsilon}$$

在已知场源分布时，达朗贝尔方程的解为

$$\boldsymbol{A}=\frac{\mu}{4\pi}\int_V\frac{\boldsymbol{J}\left(t-\frac{r}{v}\right)}{r}\mathrm{d}V$$

$$\varphi=\frac{1}{4\pi\varepsilon}\int_V\frac{\rho\left(t-\frac{r}{v}\right)}{r}\mathrm{d}V$$

当激励为时间的正弦函数时，则有

$$\dot{\boldsymbol{A}}=\frac{\mu}{4\pi}\int_V\frac{\dot{\boldsymbol{J}}\mathrm{e}^{-\mathrm{j}\beta r}}{r}\mathrm{d}V$$

$$\dot{\varphi}=\frac{1}{4\pi\varepsilon}\int_V\frac{\dot{\rho}\mathrm{e}^{-\mathrm{j}\beta r}}{r}\mathrm{d}V$$

可以看出，时间上推迟$\frac{r}{v}$，相应于正弦函数的相位滞后 βr，所以动态位又称为滞后位。

（8）在单元偶极子激发的电磁场中，$r\ll\frac{\lambda}{2\pi}$的区域称为近区，又称为似稳区，其中场的分布规律与相应的静电场及恒定磁场的相近似。$r\gg\frac{\lambda}{2\pi}$的区域称为远区，又称为辐射区。其中有

$$H_\phi(t,r)=-\frac{I_{\mathrm{m}}l}{2\lambda r}\sin\theta\sin\left(\omega t+\psi-\frac{2\pi}{\lambda}r\right)$$

$$E_\theta(t,r)=-\sqrt{\frac{\mu_0}{\varepsilon_0}}\,\frac{I_{\mathrm{m}}l}{2\lambda r}\sin\theta\sin\left(\omega t+\psi-\frac{2\pi}{\lambda}r\right)$$

它们是球面波，有滞后效应。用波阻抗

$$Z_0=\frac{\dot{E}_\theta}{\dot{H}_\phi}=\sqrt{\frac{\mu_0}{\varepsilon_0}}=377\Omega\text{（真空中）}$$

表示 $\dot{E}_\theta$ 和 $\dot{H}_\phi$ 的比值。用辐射电阻

$$R_{\mathrm{r}}=\frac{P}{I^2}=\frac{80\pi^2l^2}{\lambda^2}$$

表示辐射源的辐射能力。辐射功率为

$$P=\int_A\boldsymbol{S}_{\mathrm{av}}\cdot\mathrm{d}\boldsymbol{A}=80\pi^2\left(\frac{l}{\lambda}\right)^2I^2$$

由于在同一半径的球面上，电场和磁场的幅值随 θ 角而变，故具有所谓的方向性。

习 题

6.1 设在半径分别为 a 和 b 的两个同心球之间充满理想介质，其介电常数为 $\varepsilon=\varepsilon_0$，两球间接有正弦电压 $u=U_{\mathrm{m}}\sin\omega t$。试求两球间任意点的位移电流密度。

6.2 计算下列媒质中的传导电流密度和位移电流密度的大小之比，已知电场强度为

$$E=E_{\mathrm{m}}\cos\omega t$$

$\omega=1000(\mathrm{rad/s})$。

（1）铜：$\gamma=5.8\times10^7(\mathrm{S/m}),\varepsilon=\varepsilon_0$。

（2）蒸馏水：$\gamma=2\times10^{-4}(\mathrm{S/m}),\varepsilon=80\varepsilon_0$。

（3）聚苯乙烯：$\gamma=10^{-16}(\mathrm{S/m}),\varepsilon=2.53\varepsilon_0$。

6.3 设真空中的磁感应强度为 $\boldsymbol{B}=\boldsymbol{e}_y10^{-3}\sin(6\pi\times10^8t-kz)$，试求空间位移电流密度的瞬时值。

6.4 设有一矩形导线框位于一长直导线的近旁，长直导线上通有电流 i，如图 6-10 所示。

（1）设 $i=I_{\mathrm{m}}\cos\omega t$，试求线框中的感应电动势（设框的尺寸远小于正弦电流的波长）。

（2）设 $i=I_0$，线框以速度 v 向右匀速平移，试求感应电动势。

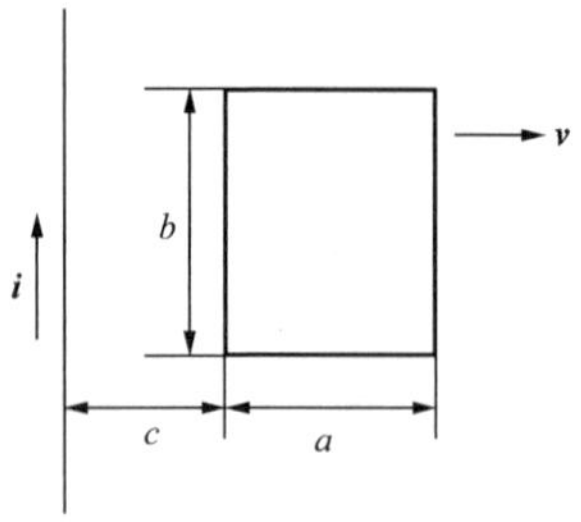

图 6-10　题 6.4 图

（3）设 $i=I_m\cos\omega t$，且线框以速度 v 向右匀速平移，再求感应电动势。

6.5　已知分界面一侧媒质 1 为空气，另一侧媒质 2 为干土，$\varepsilon_{r2}=3$，$\gamma_2=10^5$(S/m)，设媒质 1 分界面处有

$$E_1=100\cos(10^6 t+30°)$$

其方向与分界面法线成 45°角，试求 $\boldsymbol{E}_2$。

6.6　在自由空间中，$\boldsymbol{E}=50\cos(\omega t-\beta z)\boldsymbol{e}_x$。在 z 为常数的平面中，试求穿过半径为 2.5m 的圆面积内的平均功率。

6.7　同轴电缆接至正弦电源 u，负载为一 RC 串联电路，电缆长度远远小于电源的波长，电缆本身电阻可以忽略不计。试用坡印亭矢量计算沿电缆传送的功率。

6.8　对于正弦电磁场，试证明用 $\dot{\boldsymbol{E}}=\frac{1}{\mathrm{j}\omega\varepsilon}\nabla\times\dot{\boldsymbol{H}}$ 和 $\dot{\boldsymbol{E}}=-\nabla\dot{\varphi}-\mathrm{j}\omega\dot{\boldsymbol{A}}$ 两式求 $\dot{\boldsymbol{E}}$，其结果相同。

6.9　已知无源自由空间中正弦电磁场的电场强度相量为

$$\dot{\boldsymbol{E}}=(-\mathrm{j}\boldsymbol{e}_x-2\boldsymbol{e}_y)\mathrm{e}^{-\mathrm{j}0.05\pi(\sqrt{3}z)}$$

试求电场强度的瞬时值，磁感应强度的瞬时值和相量表示，以及坡印亭矢量的瞬时值及平均值。

6.10　在均匀的理想介质中，已知时变电磁场为

$$\boldsymbol{E}=30\pi\cos\left(\omega t-\frac{4}{3}y\right)\boldsymbol{e}_x$$

$$\boldsymbol{H}=10\cos\left(\omega t-\frac{4}{3}y\right)\boldsymbol{e}_z$$

且介质的相对磁导率 $\mu_r=1$，试由电磁场基本方程组求出 ω 和 ε_r。

6.11　已知动态位 $\boldsymbol{A}$ 和 φ 分别为

$$\boldsymbol{A}=\frac{1}{2}(x^2+y^2)\sin\alpha t\boldsymbol{e}_z+\nabla\psi$$

$$\varphi=-\frac{\partial\psi}{\partial t}$$

此处，ψ 是任意函数，α 是常数。试求 $\boldsymbol{E}$、$\boldsymbol{B}$。

6.12　试求单元电偶极子的 φ 的表达式。并由此证明 $\boldsymbol{A}$ 和 φ 符合洛仑兹条件。

6.13　已知电偶极子天线长 1m，其中电流为 $i=10\cos(3.14\times10^6 t)$(A)，试求 $r=1$km，$\theta=30°$处的 $\boldsymbol{E}$、$\boldsymbol{H}$ 的有效值及 $\boldsymbol{S}$ 的平均值。

6.14　某电台的波长为 500m。设距离它的发射天线 5km 处有一收音机，试计算作用于收音机的辐射场和似稳场的 $\boldsymbol{E}_\theta$ 的比值。

第7章 边值问题的求解

7.1 位场的边值问题

在前面章节中，我们研究了静电场、恒定电场和恒定磁场的基本规律，并且对一些典型问题中的电场或磁场分布进行了分析计算。这类场的分析计算，总的来说可归结为求解场的边值问题，即在给定边界条件下求解泊松方程或拉普拉斯方程的问题。

要解决一个实际工程中出现的电磁场问题，首先就必须把这一待解的问题完整正确地提出来。必须从场的基本规律，推导出场所满足的微分方程。我们知道，在各向同性、均匀且线性的媒质内，静电场、恒定电场和恒定磁场的相应标量位函数或矢量位函数满足泊松方程或拉普拉斯方程。这些场的微分方程描述了场的分布及变化规律，场的解答也就必须满足这些方程。但是仅仅根据这些微分方程，还不能确定问题的具体答案，还必须按照实际问题的物理状况，正确地提出并给定微分方程的定解条件，使问题本身有且仅有唯一的确定解，这样才能求出具体的解答。

数学中的定解条件是指空间变量的边界条件及时间变量的初始条件，并由定解条件证明微分方程解答的唯一性。由于泊松方程与拉普拉斯方程都是描写场的稳恒状态而与时间无关，因此，这些方程的定解条件就是边界条件。通常，将满足一定边界条件的偏微分方程的求解问题，称为边值问题。常见的边值问题按边界条件归纳为三类（参见 3.1.1 静电场的边值问题）。

对于边值问题的分析和求解，可以采用前面讲过的镜像法或电轴法等间接方法，也可以采用本章讲到的分离变量法、有限差分法和有限元法等。

7.2 分离变量法

分离变量法是解边值问题的一种基本方法，应用于求解拉普拉斯方程时，具体步骤是如下：

（1）按选定坐标系写出边值问题。坐标系的选择是很重要的。若边界面和分界面与坐标曲面一致，可使边界条件的表述较简单。斜交坐标系做不到变量分离。

（2）将待求位函数进行分离，使之成为仅含单一坐标变量的函数的乘积，从而将多变量的偏微分方程化为仅含单变量的常微分方程。

（3）由单变量常微分方程的通解得到偏微分方程的通解，通解中含有待定的常数。

（4）由边界条件决定待定的常数，得到问题的唯一确定解。

分离变量法可用于三维场。本书仅介绍最常用的两种坐标系中二维场的分离变量法。

7.2.1 直角坐标系中的分离变量法

设有二维场问题满足拉普拉斯方程。如果场域的边界都是直线，而且这些直线或互相平行或互相垂直，这时就应选用直角坐标系。在直角坐标系中，二维位函数满足的拉普拉斯方程为

$$\frac{\partial^2\varphi}{\partial x^2}+\frac{\partial^2\varphi}{\partial y^2}=0 \tag{7-1}$$

首先，给出分离变量形式的试探解，即假设解为

$$\varphi(x,y)=X(x)Y(y) \tag{7-2}$$

式中：X 仅为 x 的函数；Y 仅为 y 的函数。

将式（7-2）代入式（7-1）中，并用 X 、Y 除以方程式的两边，便得

$$\frac{1}{X}\frac{\mathrm{d}^2X}{\mathrm{d}x^2}=-\frac{1}{Y}\frac{\mathrm{d}^2Y}{\mathrm{d}y^2} \tag{7-3}$$

式（7-3）左边与 y 无关，右边与 x 无关，而当 x 、y 在场域内取任意值它们又恒等。显然，这只能在两边均等于一常数时才可能，将此常数写成 k_n^2 ，得

$$\frac{\mathrm{d}^2X}{\mathrm{d}x^2}-k_n^2X=0 \text{ 和 } \frac{\mathrm{d}^2Y}{\mathrm{d}y^2}+k_n^2Y=0 \tag{7-4}$$

这样就把二维的拉普拉斯方程分离成两个常微分方程，k_n 称为分离常数。

当 $k_n=0$ 时，式（7-4）中两个常微分方程的解分别为

$$X(x)=A_0x+B_0 \text{ 和 } Y(y)=C_0y+D_0 \tag{7-5}$$

而当 $k_n\neq 0$ 时，解分别为

$$X(x)=A_n\mathrm{ch}k_nx+B_n\mathrm{sh}k_nx \tag{7-6}$$

和

$$Y(y)=C_n\cos k_ny+D_n\sin k_ny \tag{7-7}$$

其中，A_0、B_0、C_0、D_0、A_n、B_n、C_n 和 D_n 均为待定常数。

拉普拉斯方程是线性的，适用叠加原理，k_n 取所有可能值的解的线性组合也将是它的解，所以由式（7-2）得到电位函数的一般解为

$$\varphi(x,\ y)=(A_0x+B_0)(C_0y+D_0)+\sum_{n=1}^{\infty}(A_n\mathrm{ch}k_nx+B_n\mathrm{sh}k_nx)(C_n\cos k_ny+D_n\sin k_ny) \tag{7-8}$$

式（7-8）是 y 的周期函数，x 的双曲函数；若把式（7-4）中 k_n^2 换为 $-k_n^2$ ，则 φ 是 x 的周期函数，y 的双曲函数。因此，可得到另外一个一般解，即

$$\varphi(x,y)=(A_0x+B_0)(C_0y+D_0)+\sum_{n=1}^{\infty}(A_n\cos k_nx+B_n\sin k_nx)(C_n\mathrm{ch}k_ny+D_n\mathrm{sh}k_ny) \tag{7-9}$$

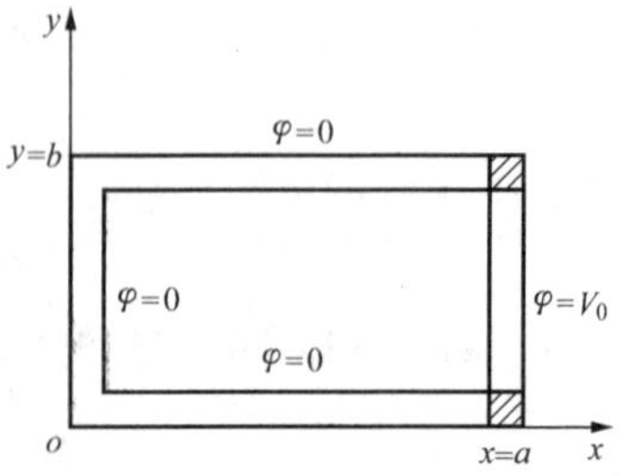

图 7-1 【例 7-1】图

究竟如何选取分离常数，要由给定问题的具体边界条件情况而定。各待定的常数 A_0、B_0、C_0、D_0、A_n 、B_n 、C_n 和 D_n 按照给定的边界条件确定，即可获得唯一的答案。

【例 7-1】 如图 7-1 所示，无限长直角金属槽，三壁接地，另一壁与三壁绝缘且保持电位为 V_0，金属槽截面的长宽分别为 a 与 b 。求此金属槽内的电位分布。

解 因金属槽无限长，故槽内电位 φ 与坐标 z 无关。由于槽内各点上电荷密度 $\rho=0$，故槽内电位函数满足二维直角坐标系中的拉普拉斯方程，根据给定的边界条件，$\varphi(x,y)$ 的通解应取为式（7-8）。我们将

给定的边界条件代入一般解中，决定其中的待定常数和分离常数。

（1）在 $x=0$ 处，$\varphi=0$，故

$$B_0(C_0y+D_0)+\sum_{n=1}^{\infty}A_n(C_n\cos k_ny+D_n\sin k_ny)=0 \tag{7-10}$$

式（7-10）对于任意 y 值均成立，必有

$$B_0=0,\ A_n=0$$

（2）在 $y=0$ 处，$\varphi=0$，故得

$$D_0=0,\ C_n=0$$

（3）在 $y=b$ 处，$\varphi=0$，故得 $A_0=0$，$C_0=0$，$\sin k_nb=0$，$k_n=\dfrac{n\pi}{b}$。

将以上所得各常数代入式（7-8）中，即得电位为

$$\varphi(x,y)=\sum_{n=1}^{\infty}B_nD_n\,\mathrm{sh}\frac{n\pi x}{b}\sin\frac{n\pi y}{b} \tag{7-11}$$

（4）在 $x=a$ 处，$\varphi=V_0$，故

$$\sum_{n=1}^{\infty}B_nD_n\,\mathrm{sh}\frac{n\pi a}{b}\sin\frac{n\pi y}{b}=V_0 \tag{7-12}$$

式（7-12）两边同乘以 $\sin\dfrac{n\pi y}{b}$，然后从 $0\to b$ 进行积分，有

$$\int_0^b B_nD_n\,\mathrm{sh}\frac{n\pi a}{b}\sin^2\frac{n\pi y}{b}\mathrm{d}y=\int_0^b V_0\sin\frac{n\pi y}{b}\mathrm{d}y \tag{7-13}$$

可得

$$B_nD_n\,\mathrm{sh}\frac{n\pi a}{b}\,\frac{b}{2}=\frac{bV_0}{n\pi}(1-\cos n\pi)$$

$$B_nD_n\,\mathrm{sh}\frac{n\pi a}{b}=\begin{cases}\dfrac{4V_0}{n\pi} & (n\ 为奇数)\\ 0 & (n\ 为偶数)\end{cases} \tag{7-14}$$

最终得电位函数 $\varphi(x,\ y)$ 的解为

$$\varphi(x,\ y)=\sum_{n=1,\ 3,\ 5\cdots}^{\infty}\frac{4V_0}{n\pi}\mathrm{sh}\frac{n\pi x}{b}\sin\frac{n\pi y}{b}\Big/\mathrm{sh}\frac{n\pi a}{b} \tag{7-15}$$

7.2.2　圆柱坐标系中的分离变量法

这里，仅介绍在圆柱坐标系中，电位函数 φ 沿 z 方向没有变化时的二维平行平面场。φ 的拉普拉斯方程为

$$\nabla^2\varphi(\rho,\phi)=\frac{1}{\rho}\frac{\partial}{\partial\rho}\left(\rho\frac{\partial\varphi}{\partial\rho}\right)+\frac{1}{\rho^2}\frac{\partial^2\varphi}{\partial\phi^2}=0 \tag{7-16}$$

令待求电位函数 φ 为 $\varphi(\rho,\ \phi)=R(\rho)Q(\phi)$，代入式（7-16）中，经过整理得

$$\frac{\rho^2}{R}\frac{\mathrm{d}^2R}{\mathrm{d}\rho^2}+\frac{\rho}{R}\frac{\mathrm{d}R}{\mathrm{d}\rho}=-\frac{1}{Q}\frac{\mathrm{d}^2Q}{\mathrm{d}\phi^2}=\lambda \tag{7-17}$$

或

$$\rho^2\frac{\mathrm{d}^2R}{\mathrm{d}\rho^2}+\rho\frac{\mathrm{d}R}{\mathrm{d}\rho}-\lambda R=0 \tag{7-18}$$

及

$$\frac{\rho^2}{R}\frac{\mathrm{d}^2Q}{\mathrm{d}\phi^2}+\lambda Q=0 \tag{7-19}$$

考虑到常微分方程式（7-19）的解应满足自然边界条件，即 $Q(\phi+2k\pi)=Q(\phi)$，k 为整数。所以，分离常数 λ 只可能是 n^2 形式，而不取 $-n^2$。如果 $\lambda=-n^2$，则函数 Q 的解将为指数函数形式，不满足自然边界条件。故取 $\lambda=n^2$。

当 $n=0$ 时，方程式（7-18）和式（7-19）的解为

$$R_0(\rho)=A_0\ln\rho+B_0$$

$$Q_0(\phi)=C_0\phi+D_0$$

当 $n\neq0$ 时，方程式（7-18）、式（7-19）的解为

$$R_n(\rho)=A_0\rho^n+B_n\rho^{-n}$$

$$Q_n(\phi)=C_n\cos n\phi+D_n\sin n\phi$$

于是，由这些解的相应乘积叠加组成拉普拉斯方程式（7-16）的一般解，即

$$\varphi(\rho,\phi)=(A_0\ln\rho+B_0)(C_0\phi+D_0)+\sum_{n=1}^{\infty}(A_n\rho^n+B_n\rho^{-n})(C_n\cos n\phi+D_n\sin n\phi) \tag{7-20}$$

式（7-20）中各常数由具体问题的给定边界条件确定。

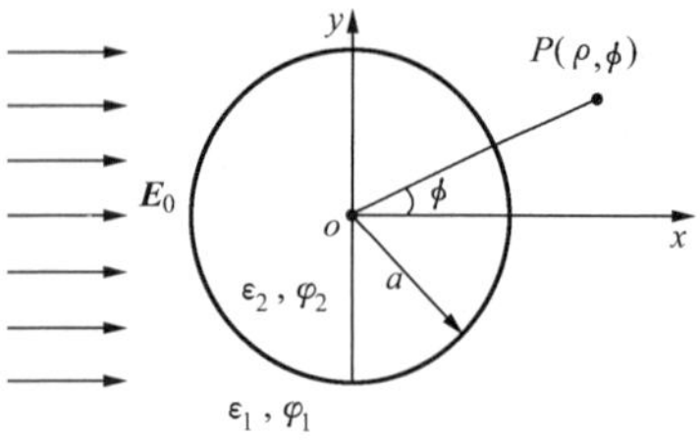

图 7-2 【例 7-2】图

【例 7-2】 如图 7-2 所示，在均匀外电场 $\boldsymbol{E}_0$ 中，有一半径为 a，介电常数为 ε_2 的无限长均匀介质圆柱体，其轴与 $\boldsymbol{E}_0$ 垂直，柱外充满介电常数为 ε_1 的均匀介质。试求柱内与柱外的电位分布。

解 根据分界面形状取圆柱坐标系且使 z 轴与圆柱轴重合。因圆柱无限长，电位 φ 与坐标 z 无关，故可取式（7-20）为一般解。由于电位 $\varphi(\phi+2k\pi)=\varphi(\phi)$，且具有 $\varphi(\phi)=\varphi(-\phi)$，故一般解中不应包含 $\sin n\phi$ 项，$C_0=0$。所以，本题的一般解简化为

$$\varphi(\rho,\phi)=A_0\ln\rho+B_0+\sum_{n=1}^{\infty}(A_n\rho^n+B_n\rho^{-n})\cos n\phi \tag{7-21}$$

（1）设柱外电位为 φ_1，当 $\rho\to\infty$ 时，$\varphi_1\to-E_0\rho\cos\phi$，比较系数可得当 $n=1$，$A_1=-E_0$，$n\neq1$，$A_n=0$；$A_0=0$，$B_0=0$；故

$$\varphi_1=-E_0\rho\cos\phi+\sum_{n=1}^{\infty}\frac{B_n}{\rho^n}\cos n\phi \tag{7-22}$$

（2）设柱内电位为 φ_2，当 $\rho\to0$ 时，φ_2 应为有限值（设为零），故 φ_2 中不可能有 $\ln\rho$ 和 ρ^{-n} 两项，即 $A_0=0$ 和 $B_n=0$，且 $B_0=0$。于是有

$$\varphi_2=\sum_{n=1}^{\infty}A_n\rho^n\cos n\phi \tag{7-23}$$

（3）利用柱面上的介质分界面边界条件，得

$$\left.\begin{aligned}&-E_0a\cos\phi+\sum_{n=1}^{\infty}\frac{B_n}{a^n}\cos n\phi=\sum_{n=1}^{\infty}A_na^n\cos n\phi\\&\varepsilon_1\left(-E_0\cos\phi-\sum_{n=1}^{\infty}n\frac{B_n}{a^{n+1}}\cos n\phi\right)=\varepsilon_2\sum_{n=1}^{\infty}nA_na^{n-1}\cos n\phi\end{aligned}\right\} \tag{7-24}$$

比较式（7-24）的两端 $\cos n\phi$ 项的系数，只有当 $n=1$ 时，得

$$\left.\begin{aligned}-E_0 a+\frac{B_1}{a}&=A_1 a\\ \varepsilon_1\left(-E_0-\frac{B_1}{a^2}\right)&=\varepsilon_2 A_1\end{aligned}\right\}\tag{7-25}$$

解之，得

$$A_1=-\left(1-\frac{\varepsilon_2-\varepsilon_1}{\varepsilon_2+\varepsilon_1}\right)E_0\tag{7-26}$$

和

$$B_1=\frac{\varepsilon_2-\varepsilon_1}{\varepsilon_2+\varepsilon_1}a^2E_0\tag{7-27}$$

而当 $n\neq 1$ 时，式（7-24）两端无法相等，因此，柱外与柱内的电位为

$$\varphi_1=-E_0\rho\cos\phi+\frac{\varepsilon_2-\varepsilon_1}{\varepsilon_2+\varepsilon_1}\frac{a^2}{\rho}E_0\cos\phi\tag{7-28}$$

和

$$\varphi_2=-\left(1-\frac{\varepsilon_2-\varepsilon_1}{\varepsilon_2+\varepsilon_1}\right)E_0\rho\cos\phi\tag{7-29}$$

7.3 有限差分法

求解边值问题过程中，当场域边界的几何形状比较简单时，可以用分离变量法求得函数表达式。但当边界形状比较复杂时，一般情况下无法得到其函数表达式，只能用其他间接方法或数值计算方法求出其解。常用的数值计算方法有有限元法和有限差分法。有限差分法也称为差分法。本节将介绍这种方法，它是求偏微分方程近似解的一种重要的数值方法。

用差分法求解边值问题的基本思想是将边值问题的求解场域离散成许多网格和节点。在每一个节点上，用位函数的差商近似代替位函数的微商，将所研究的位函数满足的微分方程转换为由各节点上以节点位函数值为变量的差分方程组，通过联立求解差分方程组（对于线性问题，差分方程组为线性代数方程组）可获得场域内各节点上位函数的近似值（此处的位函数指标量电位、标量磁位、矢量磁位函数）。下面以二维静电场问题为例，介绍如何用差分法计算电磁场边值问题。

7.3.1 差分格式

如图7-3所示，在一由边界 L 界定的二维区域 D 内，电位函数 φ 满足拉普拉斯方程且给定第一类边界条件，即有如下的静电场边值问题

$$\left.\begin{aligned}&\frac{\partial^2\varphi}{\partial x^2}+\frac{\partial^2\varphi}{\partial y^2}=0\qquad(\text{在区域内})\\ &\varphi|_L=f(s)\end{aligned}\right\}\tag{7-30}$$

应用有限差分法，首先要确定网格节点的分布方式。为简单起见，在图7-3中，用分别与 x、y 轴平行的两组直线（网格线）把场域 D 划分成足够多的正方形网格，网格线的交点称为节点，两相邻平行网格线间的距离称为步距 h。

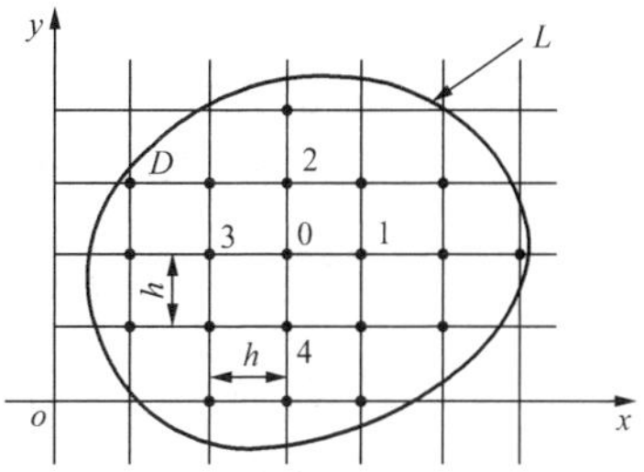

图7-3　有限差分的网格分割

划分好网格后，需把拉普拉斯方程离散化。为此，将

偏导数以有限差商表示。例如，对于图中任一点 0，有一阶偏导数

$$\left.\frac{\partial \varphi}{\partial x}\right|_{x=x_0} \approx \frac{\varphi(x_0+h, y_0)-\varphi(x_0-h, y_0)}{2h}=\varphi_x \tag{7-31}$$

这里 h 足够小。对于二阶偏导数，有

$$\left.\frac{\partial^2 \varphi}{\partial x^2}\right|_{x=x_0} \approx \frac{\varphi_x(x_0+h/2, y_0)-\varphi_x(x_0-h/2, y_0)}{h}=\frac{\varphi_1-2\varphi_0+\varphi_3}{h^2} \tag{7-32}$$

同样，$\left.\frac{\partial^2 \varphi}{\partial x^2}\right|_{x=x_0}$ 用有限差商代替后变为

$$\left.\frac{\partial^2 \varphi}{\partial y^2}\right|_{y=y_0}=\frac{\varphi_2-2\varphi_0+\varphi_4}{h^2} \tag{7-33}$$

将式（7-32）和式（7-33）代入式（7-30）中，通过差分离散后二维拉普拉斯方程的有限差分近似表达式为

$$\varphi_1+\varphi_2+\varphi_3+\varphi_4-4\varphi_0=0 \tag{7-34}$$

称为拉普拉斯方程的差分格式，或差分方程。

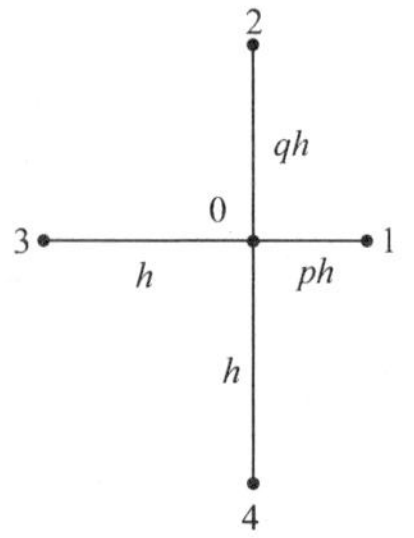

图 7-4 紧邻边界节点

差分格式说明，在点 (x, y) 的电位 φ_0 可近似地取其周围相邻四点电位的平均值。这一关系式对区域内的每一节点都成立。也就是说，对于场域内的每一个节点，都可以列出一个式（7-34）形式的差分方程。但是，对于紧邻边界的节点，边界不一定正好落在正方形网格的节点上，而可能如图 7-4 所示。图中，1，2 为边界线上的节点，p 、q 为小于 1 的正数，综上所述，可推得对这些节点的拉普拉斯方程的差分格式为

$$\frac{\varphi_1}{p(1+p)}+\frac{\varphi_2}{q(1+q)}+\frac{\varphi_3}{p(1+p)}+\frac{\varphi_4}{q(1+q)}-\left(\frac{1}{p}+\frac{1}{q}\right)\varphi_0=0 \tag{7-35}$$

式中：φ_1 和 φ_2 分别为给定边界条件函数 $f(s)$ 在对应边界点处的值，是已知的。

由上述知，在场域 D 内的每一个节点都有一个差分方程，通过这些方程把各个内节点的电位及边界上的节点电位联系起来。只要解这个联立方程组，便可求得各个节点的电位值。

7.3.2 差分方程组的解

在求解实际问题时，由于节点个数很多，联立差分方程的个数往往可达几百甚至几千个，解联立方程的直接方法（如行列式法，消去法等）便不再适用。好在每一个差分方程中只包含很少几项，可以用逐次近似的迭代方法求解。这里介绍最常用的迭代法有高斯-塞德尔迭代法和逐次超松弛法。

1. 高斯-塞德尔迭代法

这个方法是先对节点 (x_j, y_j) 选取迭代初值 $\varphi_{ij}^{(0)}$ 。其中，上角标 (0) 表示 0 次近似值；下角标 i , j 表示节点所在位置，即第 i 行第 j 的交点。再按

$$\varphi_{i,j}^{(k+1)}=\frac{1}{4}\left(\varphi_{i-1,j}^{(k+1)}+\varphi_{i,j-1}^{(k+1)}+\varphi_{i+1,j}^{(k)}+\varphi_{i,j+1}^{(k)}\right) \qquad i,j=1,2,\cdots \tag{7-36}$$

反复迭代 $(k=0,1,\cdots)$ 。必须注意，在迭代过程中遇到边界点时，需用式（7-32）中的边界条件 $\varphi_{i,j}=f_{i,j}$ 代入。迭代一直进行到对所有内节点满足条件

$$\left|\varphi_{i,j}^{(k+1)}-\varphi_{i,j}^{(k)}\right|<W \tag{7-37}$$

为止，其中 W 是预定的最大允许误差。

在高斯-塞德尔迭代中，网格节点一般按“自然顺序”排列，即先“从左到右”，再“从下到上”的顺序排列，如图 7-5 所示。迭代也是按自然顺序进行。

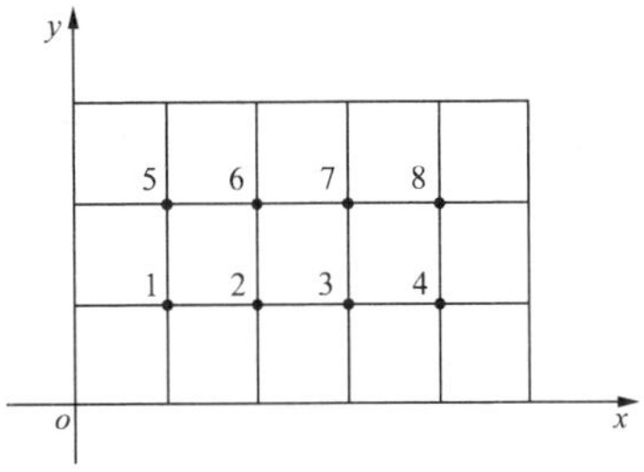

图 7-5　网格节点排列

2. 逐次超松弛迭代法

逐次超松弛迭代法是前者的变形。它是根据余数和某个常数 α 进行修正，以加速迭代收敛速度。余数为

$$R_{i,j}^{(k)}=\varphi_{i,j}^{(k+1)}-\varphi_{i,j}^{(k)}$$
$$=\frac{1}{4}(\varphi_{i-1,j}^{(k+1)}+\varphi_{i,j-1}^{(k+1)}+\varphi_{i+1,j}^{(k)}+\varphi_{i,j+1}^{(k)})-\varphi_{i,j}^{(k)}$$

用 $\varphi_{i,j}^{(k)}+\alpha R_{i,j}^{(k)}$ 来代表 $\varphi_{i,j}^{(k+1)}$。可得相应的迭代格式为

$$\varphi_{i,j}^{(k+1)}=\varphi_{i,j}^{(k)}+\frac{\alpha}{4}(\varphi_{i+1,j}^{(k)}+\varphi_{i,j+1}^{(k)}+\varphi_{i-1,j}^{(k+1)}+\varphi_{i,j-1}^{(k+1)}-4\varphi_{i,j}^{(k)})\qquad(7\text{-}38)$$

式中：α 为一个供选择的参数，称为“加速收敛因子”，$1\leqslant\alpha<2$。

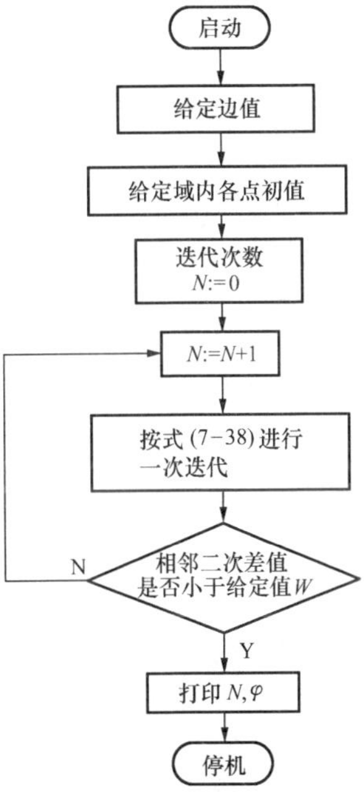

图 7-6　迭代解程序框图

借助计算机进行计算时，迭代解程序框图如图 7-6 所示。

逐次超松弛迭代法收敛的快慢与加速收敛因子有着明显的关系。实践表明，如果选得好，可以较快地加快迭代的收敛速度。如何选择最佳的加速收敛因子，这是一个复杂问题。

对于第一类边值问题，若一正方形场域由正方形网络划分，每边的节点数为 $(p+1)$，则最佳收敛因子可按下式计算

$$\alpha_{\mathrm{o}}=\frac{2}{1+\sin\left(\dfrac{\pi}{p}\right)}$$

若一矩形场域由边长为 h 的正方形网络划分，两边分别是 ph 和 qh，且 p、q 都很大，一般要大于 15，那么，最佳收敛因子为　$\alpha_{\mathrm{o}}=2-\pi\sqrt{2}\sqrt{\dfrac{1}{p^2}+\dfrac{1}{q^2}}$

在更一般的情况下，最佳收敛因子 a_{o} 只能凭经验取值。例如，对于其他形状的场域，在给定第一类边值的情况下，常采用所谓等效矩形面积的处理方法，得出等效的 p、q 值后，再利用上式计算 a_{o} 值。

逐次超松弛迭代法是解拉普拉斯方程最有效和应用最广泛的方法之一。

【例 7-3】　试应用有限差分法求静电场边值问题

$$\frac{\partial^2\varphi}{\partial x^2}+\frac{\partial^2\varphi}{\partial y^2}=0\qquad\left.\begin{array}{l}(0<x<20,0<y<10)\\u(x,0)=u(x,10)=0\\u(0,y)=0,u(20,y)=100\end{array}\right\}$$

的近似解。

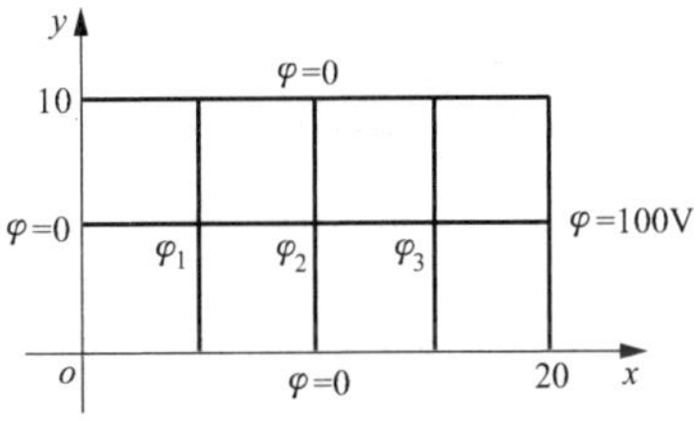

图 7-7　正方形网格（$h=5$）

解　取 $h=5$ 作正方形网格，如图 7-7 所示，得差分方程如下

$$\left.\begin{aligned}4\varphi_1-\varphi_2&=0\\4\varphi_2-\varphi_1-\varphi_3&=0\\4\varphi_3-\varphi_2&=100\end{aligned}\right\}$$

利用高斯-塞德尔迭代法格式则有

$$\left.\begin{aligned}\varphi_1^{(k+1)}&=\frac{1}{4}\varphi_2^{(k)}\\\varphi_2^{(k+1)}&=\frac{1}{4}(\varphi_1^{(k+1)}+\varphi_3^{(k)})\qquad k=0,1,2,\cdots\\\varphi_3^{(k+1)}&=\frac{1}{4}\varphi_2^{(k+1)}+25\end{aligned}\right\}$$

选取迭代初值

$$\varphi_1^{(0)}=2\quad\varphi_2^{(0)}=7.5\quad\varphi_3^{(0)}=30$$

计算得表 7-1，即经过 6 次迭代解得

$$\varphi_1=1.786\quad\varphi_2=7.143\quad\varphi_3=26.786$$

表 7-1 **迭 代 解**

k	φ_1	φ_2	φ_3
0	2	7.5	30
1	1.875	7.969	26.992
2	1.992	7.246	26.812
3	1.812	7.156	26.789
4	1.789	7.145	26.786
5	1.786	7.143	26.786
6	1.786	7.143	26.786

7.4 有 限 元 法

前面介绍了几种求解边值问题的方法，每一种方法都有它的局限性。分离变量法要求在所用的坐标系中拉普拉斯方程是可分离的，还要求场域的边界面和分界面与坐标面一致。有限差分法对于场域边界形状较复杂时，也可能会遇到一些困难。随着计算机技术的迅速发展，有限元法得到了日益广泛的应用。它首先利用变分原理将边值问题转化为等价的变分问题，也就是泛函求极值的问题，然后通过剖分插值将变分问题离散化为多元函数的极值问题，最终归结为求解多元代数方程组。

7.4.1 变分原理

现在首先简要介绍变分法的概念，然后具体说明，如何将偏微分方程边值问题等价为条件变分问题。

1. 关于变分法的简单介绍

考虑一个简单例子。设 xoy 平面上有两个定点 (x_a, y_a) 和 (x_b, y_b)，通过这两点作曲线 $y(x)$，如图 7-8 所示。那么，当 $y(x)$ 为何种曲线时，两点之间沿曲线的路径最短。下面用变分法来分析。

两点之间曲线 $y(x)$ 的路径 l 可由如下的曲线积分求得

$$l = \int_{(x_a, y_a)}^{(x_b, y_b)} dl = \int_{(x_a, y_a)}^{(x_b, y_b)} \sqrt{1 + y'^2}\, dx$$

式中

$$y' = \frac{dy}{dx}$$

路径最短是使

$$l = \int_{(x_a, y_a)}^{(x_b, y_b)} \sqrt{1 + y'^2}\, dx = \min \tag{7-39}$$

也就是在函数 $y(x)$ 的各种选择中，找到一种选择，使得 l 为极小值。在这里，函数 $y(x)$ 本身处于自变量地位，而 l 是函数 $y(x)$ 的函数，它称为函数 $y(x)$ 的泛函，简单地讲，泛函就是函数的函数。式（7-39）就是一个泛函 l 取极值以求解函数 $y(x)$ 的问题，这种问题叫做变分问题。

求解上述变分问题时，还必须考虑在两定点上，y 值是固定的，不能被选择。因此，上述变分问题还带有约束条件

$$y(x_a) = y_a, y(x_b) = y_b \tag{7-40}$$

带有约束条件的变分问题称为条件变分问题。

求解变分问题的方法是：由泛函取极值，也就是使泛函对函数的一阶导数为零或使泛函的一次微分为零，获得相关的微分方程，称为泛函的欧拉方程，从而通过求解此微分方程获得变分问题的解，这就是变分法。在此，函数 $y(x)$ 和泛函 l 的微分称为变分，$y(x)$ 的一次变分记为 δy，l 的一次变分记为 δl。在图 7-9 中，设 $y(x)$ 为变分问题的解，$y_1(x)$ 为无限靠近 $y(x)$ 的一个相邻函数，则有 $y_1(x) = y(x) + \delta y$。在 x_a 和 x_b 处，$\delta y = 0$。下面用 $\delta l = 0$ 来求解极值问题。

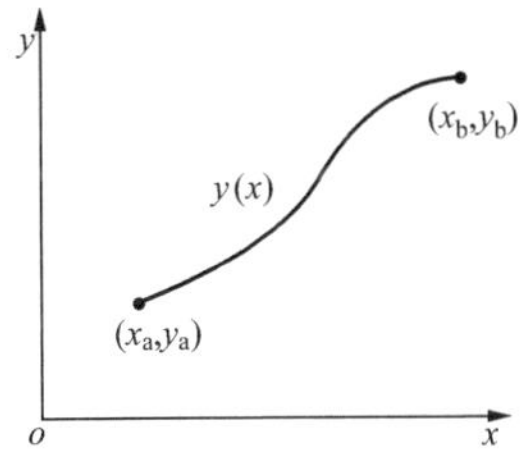

图 7-8　变分法简例

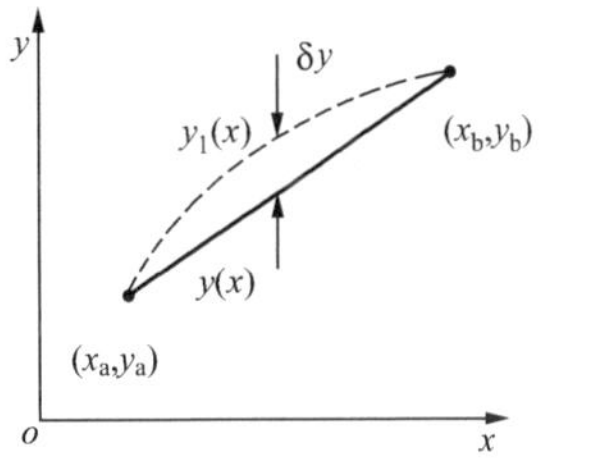

图 7-9　函数 y、y_1 和变分 δy

由式（7-39），先求取 l 对 y' 的一次变分

$$\delta l = \frac{\partial l}{\partial y'} \delta y' = \int_{x_a}^{x_b} \frac{y' \delta y'}{\sqrt{1 + y'^2}} dx \tag{7-41}$$

由于

$$\delta y' = y_1' - y' = \frac{dy_1}{dx} - \frac{dy}{dx} = \frac{d}{dx}(y_1 - y) = \frac{d}{dx}\delta y \tag{7-42}$$

可得 l 对 y 的一次变分

$$\delta l = \int_{x_a}^{x_b} \frac{y' \delta y'}{\sqrt{1 + y'^2}} dx = \int_{x_a}^{x_b} \frac{y'}{\sqrt{1 + y'^2}} \frac{d}{dx} \delta y\, dx \tag{7-43}$$

利用分部积分法，有

$$\delta l = \frac{y'}{\sqrt{1 + y'^2}} \delta y \bigg|_{x_a}^{x_b} - \int_{x_a}^{x_b} \left(\frac{y'}{\sqrt{1 + y'^2}} \right)' \delta y\, dx \tag{7-44}$$

式（7-44）右端第一项因 $\delta y_{\mathrm{b}}=\delta y_{\mathrm{a}}=0$，故等于零；第二项中有

$$\left(\frac{y'}{\sqrt{1+y'^2}}\right)'=\frac{y''}{(1+y'^2)^{3/2}}$$

故

$$\delta l=-\int_{x_a}^{x_b}\frac{y''}{(1+y'^2)^{3/2}}\delta y\,\mathrm{d}x \tag{7-45}$$

要使 $\delta l=0$，只有满足微分方程

$$\frac{y''}{(1+y'^2)^{3/2}}=0 \tag{7-46}$$

于是，泛函求极值现在转化为求解一个微分方程。此微分方程就是泛函的欧拉方程。再考虑到两个定点上的约束条件式（7-40）后，得到微分方程的定解问题。而且，此定解问题容易解得

$$y=\frac{y_{\mathrm{b}}-y_{\mathrm{a}}}{x_{\mathrm{b}}-x_{\mathrm{a}}}x+\frac{y_{\mathrm{a}}x_{\mathrm{b}}-y_{\mathrm{b}}x_{\mathrm{a}}}{x_{\mathrm{b}}-x_{\mathrm{a}}} \tag{7-47}$$

为通过两个定点的一条直线。

2. 条件变分问题的导出

上面指出，变分法的一般方法是先列出条件变分问题，然后将其归结为欧拉方程并求解。有限元法的途径正好相反，它是先将偏微分方程看作某一泛函的欧拉方程，然后反过来求取返函并构成条件变分问题，最后直接求解条件变分问题。

下面举一个简单例子——对于一维的拉普拉斯方程边值问题

$$\left.\begin{aligned}&\frac{\mathrm{d}^2u}{\mathrm{d}x^2}=0\\&u(x_{\mathrm{a}})=u_{\mathrm{a}},u(x_{\mathrm{b}})=u_{\mathrm{b}}\end{aligned}\right\} \tag{7-48}$$

导出相应的条件变分问题。

在拉普拉斯方程的左端乘以变分 δu，并在 $[x_{\mathrm{a}},x_{\mathrm{b}}]$ 域内对 x 积分，得

$$\int_{x_{\mathrm{a}}}^{x_{\mathrm{b}}}\frac{\mathrm{d}^2u}{\mathrm{d}x^2}\delta u\,\mathrm{d}x=0 \tag{7-49}$$

利用分部积分法，有

$$\int_{x_{\mathrm{a}}}^{x_{\mathrm{b}}}\frac{\mathrm{d}^2u}{\mathrm{d}x^2}\delta u\,\mathrm{d}x=\frac{\mathrm{d}u}{\mathrm{d}x}\delta u\Big|_{x_{\mathrm{a}}}^{x_{\mathrm{b}}}-\int_{x_{\mathrm{a}}}^{x_{\mathrm{b}}}\frac{\mathrm{d}u}{\mathrm{d}x}\ \frac{\mathrm{d}}{\mathrm{d}x}\delta u\,\mathrm{d}x=0$$

考虑到 $\delta u_{\mathrm{b}}=\delta u_{\mathrm{a}}=0$ 和 $\dfrac{\mathrm{d}}{\mathrm{d}x}\delta u=\delta\left(\dfrac{\mathrm{d}u}{\mathrm{d}x}\right)$，得

$$\int_{x_{\mathrm{a}}}^{x_{\mathrm{b}}}\frac{\mathrm{d}u}{\mathrm{d}x}\delta\left(\frac{\mathrm{d}u}{\mathrm{d}x}\right)\mathrm{d}x=0 \tag{7-50}$$

将式（7-50）的左端看成是一个泛函 I 的变分 δI，那么它的原函数即泛函 I 为

$$I(u)=\int_{x_{\mathrm{a}}}^{x_{\mathrm{b}}}\frac{1}{2}\left(\frac{\mathrm{d}u}{\mathrm{d}x}\right)^2\mathrm{d}x \tag{7-51}$$

式（7-50）相当于 $I(u)$ 求极值。泛函 I 是求极大值还是求极小值，可以由泛函的二次变分 δ^2I 为正还是为负来判定。当 $\delta^2I>0$ 时，泛函 I 是求极小值；当 $\delta^2I<0$ 时，泛函 I 是求极大值。由式（7-50）得

$$\delta^2I=\int_{x_{\mathrm{a}}}^{x_{\mathrm{b}}}\left[\delta\left(\frac{\mathrm{d}u}{\mathrm{d}x}\right)\right]^2\mathrm{d}x \tag{7-52}$$

它恒大于零，因此泛函 I 是求极小值。现在给出与式（7-48）等价的条件变分问题如下

$$\left.\begin{aligned} I(u)&=\int_{x_a}^{x_b}\frac{1}{2}\left(\frac{\mathrm{d}u}{\mathrm{d}x}\right)^2\mathrm{d}x=\min \\ u(x_a)&=u_a, u(x_b)=u_b \end{aligned}\right\} \tag{7-53}$$

7.4.2 泊松方程边值问题等价的变分问题

泊松方程边值问题等价的变分问题可分为无条件变分问题和条件变分问题：

(1) 与第二类或第三类边值问题等价的变分问题属于无条件变分问题。例如，有一场域为 V 、边界为 S 的静电场边值问题

$$\left.\begin{aligned} \nabla^2\varphi&=-\frac{\rho}{\varepsilon} \\ \left(\frac{\partial\varphi}{\partial n}+f_1\varphi\right)\bigg|_S&=f_2 \end{aligned}\right\} \tag{7-54}$$

此问题的边界条件为第三类，当 $f_1=0$ 时，成为第二类。与此边值问题等价的变分问题为

$$I=\int_V\left(\frac{\varepsilon}{2}|\nabla\varphi|^2-\rho\varphi\right)\mathrm{d}V+\oint_S\varepsilon\left(\frac{1}{2}f_1\varphi^2-f_2\varphi\right)\mathrm{d}S=\min \tag{7-55}$$

现在来证明式（7-55）描述的变分问题与式（7-54）描述边值问题等价。

泛函的变分为

$$\delta I=\int_V(\varepsilon\nabla\varphi\cdot\nabla\delta\varphi-\rho\delta\varphi)\mathrm{d}V+\oint_S\varepsilon(f_1\varphi-f_2)\delta\varphi\mathrm{d}S \tag{7-56}$$

根据矢量分析公式，有

$$\nabla\cdot(\delta\varphi\nabla\varphi)=\delta\varphi\nabla\cdot\nabla\varphi+\nabla\varphi\cdot\nabla\delta\varphi \tag{7-57}$$

将式（7-57）代入 δI 中，可得

$$\begin{aligned} \delta I&=-\int_V(\varepsilon\nabla^2\varphi+\rho)\delta\varphi\mathrm{d}V+\oint_S\varepsilon\delta\varphi\nabla\varphi\cdot\mathrm{d}S+\oint_S\varepsilon(f_1\varphi-f_2)\delta\varphi\mathrm{d}S \\ &=-\int_V(\varepsilon\nabla^2\varphi+\rho)\delta\varphi\mathrm{d}V+\oint_S\varepsilon\left(\frac{\partial\varphi}{\partial n}+f_1\varphi-f_2\right)\delta\varphi\mathrm{d}S \end{aligned} \tag{7-58}$$

泛函极值的条件是它的一次变分为零，即 $\delta I=0$。由于式（7-58）中，体积分和面积分并不相同，$\delta\varphi$ 是任意的，所以，要使 $\delta I=0$，必有两括号项为零，即

$$\left.\begin{aligned} \nabla^2\varphi&=-\frac{\rho}{\varepsilon} \\ \left(\frac{\partial\varphi}{\partial n}+f_1\varphi\right)\bigg|_S&=f_2 \end{aligned}\right\}$$

用式（7-57）对 I 求两次变分可得

$$\delta^2 I=\int\varepsilon\nabla\delta\varphi\cdot\nabla\delta\varphi\mathrm{d}V>0 \tag{7-59}$$

因此，极值函数 $\varphi(x,y)$ 使泛函取极小值。

在上述等价性的证明过程中，可知第二类、第三类边界条件已经包含在泛函的表达式中，是被自动满足的。此外，还可以证明场域内不同媒质间的分界面条件也包含在泛函达到极值的要求中。因此，常称分界面条件和第二类、第三类边界条件为自然边界条件，而相应的变分问题为无条件变分问题。

（2）与含有第一类边界条件的边值问题等价的变分问题属于条件变分问题。例如，有一场域为 V 、边界为 S_1 和 S_2 的静电场。在边界 S_1 上为第一类边界条件，而在边界 S_2 上为第二类或第三类边界条件。该静电场边值问题为

$$\left.\begin{aligned}&\nabla^2\varphi=-\frac{\rho}{\varepsilon}\\&\varphi\big|_{S_1}=f_0\\&\left(\frac{\partial\varphi}{\partial n}+f_1\varphi\right)\bigg|_{S_2}=f_2\end{aligned}\right\}\tag{7-60}$$

对应于上述边值问题的条件变分问题为

$$\left.\begin{aligned}&I(\varphi)=\int_V\left(\frac{\varepsilon}{2}|\nabla\varphi|^2-\rho\varphi\right)\mathrm{d}V+\int_{S_2}\varepsilon\left(\frac{1}{2}f_1\varphi^2-f_2\varphi\right)\mathrm{d}S=\min\\&\varphi\big|_{S_1}=f_0\end{aligned}\right\}\tag{7-61}$$

在变分问题中，第一类边界条件必须作为定解条件列出，也就是说，极值函数必须在满足这类边界条件的函数类中去寻找。因此，称第一类边界条件为强加边界条件，而相应的变分问题称为条件变分问题。

在电磁场的变分问题中，泛函 $I(\varphi)$ 通常是二次地依赖于函数 φ 及其偏导数，故称泛函为二次泛函，而相应的变分问题称为二次泛函的极值问题。

式（7-61）表明，与二阶泊松方程的边值问题等价的变分问题中，只含有一阶偏导数，并且，只有强加边界条件必须作为定解条件。由于处理低阶导数比高阶导数方便，强加边界条件也比较简单，因此，利用变分原理来处理问题比较方便。有限元法原理正是建立在变分原理基础之上的。

将给定的边值问题转化为等价的变分问题后，有限元法的另一个重要内容是通过下述的区域剖分和分区插值函数，把变分问题离散化为数值计算问题。

7.4.3 变分问题离散化为代数方程组的问题

为叙述方便，以一较简单的变分问题为例。设有二维拉普拉斯方程的第一类边值问题，与此边值问题等价的条件变分问题为

$$I(\varphi)=\int_S\frac{\varepsilon}{2}|\nabla\varphi|^2\mathrm{d}x\,\mathrm{d}y\tag{7-62}$$

$$\varphi\big|_L=\varphi_0\tag{7-63}$$

式中：L 为场域 S 的边界。

先介绍区域剖分和分区插值。所谓区域剖分就是把场域剖分为若干个足够小的单元区域，而分区插值是按单元建立插值逼近函数。对二维场，最简单的剖分插值是将场域剖分为若干个足够小的三角形单元，并按单元建立线性插值逼近函数。这样的单元称为三角形线性单元。

采用三角形线性单元，将场域剖分为互不重叠，也不间断的有限个三角形单元。各单元的顶点必须同时也是相邻三角形的顶点。不容许有跨越不同媒质分界面的单元。单元的大小和形状的划分有较大灵活性，便于适应不规则几何形状，如图 7-10（a）所示。为保证计算精确度，应避免出现太尖或太钝的单元，单元三边的长度不宜相差过于悬殊。为提高精确度，还应在场强较大的区域配置较密集的单元。

离散化所得方程的待解量是节点电位。三角形线性单元以单元顶点为节点，节点编号有

两种：在单元内，节点的编号按逆时针分别标记为 1，2 和 3，如图 7-10（b）所示，这样编号，可保证按下面将用到的公式算出的单元面积为正值；还有一种是在整个场域内编号，编号时，应使同一个三角形的三顶点的编号相差较小，以便减少内存和机时。

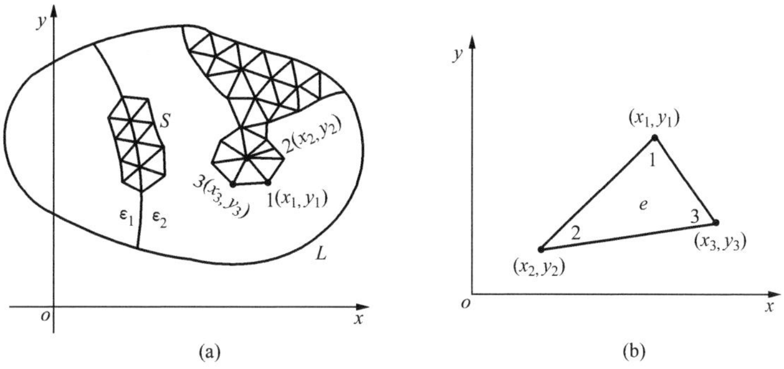

图 7-10　区域剖分

在有限元法中，待解的函数 $\varphi(x,y)$ 在每个单元内可以用一个适当的插值函数 $\bar{\varphi}(x,y)$ 来近似。令 φ_i 是待求节点电位，N_i 为形状函数或称为插值函数的基函数，则插值函数为

$$\bar{\varphi}=\sum_{i=1}^{3}N_i\varphi_i=[N]_e^T[\varphi]_e \tag{7-64}$$

其中

$$[\varphi]_e=[\varphi_1\varphi_2\varphi_3]^T \tag{7-65}$$

$$[N]_e=[N_1N_2N_3]^T \tag{7-66}$$

对三角形线性单元，插值函数是线性函数，其形状函数是坐标的线性函数，即

$$N_i=\frac{1}{2\Delta}(a_i+b_ix+c_iy)\qquad(i=1,2,3) \tag{7-67}$$

式中：a_i,b_i,c_i 和 Δ 是由单元节点坐标确定的常数；$a_1=x_2y_3-x_3y_2$，$b_1=y_2-y_3$，$c_1=x_3-x_2$，而其他相应各常数可按下标顺序置换而得；$a_2=x_3y_1-x_1y_3$，$b_2=y_3-y_1$，$c_2=x_1-x_3$；$a_3=x_1y_2-x_2y_1$，$b_3=y_1-y_2$，$c_3=x_2-x_1$，$\Delta=\begin{vmatrix}x_1 & y_1 & 1\\ x_2 & y_2 & 1\\ x_3 & y_3 & 1\end{vmatrix}=\frac{1}{2}(b_1c_2-b_2c_1)$，其值为三角形单元的面积。

由于 $[\varphi]_e$ 是待求节点电位，它是不随单元内坐标变化的常数，而 $[N]_e$ 是坐标 x 和 y 的函数，所以

$$\frac{\partial\bar{\varphi}}{\partial x}=\frac{\partial[N]_e^T}{\partial x}[\varphi]_e=\left[\frac{\partial N_1}{\partial x}\frac{\partial N_2}{\partial x}\frac{\partial N_3}{\partial x}\right][\varphi]_e \tag{7-68}$$

$$\frac{\partial\bar{\varphi}}{\partial y}=\frac{\partial[N]_e^T}{\partial y}[\varphi]_e=\left[\frac{\partial N_1}{\partial y}\frac{\partial N_2}{\partial y}\frac{\partial N_3}{\partial y}\right][\varphi]_e \tag{7-69}$$

又因为

$$\frac{\partial N_i}{\partial x}=\frac{1}{2\Delta}b_i\qquad(i=1,2,3) \tag{7-70}$$

$$\frac{\partial N_i}{\partial y}=\frac{1}{2\Delta}c_i\qquad(i=1,2,3) \tag{7-71}$$

所以

$$[\nabla\bar{\varphi}]\equiv\begin{bmatrix}\dfrac{\partial\bar{\varphi}}{\partial x}\\ \dfrac{\partial\bar{\varphi}}{\partial y}\end{bmatrix}=\frac{1}{2\Delta}\begin{bmatrix}b_1 & b_2 & b_3\\ c_1 & c_2 & c_3\end{bmatrix}\begin{bmatrix}\varphi_1\\ \varphi_2\\ \varphi_3\end{bmatrix}=[B]_e[\varphi]_e \tag{7-72}$$

其中

$$[B]_e=\frac{1}{2\Delta}\begin{bmatrix}b_1 & b_2 & b_3\\ c_1 & c_2 & c_3\end{bmatrix} \tag{7-73}$$

在区域剖分和分区插值的基础上，现在来说明泛函的离散化。泛函可以表示成为各单元上的泛函 $I_e[\varphi]$ 之和。令 M_e 为单元总数

$$I[\varphi]=\sum_{i=1}^{M_e}I_e[\varphi]\approx\sum_{i=1}^{M_e}I_e[\bar{\varphi}]=I[\bar{\varphi}] \tag{7-74}$$

式中：$I[\bar{\varphi}]$ 和 $I_e[\bar{\varphi}]$ 分别为场域泛函和单元泛函离散化的结果。

先从单元泛函的离散化着手，然后再合成场域泛函的离散化结果。由式（7-72），可将单元泛函离散化结果 $I_e[\bar{\varphi}]$ 用矩阵表示为

$$I_e[\bar{\varphi}]=\int_{S_e}\frac{\varepsilon}{2}[\nabla\bar{\varphi}]^T[\nabla\bar{\varphi}]\mathrm{d}x\mathrm{d}y=\frac{\varepsilon}{2}\int_{S_e}[\varphi]_e^T[B]_e^T[B]_e[\varphi]_e\mathrm{d}x\mathrm{d}y \tag{7-75}$$

因为，在式（7-75）中 $[\varphi]_e$ 不随单元内位置坐标变化，并且对三角形线性单元，$[B]_e$ 也不随单元内位置坐标变化，所以可将式（7-75）改写为

$$I_e[\bar{\varphi}]=\frac{1}{2}[\varphi]_e^T\left\{\varepsilon[B]_e^T[B]_e\int_{S_e}\mathrm{d}x\mathrm{d}y\right\}[\varphi]_e=\frac{1}{2}[\varphi]_e^T[K]_e[\varphi]_e \tag{7-76}$$

其中

$$[K]_e=\varepsilon[B]_e^T[B]_e\int_{S_e}\mathrm{d}x\mathrm{d}y=\varepsilon\Delta[B]_e^T[B]_e \tag{7-77}$$

式中：$[K]_e$ 称为单元系数矩阵，它是一个对称方阵，各元素都由三角形单元的顶点坐标确定，各元素的一般表达式为

$$K_{ij}=K_{ji}=\frac{\varepsilon}{4\Delta}(b_ib_j+c_ic_j)\qquad(i,\ j=1,\ 2,\ 3) \tag{7-78}$$

将单元泛函离散化表达式（7-77）代入式（7-74）中，可得场域泛函离散化后的多元二次函数表达式为

$$I[\bar{\varphi}]=\frac{1}{2}\sum_{i=1}^{M_e}[\varphi]_e^T[K]_e[\varphi]_e=\frac{1}{2}[\varphi]^T[K][\varphi]=\frac{1}{2}\sum_{i,j=1}^{N}K_{ij}\varphi_i\varphi_j \tag{7-79}$$

式中：$[K]$ 和 $[\varphi]$ 分别为整个场域的总系数矩阵和整个场域的节点电位列向量。$[\varphi]$ 是按节点在整个场域内的编号顺序排列的。由于 $[\varphi]_e$ 是按节点在单元内的编号顺序排列的，为了便于由单元系数矩阵累加形成总系数矩阵，可利用由单元编号和单元节点编号寻求节点在整个场域内中编号的数组。例如，用数组查出 i 单元的 1 和 2 两个节点的总体节点号分别为 k 和 l，则可将 i 单元系数矩阵中的元素 K_{12} 和 K_{21} 分别累加到总系数矩阵的元素 K_{kl} 和 K_{lk} 中。由于各单元系数矩阵 $[K]_e$ 是对称的，所以总系数矩阵 $[K]$ 也是对称的。

将泛函 $I[\varphi]$ 离散化以后，泛函的极值问题就离散化为多元二次函数 $I[\bar{\varphi}]$ 的极值问题。当 $I[\bar{\varphi}]$ 取得极值时，$I[\bar{\varphi}]$ 的梯度必定为零，即

$$\left[\frac{\partial I[\overline{\varphi}]}{\partial[\overline{\varphi}]}\right] \equiv \left[\frac{\partial I[\overline{\varphi}]}{\partial \varphi_1} \frac{\partial I[\overline{\varphi}]}{\partial \varphi_2} \cdots \frac{\partial I[\overline{\varphi}]}{\partial \varphi_N}\right] = 0 \tag{7-80}$$

式中：N 为节点总数。

将式（7-80）代入式（7-79）中，可得多元线性方程组为

$$\sum_{j=1}^{N} K_{ij}\varphi_j = 0 \quad (i = 1, 2, \cdots, N)$$

写成矩阵形式为

$$[K][\varphi] = 0 \tag{7-81}$$

上述离散化过程中，尚未涉及强加边界条件式（7-63）。由于满足第一类边界条件的边界节点电位是给定的，必须将这些节点的已知电位值代入方程式（7-81）后才能求得未知节点电位值。强加边界条件的处理方法与方程的求解方法和节点的编号方法有关。经处理后，可得线性方程组

$$[K'][\varphi] = [R] \tag{7-82}$$

若将已知电位的节点集中编号于未知节点的编号之后，并令 $[\varphi_1]$ 是未知节点电位列向量，$[\varphi_2]$ 是已知节点电位列向量，可得节点电位方程

$$[K][\varphi] = \begin{bmatrix} K_{11} & K_{12} \\ K_{21} & K_{22} \end{bmatrix} \begin{bmatrix} \varphi_1 \\ \varphi_2 \end{bmatrix} = 0 \tag{7-83}$$

因此

$$[K_{11}][\varphi_1] = -[K_{12}][\varphi_2] \tag{7-84}$$

最后得

$$[K'][\varphi_1] = [R] \tag{7-85}$$

其中 $[K'] = [K_{11}]$，$[R] = -[K_{12}][\varphi_2]$

矩阵 $[K']$ 通常为大型矩阵，它是对称稀疏矩阵。若节点编号合理，矩阵 $[K']$ 的非零元素都集中于主对角线两侧的带状区域内。因此，可以压缩存储量，常用变带宽一维存储。由于主对角线占优的性质，可用高斯消去法求解方程式（7-85）。

求出未知节点电位后，可用单元的插值函数，由单元节点电位值计算单元内任意一点的电位和电场强度。

7.5 典型电磁问题仿真案例

对于边值问题的分析和求解，无论采用直接方法（如分离变量法、有限差分法、有限元法等），还是间接方法（如镜像法或电轴法等），分析和求解过程通常都较为复杂。因此，利用基于各类数值解法而开发出的仿真软件来求解电磁场的分布问题，就显得相对快捷和方便。

面向复杂工程问题，本节选取一些典型案例，对抽象的“场”的问题通过“例题解析分析”→“例题虚拟仿真”→“电力输配电设备工程案例虚拟仿真”→“电力输配电设备工程案例实际操作”进行逐级进阶讲解。通过对比解析计算与软件仿真的结论，显示了电磁问题建模仿真的便捷性和有效性；通过了解电力输配电设备工程案例实际操作，为理论知识的应用提供实践基础和验证对象。

7.5.1　静电场分析

1. 例题虚拟仿真实验

【例 2-1】采用解析法计算了无限长直导线周围的电场强度，如图 7-11 所示。为了更加方便地建模计算，将【例 2-1】中的各变量都赋予真实的参数。在有限元仿真软件中，采用静电场仿真模块圆柱形坐标系，绘制真空中长度为 0.1m、直径为 Φ4mm 的均匀带电裸直导线，总带电量为 1pC（对应【例 2-1】中线电荷密度 10pC/m）。设置导线的材料为铜，电导率为 5.8×10^8S/m；导线周围是真空，电导率为 0S/m；求解域边界上电位为 0V。考虑到输电线一般工作在工频 50Hz 下，因此设置铜导线的相对介电常数为 1000。试确定直线外任意一点处的电场强度。

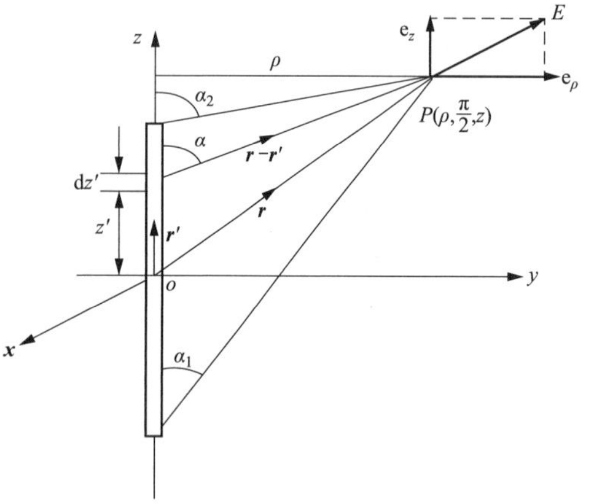

图 7-11　【例 2-1】中的线电荷电场

通过仿真计算得到的电场强度分布如图 7-12 所示。从图中可以明显看出，导线周围的电场强度在导线外表面达到了最大值，为 5.7460×10^2 V/m，而在导线内部以及距离导线“无限远”的地方，电场强度则为零。将导线端部进行局部放大观察，如图 7-13 所示。可以发现由于净电荷主要集中在导线表面，又由于导线端部存在较大的曲率从而使得电荷密度相对更高，因此产生了更强的电场。随着从导线的外表面向外移动，计算域内的电场强度会逐渐减小。这一现象与第 2 章中例题的分析结果是一致的，即电场强度随着距离导线表面的距离增加而减小。

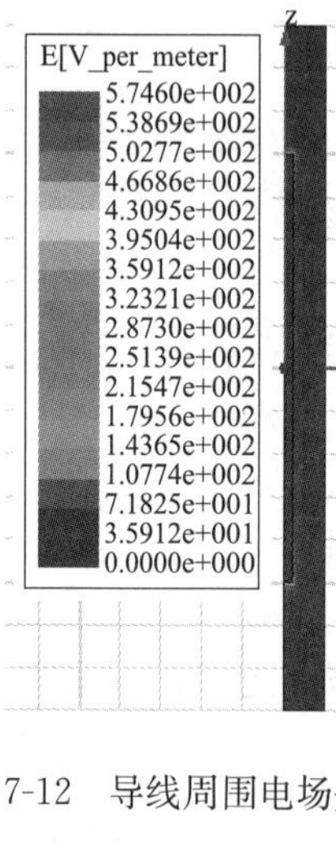

图 7-12　导线周围电场分布

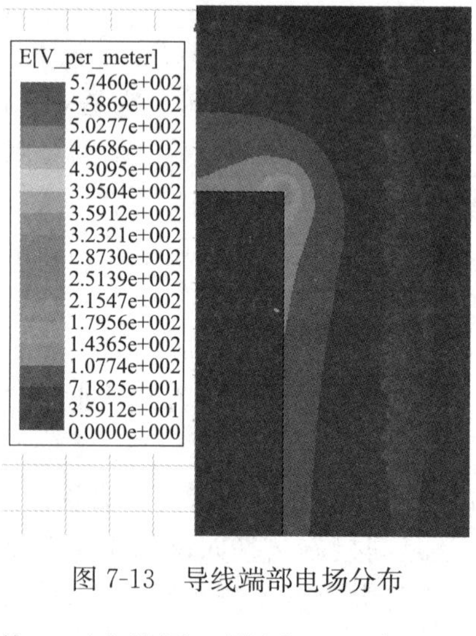

图 7-13　导线端部电场分布

为了得到导线外任意一点电场强度的具体数值，可在绘图区沿图 7-14 中的 Y 轴画直线求取，绘制电场强度随距离的变化曲线如图 7-14 所示。当 $y=4$mm 时，仿真计算 $E=3.8\times10^2$V/m；【例 2-1】中电场强度计算表达式为 $E=\dfrac{\tau}{2\pi\varepsilon_0\rho}$，将 $\tau=10$pC/m、$\varepsilon_0=8.85\times10^{-12}$F/m、$\rho=4$mm 代入，则 $E=4.4\times10^2$V/m。二者数量级相同，数值有所差别。分析其中原因，可知【例 2-1】中的研究对象是“无限长直导线”，电荷分布非常均匀。而仿真计算的导线有具体长度，电荷在导线两端相对集中，而在导线中部电荷密度相对较低。本例对比的正是导线中部的电场强度，因此仿真计算的数值较【例 2-1】中计算结果略低。但计及了真实导线长度和直径的仿真计算数值更接近实际导线运行时的电场数值。

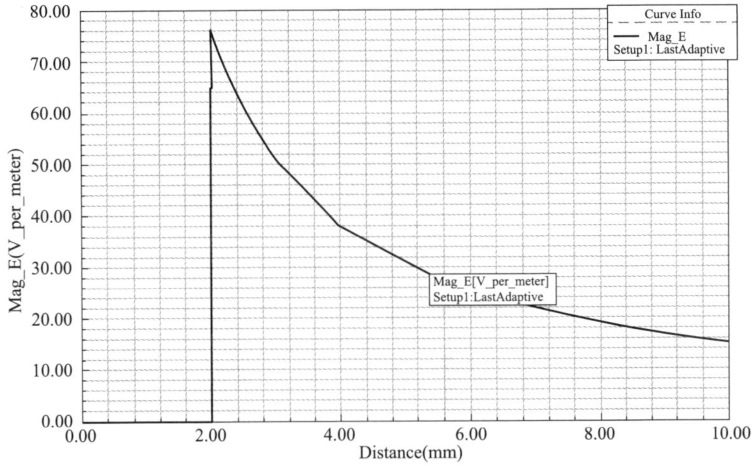

图 7-14　电场强度沿 Y 轴分布曲线

2. 架空输电线路电场分布虚拟仿真实验

在工程实践中，输电线不可能孤立地存在于空间中。特别是在进行远距离输电时，输电线常常需要穿越山脉和沟壑，经历多变的地形。图 7-15 所示为山西省山区某 220kV 输电线的架设实例图。从图中可以看出，输电线路沿着山体铺设，其下方是起伏的山地和灌木丛。根据第三章的知识，输电线周围的环境对其周围的电场有显著影响。因此，在进行计算时，必须考虑不同形状和材质的环境物体对电场造成的畸变效应。

图 7-15　山西省某山区 220kV 输电线的架设实例图

在仿真软件中，对图 7-15 进行简化计算，得到仿真模型，如图 7-16 所示。其中，杆塔高度为 35m；线路高度 27m；二分裂导线等效为单导线，直径为 22mm；两边相间距水平距离 13m，中间相较两边相间高差 5m；架空线高度为 35m。忽略线路弧垂变化，设置山体斜坡与水平面夹角为 8°。斜坡上设置 3 个直径为 2.4m 高度为 0.8m 的半球形小土包、不均匀分布 3 棵高度和直径均为 0.8m 的灌木。其中，设置输电导线和架空线的材料为铝，导线周围是空气，杆塔的材料为钢。考虑到输电线一般工作在工频 50Hz 下，因此设置铝导线、钢架的相对介电常数为 1000，土壤的相对介电常数为 4，灌木的相对介电常数为 3。设置计算域边界和地下 5m 处电位为 0。

通过仿真计算，作线路中心垂直于导线的切面 $M_1N_1H_1K_1$，切面内电场强度和电位分布如图 7-17 所示。从图中可以看出，最大电场强度出现在输电线与空气接触面，达到了 5.8×10^5V/m。导线内部和距离导线“无限远”处的电场强度为零。由架空线中间 D 点做一条垂直于地面的直线，与地面、地下 5m 和计算域边界相交于 E、E'和 F 两点。绘制线段 DF 上的电场强度和电位，如图 7-18 所示；DF 上的各点电位见表 7-2。

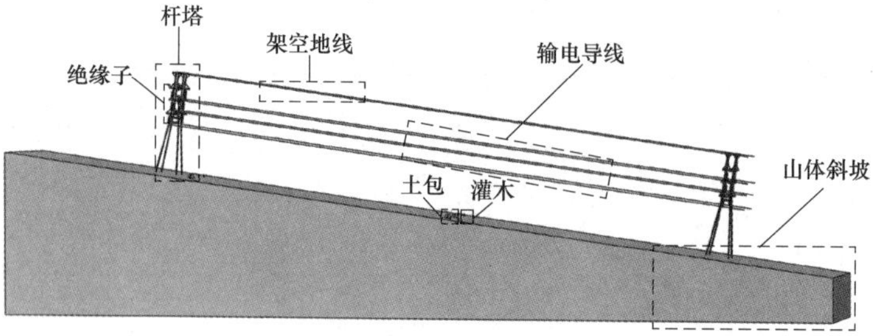

图 7-16　山西省某山区 220kV 输电线仿真模型

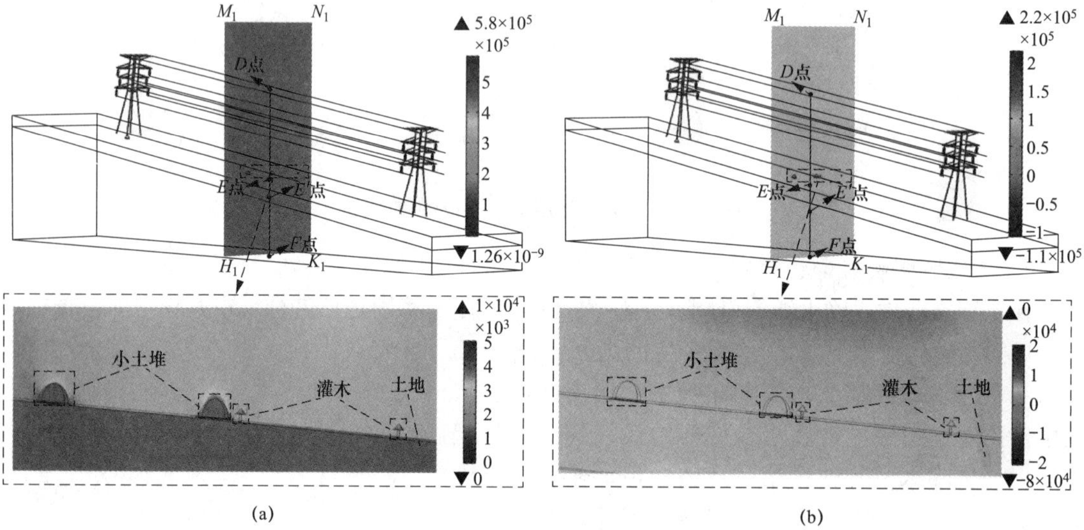

图 7-17　220kV 输电线周围电场强度和电位分布

(a) 电场强度（V/m）；(b) 电位（V）

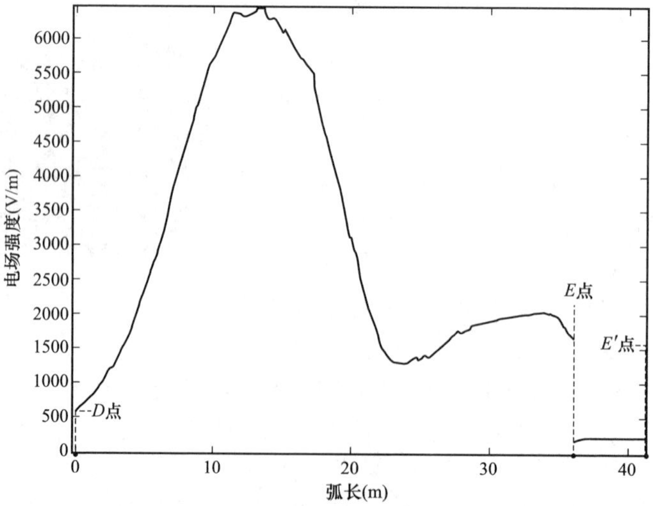

图 7-18　线段 DF 上的电场强度随距离变化曲线

表 7-2　**线段 *DF* 上的各点电位**　(单位：V)

各点位置	*D*	*E*	*F*	A 相	B 相	C 相
电位	43643	−1091.4	0	25660	13854	−11556

从图 7-18 中可以明显看出，*D* 点位于架空线中间，因此电场强度相对较小。随着 *DE* 段先经过输电线，再接近地面，电场强度先增大再减少。另外，由于土壤是不良导体，其内部的电场强度不再为零，同时地表的电位也不再是零。因此，为了实现良好的接地，应该使用接地极将设备的外壳与地面深处连接起来，这印证了 4.5 节内容。*E* 点位于空气和土壤这两种不同介质的交界处，因此在这个点上，电场强度会发生突变。读者可以尝试自行绘制分界面上电场强度和电位移矢量的切向分量和法向分量，以此来验证第 2 章中介绍的介质分界面上的边界条件。

将图 7-17（a）切面 $M_1N_1H_1K_1$ 中的小土包和灌木局部放大，观察其周围电场分布，如图 7-19 所示。

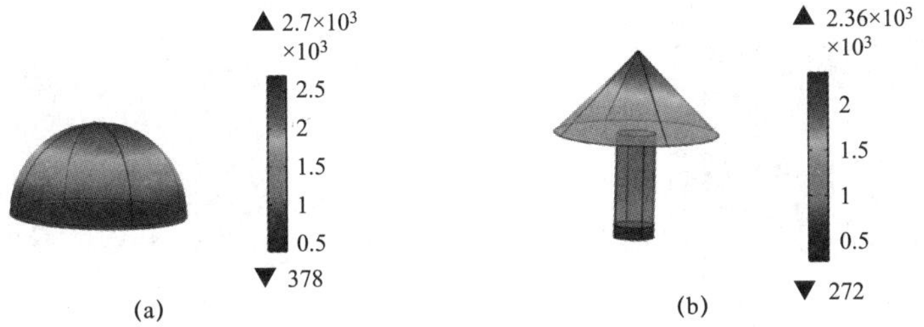

图 7-19　小土包和灌木周围电场强度（V/m）

（a）小土包；（b）灌木

从图中可以明显看出，小土包由于其与土壤成分相同，可以被视为土壤表面的“尖端”。这导致小土包顶部的电荷密度较高，进而产生局部电场的畸变。与此同时，灌木由于含有更多的水分和矿物质，加之灌木的树枝和树冠具有较大的曲率，这进一步加剧了电场的畸变。结合图 7-17（a）还可以看出，灌木和土包周围的电场强度显著低于周围空旷区域的电场强度。这表明树木的存在能够有效降低其周围的电场强度，从而充当良好的屏蔽体。然而，需要注意的是，木材易燃且通常与地面接触，这意味着当输电线因大风或机械事故断裂并掉落在树木上时，可能会导致线路和树木发生接地短路，进而产生大电流，引发火灾。因此，在设计输电走廊时，必须综合考虑所有这些影响因素，以确保安全和效率。

作垂直于杆塔的切面 $M_2N_2H_2K_2$ 中电场强度和电位分布如图 7 20 所示。

从图 7-20 中可以观察到，由于杆塔是由金属材料制成并且深入地面，其内部的电场强度为零，同时塔架周围的电场强度也明显小于切面 $M_1N_1H_1K_1$ 中相应位置的电场强度。架空线位于输电线的上方，并且直接与塔架相连，这意味着架空线与地面间接相连，因此其电位与土壤保持一致。架空线的存在为天空中富含电荷的云层提供了一个放电通路，从而保护输电线免受雷击。简而言之，架空线通过与塔架的连接，有效地将雷电流引导至地面，避免了直接对输电线造成损害。这个结论与 3.7 节中讨论内容相符。

此外，从图 7-20 还可以看出塔架最上方的横担本身及其周围电场强度仅为 1200V/m，A 区电场强度范围 700～3000V/m，B 区电场强度范围 1000～3500V/m，仅为图 7-17（a）

中线路的最大电场强度 5.8×10^5 V/m 的 1/20。因此，很多鸟儿都选择钢架杆塔作为自己的“家”，如图 7-21 所示。虽然鸟儿在杆塔上筑巢是一个有趣的现象，但它们的排泄物可能会对输电线路上的金具和绝缘部件造成腐蚀或导电通路，进而影响安全输电。因此，在设计和维护输电系统时，需要考虑到这种潜在的风险，并采取相应的防护措施。

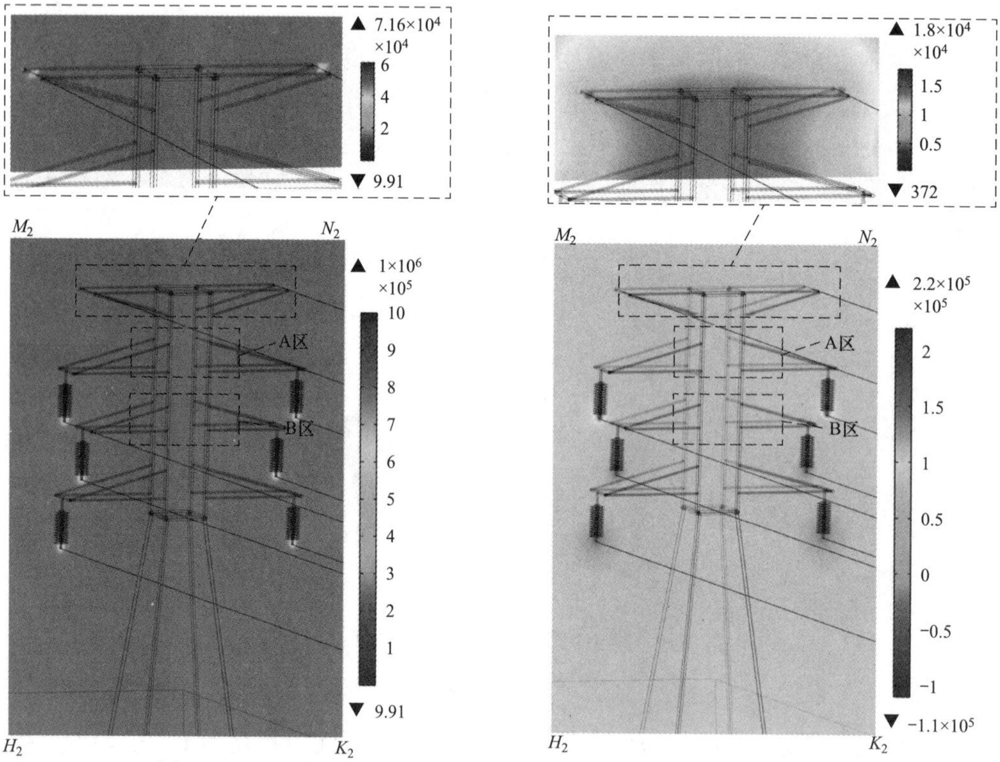

(a)　　　　　　　　(b)

图 7-20　杆塔周围电场强度和电位分布

(a) 电场强度；(b) 电位

图 7-21　杆塔上的鸟窝

3. 架空输电线路电磁环境测试工程实际操作

架空输电线路电磁环境测试应首先选择合适的监测点，然后根据实验项目和操作标准对电磁环境进行测试，接着记录数据并与《电磁环境控制限值》（GB 8702—2014）进行比较，最终完成监测报告。

（1）监测点的选择。

监测点应选择在地势平坦、远离树木且没有其他电力线路、通信线路及广播线路的空地上。监测仪器的探头应架设在地面（或立足平面）上方 1.5m 高度处，如图 7-22 所示。也可根据需要在其他高度监测，并在监测报告中注明。监测工频电场时，监测人员与监测仪器探头的距离应不小于 2.5m。测量仪器探头与固定物体的距离应不小于 1m。

图 7-22　工频电磁场现场测试

监测工频磁场时，监测探头可以用一个小的电介质手柄支撑，并可由监测人员手持。采用一维探头监测工频磁场时，应调整探头使其位置在监测最大值的方向。

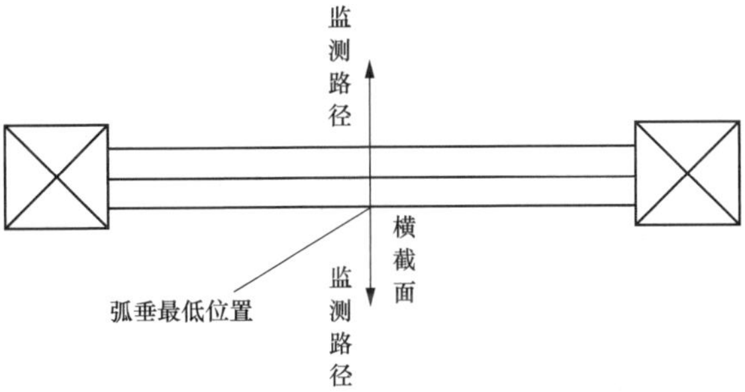

图 7-23　架空输电线路下方工频电场和工频磁场测量布点图

（2）试验项目和操作标准。

断面监测路径应选择在以导线档距中央弧垂最低位置的横截面方向上，如图 7-23 所示。单回输电线路应以弧垂最低位置处中相导线对地投影点为起点，同塔多回输电线路应以弧垂最低位置处档距对应两杆塔中央连线对地投影为起点，监测点应均匀分布在边相导线两侧的横断面方向上。对于挂线方式以杆塔对称排列的输电线路，只需在杆塔一侧的横断面方向上布置监测点。测量点间距一般为 5m，顺序测至距离边导线对地投影外 50m 为止。在测量最大值时，两相邻测量点的距离应不大于 1m。

除在线路横断面监测外，也可在线路其他位置监测，应记录监测点与线路的相对位置关系以及周围的环境情况。

（3）数据记录与处理。

监测时，输变电工程应处于正常运行时间内，每个监测点连续测 5 次，每次测量时间不小于 15s，并读取稳定状态的最大值。若仪器读数起伏较大时，应适当延长测量时间。求出每个监测位置的 5 次读数的算术平均值作为监测结果。还应记录测量时的温度、相对湿度等环境条件以及监测仪器、监测时间等相关情况。

7.5.2　恒定电场分析

1. 虚拟仿真示例

在分析由恒定电流引起的电场时，我们以 4.8 节“接地极附近的跨步电压”为例进行分析，其模型图如图 7-24 所示。图中，有一个浅埋半球形接地极，接地极中电流强度为 I 。

仍采用柱形坐标系，设置一根与设备连接的导线（见图 7-25 所示）。取设备外壳电压为 1000V，则导线上的电压为 1000V。设导线和半球接地极材料为铜，与之接触的土壤，如图 7-26 所示，相对介电常数为 10，电导率为 2S/m，即土壤为不良导体。进行合理的网格剖分后，采用默认求解参数设置。通过自检后，进行仿真求解。

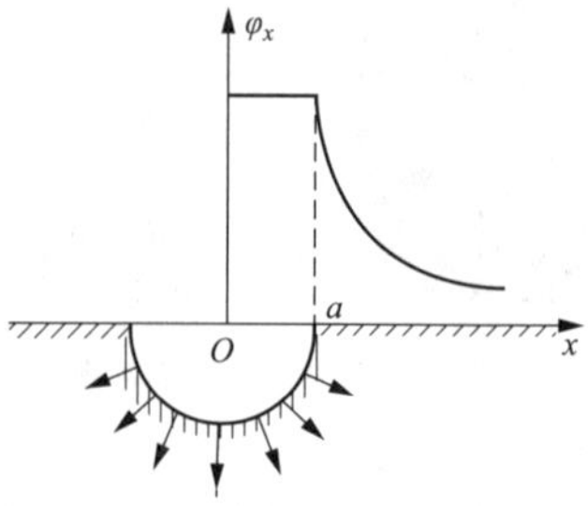

图 7-24　半球形接地极电场分布

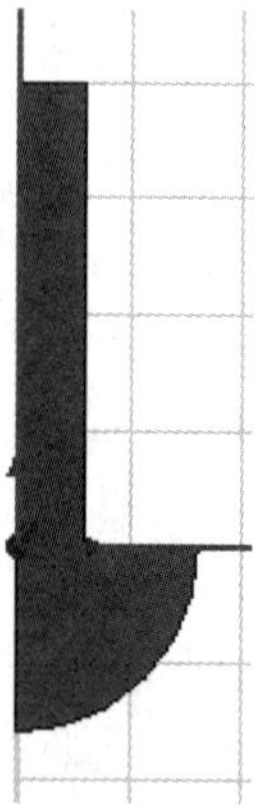

图 7-25　完成后的设备连接导线和接地半球

本实例中，我们最关心的是跨步电压。仿真后，整个模型的电压分布如图 7-27 所示。如果想知道“跨步电压”沿 X 轴的分布情况，则需要在 X 轴上绘制一条直线，坐标为（0,0,0）和（150,0,0），就可以绘制在整个地面上的电压分布了，如图 7-28 所示。从图中可以看出，实际电位会很快在 10m 之内衰减。用软件输出电压分布的具体数值，可知在 $x=1.0$m 时，电压为 0.7969kV；$x=1.8$m 时，电压为 0.4361kV；此时的跨步电压为 0.3608kV，数值非常大。但如果位置为 $x=3.0$m 时，电压为 0.2557kV；$x=3.8$m 时，电压为 0.1987kV；此时的跨步电压为 57V，数值就很小了。如果设置人体安全电压为 38V 的话，则人应该距离接地体大概为 $x=4.6$m 。因此，本例的危险区域为以坐标原点为中心，以 4.6m 为半径的区域。

图 7-26　矩形地面绘制

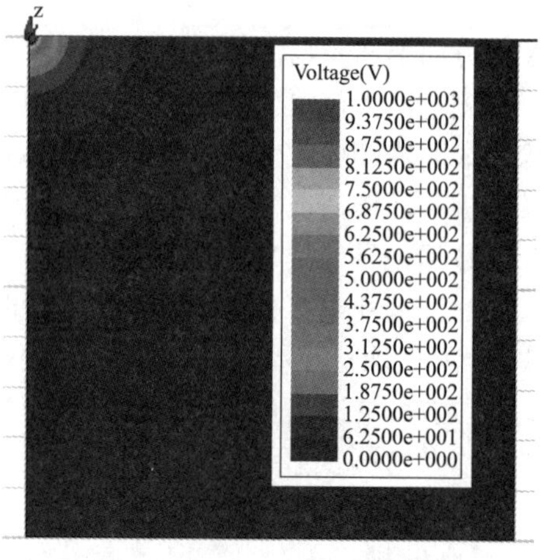

图 7-27　接地体内外电位分布

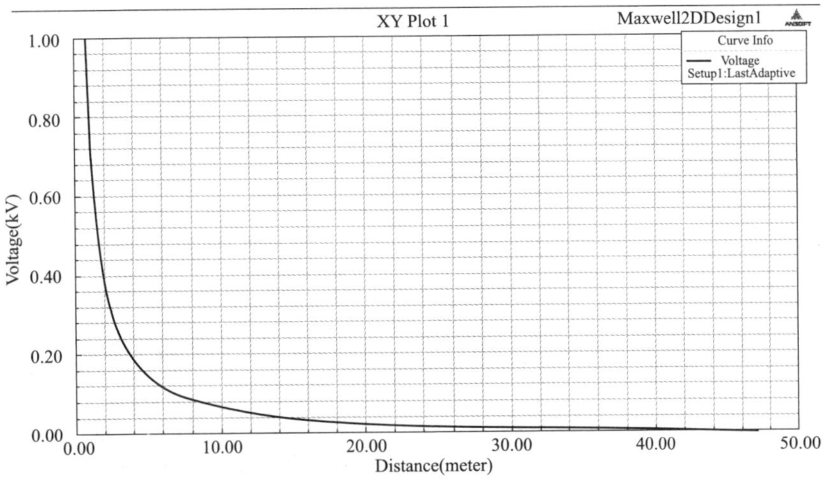

图 7-28　沿 X 轴在地面上的电位分布

2. 高压设备组合接地极附近电场虚拟仿真

实际电力设备或建筑物的接地装置通常并不是单一接地极，为了接地电阻满足工程要求，一般为组合接地极。在第 4 章中，计算深埋管形接地极的接地电阻时，通常视为线源（即无穷多个点源在同一直线上的集合）来处理。通过第 4.6 节中的解析计算可知，线源附近的等电位面是回转椭圆面，等电位线是一系列椭圆。通过建模仿真后，如图 7-29 所示，可清楚地看出这一分布规律。

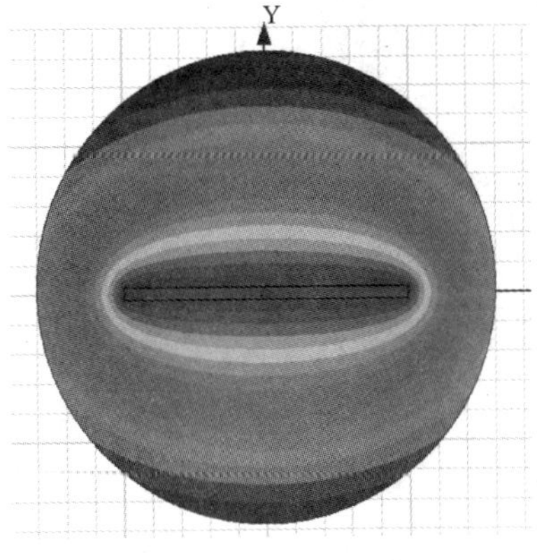

图 7-29　单一深埋管形接地极电位分布

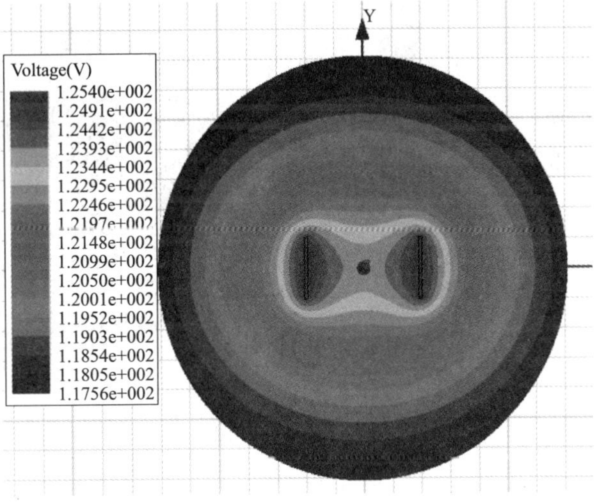

图 7-30　组合接地极周围电位分布

进一步，第 4 章中的【例 4-2】讨论了工程上应用更多的组合接地极接地电阻的计算。参照图 4-10 所示的模型，假设线源电流 $I=20\text{A}$，土壤电导率 $\gamma=1\text{S/m}$，管形接地极长 $l=1\text{m}$，管形接地极直径 $d=0.05\text{m}$，平行放置间距 $D=2\text{m}$，按照 4.6 节中的解析计算方法，得出 M 点的电位为 125.36V、接地电阻为 3.13Ω。在仿真软件中建立相应的模型，可得出组合接地极周围的等电位线分布情况，如图 7-30 所示。也可计算出 M 点的电位为 125.40V、接地电阻为 3.14Ω，与解析法基本吻合。

某高压实验室的接地系统采用 8 条热镀锌扁钢（宽厚规格为 80×8mm）水平放置埋于地下，如图 7-31 所示，端部焊接后，如图 7-32 所示，形成组合接地网，将其埋入地下后，其断面可视为平行平面场来分析。按上例类似方法可仿真计算出其电位分布情况，如图 7-33 所示，进而计算出接地电阻。可以看出，当采用相同已知条件时，接地网与双接地体的组合相比较，周围电位显著降低了。

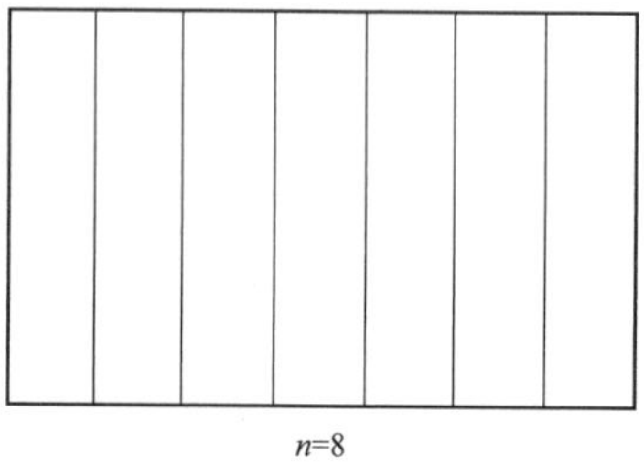

图 7-31 长孔接地网结构示意图

图 7-32 接地体的焊接

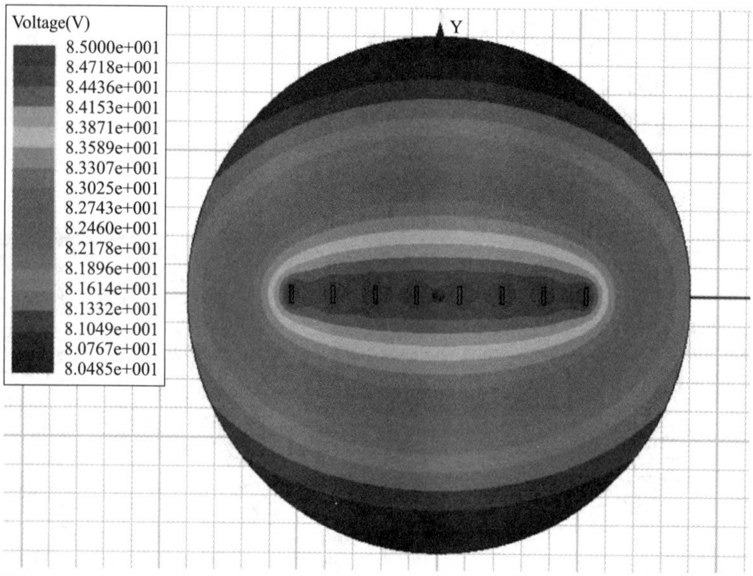

图 7-33 长孔接地网周围电位分布

3. 发电厂、变电站交流接地阻抗测量工程实际操作

发电厂、变电站（升压站）敷设接地装置之后，参考地网的布置方式、接地材料的种类和规格、最大对角线长度、接地阻抗设计值、近期被试地网所在地区的气象条件等，完成交流接地阻抗的测量工作。

《接地装置特性参数测量导则》（DL/T 475—2017）中提供了多种接地阻抗测量方法，工程中对于土壤均匀的地区可采用电压-电流表三极法测量，电流线与电位线同方向（路径）放设，如图 7-34 所示，三极分别为被测接地装置 G，测量用的电压极 P 和电流极 C。其中电流线长度 d_{GC} 约为被测接地网最大对角线长度的 4～5 倍，电压极到接地网的距离 d_{GP} 约为

电流极到地网距离 d_{GC} 的 50%～60%。测量时电压极沿被测接地装置 G 与电流极 C 的连线方向移动 3 次，每次移动的距离约为 d_{GC} 的 5%，3 次测试的结果误差应小于在 5%。

为了减小工频干扰带来的测试误差，测试时应采用近 50Hz 的对称频率（如 48Hz 和 52Hz）进行测量，并用测试结果的算术平均值作为折算成的工频阻抗值。

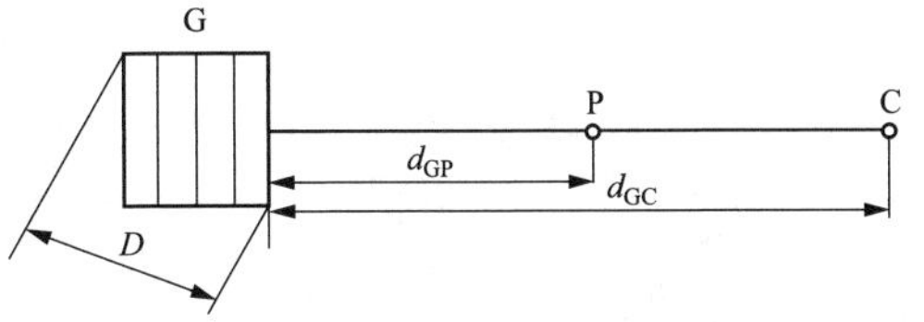

图 7-34　接地装置特性参数测量三极法

如果在测量工频接地阻抗时，d_{GC} 取 4～5 倍 D 值有困难，那么当接地装置周围的土壤电阻率较均匀时，d_{GC} 可以取 $2D$ 值，而 d_{GP} 取 D 值；当接地装置周围的土壤电阻率不均匀时，d_{GC} 可以取 $3D$ 值，而 d_{GP} 取 $1.7D$ 值。

用电压表和电流表分别测量接地装置 G 与电压极 P 之间的电位差 U_G 和通过接地装置流入地中的测试电流 I，由 U_G 和 I 得到接地装置的工频接地阻抗 Z 为

$$Z=\frac{U_G}{I}$$

为了保障接地电阻测试工作的安全，引线沿线应有专人照看，以免测试线丢失而造成的测量中止。电压极引线和电流极引线沿线每 100m 应设一人照看，尤其是有行人和车辆通过的路口。引线通过时必须架高，必要时装设“注意安全”红色标记，以确保行人和车辆安全。电流极处因要流过较大的电流，电位较高，会对附近的人畜造成伤害，因此在测量时要有专人监护。

为了确保接地电阻测试数据的准确，还应满足以下技术要求：

（1）试验电压表、电流表要求准确等级不低于 1.0 级。

（2）为了在较低的电压下获得所需的测试电流值，辅助电流极的回路电阻应尽可能小，可以采用多电流极成阵列并联、浇水等措施降低电流极的回路电阻。辅助电极通常用长度为 1.5m 左右的“Φ30mm”或“30mm×30mm”的角钢制成，埋入地中的深度为 1.0～1.2m，并防止电极晃动。

（3）如采用架空线路测量，在测量前应将架空线路的避雷线与变电站接地装置的电连接断开，或参照《接地装置特性参数测量导则》（DL/T 475—2017）中 6.2.2 内容开展分流测试。

（4）试验时电流引线要流过较大的电流，因此要求电流线截面积较大，通常按 5A/mm^2 选取。

（5）消除引线间互感对测量的影响。在测试电流较大时，为了克服电流线与电压线之间的互感对测试产生的误差，要求电流线与电压线之间的距离达到 2～5m，也可以利用变电站的一回出线的一相当作电流线，同方向在地面放一根电压线，两者之间的距离最好能大于 10m。在某些按要求布线有困难的地区，也可以利用变电站的一回出线的两相线作为电流线、电压线。

（6）避免运行中的输电线路的影响，尽可能使测量线远离运行中的输电线路或与其垂直，以减小干扰影响。

（7）避免河流、地下管道等导电体，测量电极的布置要避开河流、水渠、地下管道等。

（8）建议不在雨后立即进行测试。

7.5.3　恒定磁场分析

1. 虚拟仿真实例

在第 5 章中，【例 5-6】中计算同轴电缆的磁场分布情况时，假设其内径 R_1＝5mm，外

壳内壁 $R_2=9\text{mm}$，外壳厚度为 1mm。内导体材料为铜，中间电介质为云母。经仿真得到磁感应强度分布云图及沿径向的分布情况如图 7-35 和图 7-36 所示。而通过解析法计算得到磁感应强度沿径向的分布情况如图 5-10（b）所示。可以看出，两种方法所得结论一致。

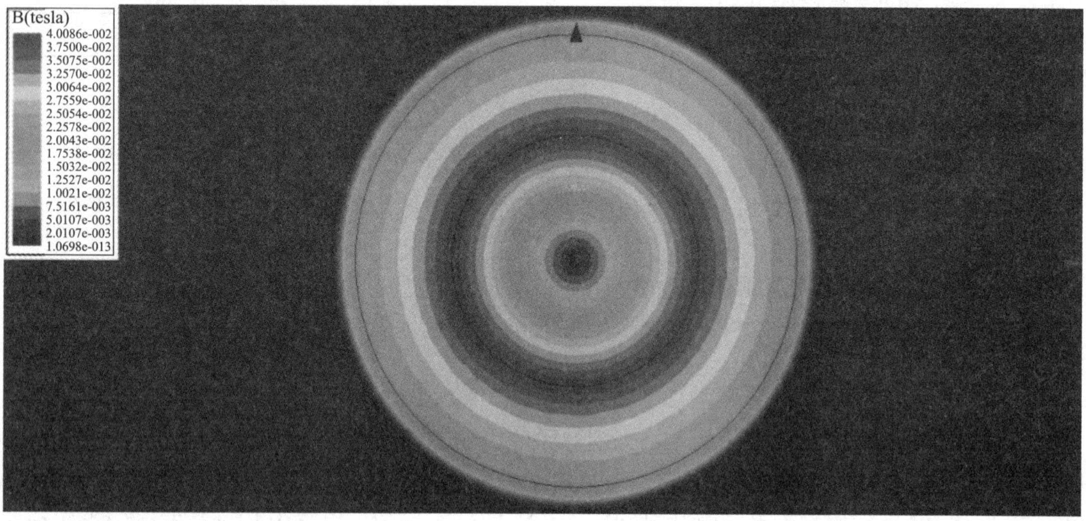

图 7-35 同轴电缆周围磁通密度分布

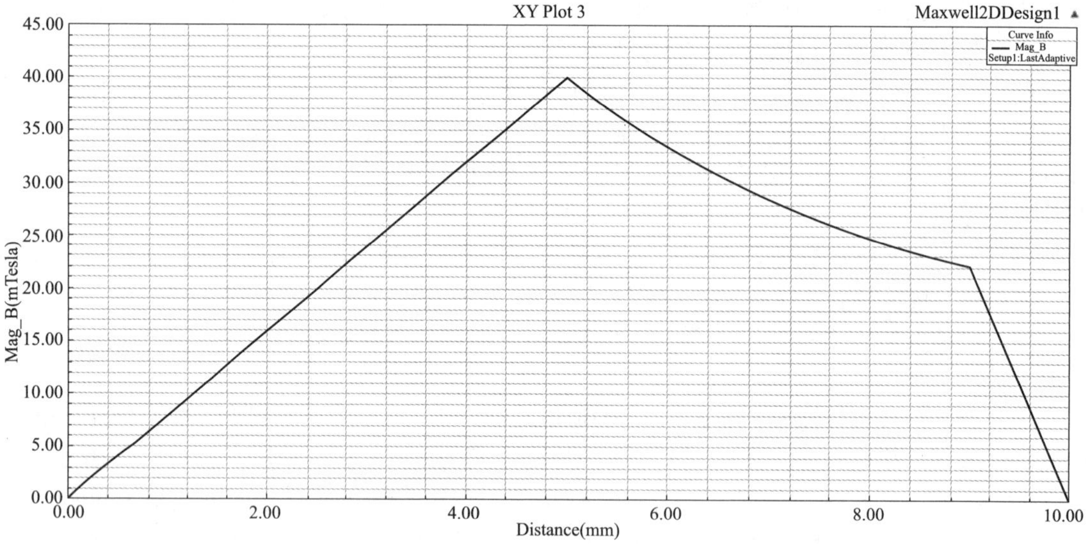

图 7-36 同轴电缆沿径向磁通密度曲线

2. 电磁铁磁场分布虚拟仿真

第 5 章习题 5.22 为电磁衔铁继电器受力仿真，如图 7-37 所示。电磁衔铁继电器实物图如图 7-38 所示。为方便建模计算，电磁衔铁继电器长、宽、高的尺寸分别设为 $a=20.3\text{mm}$、$b=10.2\text{mm}$、$c=12.7\text{mm}$。导线材料为铜，电导率为 $5.77\times10^7\text{S/m}$，周围材料为真空，即电导率为 0S/m。单根导线的电流大小为 3A，共 56 匝，继电器原始间隔气隙 $\delta=1\text{mm}$，其二维有限元模型如图 7-39 所示。

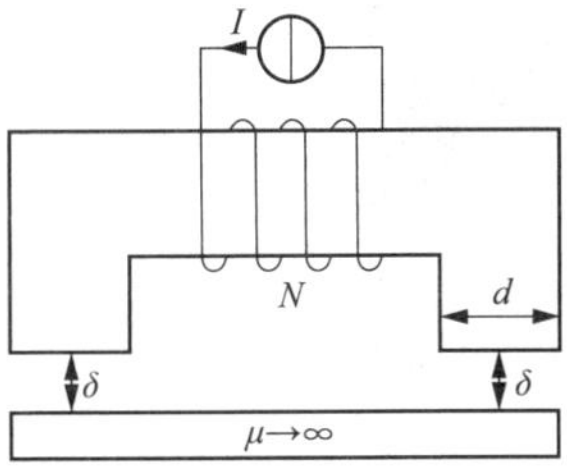

图 7-37　习题 5.22 的图

图 7-38　电磁衔铁继电器实物图

图 7-39　二维有限元模型

电磁衔铁继电器通电后，下部衔铁受力，间隔气隙逐渐由 1mm 变为 0.5mm 直至最终闭合，该过程中磁场的有限元仿真图如图 7-40～图 7-42 所示。从三张图中可以看出，间隔气隙逐渐减小，主磁路的导磁性能不断变好，铁心中的磁密有明显的增大，最大磁密增加了 6～7 倍。

图 7-40　气隙 $\delta=1\text{mm}$ 时磁场分布

图 7-41　气隙 $\delta=0.5\text{mm}$ 时磁场分布

由图 7-40～图 7-42 还可以看出，电磁铁产生的磁场通过衔铁铁心最优导磁路径产生一定大小的磁通，气隙越小，整个磁路的导磁性能越好，磁路的磁通及相应磁密明显增大；气隙周围有边缘效应，磁密相对铁心处略微减小。

图 7-42 气隙 $\delta=0$mm 时磁场分布

此处我们讨论的是恒定磁场，即衔铁在不同位置时空间的磁通分布情况，但衔铁存在的位置不同也反映了时间和磁场的关系。因此考虑到磁场在时间上的变化，绕组上将产生感应电动势，工程上常称为反电动势。磁场密度随时间变化越大，生成的反电动势也越强。电机出厂时需经过空载反电动势测试，反电动势的数值在一定程度上可以体现磁路设计的合理性。

3. 永磁同步电机空载反电动势测试工程实际操作

所谓永磁同步电机空载反电动势，就是永磁同步电动机在空载（即绕组电流为 0）时的感应电动势。工程上测量空载反电动势最常用的办法是反拖法，通常采用转速精确可调的伺服电机或同步电机作为拖动电机，通过联轴器与被测电机连接在一起，拖动电机将被测电机拖动到额定转速，使得被测电机在该转速下空载运行。采用测量仪器（万用表、示波器等）测量三相绕组的线电压，即为空载反电动势。测量机构如图 7-43 所示。

测量步骤一般如下：

（1）调节万用表或示波器等仪器量程符合测量设备的电压和频率要求。

（2）将被测电机与拖动电机（服务/同步电机）通过联轴器刚性同轴连接，确保机械同心度。

（3）启动拖动电机，使其旋转至额定转速，在此转速状态下，用万用表或示波器测量被测电机线电压有效值（U-V 相、V-W 相、W-U 相）及对应的频率。

（4）拖动电机断电，结束这次测试。

图 7-43 空载反电动势测量实物图

7.5.4　时变电磁场分析

1. 虚拟仿真实验示例

【例 6-3】采用解析法计算了长直载流导体匝链线框的磁链及线框感应电动势的大小，也可确定周围区域的磁场大小，如图 7-44 所示。

为了更加直观地展示载流导体感应闭合线框的情况，对载流导体与线框各尺寸长度赋予具体参数。在有限元仿真软件中，采用笛卡尔三维坐标，载流导体的长度为 148mm，导体直径为 10mm，线框宽度 $a=68$mm，线框长度 $b=108$mm，线框直径为 6mm。载流导体与线框的材料为铜，电导率为 5.77×10^7S/m，周围材料为真空，即电导率为 0S/m。

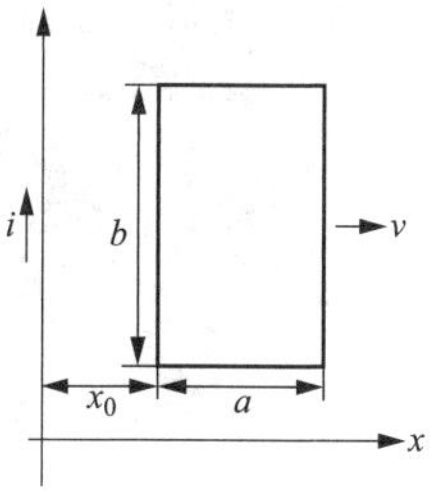

图 7-44　【例 6-3】的图

根据给定尺寸建立三维模型图，如图 7-45 所示，在模型左侧设置长直载流导体，并在导体中通入 1000A 的交变电流，频率为工频 50Hz，右侧的闭合线框回路中将感生电动势和感应电流。

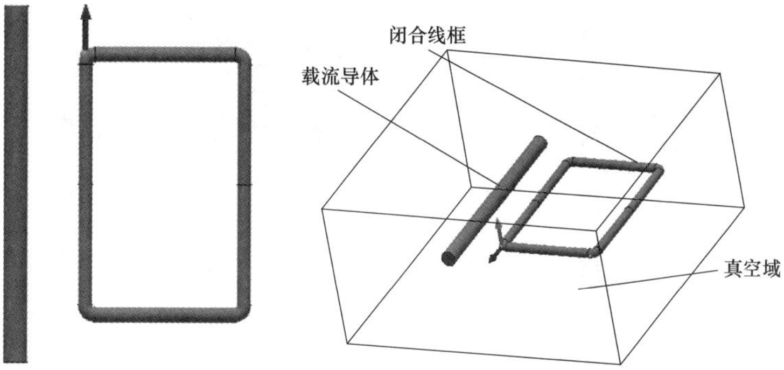

图 7-45　三维模型图

通过仿真得到电流密度云图，如图 7-46 所示，可以看出，线框最大电密存在于四个拐角处。另外，闭合线框电密并非完全均匀，靠近长直载流导体的一侧，线框电密的不均匀性更加明显，图 7-47 所示为长直载流导体与闭合线框截面电密图。

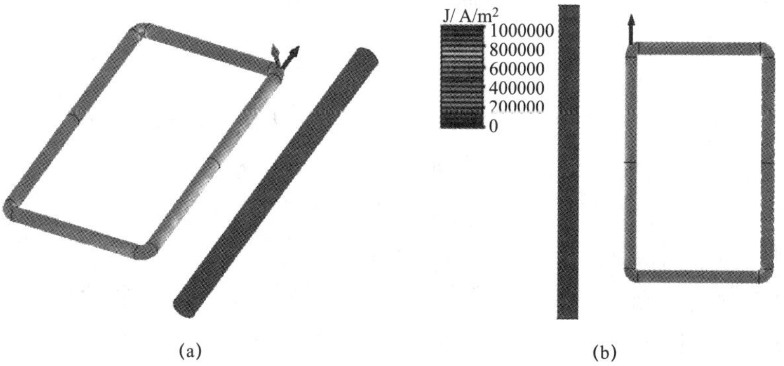

(a)　(b)

图 7-46　长直载流导体与闭合线框电流密度分布图

(a) 斜视图；(b) 俯视图

图 7-47 长直载流导体与闭合线框截面电密图

当线框以一定速度向长直载流导体移动后，长直载流导体与闭合线框的距离不断缩短，在同一电密标尺下，从电密云图中可以看出，感应线框中的感应电流和电密越来越大，如图 7-48 所示，如果二者距离扩大，则结论相反。

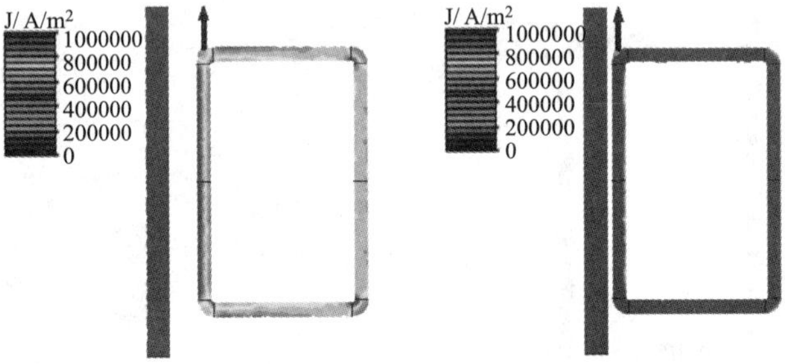

图 7-48 线框电密变化图

2. 电枢铁心开槽时载流导体周围磁场分布虚拟仿真

当【例 6-3】中的载流导体呈一定方式换位、绕制和排列、组合后，将构成交流电机中的关键组成部分——电枢绕组。电枢绕组内嵌于开槽后的铁心，并向其通入正弦交变电流。载流导体使得槽内漏磁场和穿过气隙到达槽对面铁磁面的主磁场均发生交变，这将导致交链于电枢各载流导体的磁链均不相同，并在导体截面形成电流集肤效应，增大了载流导体的等效电阻和铜损耗。

（1）简化分析与合理假设。

现以一台六极交流电机为例进行分析，图 7-49 所示为该电机负载运行下的磁力线分布图。

根据交流电机电枢物理模型和磁位分布的对称性，电枢沿周向均匀开槽，每个槽距范围内的磁场分布大致重复，故只研究一个槽距范围的磁场分布即可。以电枢铁心槽型为矩形开口槽为例，为使分析过程简化，作如下四项合理假设：

1）电枢铁心材料的磁导率 μ_{Fe} 无限大，即铁心磁路上几乎不分担磁压降，磁压降分布在周围空气磁路中，气隙和槽内导体及其绝缘的磁导率均为 μ_0。

2）槽内载流导体分为上层导体和下层导体两层，载流导体通入正弦交流电流，且只有轴向电密分量 J_z，其他方向电密可以忽略，即 $J_z=J_z(x,y)$。

3）不计定子铁心内圆和转子铁心外圆的曲率，槽对面为光滑的铁磁平面，可在二维笛卡儿坐标下进行矢量磁位研究，其中，x 分量方向为电枢圆周方向，y 分量方向为电枢径向方向。

4）漏磁磁力线水平穿过槽内，即漏磁场只有电枢圆周方向分量，过气隙的主磁场磁力线垂直穿过槽口，即主磁场只有电枢径向分量。

开口槽周围的求解域及网格剖分如图 7-50 所示。

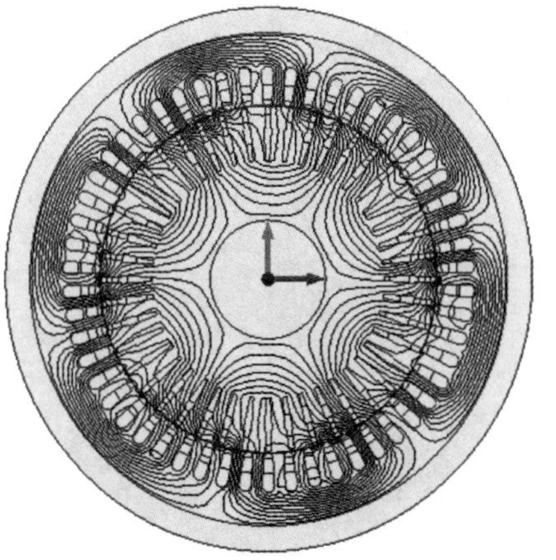

图 7-49　六极交流电机负载运行下的磁力线分布图

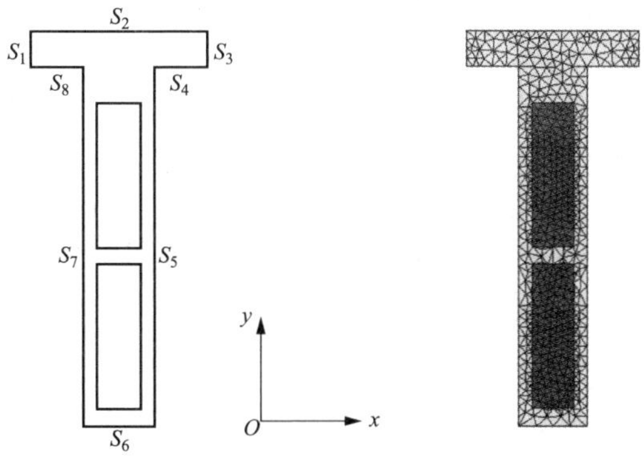

图 7-50　求解域及网格剖分图

（2）矢量磁位的控制方程及边界条件。

根据平面磁位求解区域的电密为零与否，将求解域磁场分为有旋场和无旋场，其中，槽内载流区域为有源区域的磁场为有旋场，槽内其他非载流区域为无源区域的磁场为无旋场，以矢量磁位 $\boldsymbol{A}_z$ 为求解变量。

矢量磁位 $\boldsymbol{A}_z$ 满足泊松方程，即

$$\frac{1}{\mu_0}\left(\frac{\partial^2 \boldsymbol{A}_z}{\partial x^2}+\frac{\partial^2 \boldsymbol{A}_z}{\partial y^2}\right)=-\boldsymbol{J}_z \tag{7-86}$$

其中，在载流导体区域外，$\boldsymbol{J}_z=0$。

为满足求解区域解的唯一性，矢量磁位 $\boldsymbol{A}_z$ 在计算边界 S_1、S_3 满足第一类边界条件，其定解问题为狄利克雷问题，即

$$\boldsymbol{A}_z=0\,|_{S_1,S_3}$$

由于铁磁材料的高导磁性能，矢量磁位 $\boldsymbol{A}_z$ 在其他计算边界 S_2、S_4、S_6、S_7 和 S_8 均满足第二类边界条件，其定解问题为诺依曼问题，即

$$\frac{\partial \boldsymbol{A}_z}{\partial n}=0\,|_{S_2,S_4,S_5,S_6,S_7,S_8}$$

综上所述，此为泊松方程的混合边值问题。

（3）有限元求解过程。

一般情况下，离散二维有限元以三角形或矩形作为剖分单元，本节以三角形作为剖分单元为例，对整个求解区域进行二维离散剖分。确定包括边界在内各剖分节点的编号和坐标、各剖分单元内材料的磁导率和电密、第一类边界上各剖分点的边值数据，按照剖分单元次序，依次得到各单元的单元系数矩阵 $\boldsymbol{k}_e$ 和单元右端项向量 $\boldsymbol{d}_e$。

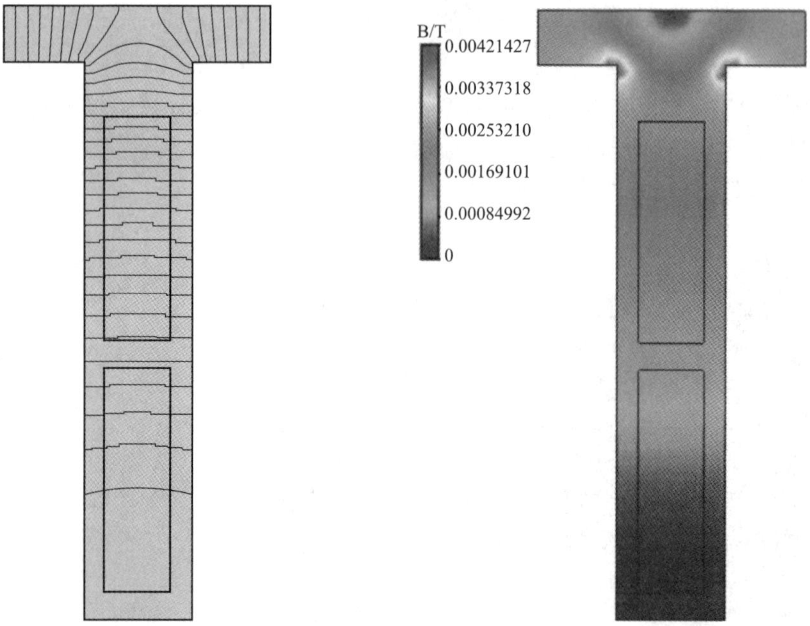

(a)　　(b)

图 7-51　开口槽周围磁场分布图

(a) 磁力线分布图；(b) 磁密分布云图

最终，将全部单元在有限元方程中的作用依次叠加，得到总体系数矩阵和总体右端项向量中的各元素，并通过第一类边界条件修改，得到数值求解前最后的总体系数矩阵 $\boldsymbol{K}$ 和总体右端项 $\boldsymbol{D}$，即如下线性方程组

$$\boldsymbol{KA}=\boldsymbol{D} \tag{7-87}$$

通过求解线性方程组，可得到各剖分节点处的矢量磁位 $\boldsymbol{A}_z$ 值，同时通过对矢量磁位的旋度求解可算出计算单元和各节点处的磁感应强度 $\boldsymbol{B}$ 的值。有限元数值计算得到的开口槽周围磁场分布如图 7-51 所示。

从图 7-51 中可以看出，除了沿电枢铁心通过电机气隙到达槽对面铁磁面的主磁场外，槽口范围内仍存在穿过槽壁的磁场，即槽漏磁，这是由于自然界不存在绝磁材料，槽口范围内的空气介质不易导磁，故存仍在此类漏磁场。此外，槽内漏磁场明显呈现不均匀分布，整体表现为上层电枢绕组周围漏磁密大于下层电枢绕组周围漏磁密，在槽口附近磁密较大。槽漏磁的分布大小将直接影响电枢绕组电密的分布，导致绕组电密分布不均匀而产生集肤效应，从而影响绕组的温升以及电机运行的安全与效率。工程上，电机设计需经过温升和效率测试数据验证，为电机结构优化提供数据支持。

3. 交流电机温升和负载效率测试工程实际操作

(1) 温升测试。

工程上，交流电机温升测试常采用电阻法。测量应在额定频率、额定电压、额定功率或铭牌电流下进行。电机在运行时，其温度会随着运行时间而升高直到稳定。通过计算电机热稳定状态时的电阻值 R_a 来确定具体的温升值，并与标准比较是否达标。

测试前先测量电机冷态时的直流电阻，Y 形连接、三角形连接两种不同连接方式测出的电阻值会与定子的直流电阻有所差异，因此要保证测试前后的方式一致。

对于行 Y 形连接法的绕组有

$$R_a = \frac{1}{2} R_{av} \tag{7-88}$$

对于三角形连接法的绕组有

$$R_a = \frac{3}{2} R_{av} \tag{7-89}$$

式中：R_{av} 为三个端电阻的平均值，单位欧姆（Ω）。

为了节省温升测试的时间，允许电机在一开始进行短时间 1.2 倍额定负载过负载运行并堵住风扇罩口以迅速提升温度。测直流电阻可以选用直流低电阻测试仪等测试精度较高的仪器，因为电阻法测试时电阻测试所产生的误差会造成较大的温升差异，测试电阻要在电机断电后立即测量，根据功率等级 $P \leqslant 50\text{kW}$ 的电机测试时间要控制在 30s 以内，以防误差过大。

计算温升采用电阻法测绕组温度时，冷热态电阻必须在相同的出线端上测量。绕组的平均温升 $\Delta\theta(K)$ 按下式计算：

$$\Delta\theta = \frac{R_N - R_1}{R_1}(K + \theta_1) + \theta_1 - \theta_a \tag{7-90}$$

式中：R_N 为额定负载热试验结束时的绕组端电阻，单位欧姆（Ω）；R_1 为温度为 θ_1 时绕组初始端电阻，单位为欧姆（Ω）；θ_a 为热试验结束时的冷却介质温度，单位为欧姆（Ω）；θ_1 为测量初始端电阻 R_1 时的绕组温度，单位为摄氏度（℃）；K 为常数，通常条件下，铜绕组取值为 235；铝绕组取值为 225，除非另有特殊要求规定。

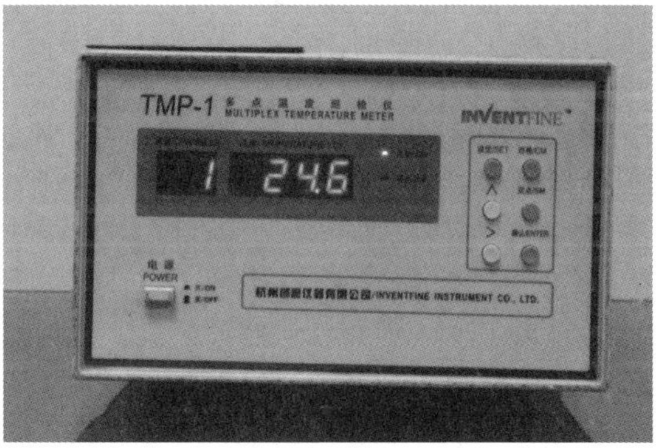

图 7-52　电机温升温度检测仪设备示图

测量时，还应满足下述要求：

1）为保证测试时电阻的准确性，每相电阻多测几次（通常情况下≥3 次），取每次测量的平均值计算。对于三角形接法的电机，由于电阻值较小，需要使用精确度较高的电阻测试仪器，至少要求精确到小数点后三位。读数时要快、稳、准，争取在最短的时间内完成电阻的测试。

2）当使用电阻法测试时，要确保初始绕组的温度与冷却介质的温度差不大于 2K。

3）温度值的记录按每 0.5h 一次进行。

4）测试直流电阻时，如果将测试夹在接线板的柱子上，需要将压紧螺母与接线端子压紧，此时测的直流电阻才是电机的直流电阻，接触不良会引起测试的直流电阻不准确，出现过大的数值。

（2）负载效率测试。

负载试验应在电机温升试验之后进行，以保证电机的铜耗处于稳定状态，所被测试的数值更有说服力；电机的转向要正确，若电机通电后反转，则只需更换其中任意两根线即可。因为电机功率过大会导致电源不稳定浮动大，需要时刻注意测试台显示的数据，防止电机突然发生过负载运行。

开始测试之前，先根据电机的额定转速、转矩选择合适量程的测功台。测试台为电机对拖台，将测试电机与对拖电机用联轴器进行连接，电机与测功机台子完全固定。测试时根据实验室电源的容量可选择在电机启动之前将测试电压U调低，一般选择启动电压为额定电压的50％左右，待电机转速n平稳后再调高电压。测试时通过改变转矩来调节电机的加载度，从空载点开始一直加载到额定点的110％～120％为最终点。记录U、n等相关试验数据，额定点的性能数据则为电机达到额定转矩T_N点时的数据。

根据测得的电机输出转矩T和转速n，计算得到输出功率P_2为

$$P_2=\frac{T\cdot n}{9.55} \tag{7-91}$$

再根据效率公式得出电机效率为

$$\eta=\frac{P_2}{P_1} \tag{7-92}$$

第8章 平面电磁波

本章主要讨论均匀平面电磁波。首先从麦克斯韦方程组出发，推导理想介质中均匀平面电磁波的方程，得出均匀平面电磁波在无界空间的传播规律和遇到两种媒质分界面时的反射与折射规律。然后对均匀平面电磁波的极化进行了讨论，考虑到导电媒质中自由电荷的弛豫时间极短，又推导出在无自由电荷的情况下，导电媒质中均匀平面电磁波的方程和传播规律。最后讨论了硅钢片中的涡流问题和时变场中导体的集肤效应以及电磁屏蔽、邻近效应等概念。

8.1 理想介质中的均匀平面波

8.1.1 理想介质中的电磁场方程

理想介质是指电导率为零且无自由电荷分布的介质。在理想介质中，不存在传导电流和自由电荷，因此，$\boldsymbol{J}_{\mathrm{C}}=0$，$\rho=0$。电磁场的基本方程组简化为

$$\nabla\times\boldsymbol{H}=\frac{\partial\boldsymbol{D}}{\partial t} \tag{8-1}$$

$$\nabla\times\boldsymbol{E}=-\frac{\partial\boldsymbol{B}}{\partial t} \tag{8-2}$$

$$\nabla\cdot\boldsymbol{B}=0 \tag{8-3}$$

$$\nabla\cdot\boldsymbol{D}=0 \tag{8-4}$$

对于各向同性的线性介质，$\boldsymbol{D}=\varepsilon\boldsymbol{E}$，$\boldsymbol{B}=\mu\boldsymbol{H}$，代入上述基本方程可得

$$\nabla\times\boldsymbol{H}=\varepsilon\frac{\partial\boldsymbol{E}}{\partial t} \tag{8-5}$$

$$\nabla\times\boldsymbol{E}=-\mu\frac{\partial\boldsymbol{H}}{\partial t} \tag{8-6}$$

$$\nabla\cdot\boldsymbol{H}=0 \tag{8-7}$$

$$\nabla\cdot\boldsymbol{E}=0 \tag{8-8}$$

由式（8-5）和式（8-6）得

$$\nabla\times(\nabla\times\boldsymbol{E})=\nabla\times\left(\ \mu\frac{\partial\boldsymbol{H}}{\partial t}\right)=\ \mu\frac{\partial}{\partial t}(\nabla\times\boldsymbol{H})=-\mu\varepsilon\frac{\partial^2\boldsymbol{E}}{\partial t^2} \tag{8-9}$$

利用矢量恒等式 $\nabla\times(\nabla\times\boldsymbol{E})=\nabla(\nabla\cdot\boldsymbol{E})-\nabla^2\boldsymbol{E}$，并将式（8-8）代入式（8-9）中，得

$$\nabla^2\boldsymbol{E}=\mu\varepsilon\frac{\partial^2\boldsymbol{E}}{\partial t^2}$$

令 $v=\dfrac{1}{\sqrt{\mu\varepsilon}}$，则

$$\nabla^2\boldsymbol{E}=\frac{1}{v^2}\frac{\partial^2\boldsymbol{E}}{\partial t^2} \tag{8-10}$$

v 的单位推导如下：

$[\mu]=$亨 / 米 $=$(伏秒 / 安) / 米 $=$欧秒 / 米

$[\varepsilon]=$法 / 米 $=$(库 / 伏) / 米 $=$安秒 /(伏米) $=$秒 /(欧米)

$[\nu]=([\mu][\varepsilon])^{-1/2}=$米 / 秒

同样可推得

$$\nabla^2 \boldsymbol{H}=\frac{1}{\nu^2}\frac{\partial^2 \boldsymbol{H}}{\partial t^2} \tag{8-11}$$

式（8-10）和式（8-11）的解是随空间和时间变化的波动函数，也就是理想介质中 $\boldsymbol{E}$、$\boldsymbol{H}$ 所满足的波动方程。

8.1.2 理想介质中的均匀平面波

一般来讲，电磁波的传播形式是非常复杂的，各式各样的，但无论怎样复杂，电磁场中的电场和磁场都符合式（8-10）和式（8-11）的波动方程。

最简单的一种电磁波就是均匀平面电磁波（简称均匀平面波），它的电场 $\boldsymbol{E}$ 和磁场 $\boldsymbol{H}$ 的等相位面为平面，而且在垂直于传播方向的任一平面上，电场 $\boldsymbol{E}$ 和磁场 $\boldsymbol{H}$ 都是均匀的。

设电磁波沿 x 方向传播，则有

$$\frac{\partial \boldsymbol{E}}{\partial y}=\frac{\partial \boldsymbol{E}}{\partial z}=0,\quad \frac{\partial \boldsymbol{H}}{\partial y}=\frac{\partial \boldsymbol{H}}{\partial z}=0 \tag{8-12}$$

将式（8-12）的条件代入式（8-5）中得

$$\nabla\times\boldsymbol{H}=\begin{vmatrix} \boldsymbol{e}_x & \boldsymbol{e}_y & \boldsymbol{e}_z \\ \frac{\partial}{\partial x} & \frac{\partial}{\partial y} & \frac{\partial}{\partial z} \\ H_x & H_y & H_z \end{vmatrix}=-\boldsymbol{e}_y\frac{\partial H_z}{\partial x}+\boldsymbol{e}_z\frac{\partial H_y}{\partial x}=\varepsilon\left(\boldsymbol{e}_x\frac{\partial E_x}{\partial t}+\boldsymbol{e}_y\frac{\partial E_y}{\partial t}+\boldsymbol{e}_z\frac{\partial E_z}{\partial t}\right)$$

由此可知

$$\frac{\partial E_x}{\partial t}=0,\varepsilon\frac{\partial E_y}{\partial t}=-\frac{\partial H_z}{\partial x},\varepsilon\frac{\partial E_z}{\partial t}=\frac{\partial H_y}{\partial x} \tag{8-13}$$

又由式（8-8）和式（8-12）得

$$\nabla\cdot\boldsymbol{E}=\frac{\partial E_x}{\partial x}+\frac{\partial E_y}{\partial y}+\frac{\partial E_z}{\partial z}=0$$

$$\frac{\partial E_x}{\partial x}=0 \tag{8-14}$$

同样，由式（8-12）和式（8-5）可得

$$\frac{\partial H_x}{\partial t}=0,\mu\frac{\partial H_y}{\partial t}=\frac{\partial E_z}{\partial x},\mu\frac{\partial H_z}{\partial t}=-\frac{\partial E_y}{\partial x} \tag{8-15}$$

由式（8-7）和式（8-12）得

$$\frac{\partial H_x}{\partial x}=0 \tag{8-16}$$

根据式（8-13）～式（8-16）可知 E_x、H_x 均与时间 t 和空间变量 x 无关，即 $E_x=$常数，$H_x=$常数，也就是顺着 x 方向有一均匀静电场和恒定磁场，在电磁波的波动问题中可以不考虑，因而可设

$$E_x=0,H_x=0 \tag{8-17}$$

对于均匀平面波，$\boldsymbol{E}$ 和 $\boldsymbol{H}$ 都只有与波的传播方向垂直的分量，这种电磁波称为横电磁波，简

称 TEM 波。

由式（8-12）可知

$$\frac{\partial^2 \boldsymbol{E}}{\partial y^2}=\frac{\partial^2 \boldsymbol{E}}{\partial z^2}=0,\frac{\partial^2 \boldsymbol{H}}{\partial y^2}=\frac{\partial^2 \boldsymbol{H}}{\partial z^2}=0 \tag{8-18}$$

将式（8-17）的第一式及式（8-18）的第一式代入式（8-10）中，可以得到

$$\frac{\partial^2 E_y}{\partial x^2}=\frac{1}{\nu^2}\frac{\partial^2 E_y}{\partial t^2},\frac{\partial^2 E_z}{\partial x^2}=\frac{1}{\nu^2}\frac{\partial^2 E_z}{\partial t^2} \tag{8-19}$$

电场强度的大小为

$$E=\sqrt{E_y^2+E_z^2} \tag{8-20}$$

$\boldsymbol{E}$ 和 y 轴的夹角为

$$\theta=\arctan\frac{E_z}{E_y} \tag{8-21}$$

在均匀平面电磁波中，最简单的情形是 θ＝常数。这样就可选择坐标的位置，使 y 轴的方向和 $\boldsymbol{E}$ 的方向相同。于是有

$$E_z=0,\boldsymbol{E}=E_y \tag{8-22}$$

这样一来电场强度的微分方程只有一个，为

$$\frac{\partial^2 E}{\partial x^2}=\frac{1}{\nu^2}\frac{\partial^2 E}{\partial t^2},\boldsymbol{E}=E_y \tag{8-23}$$

这一方程的解为

$$\boldsymbol{E}=E_y=f_1(x-\nu t)+f_2(x+\nu t) \tag{8-24}$$

同样由式（8-17）和式（8-18）的第二式和式（8-11）得磁场强度的微分方程为

$$\frac{\partial^2 H_y}{\partial x^2}=\frac{1}{\nu^2}\frac{\partial^2 H_y}{\partial t^2},\frac{\partial^2 H_z}{\partial x^2}=\frac{1}{\nu^2}\frac{\partial^2 H_z}{\partial t^2} \tag{8-25}$$

因为 $E_z=0$，所以由式（8-13）的第三式和式（8-15）的第二式得

$$\frac{\partial H_y}{\partial x}=0,\qquad \frac{\partial H_y}{\partial t}=0$$

由此可知 H_y＝常数，表示 $\boldsymbol{H}$ 顺 y 方向的磁场是一个恒定磁场，所以可令

$$H_y=0,H=H_z \tag{8-26}$$

磁场强度的微分方程也只有一个为

$$\frac{\partial^2 \boldsymbol{H}}{\partial x^2}=\frac{1}{\nu^2}\frac{\partial^2 \boldsymbol{H}}{\partial t^2},\boldsymbol{H}=H_z \tag{8-27}$$

它的解为

$$\boldsymbol{H}=H_z=g_1(x-\nu t)+g_2(x+\nu t)$$

由式（8-13）的第二式可得

$$-\varepsilon\nu\frac{\mathrm{d}f_1}{\mathrm{d}(x-\nu t)}+\varepsilon\upsilon\frac{\mathrm{d}f_2}{\mathrm{d}(x+\nu t)}=-\frac{\mathrm{d}g_1}{\mathrm{d}(x-\nu t)}-\frac{\mathrm{d}g_2}{\mathrm{d}(x+\nu t)}$$

由此可得

$$\sqrt{\frac{\varepsilon}{\mu}}\frac{\mathrm{d}f_1}{\mathrm{d}(x-\nu t)}=\frac{\mathrm{d}g_1}{\mathrm{d}(x-\nu t)}-\sqrt{\frac{\varepsilon}{\mu}}\frac{\mathrm{d}f_2}{\mathrm{d}(x+\nu t)}=\frac{\mathrm{d}g_2}{\mathrm{d}(x+\nu t)}$$

将以上两方程式两边积分，得

$$g_1(x-\nu t)=\sqrt{\frac{\varepsilon}{\mu}}f_1(x-\nu t)$$

$$g_2(x+\nu t)=-\sqrt{\frac{\varepsilon}{\mu}}f_2(x+\nu t)$$

所以

$$\boldsymbol{H}=H_z=\sqrt{\frac{\varepsilon}{\mu}}[f_1(x-\nu t)-f_2(x+\nu t)] \tag{8-28}$$

在式（8-24）和式（8-28）中，$f_1(x-\nu t)$ 代表顺 x 方向行进的波；而 $f_2(x+\nu t)$ 代表顺 $-x$ 方向行进的波。如果前者是入射波，那么后者便是反射波，它们行进的速度是 ν，又叫做相速。由实验得知，在真空中电磁波的速度等于光速，即

$$c=\frac{1}{\sqrt{\mu_0\varepsilon_0}}=\frac{1}{\sqrt{4\pi\times10^{-7}\times8.854\times10^{-12}}}=2.9979246\times10^8(\mathrm{m/s})$$

由前面分析知，在空间任何一点，电场强度和磁场强度的方向互相垂直。

令 E_y^+、H_z^+ 代表入射波的场强；E_y^-、H_z^- 代表反射波的场强，则

$$E_y^+=f_1(x-\nu t),E_y^-=f_2(x+\nu t) \tag{8-29}$$

$$H_z^+=\sqrt{\frac{\varepsilon}{\mu}}f_1(x-\nu t),H_z^-=-\sqrt{\frac{\varepsilon}{\mu}}f_2(x+\nu t) \tag{8-30}$$

$$\boldsymbol{E}=E_y=E_y^++E_y^-,H=H_z=H_z^++H_z^- \tag{8-31}$$

由式（8-29）和式（8-30）得

$$\frac{E_y^+}{H_z^+}=Z,\frac{E_y^-}{H_z^-}=-Z,Z=\sqrt{\frac{\mu}{\varepsilon}} \tag{8-32}$$

式中：Z 为电磁波所在媒质的特性阻抗，单位为 Ω。

在真空中，$Z_0=\sqrt{\frac{\mu_0}{\varepsilon_0}}=\sqrt{\frac{4\pi\times10^{-7}}{8.854\times10^{-12}}}=377(\Omega)$。

入射波和反射波的坡印亭矢量分别为

$$\boldsymbol{S}^+=\boldsymbol{e}_yE_y^+\times\boldsymbol{e}_zH_z^+=\boldsymbol{e}_xE_y^+H_z^+=\boldsymbol{e}_x\frac{E_y^{+2}}{Z}=\boldsymbol{e}_xZH_z^{+2} \tag{8-33}$$

$$\boldsymbol{S}^-=\boldsymbol{e}_yE_y^-\times\boldsymbol{e}_zH_z^-=\boldsymbol{e}_xE_y^-H_z^-=-\boldsymbol{e}_x\frac{E_y^{-2}}{Z}=-\boldsymbol{e}_xZH_z^{-2} \tag{8-34}$$

可见能流方向都和波行进的方向相同。任何一点的坡印亭矢量为

$$\begin{aligned}\boldsymbol{S}&=\boldsymbol{e}_y(E_y^++E_y^-)\times\boldsymbol{e}_z(H_z^++H_z^-)\\&=\boldsymbol{e}_x(E_y^+H_z^++E_y^-H_z^-+E_y^-H_z^++E_y^+H_z^-)\\&=\boldsymbol{S}^++\boldsymbol{S}^--\boldsymbol{e}_xZH_z^-H_z^++\boldsymbol{e}_xZH_z^+H_z^-\\&=\boldsymbol{S}^++\boldsymbol{S}^-\end{aligned}$$

即任何一点的坡印亭矢量等于入射波的坡印亭矢量和反射波的坡印亭矢量的代数和。

空间任一点电磁场的能量密度可计算如下。

入射波电场和磁场的能量密度分别为

$$w_{\mathrm{e}}^+=\frac{1}{2}\varepsilon E_y^{+2},w_{\mathrm{m}}^+=\frac{1}{2}\mu H_z^{+2}$$

但 $\varepsilon E_y^{+2}=\varepsilon Z^2 H_z^{+2}=\mu H_z^{+2}$，所以

$$w_e^+=w_m^+=\frac{1}{2}\varepsilon E_y^{+2}=\frac{1}{2}\mu H_z^{+2} \tag{8-35}$$

入射波的总电磁能量密度为

$$w^+=w_e^++w_m^+=\varepsilon E_y^{+2}=\mu H_z^{+2} \tag{8-36}$$

同理，反射波的电场能量密度 w_e^-、磁场能量密度 w_m^- 和总电磁能量密度 w^- 为

$$w_e^-=w_m^-=\frac{1}{2}\varepsilon E_y^{-2}=\frac{1}{2}\mu H_z^{-2} \tag{8-37}$$

$$w^-=w_e^-+w_m^-=\varepsilon E_y^{-2}=\mu H_z^{-2} \tag{8-38}$$

任何一点的电磁场能量密度为

$$\begin{aligned} w&=\frac{1}{2}\varepsilon(E_y^++E_y^-)^2+\frac{1}{2}\mu(H_z^++H_z^-)^2\\ &=\frac{1}{2}\varepsilon E_y^{+2}+\frac{1}{2}\varepsilon E_y^{-2}+\frac{1}{2}\mu H_z^{+2}+\frac{1}{2}\mu H_z^{-2}+\varepsilon E_y^+E_y^-+\mu H_z^+H_z^-\\ &=w^++w^-+\varepsilon ZH_z^+(-Z)H_z^-+\mu H_z^+H_z^-\\ &=w^++w^- \end{aligned} \tag{8-39}$$

8.1.3 正弦变化的均匀平面波

设在无限大的理想介质中，只有入射波而没有反射波，即 $E_y^-=0$，$H_z^-=0$，并令 $E=E_y=E_y^+$，$H=H_z=H_z^+$。

如果电场强度的函数 $f_1(x-\nu t)$ 是一正弦函数，为

$$\boldsymbol{E}=E_y=E_m\sin\frac{2\pi}{\lambda}(x-\nu t) \tag{8-40}$$

那么当 $t=0$ 时

$$E_y=E_m\sin\frac{2\pi}{\lambda}x$$

E_y 顺 x 方向成正弦分布。在 x 增加 λ 时，有

$$E_y=E_m\sin\frac{2\pi}{\lambda}(x+\lambda)=E_m\sin\frac{2\pi}{\lambda}x$$

与 x 处的电场强度一样，所以，λ 就是波长；$f=\nu/\lambda$ 就是频率；$\omega=2\pi f=2\pi\nu/\lambda$ 就是角频率，而且 $\frac{2\pi}{\lambda}=\frac{\omega}{\nu}$。

由此知式（8-40）可写为

$$\begin{aligned} \boldsymbol{E}&=E_y=E_m\sin\frac{2\pi}{\lambda}(x-\nu t)=-E_m\sin\left(\omega t-\frac{\omega}{\nu}x\right)\\ &=E_m\sin(\omega t-\beta x+\pi) \end{aligned} \tag{8-41}$$

式中：β 为相位常数，$\beta=\frac{\omega}{\nu}=\frac{2\pi}{\lambda}$，即电磁波沿传播方向在相距 1m 的两点上场量的相位滞后角，单位为 rad/m。在任一指定点 x 处，电场强度随时间 t 也成正弦变化。

由式（8-29）和式（8-30）可知磁场强度为

$$\boldsymbol{H}=H_z=H_m\sin\frac{2\pi}{\lambda}(x-\nu t)=-H_m\sin\left(\omega t-\frac{\omega}{\nu}x\right)$$

$$=H_m\sin(\omega t-\beta x+\pi) \tag{8-42}$$

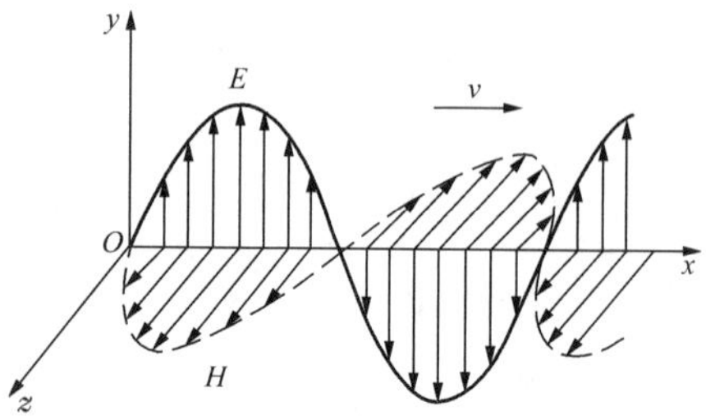

图 8-1　电磁波行进图

其中，$H_m=\sqrt{\frac{\varepsilon}{\mu}}E_m=\varepsilon\nu E_m$。

电场和磁场的变化情况，也就是这种电磁波的行进形式，如图 8-1 所示。

【例 8-1】 已知空间某处的磁场为 $\boldsymbol{H}=0.1\sin(2\pi\times10^7t-0.21x)\boldsymbol{e}_z$。

（1）试问这是一种什么性质的场？

（2）试求其传播方向、频率 f、相位常数 β、相速 ν 和波阻抗 Z，并写出电场 $\boldsymbol{E}$ 的表达式。

解　这是一个向 x 轴方向传播的正弦均匀平面波。

由式（8-42）可知

$$\omega=2\pi\times10^7, f=\frac{\omega}{2\pi}=10^7(\mathrm{Hz})$$

$$\beta=\frac{\omega}{\nu}=\frac{2\pi}{\lambda}=0.21(\mathrm{rad/m})$$

$$\nu=\frac{2\pi\times10^7}{0.21}=3\times10^8(\mathrm{m/s})$$

故知介质为真空，波阻抗 $Z=377(\Omega)$。

因 $\boldsymbol{E}$、$\boldsymbol{H}$ 的方向和电磁波传播的方向成右手螺旋关系，$\boldsymbol{E}$ 与 $\boldsymbol{H}$ 相互垂直，所以，$\boldsymbol{E}$ 只有 y 分量，且

$$\boldsymbol{E}=0.1\times377\sin(2\pi\times10^7t-0.21x)\boldsymbol{e}_y(\mathrm{V/m})$$

8.2　均匀平面波的一般形式和极化

在一般情况下，均匀平面电磁波的电场强度正方向和磁场强度正方向不一定是固定的，也就是说电场强度正方向与 y 轴方向的夹角 θ［参见式（8-21）］不一定是常数，因而必须保持 E_y 和 E_z 两个分量和式（8-19）的两个微分方程。其解分别为

$$E_y=f_1(x-\nu t)+f_2(x+\nu t) \tag{8-43}$$

$$E_z=f_3(x-\nu t)+f_4(x+\nu t) \tag{8-44}$$

由式（8-15）的第二、三式，可求得磁场强度的两个分量为

$$H_z=\sqrt{\frac{\varepsilon}{\mu}}[f_1(x-\nu t)-f_2(x+\nu t)] \tag{8-45}$$

$$H_y=\sqrt{\frac{\varepsilon}{\mu}}[-f_3(x-\nu t)+f_4(x+\nu t)] \tag{8-46}$$

式（8-43）～式（8-46）代表均匀平面波的一般形式。如果（$x-\nu t$）函数部分代表入射波，（$x+\nu t$）函数部分就代表反射波。

下面研究正弦均匀平面电磁波的一般形式。为便利起见，认为电磁波在无限大的、均匀理想介质中传播，因而没有反射波。即 $f_2(x+\nu t)=0, f_4(x+\nu t)=0$。设

$$E_y = E_{my}\sin\left(\omega t - \frac{\omega}{\nu}x\right) = E_{my}\sin(\omega t - \beta x) \tag{8-47}$$

$$E_z = E_{mz}\sin\left(\omega t - \frac{\omega}{\nu}x + \varphi\right) = E_{mz}\sin(\omega t - \beta x + \varphi) \tag{8-48}$$

由式（8-45）和式（8-46）得

$$H_z = H_{mz}\sin(\omega t - \beta x) \tag{8-49}$$

$$H_y = -H_{my}\sin(\omega t - \beta x + \varphi) \tag{8-50}$$

其中

$$H_{mz} = \sqrt{\frac{\varepsilon}{\mu}}E_{my}, H_{my} = \sqrt{\frac{\varepsilon}{\mu}}E_{mz}$$

电场强度 $\boldsymbol{E}$ 和磁场强度 $\boldsymbol{H}$ 对 y 轴方向的斜率各是

$$m = \tan\theta = E_z / E_y$$

$$m' = \tan\theta' = H_z / H_y = E_y / (-E_z) = -1/m$$

显然，$m'm = -1$。说明电场强度 $\boldsymbol{E}$ 和磁场强度 $\boldsymbol{H}$ 在空间任何一点总是互相垂直。

根据相位角 φ 的不同，$\boldsymbol{E}$ 矢量末端轨迹变化规律不同，可以有以下三种情况。

（1）$\varphi=0$，即 E_y 和 E_z 在时间上同相位。实际的电场强度是二者合成的结果，其大小为

$$\boldsymbol{E} = E_m\sin(\omega t - \beta x) \tag{8-51}$$

其中

$$E_m = \sqrt{E_{my}^2 + E_{mz}^2}$$

$\boldsymbol{E}$ 与 y 轴的夹角为

$$\theta = \arctan\frac{E_z}{E_y} = \arctan\frac{E_{mz}}{E_{my}} = \text{常数} \tag{8-52}$$

即电场强度矢量的正方向保持不变。$\boldsymbol{E}$ 矢量末端轨迹处于一条直线上。这种均匀平面波称为直线极化波。

（2）$\varphi = \pm\frac{\pi}{2}$，$E_{my} = E_{mz} = E_m$。由式（8-47）和式（8-48）得

$$E_y = E_{my}\sin(\omega t - \beta x) \tag{8-53}$$

$$E_z = \pm E_{mz}\cos(\omega t - \beta x) \tag{8-54}$$

电场强度为

$$\boldsymbol{E} = \sqrt{E_y^2 + E_z^2} = E_m = \text{常数} \tag{8-55}$$

由式（8-53）和式（8-54）消去三角函数部分，得

$$E_y^2 + E_z^2 = E_m^2 \tag{8-56}$$

式（8-56）表示在任一指定的 x 值，也就是在任一平行于 yoz 面的平面上，电场强度（以及磁场强度）矢量末端的轨迹是一个圆，如图 8-2 所示。这种均匀平面波称为圆极化波。电场强度方向和 z 轴方向的夹角 β 为

$$\tan\beta_0 = \frac{E_y}{E_z} = \pm\tan(\omega t - \beta x)$$

$$\beta_0 = \pm(\omega t - \beta x) \tag{8-57}$$

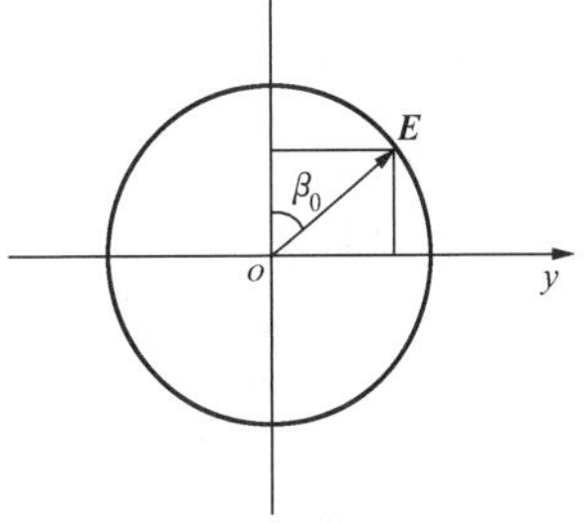

图 8-2 圆极化平面电磁波

当 x 固定时，β_0 角随时间变化。若 $\varphi = +\frac{\pi}{2}$，即 E_y 滞后 E_z

相位角 90°，式（8-57）右边取正号，β_0 角随时间 t 的增加而增加。电场强度矢量 $\boldsymbol{E}$ 末端轨迹的旋转方向与电磁波行进的方向成“左手螺旋”关系，所以叫左旋圆极化波；若 $\varphi=-\frac{\pi}{2}$，即 E_y 超前 E_z 相位角 90°，式（8-57）右边取负号，β_0 角随时间 t 的增加而代数减小，电场强度矢量 $\boldsymbol{E}$ 末端轨迹的旋转方向与电磁波行进的方向成“右手螺旋”关系，所以叫右旋圆极化波。

（3）φ 为任意固定值，$E_{my}\neq E_{mz}$。由式（8-47）和式（8-48）消去（$\omega t-\beta x$）得

$$E_{mz}^2E_y^2+E_{my}^2E_z^2-(2E_{my}E_{mz}\cos\varphi)E_yE_z-E_{my}^2E_{mz}^2\sin^2\varphi=0$$

$$\frac{E_y^2}{E_{my}^2}+\frac{E_z^2}{E_{mz}^2}-\frac{2E_yE_z}{E_{my}E_{mz}}\cos\varphi=\sin^2\varphi \tag{8-58}$$

式（8-58）表明在任一平行于 yoz 面的平面上，电场强度矢量（或磁场强度矢量）末端的轨迹是一个椭圆，这种均匀平面波称为椭圆极化波。

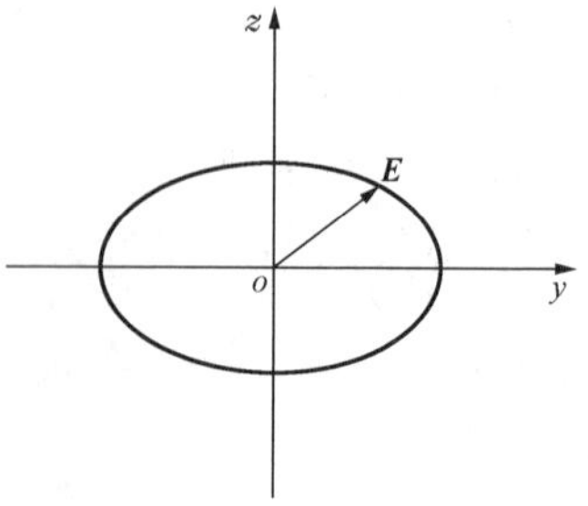

图 8-3　椭圆极化平面电磁波

当 $\varphi=\pm\frac{\pi}{2}$时，式（8-58）变为

$$\frac{E_y^2}{E_{my}^2}+\frac{E_z^2}{E_{mz}^2}=1 \tag{8-59}$$

如图 8-3 所示。该椭圆极化波的长轴、短轴为 E_{my}、E_{mz}。与圆极化波的分析一样，当 $\varphi=\frac{\pi}{2}$时，该椭圆极化波为左旋椭圆极化波；当 $\varphi=-\frac{\pi}{2}$时，该椭圆极化波为右旋椭圆极化波。

【例 8-2】 设有两个旋向不同的沿 $+x$ 方向传播的圆极化波，左旋和右旋圆极化波的电场 $\boldsymbol{E}_1$ 和 $\boldsymbol{E}_2$ 的表达式可分别表示为

$$\boldsymbol{E}_1=E_{my}\sin(\omega t-\beta x)\boldsymbol{e}_y+E_{mz}\sin\left(\omega t-\beta x+\frac{\pi}{2}\right)\boldsymbol{e}_z$$

$$\boldsymbol{E}_2=E_{my}\sin(\omega t-\beta x)\boldsymbol{e}_y+E_{mz}\sin\left(\omega t-\beta x-\frac{\pi}{2}\right)\boldsymbol{e}_z$$

试证明合成波的电场 $\boldsymbol{E}$ 是一个直线极化波 $E_{my}=E_{mz}=E_m$。

解　合成波的电场 $\boldsymbol{E}$ 为

$$\boldsymbol{E}=\boldsymbol{E}_1+\boldsymbol{E}_2=2E_m\sin(\omega t-\beta x)\boldsymbol{e}_y$$

显然，$\boldsymbol{E}$ 是一个直线极化波（沿 y 轴方向极化）。也就是说两个振幅相同、旋向相反的圆极化波可以合成一个直线极化波；反之，一直线极化波可以认为是两个振幅相同、旋向相反的圆极化波的叠加结果。

【例 8-3】 试将任意一个椭圆极化波分解为两个旋转方向相反的圆极化波。

解　设有沿 $+x$ 方向传播的左旋椭圆极化波为

$$\boldsymbol{E}=E_{my}\sin(\omega t-\beta x)\boldsymbol{e}_y+E_{mz}\sin\left(\omega t-\beta x+\frac{\pi}{2}\right)\boldsymbol{e}_z$$

式中

$$E_{my}>E_{mz}$$

将 $\boldsymbol{E}$ 改写为

$$\boldsymbol{E}=\boldsymbol{E}_1+\boldsymbol{E}_2=E'_m\sin(\omega t-\beta x)\boldsymbol{e}_y+E'_m\sin\left(\omega t-\beta x+\frac{\pi}{2}\right)\boldsymbol{e}_z$$

$$+E''_{m}\sin(\omega t-\beta x)\boldsymbol{e}_y-E''_{m}\sin\left(\omega t-\beta x+\frac{\pi}{2}\right)\boldsymbol{e}_z$$

对照上面的两个表达式可得

$$E'_{m}+E''_{m}=E_{my}，E'_{m}-E''_{m}=E_{mz}$$

所以

$$E'_{m}=(E_{my}+E_{mz})/2，E''_{m}=(E_{my}-E_{mz})/2$$

显然，$\boldsymbol{E}_1$ 是沿 x 轴方向传播的、幅度为（$E_{my}+E_{mz}$）/2 的左旋圆极化波；$\boldsymbol{E}_2$ 是沿 x 轴方向传播的、幅度为（$E_{my}-E_{mz}$）/2 的右旋圆极化波。同样可以证明，任意一个右旋椭圆极化波也可以分解为两个旋向相反的圆极化波。

总之，根据【例 8-2】和【例 8-3】可知，直线极化波是最基本的极化波形式，因此，后面的研究均认为是直线极化波。

用极化可以描述电磁波中电场和磁场的组成情况，从而了解整个电磁波的特性。工程上，对如何应用波的极化技术进行了较深入的研究。例如，调幅电台发射出的电磁波中的电场正是与地垂直的，所以收听者想得到最佳的收音效果，就应将收音机的天线调整到与电场平行的位置，即与大地垂直。而电视台发射出的电磁波中的电场正是与地面平行的，这时电视接收天线应调整到与地面平行的位置。通常见到的电视共用天线都是按照这个原理架设的。再如，在很多情况下，收发系统必须利用圆极化波才能正常地工作。例如由于火箭等飞行器在飞行过程中其状态和位置不断地改变，因此火箭上的天线方位也在不断地改变，此时如用线极化的发射信号来遥控火箭，在某些情况下就会出现火箭上的天线收不到地面控制信号的情况，而造成失控，如改用圆极化的发射和接收系统，就不会出现这种情况。卫星通信系统和电子对抗系统，大多数都是采用圆极化波进行工作的。

*8.3 均匀平面波的反射和折射

8.3.1 线极化波对分界面的正投射

设有一线极化的均匀平面波，由媒质 1 中垂直投射到媒质 1 和媒质 2 的分界面上。两种媒质的介电常数分别是 ε_1、ε_2；磁导率分别是 μ_1、μ_2。空间坐标位置如图 8-4 所示，分界面与 yoz 面重合。电磁波的电场强度和磁场强度的正方向分别顺 y 和 z 轴方向。

媒质 1 中投射到分界面的电磁波就是入射波，顺 x 轴方向传播；入射波达到分界面后，在媒质 1 中出现了顺 $-x$ 轴方向传播的反射波，而在媒质 2 中出现了顺 x 轴方向传播的透射波。

设入射波的两种场强各用 $\boldsymbol{E}^+$、$\boldsymbol{H}^+$ 表示；反射波的两种场强各用 $\boldsymbol{E}^-$、$\boldsymbol{H}^-$ 表示；而在媒质 2 中透射波的两种场强各用 $\boldsymbol{E}_2$、$\boldsymbol{H}_2$ 表示。又

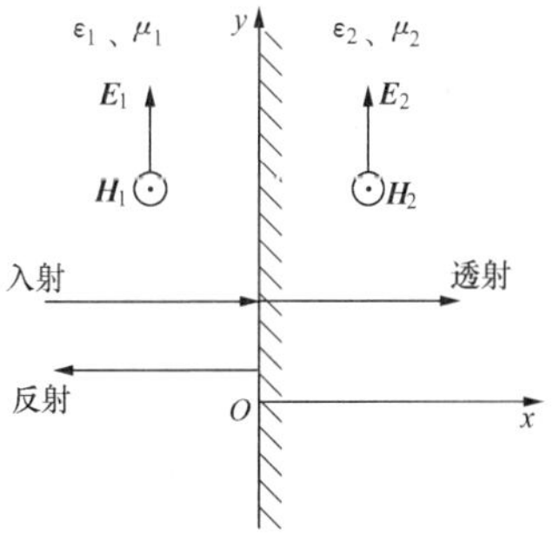

图 8-4 线极化波对分界面的正投射

在媒质 1 中的结果场强为

$$\boldsymbol{E}_1=\boldsymbol{E}^++\boldsymbol{E}^-，\boldsymbol{H}_1=\boldsymbol{H}^++\boldsymbol{H}^- \tag{8-60}$$

无论是入射波还是反射波，电场强度都在 y 轴方向上，磁场强度都在 z 轴方向上（具体的值可正可负），所以式（8-60）可用代数值表示

$$E_1=E^++E^-，H_1=H^++H^- \tag{8-61}$$

由式（8-32）知，

$$\frac{E^+}{H^+}=Z_1,\ \frac{E^-}{H^-}=-Z_1,\ \frac{E_2}{H_2}=Z_2 \tag{8-62}$$

其中，Z_1、Z_2 分别为媒质 1 和媒质 2 的特性阻抗，$Z_1=\sqrt{\frac{\mu_1}{\varepsilon_1}}$，$Z_2=\sqrt{\frac{\mu_2}{\varepsilon_2}}$。

在分界面 $x=0$ 处，各物理量符号上加角标 0，则由边界条件 $E_{1t}=E_{2t}$，$H_{1t}=H_{2t}$ 知

$$E_0^+ + E_0^- = E_{20} \tag{8-63}$$

$$H_0^+ + H_0^- = H_{20} \tag{8-64}$$

由式（8-62），将式（8-64）的磁场强度用电场强度表示，然后两边乘以 Z_1Z_2 得

$$Z_2(E_0^+ - E_0^-)=Z_1E_{20} \tag{8-65}$$

由式（8-63）和式（8-65）联立解出

$$E_0^-=\frac{Z_2-Z_1}{Z_1+Z_2}E_0^+=\zeta E_0^+ \tag{8-66}$$

$$E_{20}=\frac{2Z_2}{Z_1+Z_2}E_0^+=\tau E_0^+ \tag{8-67}$$

由式（8-62），将式（8-63）的电场强度用磁场强度表示，得

$$Z_1(H_0^+ - H_0^-)=Z_2H_{20} \tag{8-68}$$

由式（8-64）和式（8-68）联立解出

$$H_0^-=\frac{Z_1-Z_2}{Z_1+Z_2}H_0^+=-\zeta H_0^+ \tag{8-69}$$

$$H_{20}=\frac{2Z_1}{Z_1+Z_2}H_0^+=\tau' H_0^+ \tag{8-70}$$

上述各式中，有

$$\zeta=\frac{Z_2-Z_1}{Z_1+Z_2}=\frac{E_0^-}{E_0^+}=-\frac{H_0^-}{H_0^+} \tag{8-71}$$

$$\tau=\frac{2Z_2}{Z_1+Z_2}=\frac{E_{20}}{E_0^+} \tag{8-72}$$

$$\tau'=\frac{2Z_1}{Z_1+Z_2}=\frac{H_{20}}{H_0^+} \tag{8-73}$$

分别称为电磁波的反射系数、电场的透射系数和磁场的透射系数，且有如下关系

$$\tau=1+\zeta,\quad \tau'=1-\zeta \tag{8-74}$$

1. 媒质 2 为理想导体的情形

设媒质 1 为理想介质，媒质 2 为理想导体，即电导率 $\gamma=\infty$。则当电磁波由媒质 1 投射到媒质 2 的导体面时，在导体 2 中不可能有透射的电场强度，也就是 $\boldsymbol{E}_2=0$。因为若 $\boldsymbol{E}_2$ 不为零时，那么在导体 2 中将有无限大的传导电流 γE_2 和无限大单位体积电阻损耗 $\gamma E_2{}^2$。这是不可能的，所以有

$$\tau=0,\ \zeta=-1,\ \tau'=2 \tag{8-75}$$

$$E_0^-=-E_0^+,\ E_{20}=0 \tag{8-76}$$

$$H_0^-=H_0^+,\ H_{20}=2H_0^+ \tag{8-77}$$

设入射波是正弦变化的电磁波为

$$E^{+}=E_{\mathrm{m}}\sin(\omega t-\beta x) \tag{8-78}$$

则

$$E_{0}^{+}=E_{\mathrm{m}}\sin\omega t \tag{8-79}$$

$$E_{0}^{-}=-E_{\mathrm{m}}\sin\omega t \tag{8-80}$$

反射波为

$$E^{-}=-E_{\mathrm{m}}\sin(\omega t+\beta x) \tag{8-81}$$

在媒质 1 中的结果电场强度，根据三角函数公式 $\sin\alpha-\sin\beta=2\cos\dfrac{\alpha+\beta}{2}\sin\dfrac{\alpha-\beta}{2}$，可得

$$\begin{aligned}E_{1}&=E^{+}+E^{-}=-2E_{\mathrm{m}}\sin\beta x\cos\omega t\\&=2E_{\mathrm{m}}\sin\beta x\sin(\omega t-\pi/2)\end{aligned} \tag{8-82}$$

由式（8-62）得

$$H^{+}=H_{\mathrm{m}}\sin(\omega t-\beta x) \tag{8-83}$$

$$H^{-}=H_{\mathrm{m}}\sin(\omega t+\beta x) \tag{8-84}$$

其中

$$H_{\mathrm{m}}=\sqrt{\frac{\varepsilon_{1}}{\mu_{1}}}E_{\mathrm{m}}$$

在媒质 1 中的结果磁场强度，根据 $\sin\alpha+\sin\beta=2\sin\dfrac{\alpha+\beta}{2}\cos\dfrac{\alpha-\beta}{2}$，可得

$$\begin{aligned}H_{1}&=H^{+}+H^{-}=2H_{\mathrm{m}}\cos\beta x\sin\omega t\\&=2H_{\mathrm{m}}\sin\left(\beta x+\frac{\pi}{2}\right)\sin\omega t\end{aligned} \tag{8-85}$$

由式（8-82）和式（8-85）可知：在媒质 1 中的结果电场和磁场不再是行波，而是由两个以相反方向行进的行波所合成的驻波。所谓驻波是指在任一指定时间沿轴线（我们现在研究的情形是 x 轴）成正弦分布；而在轴线上的任一指定点的物理量也都随时间成正弦变化。变化的振幅沿轴线各点大小不同，在轴线上随时间成正弦变化的振幅最大之点叫做波腹；而在轴线上振幅最小等于零之点叫做波节。

如图 8-5 所示电场的驻波，在 $\beta x=0$、$-\pi$、$-2\pi\cdots$处是波节，电场强度永远等于零；在 $\beta x=-\pi/2$、$-3\pi/2$、$-5\pi/2\cdots$处是波腹，电场强度振幅是 $2E_{\mathrm{m}}$。

如图 8-6 所示磁场的驻波，在 $\beta x=-\pi/2$、$-3\pi/2$、$-5\pi/2\cdots$处是波节，磁场强度永远等于零；在 $\beta x=0$、$-\pi$、$-2\pi\cdots$处是波腹，磁场强度振幅是 $2H_{\mathrm{m}}$。

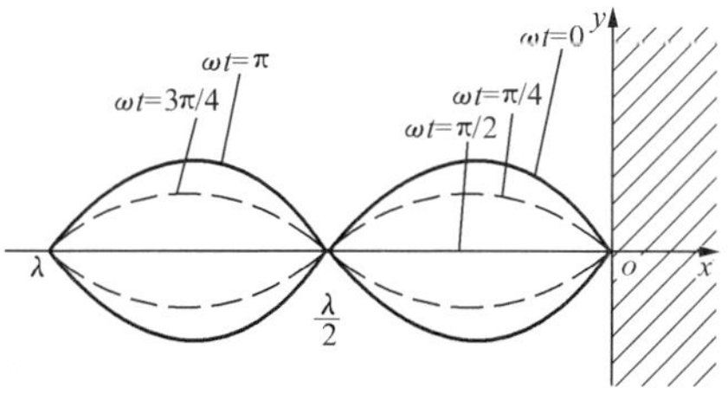

图 8-5　电场的驻波

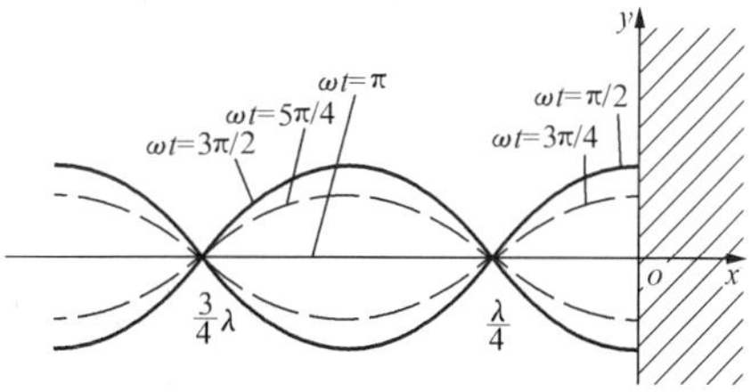

图 8-6　磁场的驻波

由式（8-77）知，在理想导体内，分界面处的磁场强度为

$$H_{20}=2H_{\mathrm{m}}\sin\omega t \tag{8-86}$$

自分界面 $x=0$ 处开始，向右的空间，导体内既无电场，也无电流，则磁场不会因位置不同而有所改变，所以全部导体都有和分界面相同的均匀交变磁场为

$$H_2=H_{20}=2H_m\sin\omega t \tag{8-87}$$

2. 两种媒质都是理想介质的情形

设在第一种媒质中入射波、反射波和进入第二媒质中的透射波的电场强度分别是（顺 y 轴方向）

$$E^+=E_m^+\sin(\omega t-\beta_1 x) \tag{8-88}$$

$$E^-=E_m^-\sin(\omega t+\beta_1 x) \tag{8-89}$$

$$E_2=E_{2m}\sin(\omega t-\beta_2 x) \tag{8-90}$$

在 $x=0$ 处，有

$$E_0^+=E_m^+\sin\omega t \tag{8-91}$$

$$E_0^-=E_m^-\sin\omega t \tag{8-92}$$

$$E_{20}=E_{2m}\sin\omega t \tag{8-93}$$

由式（8-71）、式（8-72）和式（8-74）可得

$$\frac{E_0^-}{E_0^+}=\frac{E_m^-}{E_m^+}=\zeta,\ \frac{E_{20}}{E_0^+}=\frac{E_{2m}}{E_m^+}=\tau$$

$$E_m^-=\zeta E_m^+,\ E_{2m}=\tau E_m^+$$

又由式（8-74）知，$1=\tau-\zeta$，所以有

$$E_m^+=E_m^+(\tau-\zeta)=E_{2m}-E_m^- \tag{8-94}$$

于是

$$E^+=E_m^+\sin(\omega t-\beta_1 x)=E_{2m}\sin(\omega t-\beta_1 x)-E_m^-\sin(\omega t-\beta_1 x) \tag{8-95}$$

可见，第一媒质中的电场入射波可分为两个分量，其中一个分量是

$$E'=-E_m^-\sin(\omega t-\beta_1 x) \tag{8-96}$$

它遇到分界面被反射回来，成为反射波。反射波 $E^-=E_m^-\sin(\omega t+\beta_1 x)$ 与后续的 E' 合成一驻波

$$E_1'=E'+E^-=2E_m^-\sin\beta_1 x\cos\omega t=2\zeta E_m^+\sin\beta_1 x\cos\omega t \tag{8-97}$$

另一个分量是

$$E''=E_{2m}\sin(\omega t-\beta_1 x)$$

它进入第二媒质变为透射波

$$E_2=E_{2m}\sin(\omega t-\beta_2 x)=\tau E_m^+\sin(\omega t-\beta_2 x) \tag{8-98}$$

同理，由式（8-74）知

$$H_m^+=H_m^+(\tau'+\zeta)=H_{2m}-H_m^-$$

$$\begin{aligned}H^+&=H_m^+\sin(\omega t-\beta_1 x)\\&=H_{2m}\sin(\omega t-\beta_1 x)-H_m^-\sin(\omega t-\beta_1 x)\end{aligned} \tag{8-99}$$

第一媒质中的磁场入射波也可分为两个分量，其中一个分量是

$$H'=-H_m^-\sin(\omega t-\beta_1 x) \tag{8-100}$$

它遇到分界面反射回来，成为反射波。反射波 $H^-=H_m^-\sin(\omega t+\beta_1 x)$ 与后续的 H' 合成一驻波

$$H_1' = H' + H^- = 2H_m^- \sin\beta_1 x \cos\omega t = -2\zeta H_m^+ \sin\beta_1 x \cos\omega t \tag{8-101}$$

另一个分量是

$$H'' = H_{2m}\sin(\omega t - \beta_1 x)$$

它进入第二媒质变为透射波

$$H_2 = H_{2m}\sin(\omega t - \beta_2 x) = \tau' H_m^+ \sin(\omega t - \beta_2 x) \tag{8-102}$$

【例 8-4】 如图 8-7 所示，波阻抗为 Z_2、厚度为 d 的理想介质放置在波阻抗为 $Z_1 = Z_3 = Z_0$ 的两理想介质之间。试求当介质 1 中的均匀平面电磁波正入射到介质 1、2 的分界面，不发生反射时介质 2 的厚度 d。

解 当介质 1 中无反射波时，电磁场为

$$\dot{\boldsymbol{E}}_1 = \dot{\boldsymbol{E}}_1^+ e^{-j\beta_1 x}$$

$$\dot{\boldsymbol{H}}_1 = \frac{\dot{\boldsymbol{E}}_1^+}{Z_1} e^{-j\beta_1 x}$$

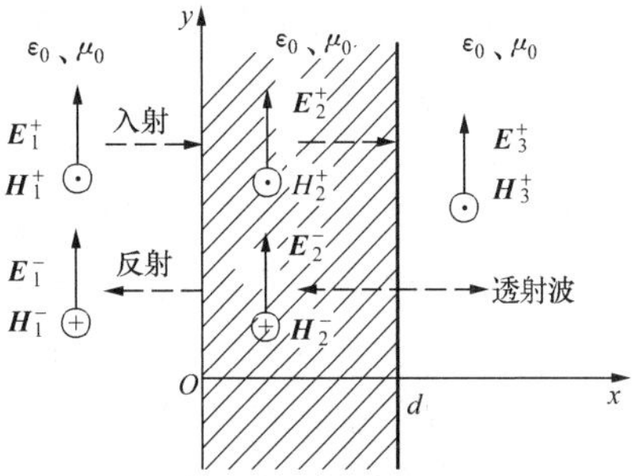

图 8-7 【例 8-4】图

介质 2 中的电磁场为

$$\dot{\boldsymbol{E}}_2 = \dot{\boldsymbol{E}}_2^+ e^{-j\beta_2 x} + \dot{\boldsymbol{E}}_2^- e^{j\beta_2 x}$$

$$\dot{\boldsymbol{H}}_2 = \frac{\dot{\boldsymbol{E}}_2^+}{Z_2} e^{-j\beta_2 x} - \frac{\dot{\boldsymbol{E}}_2^-}{Z_2} e^{j\beta_2 x}$$

介质 3 中只有透射波，即只有沿 x 轴方向传播的电磁波，所以

$$\dot{\boldsymbol{E}}_3 = \dot{\boldsymbol{E}}_3^+ e^{-j\beta_3 x}$$

$$\dot{\boldsymbol{H}}_3 = \frac{\dot{\boldsymbol{E}}_3^+}{Z_3} e^{-j\beta_3 x}$$

在介质分界面，电场和磁场的切向分量必须连续，所以

在 $x=0$ 处

$$\dot{\boldsymbol{E}}_1^+ = \dot{\boldsymbol{E}}_2^+ + \dot{\boldsymbol{E}}_2^-$$

$$\frac{\dot{\boldsymbol{E}}_1^+}{Z_1} = \frac{\dot{\boldsymbol{E}}_2^+}{Z_2} - \frac{\dot{\boldsymbol{E}}_2^-}{Z_2}$$

根据以上两式，再考虑到$\dfrac{\dot{\boldsymbol{E}}_2^-}{\dot{\boldsymbol{E}}_2^+} = \zeta$，可得

$$\zeta = \frac{Z_1 - Z_2}{Z_1 + Z_2} = \frac{Z_0 - Z_2}{Z_0 + Z_2}$$

在 $x=d$ 处

$$\dot{\boldsymbol{E}}_2^+ e^{-j\beta_2 d} + \dot{\boldsymbol{E}}_2^- e^{j\beta_2 d} = \dot{\boldsymbol{E}}_3^+ e^{-j\beta_3 d}$$

$$\frac{\dot{\boldsymbol{E}}_2^+ e^{-j\beta_2 d} - \dot{\boldsymbol{E}}_2^- e^{j\beta_2 d}}{Z_2} = \frac{\dot{\boldsymbol{E}}_3^+ e^{-j\beta_3 d}}{Z_3}$$

上面两式相比，且代入 $\dfrac{\dot{\boldsymbol{E}}_2^-}{\dot{\boldsymbol{E}}_2^+} = \zeta$ ，又可得

$$\zeta = \frac{Z_3 - Z_2}{Z_3 + Z_2} e^{-j2\beta_2 d} = \frac{Z_0 - Z_2}{Z_0 + Z_2} e^{-j2\beta_2 d}$$

因此
$$e^{-j2\beta_2 d}=1$$

所以
$$\cos(2\beta_2 d)=1,\ 2\beta_2 d=2n\pi,\ d=\frac{n\pi}{\beta_2}=\frac{n\lambda_2}{2}$$

从【例 8-4】可知，当介质 1 中的均匀平面电磁波正入射到介质 1、2 的分界面时，当介质 2 的厚度 d 等于其半波长 $\lambda_2/2$ 的整数倍时，介质 1 中无反射波。这个半波长厚度的介质片又称为“半波窗”，因为它对给定波长的电磁波，犹如一个无反射的窗口。例如，“雷达天线罩”就是这样的窗口，它是一个半圆形的覆盖物，既保护雷达免受恶劣气候的影响，又能使电磁波通过时反射最小。

8.3.2 均匀平面波对分界面的斜射

1. 反射和折射

如图 8-8 所示，在第一种媒质中有一均匀平面波为入射波，斜射到两媒质的分界面上。

入射波传播方向与分界面法线方向所夹的角为入射角 θ_1，由此产生的反射波传播方向与法线方向所夹的角为反射角 θ'，另有一经过分界面进入第二媒质的波为折射波，它的传播方向与法线方向所夹的角为折射角 θ_2。

入射波电场强度 $\boldsymbol{E}$ 的矢量方向在垂直于传播方向的平面上可以是任意方向，比如 $\boldsymbol{E}$ 和入射平面（由传播方向和分界面的法线方向所决定的平面）所成的角是 α，那么入射波就可以分解为平行于入射平面和垂直于入射平面两部分，总的电场强度就是这两部分的叠加。

现在首先研究电场强度 $\boldsymbol{E}$ 平行于入射平面（假设入射平面为纸面所在的平面 xoy 面）的情形，如图 8-9 所示。因 $\boldsymbol{E}$ 平行于 xoy 面，所以 $\boldsymbol{H}$ 必然顺 z 轴方向。由边界条件知，折射波的磁场强度 $\boldsymbol{H}_2$、反射波的磁场强度 $\boldsymbol{H}'$ 也必然都顺 z 轴方向。因此，折射波和反射波的电场强度也必然都平行于入射平面。

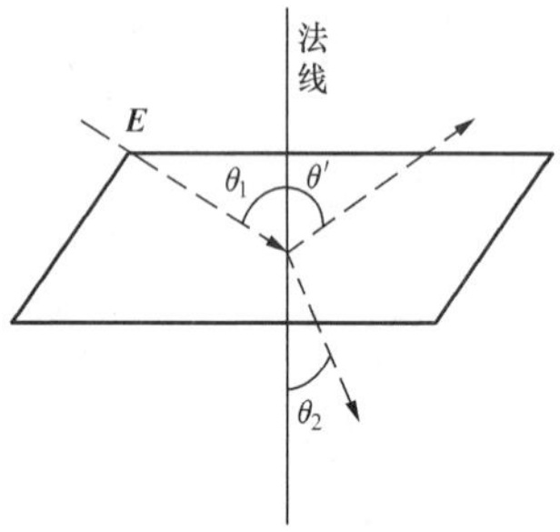

图 8-8　平面电磁波对分界面的斜射

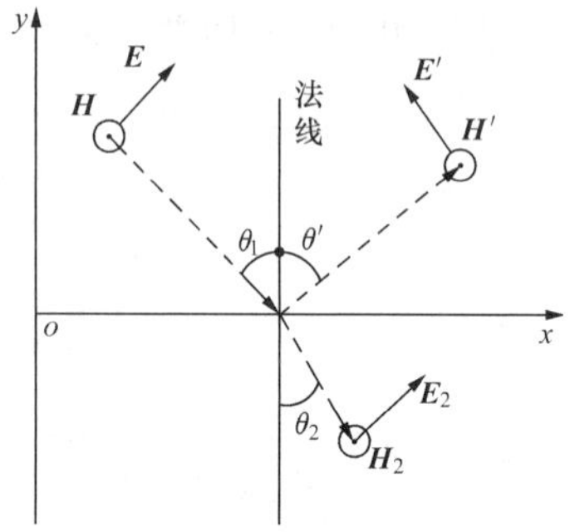

图 8-9　电场强度平行于入射面时的斜射

若磁场强度按正弦函数变化，则
$$\boldsymbol{H}=H_m\sin[\omega t-\beta_1(x\sin\theta_1-y\cos\theta_1)] \tag{8-103}$$
$$\boldsymbol{H}'=H'_m\sin[\omega t-\beta_1(x\sin\theta'+y\cos\theta')] \tag{8-104}$$
$$\boldsymbol{H}_2=H_{2m}\sin[\omega t-\beta_2(x\sin\theta_2-y\cos\theta_2)] \tag{8-105}$$
由边界条件知在分界面上，$y=0$ 处
$$\boldsymbol{H}+\boldsymbol{H}'=\boldsymbol{H}_2 \tag{8-106}$$
所以
$$H_m\sin(\omega t-\beta_1 x\sin\theta_1)+H'_m\sin(\omega t-\beta_1 x\sin\theta')=H_{2m}\sin(\omega t-\beta_2 x\sin\theta_2)$$

在任一指定时间 t，上方程式中的三项都是沿 x 成正弦变化，欲使等式成立，必须使顺 x 变化的相位都相等。设对应波长是 λ'，则

$$\beta_1\lambda'\sin\theta_1=\beta_1\lambda'\sin\theta'=\beta_2\lambda'\sin\theta_2=2\pi$$

所以

$$\theta'=\theta_1\qquad\frac{\sin\theta_1}{\sin\theta_2}=\frac{\beta_2}{\beta_1}=\frac{\nu_1}{\nu_2}\tag{8-107}$$

式中：ν_1、ν_2 分别为电磁波在第一媒质和第二媒质中传播的速度。

$\theta'=\theta_1$ 就是光学上的反射定律，$\frac{\sin\theta_1}{\sin\theta_2}=\frac{\beta_2}{\beta_1}=\frac{\nu_1}{\nu_2}$就是光学上的折射定律。

入射波电场强度 $\boldsymbol{E}$、反射波的电场强度 $\boldsymbol{E}'$和折射波的电场强度 $\boldsymbol{E}_2$ 都与入射面平行，但它们彼此之间并不平行。因 $\theta'=\theta_1$，各电场强度大小可用式（8-108)～式（8-110）表示

$$\boldsymbol{E}=E_{\mathrm{m}}\sin[\omega t-\beta_1(x\sin\theta_1-y\cos\theta_1)]\tag{8-108}$$

$$\boldsymbol{E}'=E'_{\mathrm{m}}\sin[\omega t-\beta_1(x\sin\theta_1+y\cos\theta_1)]\tag{8-109}$$

$$\boldsymbol{E}_2=E_{2\mathrm{m}}\sin[\omega t-\beta_2(x\sin\theta_2-y\cos\theta_2)]\tag{8-110}$$

由边界条件，在 $y=0$ 处电场强度的切线分量满足

$$\boldsymbol{E}\cos\theta_1-\boldsymbol{E}'\cos\theta_1=\boldsymbol{E}_2\cos\theta_2$$

由式（8-108)～式（8-110）得

$$(E_{\mathrm{m}}-E'_{\mathrm{m}})\sin(\omega t-\beta_1x\sin\theta_1)\cos\theta_1=E_{2\mathrm{m}}\sin(\omega t-\beta_2x\sin\theta_2)\cos\theta_2$$

由式（8-107）知，$\beta_1\sin\theta_1=\beta_2\sin\theta_2$，则上式简化为

$$(E_{\mathrm{m}}-E'_{\mathrm{m}})\cos\theta_1=E_{2\mathrm{m}}\cos\theta_2\tag{8-111}$$

又由式（8-106）知

$$\frac{\boldsymbol{E}+\boldsymbol{E}'}{Z_1}=\frac{\boldsymbol{E}_2}{Z_2},Z_2(E+E')=Z_1\boldsymbol{E}_2$$

$$\begin{aligned}&Z_2(E_{\mathrm{m}}+E'_{\mathrm{m}})\sin(\omega t-\beta_1x\sin\theta_1)\\&=Z_1E_{2\mathrm{m}}\sin(\omega t-\beta_2x\sin\theta_2)\\&=Z_1E_{2\mathrm{m}}\sin(\omega t-\beta_1x\sin\theta_1)\end{aligned}$$

故

$$Z_2(E_{\mathrm{m}}+E'_{\mathrm{m}})=Z_1E_{2\mathrm{m}}\tag{8-112}$$

由式（8-111）和式（8-112）可得

$$E'_{\mathrm{m}}=\frac{Z_1\cos\theta_1-Z_2\cos\theta_2}{Z_1\cos\theta_1+Z_2\cos\theta_2}E_{\mathrm{m}}\tag{8-113}$$

$$E_{2\mathrm{m}}=\frac{2Z_2\cos\theta_1}{Z_1\cos\theta_1+Z_2\cos\theta_2}E_{\mathrm{m}}\tag{8-114}$$

其次，再研究入射波电场强度 $\boldsymbol{E}$ 垂直于入射面（顺 z 轴方向）的情形，如图 8-10 所示。按照边界条件知反射波的电场强度 $\boldsymbol{E}'$和折射波的电场强度 $\boldsymbol{E}_2$ 也都顺 z 轴方向，同时各处的磁场强度都和入射面平行。这样各电场强度和磁场强度就可以用与式（8-108)～式（8-110)、式（8-103)～式（8-105）完全相同的式子表示，所不同的是 $\boldsymbol{E}$ 垂直于入射面而 $\boldsymbol{H}$ 平行于入射面，而且 $\theta'=\theta_1$。

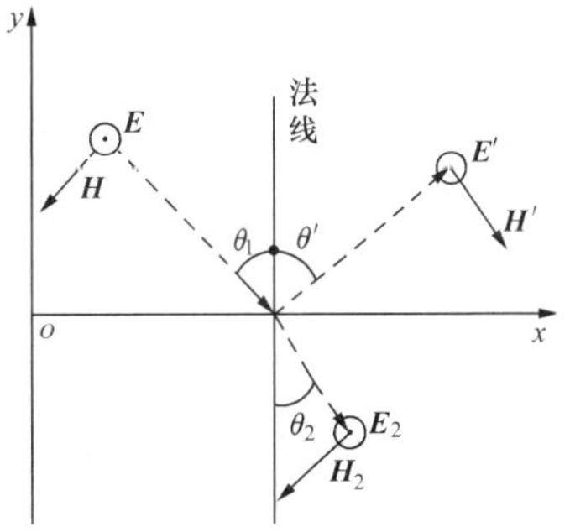

图 8-10　电场强度垂直于入射面时的斜射

依边界条件，在 $y=0$ 处

$$\boldsymbol{E}+\boldsymbol{E}'=\boldsymbol{E}_2$$

$$\begin{aligned}&(E_m+E'_m)\sin(\omega t-\beta_1 x\sin\theta_1)\\&=E_{2m}\sin(\omega t-\beta_2 x\sin\theta_2)\end{aligned}$$

欲使上式成立，必须使

$$\beta_1\sin\theta_1=\beta_2\sin\theta_2$$

与式（8-107）一致，同时得

$$E_m+E'_m=E_{2m} \tag{8-115}$$

又由图 8-10 及特性阻抗关系知，在 $y=0$ 处

$$(-H+H')\cos\theta_1=-H_2\cos\theta_2$$

$$Z_2(E-E')\cos\theta_1=Z_1E_2\cos\theta_2$$

由此得

$$Z_2(E_m-E'_m)\cos\theta_1=Z_1E_{2m}\cos\theta_2 \tag{8-116}$$

由式（8-115）和式（8-116）联立求得

$$E'_m=\frac{Z_2\cos\theta_1-Z_1\cos\theta_2}{Z_2\cos\theta_1+Z_1\cos\theta_2}E_m \tag{8-117}$$

$$E_{2m}=\frac{2Z_2\cos\theta_1}{Z_2\cos\theta_1+Z_1\cos\theta_2}E_m \tag{8-118}$$

在一般电介质中，$\mu_1=\mu_2=\mu_0$，则特性阻抗

$$Z_1=\mu_1\nu_1=\mu_0\nu_1,Z_2=\mu_2\nu_2=\mu_0\nu_2$$

由式（8-107）得

$$\frac{Z_1}{Z_2}=\frac{\nu_1}{\nu_2}=\frac{\sin\theta_1}{\sin\theta_2} \tag{8-119}$$

将式（8-119）代入式（8-113）、式（8-114）、式（8-117）、式（8-118），并经三角函数变换，得：

电场强度平行于入射面为

$$E'_m=\frac{\tan(\theta_1-\theta_2)}{\tan(\theta_1+\theta_2)}E_m \tag{8-120}$$

$$E_{2m}=\frac{2\sin\theta_2\cos\theta_1}{\sin(\theta_1+\theta_2)\cos(\theta_1-\theta_2)}E_m \tag{8-121}$$

电场强度垂直于入射面为

$$E'_m=-\frac{\sin(\theta_1-\theta_2)}{\sin(\theta_1+\theta_2)}E_m \tag{8-122}$$

$$E_{2m}=\frac{2\sin\theta_2\cos\theta_1}{\sin(\theta_1+\theta_2)}E_m \tag{8-123}$$

式（8-120）～式（8-123）就是光学上的菲涅耳公式。

2. 全折射和全反射

由于

$$\theta'=\theta_1,\ \frac{\sin\theta_1}{\sin\theta_2}=\frac{\beta_2}{\beta_1}=\frac{\nu_1}{\nu_2}$$

同时适用于平行于入射面的电场强度分量和垂直于入射面的电场强度分量，因此，对任意极化的平面电磁波

$$\theta'=\theta_1,\ \frac{\sin\theta_1}{\sin\theta_2}=\frac{\beta_2}{\beta_1}=\frac{\nu_1}{\nu_2}$$

(1) 全折射和偏振。根据式（8-120）及式（8-122），当 $\theta_1+\theta_2=\pi/2$ 时，平行于入射面的电场强度分量没有反射，发生了全折射；而垂直于入射面的电场强度分量有反射，并且反射波改变了入射波的极化方向，这种现象称为偏振。这时的入射角称为偏振角 θ_P，偏振角 θ_P 也称为布鲁斯特角。

由式（8-107）可得，当 $\theta_1+\theta_2=\pi/2$ 时有

$$\frac{\nu_1}{\nu_2}=\frac{\sin\theta_1}{\sin\theta_2}=\frac{\sin\theta_1}{\cos\theta_1}=\tan\theta_1=\tan\theta_P \tag{8-124}$$

因此

$$\tan\theta_P=\sqrt{\frac{\varepsilon_2\mu_2}{\varepsilon_1\mu_1}}=\frac{n_2}{n_1}=n_{12} \tag{8-125}$$

式中：n_{12} 为由第一媒质到第二媒质的光折射率；n_1、n_2 分别为第一种媒质和第二种媒质的光折射率。

媒质的光折射率定义为自由空间中的电磁波相速与媒质中的电磁波相速之比，即

$$n=\frac{c}{\nu}=\sqrt{\mu_r\varepsilon_r} \tag{8-126}$$

对于一般介质，$\mu_r\approx1$，则

$$n=\sqrt{\varepsilon_r} \tag{8-127}$$

从以上分析可知，无论任何入射角，垂直极化波都不会发生全折射。只有平行极化波，当入射角满足式（8-125）时，就会发生全折射。利用这个原理，就可以将任意极化波中的垂直分量和平行分量分离开来，起到极化滤波的作用。

(2) 全反射。当 $E'_m=E_m$ 时，电磁波在媒质分界面发生了全反射现象，即入射波全部反射回原来的媒质中。

如果入射角 $\theta_1\neq90°$，由式（8-113）、式（8-117）可以看出，只有当 $\cos\theta_2=0°$，即折射角 $\theta_2=90°$时，才能使

$$\frac{Z_1\cos\theta_1-Z_2\cos\theta_2}{Z_1\cos\theta_1+Z_2\cos\theta_2}=1,\ \frac{Z_2\cos\theta_1-Z_1\cos\theta_2}{Z_2\cos\theta_1+Z_1\cos\theta_2}=1$$

从而使 $E'_m=E_m$。把折射角 $\theta_2=90°$时的入射角称为临界入射角 θ_c。

由式（8-107）可得

$$\frac{\nu_1}{\nu_2}=\frac{\sin\theta_1}{\sin\theta_2}=\sin\theta_1=\sin\theta_c \tag{8-128}$$

$$\theta_c=\arcsin\frac{\nu_1}{\nu_2}=\arcsin\sqrt{\frac{\varepsilon_2\mu_2}{\varepsilon_1\mu_1}} \tag{8-129}$$

对于一般介质，$\mu_1=\mu_2=\mu_0$，所以

$$\theta_c=\arcsin\sqrt{\frac{\varepsilon_2}{\varepsilon_1}} \tag{8-130}$$

从式（8-130）可以发现

$$\varepsilon_1 > \varepsilon_2$$

这表明，电磁波只有从介电常数大的介质入射到介电常数小的介质，同时满足 $\theta_1 \geqslant \theta_c$ 时，电磁波才会发生全反射。工程中，选用介电常数大于周围媒质的介质棒或透明纤维，在入射角 θ_1 大于临界入射角 θ_c 时，就会将电磁波限制在介质棒或纤维中，连续不断地在内壁上发生全反射，使携带信息的电磁波由发送端传播到接收端，达到通信的目的。这就是光波导或介质波导的工作原理。

8.4 导电媒质中的均匀平面波

在有损介质、半导体或一般导体中，电导率 $\gamma \neq 0$。假设导电媒质的介电常数为 ε、磁导率为 μ、电导率为 γ，媒质中无电荷分布，即 $\rho = 0$，则电磁场基本方程为

$$\nabla \times \boldsymbol{H} = \gamma \boldsymbol{E} + \varepsilon \frac{\partial \boldsymbol{E}}{\partial t} \tag{8-131}$$

$$\nabla \times \boldsymbol{E} = -\mu \frac{\partial \boldsymbol{H}}{\partial t} \tag{8-132}$$

由式（8-131）、式（8-132）可得

$$\begin{aligned} \nabla \times (\nabla \times \boldsymbol{E}) &= \nabla \times \left(-\mu \frac{\partial \boldsymbol{H}}{\partial t}\right) = -\mu \frac{\partial}{\partial t}(\nabla \times \boldsymbol{H}) \\ &= -\left(\mu\gamma \frac{\partial \boldsymbol{E}}{\partial t} + \mu\varepsilon \frac{\partial^2 \boldsymbol{E}}{\partial t^2}\right) \end{aligned} \tag{8-133}$$

利用矢量恒等式

$$\nabla \times (\nabla \times \boldsymbol{E}) = \nabla(\nabla \cdot \boldsymbol{E}) - \nabla^2 \boldsymbol{E}$$

并考虑到

$$\nabla \cdot \boldsymbol{E} = 0$$

可得

$$\nabla^2 \boldsymbol{E} = \left(\mu\varepsilon \frac{\partial^2 \boldsymbol{E}}{\partial t^2} + \mu\gamma \frac{\partial \boldsymbol{E}}{\partial t}\right) \tag{8-134}$$

同样可推得

$$\nabla^2 \boldsymbol{H} = \left(\mu\varepsilon \frac{\partial^2 \boldsymbol{H}}{\partial t^2} + \mu\gamma \frac{\partial \boldsymbol{H}}{\partial t}\right) \tag{8-135}$$

仍以最简单的直线极化的均匀平面波来分析它的传播规律，并设这一电磁波行进的方向顺 x 轴方向，而且假设电场强度 $\boldsymbol{E}$ 只有 y 分量，那么，磁场强度 $\boldsymbol{H}$ 就只有 z 分量。推证方法与在介质中所用方法相似（见 8.1.2 理想介质中的均匀平面波）。

若在空间任一点，各场强的大小都随时间成正弦变化，可用复数表示这些正弦变化量。而且，在这里用它们的振幅作为对应复数的模。于是

$$\frac{\partial \dot{E}}{\partial t} = \mathrm{j}\omega \dot{E} \qquad \frac{\partial^2 \dot{E}}{\partial t^2} = -\omega^2 \dot{E}$$

式（8-134）可简化为

$$\frac{\partial^2 \dot{E}}{\partial x^2}+k^2\dot{E}=0 \tag{8-136}$$

同样可得

$$\frac{\partial^2 \dot{H}}{\partial x^2}+k^2\dot{H}=0 \tag{8-137}$$

其中

$$k=\omega\sqrt{\mu\dot{\varepsilon}}，\ \dot{\varepsilon}=\varepsilon-\mathrm{j}\frac{\gamma}{\omega} \tag{8-138}$$

式（8-136）和式（8-137）的解为

$$\dot{E}=C_1\mathrm{e}^{\mathrm{j}kx}+C_2\mathrm{e}^{-\mathrm{j}kx} \tag{8-139}$$

$$\dot{H}=C_3\mathrm{e}^{\mathrm{j}kx}+C_4\mathrm{e}^{-\mathrm{j}kx} \tag{8-140}$$

假设电磁波是在无限大的均匀媒质中传播，没有反射波，则 $C_1=0$，$C_3=0$。又令 $C_2=\dot{E}_{\mathrm{m}}$，$C_4=\dot{H}_{\mathrm{m}}$，那么式（8-139）和式（8-140）变为

$$\dot{E}=\dot{E}_{\mathrm{m}}\mathrm{e}^{-\mathrm{j}kx} \tag{8-141}$$

$$\dot{H}=\dot{H}_{\mathrm{m}}\mathrm{e}^{-\mathrm{j}kx} \tag{8-142}$$

由式（8-138），令

$$k=\omega\sqrt{\mu\dot{\varepsilon}}=\beta-\mathrm{j}\alpha=\omega\sqrt{\mu\left(\varepsilon-\mathrm{j}\frac{\gamma}{\omega}\right)} \tag{8-143}$$

两边平方并取实部相等得

$$\beta^2-\alpha^2=\omega^2\mu\varepsilon$$

又

$$|\,k\,|^2=\beta^2+\alpha^2=\omega^2\mu\varepsilon\sqrt{1+\left(\frac{\gamma}{\omega\varepsilon}\right)^2}$$

从而可得

$$\beta=\omega\sqrt{\frac{\mu\varepsilon}{2}\left[\sqrt{1+\left(\frac{\gamma}{\omega\varepsilon}\right)^2}+1\right]} \tag{8-144}$$

$$\alpha=\omega\sqrt{\frac{\mu\varepsilon}{2}\left[\sqrt{1+\left(\frac{\gamma}{\omega\varepsilon}\right)^2}-1\right]} \tag{8-145}$$

因 $\boldsymbol{H}$ 只有 z 分量，且对 y、z 无关，$\boldsymbol{H}=H\boldsymbol{e}_z$，所以

$$\nabla\times\boldsymbol{H}=\begin{vmatrix}\boldsymbol{e}_x & \boldsymbol{e}_y & \boldsymbol{e}_z\\ \dfrac{\partial}{\partial x} & \dfrac{\partial}{\partial y} & \dfrac{\partial}{\partial z}\\ 0 & 0 & H\end{vmatrix}=-\boldsymbol{e}_y\frac{\partial H}{\partial x}$$

又因 $\boldsymbol{E}$ 只有 y 分量，且与 y、z 无关，$\boldsymbol{E}=E\boldsymbol{e}_y$，所以，式（8-131）可写为

$$-\frac{\partial \boldsymbol{H}}{\partial x}=\gamma\boldsymbol{E}+\varepsilon\frac{\partial \boldsymbol{E}}{\partial t}$$

用复数表示正弦量

$$-\frac{\partial \dot{H}}{\partial x}=\gamma\dot{E}+\varepsilon\frac{\partial \dot{E}}{\partial t}=\gamma\dot{E}+\mathrm{j}\omega\varepsilon\dot{E}=\mathrm{j}\omega\left(\varepsilon-\mathrm{j}\frac{\gamma}{\omega}\right)\dot{E}=\mathrm{j}\omega\dot{\varepsilon}\dot{E}$$

但由式（8-142）得

$$-\frac{\partial \dot{H}}{\partial x}=\mathrm{j}k\dot{H}$$

所以，$k\dot{H}=\omega\dot{\varepsilon}\dot{E}$，$\omega\sqrt{\mu\dot{\varepsilon}}\dot{H}=\omega\dot{\varepsilon}\dot{E}$。

特性阻抗

$$Z=\frac{\dot{E}}{\dot{H}}=\frac{\dot{E}_{\mathrm{m}}}{\dot{H}_{\mathrm{m}}}=\sqrt{\frac{\mu}{\dot{\varepsilon}}}=\frac{\mu\omega}{\omega\sqrt{\mu\dot{\varepsilon}}}=\frac{\mu\omega}{\beta-\mathrm{j}\alpha}=|Z|\angle\theta \tag{8-146}$$

其中

$$|Z|=\sqrt{\frac{\mu}{\varepsilon\sqrt{1+\left(\frac{\gamma}{\omega\varepsilon}\right)^2}}} \tag{8-147}$$

$$\theta=\frac{1}{2}\arctan\left(\frac{\gamma}{\omega\varepsilon}\right)=\arctan\left(\frac{\alpha}{\beta}\right) \tag{8-148}$$

由此知，在有损耗电介质或导体中，正弦电磁波的特性阻抗是一个复数值。只有当 $\gamma\to0$ 或 $\omega\to\infty$时，特性阻抗才为实数值。

设
$$\dot{E}_{\mathrm{m}}=E_{\mathrm{m}}\angle 0^{\circ}$$

则
$$\dot{H}_{\mathrm{m}}=\frac{\dot{E}_{\mathrm{m}}}{Z}=\frac{E_{\mathrm{m}}}{|Z|}\angle-\theta$$

式（8-141）和式（8-142）变为

$$\dot{E}=E_{\mathrm{m}}\mathrm{e}^{-\alpha x}\angle-\beta x \tag{8-149}$$

$$\dot{H}=\frac{E_{\mathrm{m}}}{|Z|}\mathrm{e}^{-\alpha x}\angle-\beta x-\theta \tag{8-150}$$

相应的正弦行波分别是

$$E=E_{\mathrm{m}}\mathrm{e}^{-\alpha x}\sin(\omega t-\beta x) \tag{8-151}$$

$$H=H_{\mathrm{m}}\mathrm{e}^{-\alpha x}\sin(\omega t-\beta x-\theta) \tag{8-152}$$

其中
$$H_{\mathrm{m}}=E_{\mathrm{m}}/|Z|$$

显然两个场强都是顺 x 轴方向行进的其幅值均为沿 x 轴衰减的正弦波，α 称为衰减系数，单位为 Np/m（奈培/米）；又有磁场强度比电场强度落后一个相位角 θ，如图 8-11 所示。

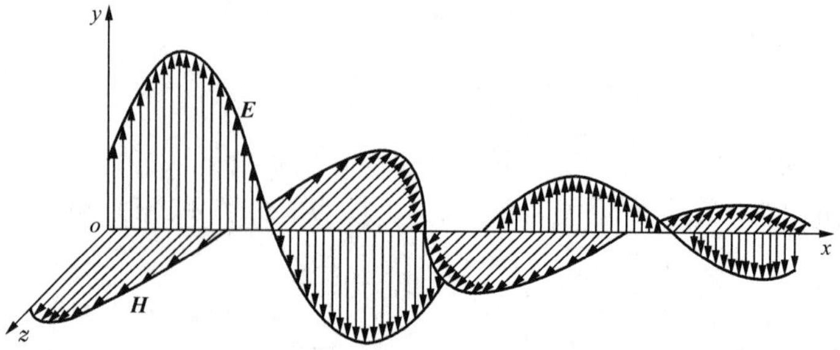

图 8-11　有损介质和导体中的电磁波

对于一般导体，γ 很大，当$\frac{\gamma}{\omega\varepsilon}\gg1$ 时，则有

$$\alpha \approx \beta \approx \sqrt{\frac{\omega\mu\gamma}{2}} \tag{8-153}$$

$$Z = \sqrt{\frac{\omega\mu}{\gamma}} \angle \frac{\pi}{4} \tag{8-154}$$

衰减系数 α 表示电磁波在导电媒质中衰减的快慢。还可用趋肤深度 d 表示电磁波在导电媒质中衰减的快慢。趋肤深度是电磁波从导电媒质表面向其内部传播，场量幅值衰减为表面值的 1/e（=0.368）时电磁波行进的距离。因此，由式（8-151）和式（8-152）中的衰减项 $e^{-\alpha x}$ 可知，趋肤深度 d 为

$$d = \frac{1}{\alpha} = 1 \Big/ \left\{ \omega \sqrt{\frac{\mu\varepsilon}{2}\left[\sqrt{1+\left(\frac{\gamma}{\omega\varepsilon}\right)^2} - 1\right]} \right\} \tag{8-155}$$

当 $\frac{\gamma}{\omega\varepsilon} \gg 1$ 时

$$d \approx \sqrt{\frac{2}{\omega\mu\gamma}} \tag{8-156}$$

ω 和 μ 越大，产生的感应电动势越大，而 γ 越大时感应的电流越大，导致功率损耗越大，电磁波越不容易向导体内部传播。因此，趋肤深度 d 与 ω、μ、γ 的平方根成反比。当 $\gamma \to \infty$ 时，即为超导电体；或者当 γ 和 ω 为有限值而 $\mu \to \infty$ 时，趋肤深度 $d \to 0$。导体内的 $\boldsymbol{E}=0$，$\boldsymbol{H}=0$。以上两种情况都使投射到导体表面的电磁波不能进入到导体内。

几种常见导电材料的趋肤深度见表 8-1。

表 8-1　几种常见导电材料的趋肤深度

材料名称	μ	γ(S/m)	d(mm)			
			$f=50$Hz	$f=10^3$Hz	$f=10^6$Hz	$f=10^8$Hz
紫铜	μ_0	5.8×10^7	9.33	2.09	0.066	0.0066
铝	μ_0	3.54×10^7	11.94	2.68	0.084	0.0084
铁	$1000\mu_0$	1.62×10^7	0.558	0.125	0.0027	0.0003

根据以上分析可知，一种媒质的电性能是属于导体还是介质不是绝对的，它和工作频率 f 有关。通常把 $\gamma=\omega_0\varepsilon$ 时的频率 $f_0=\frac{\omega_0}{2\pi}=\frac{\gamma}{2\pi\varepsilon}$ 叫做临界频率。当 $f>f_0$ 时，媒质可看作介质；而当 $f<f_0$ 时，媒质可看作导体。表 8-2 列出了几种媒质的临界频率。

表 8-2　几种媒质的临界频率

材料名称	ε（近似值）	γ(S/m)	f(Hz)
紫铜	$10\varepsilon_0$	5.8×10^7	10^{17}
干土	$3\varepsilon_0$	5×10^{-5}	3×10^5
湿土	$10\varepsilon_0$	5×10^{-3}	10^7
淡水	$80\varepsilon_0$	10^{-3}	2×10^5
海水	$80\varepsilon_0$	5	10^9

【例 8-5】 设已知参数为 $\mu=\mu_0$，$\varepsilon=4\varepsilon_0$，$\gamma/\omega\varepsilon_0=1$ 的区域中某处，有一频率为 10^8Hz、振幅为 1000V/m 的正弦均匀平面波。试求：

（1）$k=\beta-\mathrm{j}\alpha$。

（2）相速 ν、波长 λ、波阻抗 Z。

（3）透入深度 d。

（4）假设 $\boldsymbol{E}=1000\mathrm{e}^{-\alpha x}\sin(\omega t-\beta x)\boldsymbol{e}_y$，试求 $\boldsymbol{H}$。

解　（1）由式（8-143）

$$k=\omega\sqrt{\mu\dot{\varepsilon}}=\beta-\mathrm{j}\alpha=\omega\sqrt{\mu\left(\varepsilon-\mathrm{j}\frac{\gamma}{\omega}\right)}=\omega\sqrt{\mu\varepsilon\left(1-\mathrm{j}\frac{\gamma}{\omega\varepsilon}\right)}=\beta-\mathrm{j}\alpha$$

所以

$$\beta-\mathrm{j}\alpha=2\pi\times10^8\sqrt{4\mu_0\varepsilon_0(1-\mathrm{j}1)}=2\pi\times10^8\sqrt{4\mu_0\varepsilon_0}\sqrt{\sqrt{2}\,\mathrm{e}^{-\mathrm{j}\pi/4}}=4.6-\mathrm{j}1.9$$

$$\beta=4.6(\mathrm{rad/m}),\alpha=1.9(\mathrm{Np/m})$$

（2）由 $\beta=\frac{2\pi}{\lambda}=\frac{2\pi f}{\nu}=\frac{\omega}{\nu}$ 可得

$$\nu=\frac{\omega}{\beta}=\frac{2\pi\times10^8}{4.6}=1.37\times10^8(\mathrm{m/s})$$

$$\lambda=\frac{2\pi}{\beta}=\frac{2\pi}{4.6}=1.37(\mathrm{m})$$

由式（8-146）～式（8-148）可得

$$Z=\sqrt{\frac{\mu}{\varepsilon\sqrt{1+\left(\frac{\gamma}{\omega\varepsilon}\right)^2}}}\angle\arctan\left(\frac{\alpha}{\beta}\right)=159\angle\pi/8(\Omega)$$

（3）由式（8-155）可得

$$d=\frac{1}{\alpha}=0.53(\mathrm{m})$$

（4）由式（8-152）可得

$$\boldsymbol{H}=\frac{1000}{159}\mathrm{e}^{-1.9x}\sin\left(2\pi\times10^8t-4.6x-\frac{\pi}{8}\right)\boldsymbol{e}_z(\mathrm{A/m})$$

*8.5　硅钢片中的涡流

在导体中由于电磁感应作用产生的内部循环电流称为涡流。涡流的益处是可用于感应加热，而坏处是在变压器或铁心线圈中产生损耗并产生去磁作用。为了减小涡流损耗，这些铁心常用互相绝缘的硅钢片叠成。

图 8-12 所示为一硅钢片在直角坐标中的位置。硅钢片宽为 λ，厚为 $2a$，沿 z 轴方向无限长，且 $\lambda\gg2a$。因此，可近似认为各物理量与 y 和 z 坐标无关，只与 x 坐标有关。设硅钢片的磁导率为 μ，电导率为 γ。

在分析硅钢片的涡流问题时，可以认为 $\frac{\gamma}{\omega\varepsilon}\gg1$，即认为传导电流密度 $\gamma\dot{E}$ 比位移电流密度 $\varepsilon\frac{\partial\dot{E}}{\partial t}=\mathrm{j}\omega\varepsilon\dot{E}$ 大很多。

因此，由式（8-137）、式（8-138）可得正弦交变磁场的微分方程为

$$\frac{\partial^2 \dot{H}}{\partial x^2} - p^2 \dot{H} = 0 \tag{8-157}$$

式中 $p = \sqrt{\mathrm{j}}m, m = \sqrt{\omega\mu\gamma}$

又由式（8-131）可得

$$\boldsymbol{J} = \gamma \boldsymbol{E} = \nabla \times \boldsymbol{H} = \begin{vmatrix} \boldsymbol{e}_x & \boldsymbol{e}_y & \boldsymbol{e}_z \\ \frac{\partial}{\partial x} & \frac{\partial}{\partial y} & \frac{\partial}{\partial z} \\ 0 & 0 & H_z \end{vmatrix} = -\boldsymbol{e}_y \frac{\partial H_z}{\partial x} = -\boldsymbol{e}_y \frac{\partial H}{\partial x} = \boldsymbol{e}_y J$$

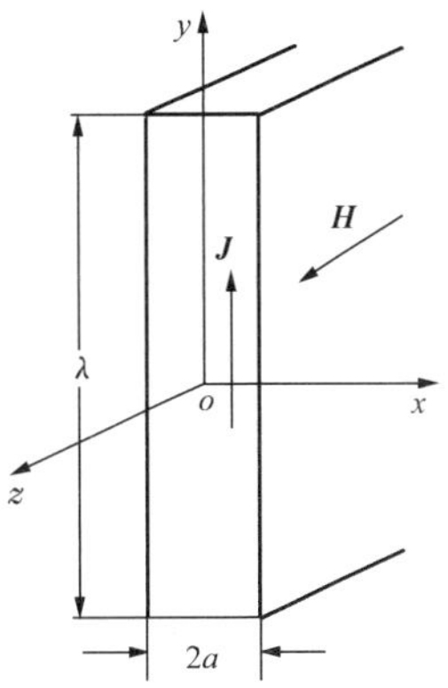

图 8-12 硅钢片中的电磁场分析

用相量来表示可得

$$\dot{J} = -\frac{\partial \dot{H}}{\partial x} \tag{8-158}$$

式（8-157）的解是

$$\dot{H} = C_1 \mathrm{ch} px + C_2 \mathrm{sh} px$$

由对称关系知在 x 和 $-x$ 处，$\dot{H}$ 相等，所以 $C_2=0$。又假设在 $x=0$ 处，磁场强度为 $\dot{H}_0$，则 $C_1=\dot{H}_0$，于是

$$\dot{H} = \dot{H}_0 \mathrm{ch} px \tag{8-159}$$

任一点的磁感应强度

$$\dot{B} = \mu \dot{H} = \dot{B}_0 \mathrm{ch} px \tag{8-160}$$

其中，$\dot{B}_0 = \mu \dot{H}_0$ 是 $x=0$ 处的磁感应强度。

在工程中常用硅钢片横截面中的平均磁感应强度 $\dot{B}_{\mathrm{av}}$ 作已知值，且

$$\dot{B}_{\mathrm{av}} = \frac{1}{a}\int_0^a \dot{B}\,\mathrm{d}x = \frac{\dot{B}_0}{a}\int_0^a \mathrm{ch} px\,\mathrm{d}x$$

由此得

$$\dot{B}_{\mathrm{av}} = \frac{\dot{B}_0}{pa}\mathrm{sh} pa$$

所以

$$\dot{B}_0 = \frac{pa\dot{B}_{\mathrm{av}}}{\mathrm{sh} pa} \tag{8-161}$$

代入式（8-160）中，得

$$\dot{B} = pa\dot{B}_{\mathrm{av}} \frac{\mathrm{ch} px}{\mathrm{sh} pa} \tag{8-162}$$

由式（8-158）、式（8-159）及式（8-161）

$$\dot{J} = -\frac{\partial \dot{H}}{\partial x} = -p\dot{H}_0 \mathrm{sh} px = -\frac{p\dot{B}_0}{\mu}\mathrm{sh} px$$

$$= -\mathrm{j}\omega\gamma a\dot{B}_{av}\frac{\mathrm{sh}px}{\mathrm{sh}pa} \tag{8-163}$$

因为 $p=\sqrt{\mathrm{j}}m=\frac{m}{\sqrt{2}}+\mathrm{j}\frac{m}{\sqrt{2}}$，利用双曲线函数公式

$$\mathrm{ch}(x+\mathrm{j}y)=\sqrt{\frac{1}{2}(\mathrm{ch}2x+\cos 2x)}\angle\arctan(\mathrm{th}x\cdot\tan y)$$

$$\mathrm{sh}(x+\mathrm{j}y)=\sqrt{\frac{1}{2}(\mathrm{ch}2x-\cos 2x)}\angle\arctan(\mathrm{cth}x\cdot\tan y)$$

由式（8-163），涡流电流密度 $\boldsymbol{J}$ 的有效值为

$$J=\omega\gamma aB_{\mathrm{av}}\sqrt{\frac{\mathrm{ch}\sqrt{2}mx-\cos\sqrt{2}mx}{\mathrm{ch}\sqrt{2}ma-\cos\sqrt{2}ma}} \tag{8-164}$$

式中：B_{av} 为平均磁感应强度 $\dot{B}_{\mathrm{av}}$ 的有效值。

在硅钢片中取 λ 宽、$\mathrm{d}x$ 厚、1m 长的薄片，其中的电阻损失功率为

$$\mathrm{d}P=\frac{J^2}{\gamma}\lambda\,\mathrm{d}x=\omega^2\gamma\lambda\,a^2B_{\mathrm{av}}{}^2\,\frac{\mathrm{ch}\sqrt{2}mx-\cos\sqrt{2}mx}{\mathrm{ch}\sqrt{2}ma-\cos\sqrt{2}ma}\mathrm{d}x$$

那么宽 λ、长 1m、厚 $2a$ 的硅钢片的涡流损失为

$$P=\int_{x=-a}^{x=+a}\mathrm{d}P=2\omega^2\gamma\lambda a^2B_{\mathrm{av}}{}^2\,\frac{\mathrm{sh}\sqrt{2}ma-\sin\sqrt{2}ma}{\sqrt{2}m(\mathrm{ch}\sqrt{2}ma-\cos\sqrt{2}ma)}$$

于是单位体积硅钢片的涡流损失 $P_E=P/(2a\lambda)$，又令硅钢片的厚度 $h=2a$，其中的平均磁感应强度的幅值 $B_m=\sqrt{2}B_{av}$，则

$$P_E=\frac{\omega^2B_{\mathrm{m}}{}^2\gamma h}{8\alpha}\,\frac{\mathrm{sh}\alpha h-\sin\alpha h}{\mathrm{ch}\alpha h-\cos\alpha h} \tag{8-165}$$

其中

$$\alpha=\frac{m}{\sqrt{2}}=\sqrt{\frac{\omega\gamma\mu}{2}}$$

当频率低时，αh 很小，式（8-165）中的双曲线函数和三角函数可用代数级数的前两项表示，即 $\mathrm{sh}x\approx x+\frac{x^3}{3!}$，$\mathrm{ch}x\approx 1+\frac{x^2}{2!}$，$\sin x\approx x-\frac{x^3}{3!}\cos x\approx 1-\frac{x^2}{2!}$，令 $x=\alpha h$，可得低频时的涡流损失为

$$P_E=\frac{\omega^2B_{\mathrm{m}}{}^2\gamma h^2}{24} \tag{8-166}$$

由此知，低频时，涡流损失和频率的平方、磁感应强度的平方、硅钢片厚度的平方及电导率成正比，但和铁心的磁导率无关。

当频率很高时，αh 很大，式（8-165）中的三角函数可以忽略，且 $\mathrm{ch}\alpha h\approx\mathrm{sh}\alpha h$，所以该式变为

$$P_E=\frac{B_{\mathrm{m}}{}^2h}{8}\sqrt{\frac{2\omega^3\gamma}{\mu}} \tag{8-167}$$

由此知，高频时，涡流损失与频率的 1.5 次方、磁感应强度的平方、硅钢片厚度及电导率的 0.5 次方成正比，而与铁心磁导率的 0.5 次方成反比。

8.6 集肤效应、电磁屏蔽、邻近效应

8.6.1 集肤效应

当交变电流通过导线时，导线周围变化的磁场也要在导线中产生感应电流，从而使沿导线截面的电流分布不均匀。靠近导体表面处电流密度大，愈深入导体内部，电流密度愈小。当电流变化的频率很高时，电流几乎只在导体表面附近存在，这种现象称为集肤效应。

设在图 8-11 中的 yoz 平面是导体表面，且向 x 轴正方向的无穷远区域都是导体。导体中的电场强度矢量 $\boldsymbol{E}$ 和传导电流密度 $\boldsymbol{J}$ 的方向都是沿 y 轴方向。由 $x=0$ 向右，任一点的电流密度可用复数表示为$\left(对于导体，当\dfrac{\gamma}{\omega\varepsilon}\gg 1 时，\alpha=\beta=\sqrt{\dfrac{\omega\mu\gamma}{2}}\right)$

$$\dot{J}=\gamma\dot{E}=\gamma E_{\mathrm{m}}\mathrm{e}^{-\alpha(1+\mathrm{j})x} \tag{8-168}$$

相应的正弦行波是

$$J=\gamma E_{\mathrm{m}}\mathrm{e}^{-\alpha x}\sin(\omega t-\beta x) \tag{8-169}$$

相应的矢量形式为

$$\boldsymbol{J}=\gamma E_{\mathrm{m}}\mathrm{e}^{-\alpha x}\sin(\omega t-\beta x)\boldsymbol{e}_y \tag{8-170}$$

显然，对于沿 y 轴方向的电场强度而言，在导体 $x=0$ 附近的场量最大，越向 x 方向传播时，场量越小。

在 z 轴方向 1m、x 轴方向无限延伸的截面上，向 y 轴方向流过的总电流可计算为

$$\dot{I}=\int_0^{\infty}\dot{J}\,\mathrm{d}x=\gamma E_{\mathrm{m}}\int_0^{\infty}\mathrm{e}^{-\alpha(1+\mathrm{j})x}\,\mathrm{d}x=\frac{\gamma E_{\mathrm{m}}}{\sqrt{2}\alpha}\angle\left(-\frac{\pi}{4}\right)$$

在 $x=0$ 处（即导体表面上），顺 y 轴方向 1m 长的两点之间的电压，根据 $\boldsymbol{E}=-\nabla\varphi$ 可得

$$\dot{U}=E_{\mathrm{m}}\mathrm{e}^{-\alpha(1+\mathrm{j})x}\big|_{x=0}=E_{\mathrm{m}}$$

则 z 轴方向 1m 宽、x 轴方向无限厚、y 轴方向 1m 长，顺 y 轴方向的等值阻抗为

$$R+\mathrm{j}X=\dot{U}/\dot{I}=\frac{\sqrt{2}\alpha}{\gamma}\angle\frac{\pi}{4}=\frac{\alpha}{\gamma}+\mathrm{j}\frac{\alpha}{\gamma} \tag{8-171}$$

由式（8-155）和式（8-171）可知

$$R=\frac{\alpha}{\gamma}=\frac{1}{\gamma d} \tag{8-172}$$

假定电流只在导体表面沿 x 轴方向 d' 厚度、z 轴方向 1m 宽的截面上朝 y 轴方向流过 1m 的长度，则对应的直流电阻为

$$R'=\frac{1}{\gamma d'} \tag{8-173}$$

对照式（8-172）和式（8-173），令 $R=R'$，则 $d=d'$。说明，虽然导体在 x 方向伸展到无限远，但实际的有效厚度却只有 d'，这也是透入深度 d 的另一物理意义。通常 d 很小，故这个电阻 R 又称表面电阻（沿导体表面宽 1m、电磁波传播方向有效厚度为 d 的截面，而长度为 1m，对应导体表面 $1\mathrm{m}^2$ 时的等效电阻），单位为 Ω/m^2（欧姆/米^2）。注意，这里的 m^2 是指导体表面的面积，导体表面在 yoz 平面上，与电磁波传播方向相垂直。

导体表面 $1\mathrm{m}^2$、x 轴方向无限大的导体区域总的功率损耗可计算如下

$$P_{\mathrm{t}}=\frac{1}{2}\int_0^{\infty}\gamma\dot{E}^2\mathrm{d}x=\frac{\gamma E_{\mathrm{m}}^2}{4\alpha}=\frac{1}{2}|\dot{I}|^2R \tag{8-174}$$

其中，$\dot{E}=E_{\mathrm{m}}\mathrm{e}^{-\alpha(1+\mathrm{j})x}$，$\dot{I}=\frac{\gamma E_{\mathrm{m}}}{\sqrt{2}\alpha}\angle\left(-\frac{\pi}{4}\right)$，$\dot{E}$、$\dot{I}$ 均为幅值相量；计算有功损耗要用其有效值，因此，有系数 1/2；R 为导体的表面电阻。

实际计算时，通常先假定导体的电导率为无穷大（即导体为理想导体），导体电流只会在导体表面，导体内部的电流忽略，几种常见导电材料的表面电阻见表 8-3。首先，求得导体表面的切向磁场 H_{t}（在这里为 z 轴方向），然后利用 $\nabla\times\boldsymbol{H}=\boldsymbol{J}$ 求得 $\boldsymbol{K}$（$\boldsymbol{K}$ 为沿 z 轴单位宽度，向 y 轴方向流过的电流。在这里，电流分布于导体表面），从而求得 z 轴方向 1m 宽的导体表面向 y 轴方向流过的电流 $|\dot{I}|=K$。因此，式（8-174）可改写成

$$P_{\mathrm{t}}=\frac{1}{2}|\dot{H}_t|^2R \tag{8-175}$$

表 8-3　几种常见导电材料的表面电阻

材料名称	γ(S/m)	$R(\Omega/\mathrm{m}^2)$
银	6.17×10^7	$2.52\times10^{-7}\sqrt{f}$
紫铜	5.8×10^7	$2.61\times10^{-7}\sqrt{f}$
铝	3.72×10^7	$3.26\times10^{-7}\sqrt{f}$
黄铜	1.62×10^7	$5.01\times10^{-7}\sqrt{f}$

由于集肤效应，交变电流流过导体截面的有效面积减小。因此一段导线的交流电阻将比直流电阻大，从而使导体的功率损耗增大。在设计高频电器设备时必须考虑这种影响。为了减少集肤效应的不利影响，在工程上通常采用多股绝缘编织线替代单根粗导线，或在导体表面镀银等方法。但是，集肤效应有时也可以加以利用。例如，利用高频电流集中在导体表面的特点，用来为金属表面淬火，以减小金属内部的脆性，增加金属表面的硬度等。

8.6.2　电磁干扰与电磁屏蔽

1. 电磁干扰

随着科学技术的发展，人们在生产及生活中使用的电气设备及电子设备越来越多，这些设备在工作的同时，往往要产生一些有用的或无用的电磁能量，其中，无用的能量将影响其他设备的工作，从而形成了电磁干扰。电磁干扰是指外加的有损于有用信号的干扰的电磁能。例如手电钻、电焊工作时，会干扰电视机的正常工作，使电视机上出现杂乱的画面；继电器通断所产生的瞬态电磁脉冲，使被干扰设备工作失常等。严格地说，只要把两个以上的电磁元件置于同一环境中，工作时就会产生电磁干扰。这种干扰可以发生在系统与系统之间，也可发生在系统内部各设备之间。此外，人为干扰和自然干扰都有可能使系统或设备的性能产生有限度的降级，甚至可能使系统或设备失灵。例如，由于雷电或静电放电干扰和其他人为干扰，会使火箭、飞船发射后出现计算机故障或自毁系统误爆而炸毁的事件。同时，长期的电磁辐射将影响人体健康。

这些客观事实使人们认识到电磁干扰的严重危害，为了保障电子系统或设备的正常工作，必须研究电磁干扰，研究抑制干扰的有效手段。

在电磁环境中，把一切发生电磁干扰的物体，称为干扰源，而把一切受影响的物体，称为干扰对象或敏感设备。发生电磁干扰时，由干扰源发出干扰电磁能量，经过传播耦合途径，将能量传输到干扰对象，使干扰对象工作受到影响。因此形成电磁干扰必须具备下列三个基本要素：①干扰源；②传播、耦合途径；③干扰对象。干扰源主要来自各种放电现象（如辉光、电火花、电弧、雷击等的放电）和各种电压、电流急剧变化所产生的电场、磁场和电磁场的感应与电磁波的辐射。电磁干扰传播、耦合的途径主要有设备、器件、导线间的分布电容、分布电感引起耦合感应，电磁场辐射感应等。

2. 电磁屏蔽

根据各类电磁干扰的性质不同，可采用不同的技术措施来予以抑制。而抑制以场的形式造成干扰的有效办法是电磁屏蔽。电磁屏蔽是以某种材料（导电或导磁材料）制成的屏蔽壳体（实体或非实体），将需要屏蔽的区域封闭起来，形成电磁隔离，从而使屏蔽区域内的电磁场不能越出这一区域，外来的辐射电磁场也不能进入这一区域。

电磁屏蔽的原理是利用屏蔽体对电磁能流的反射、衰减和引导作用。按屏蔽原理，可以分为电场屏蔽、磁场屏蔽及电磁场屏蔽三类。

（1）电场屏蔽。电场屏蔽是为了消除或抑制由于电场耦合而引起的干扰。电场屏蔽体用良导体制成，并有良好的接地。这样电场屏蔽体既可防止屏蔽体内部干扰源产生的干扰泄漏到外部，也可防止屏蔽体外部的干扰侵入内部，从而切断了干扰源与干扰对象之间的电场线。

（2）磁场屏蔽。磁场屏蔽是为了消除或抑制由于磁场耦合而引起的干扰。在载有电流的导线、线圈或变压器周围空间都存在有磁场。若电流是时变的，则磁场也将是时变的。处在时变磁场中的其他导线或线圈就会受到干扰。另外，电子设备中的各种连接线往往也会形成环路，这种环路会因外磁场的影响而产生感应电压；若环路中有强电流，则又会产生磁场发射，干扰其他设备。减少磁场干扰的有效办法就是采用磁场屏蔽。

对于低频交变磁场，由于电流产生的磁场均在空间散布磁感应强度线或磁通，磁感应强度线所通过的路径称为磁路。磁感应线主要集中在低磁阻的磁路中，因此磁场屏蔽要利用高磁导率的材料（如铁、镍钢等）来做屏蔽壳体。这些高磁导率的材料具有很低的磁阻，这样，内部设备产生的磁感应线将被限制在屏蔽体内；同样，外界磁场也因主要通过屏蔽罩壁而很少进入罩内，从而使外部磁场不致影响到屏蔽罩内的设备。应当指出的是，用铁磁材料做的屏蔽罩在垂直于磁感应线方向上不应开口或有缝隙。因为这样的开口或缝隙会切断磁感应线，使磁阻增大，从而使磁屏蔽效果变差。

对于高频交变磁场屏蔽采用的是低电阻率的良导体材料，如铜、铝等，其屏蔽原理是利用电磁感应现象在屏蔽壳体表面所产生的涡流的反磁场来达到屏蔽的目的，即利用涡流的反磁场对原干扰磁场的排斥作用来抵消屏蔽体外的磁场，同时增强屏蔽体旁的磁场，使磁感应线绕行而过。涡流越大，屏蔽效果越好。例如将线圈置于用良导体做成的屏蔽盒中，则线圈所产生的磁场将被限制在屏蔽盒中，同样，外界磁场也将被屏蔽盒的涡流反磁场排斥而不能进入屏蔽盒内，从而达到对高频磁场屏蔽的目的。

此外，由于集肤效应，涡流只在材料的表面产生。因此对于高频磁场，只要很薄的金属材料作屏蔽盒就可以。屏蔽层上开口方向应尽量不切断涡流。必须指出的是，磁场屏蔽的屏蔽盒是否接地，并不影响屏蔽效果。这一点与电场屏蔽不同（电场屏蔽必须接地）。但如果将良导体金属材料做的屏蔽盒接地，则它就同时具有电场屏蔽和高频磁场屏蔽的作用，所以实际使用中屏蔽盒接地。

(3) 电磁场屏蔽。通常所说的电磁干扰是指电场和磁场同时存在时的高频辐射电磁场所形成的干扰。对于电磁场，电场分量和磁场分量总是同时存在的，只是在频率较低的范围内，对于高电压、小电流的干扰源，近区以电场为主，其磁场分量可以忽略，这时可考虑电场屏蔽；对于低电压、大电流的干扰源，近区以磁场为主，其电场分量可以忽略，这时可只考虑磁场屏蔽。当频率较高或在离干扰源较远的地方，不论干扰源本身特性如何，均可看作平面电磁波，此时电场和磁场都不可忽略。因此就需要将电场和磁场同时屏蔽起来，即采用电磁屏蔽。

电磁屏蔽是用屏蔽体阻止高频电磁能量在空间传播的一种措施，原理是利用电磁波经媒质分界面后的反射和透射或利用导电媒质的功率损耗使电磁波幅度衰减。屏蔽体的材料可以是金属导体或其他对电磁波有衰减作用的材料。

8.6.3　邻近效应

如果有若干个载有交变电流的导体彼此放得很近，每一个导体不仅处于本身的电磁场中，同时还处于其他载流导体的电磁场中，则每根导体内的电流分布与只有这一根导体单独存在时不同，这种效应称为邻近效应。

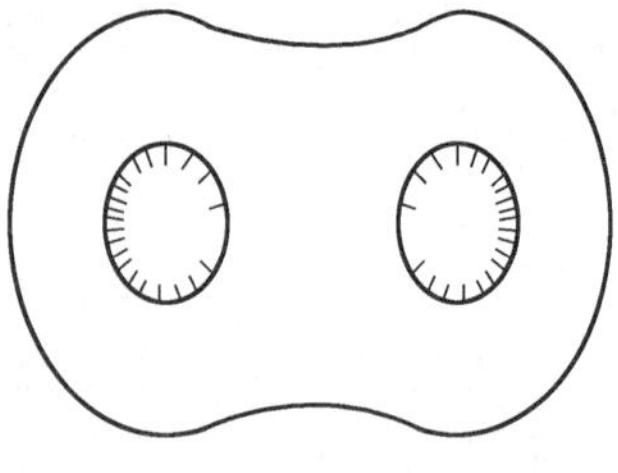

图 8-13　邻近效应图

邻近效应可以从电磁场的观点来研究。设有一单根导线，其中通以交变电流，由于集肤效应，电流主要集中在导体表面附近，但沿着导体圆周的电流分布还是均匀的。如果在相邻的地方有另一根导线，其中载有相同方向的交变电流，其结果将使两导线之间的内侧电磁场减弱，而外侧的电磁场增强，如图 8-13 所示。故从两导体外侧进入导体的能量要比从内侧进入导体的能量多，故导线外侧处的电磁场和电流密度比内侧处的大，从而使电流的分布更不均匀了。这将使导体的有效电阻进一步增大。邻近效应在工程上也可加以利用。例如可将载有高频电流的线圈置于钢体附近，那么钢体靠近线圈的表面部分会产生较强的感应电流（涡流），这样可使钢体表面部分淬火。

本 章 小 结

(1) 在理想介质中，时变电磁场的时空分布特征是传播的电磁波。最简单而重要的一种电磁波是均匀平面波，主要特点如下：

1) 在电磁波行进的方向上，没有电磁场的分量。在与传播方向垂直的平面上，$\boldsymbol{E}$（或 $\boldsymbol{H}$）处处相同。

2) $\boldsymbol{E}$、$\boldsymbol{H}$ 与电磁波的传播方向（也就是坡印亭矢量 $\boldsymbol{S}$ 的方向）垂直，$\boldsymbol{E}$、$\boldsymbol{H}$、$\boldsymbol{S}$ 三者之间满足右手螺旋关系，即 $\boldsymbol{S}=\boldsymbol{E}\times\boldsymbol{H}$。

3) 波的传播速度为 $\nu=\dfrac{1}{\sqrt{\mu\varepsilon}}$，在真空中为光速。

4) $\boldsymbol{E}$ 和 $\boldsymbol{H}$ 关系，可通过波阻抗 Z 表示。对理想介质中的电磁波而言，$Z=\dfrac{\boldsymbol{E}}{\boldsymbol{H}}=\sqrt{\dfrac{\mu}{\varepsilon}}$ 为纯电阻，电场和磁场相位相同。真空中，$Z_0=\sqrt{\dfrac{\mu_0}{\varepsilon_0}}=377(\Omega)$。

5）电场能量密度和磁场能量密度相等。

6）对于正弦变化的均匀平面波，$\beta=\frac{\omega}{\nu}=\frac{2\pi f}{\nu}=\frac{2\pi}{\lambda}$ 代表每单位距离相位的变化，称为电磁波传播的相位常数；λ 是对应电磁波的波长；ν 为波速，又称为相速（等相位点传播的速度）；ω 是其角频率；f 是频率。

（2）波的极化是指场量在空间的指向，其极化方式根据电场强度矢量末端的运动轨迹确定。根据电场强度矢量的各个分量的大小以及相位关系的不同，电场强度矢量末端的轨迹可能是直线、圆或椭圆，分别称为直线极化、圆极化和椭圆极化波。

（3）当电磁波传播到不同媒质的分界面时，要发生反射和折射现象。

1）可根据不同媒质的性质以及边界条件来分析，求得垂直投射时电磁波的反射系数、电场的透入系数和磁场的透入系数分别为

$$\zeta=\frac{Z_2-Z_1}{Z_2+Z_1}\quad \tau=\frac{2Z_2}{Z_1+Z_2}\quad \tau'=\frac{2Z_1}{Z_1+Z_2}$$

当 $Z_1=Z_2$ 时，不发生反射，为行波状态。沿传播方向上场的振幅相同，但相位滞后。

当遇到理想导体时，发生全反射，形成驻波状态。在理想导体中，只有磁场强度分量而无电场强度分量，没有能量传输的过程。沿传播方向上磁场不会因位置不同而有所改变，所以全部导体都有和分界面相同的均匀交变磁场，各点场量的相位相同。

2）任意极化的平面电磁波，在理想介质分界面上斜射时，如果入射波传播方向与分界面法线所夹的入射角为 θ_1，由此产生的反射波传播方向与法线所夹的反射角是 θ'，另有一透过分界面进入第二媒质的折射波，它的传播方向与法线所夹的折射角是 θ_2，那么，$\theta'=\theta_1$ 就是光学上的反射定律，$\frac{\sin\theta_1}{\sin\theta_2}=\frac{\beta_2}{\beta_1}=\frac{\nu_1}{\nu_2}$ 就是光学上的折射定律。

当 $\theta_1+\theta_2=\pi/2$ 时，平行于入射面的电场强度分量没有反射，发生了全折射；而垂直于入射面的电场强度分量有反射，也就是反射波改变了入射波的极化方向。这种现象称为偏振。这时的入射角称为偏振角 θ_P，也称为布儒斯特角则有 $\tan\theta_P=\frac{\nu_1}{\nu_2}=\sqrt{\frac{\varepsilon_2\mu_2}{\varepsilon_1\mu_1}}$

$$\theta_P=\arctan\sqrt{\frac{\varepsilon_2\mu_2}{\varepsilon_1\mu_1}}$$

无论任何入射角，垂直极化波都不会发生全折射；而只有平行极化波，当入射角满足条件 $\theta_1+\theta_2=\pi/2$ 时，才会发生全折射。利用这个原理，就可以将任意极化波中的垂直分量和平行分量分离开来，起到极化滤波的作用。

当 $\theta_1\neq\pi/2$、$\theta_2=\pi/2$ 时，能使反射波等于入射波，说明电磁波在媒质分界面发生了全反射现象。此时对应的入射角称为临界入射角 θ_c，而且 $\frac{\nu_1}{\nu_2}=\frac{\sin\theta_1}{\sin\theta_2}=\sin\theta_1=\sin\theta_c$，$\theta_c=\arcsin\sqrt{\frac{\varepsilon_2\mu_2}{\varepsilon_1\mu_1}}$。对于一般介质，$\mu_1=\mu_2=\mu_0$，所以，$\theta_c=\arcsin\sqrt{\frac{\varepsilon_2}{\varepsilon_1}}$。表明电磁波只有从介电常数大的 ε_2 射向介电常数小的 ε_1，同时满足 $\theta_1\geqslant\theta_c$ 时，才会发生全反射。利用这个原理，在入射角 θ_1 大于临界入射角 θ_c 时，将电磁波限制在介质棒或纤维中，使携带信息的电磁波由发送端传播到接收端，达到通信的目的。

（4）导电媒质中电磁场方程的特点是电导率 $\gamma\neq 0$。在分析时引用了复数介电常数 $\dot{\varepsilon}=\varepsilon-\mathrm{j}\frac{\gamma}{\omega}$ 和常数 $k=\omega\sqrt{\mu\dot{\varepsilon}}=\beta-\mathrm{j}\alpha$，其中，$\beta$ 为电磁波传播的相位常数，α 为电磁波传播的衰减常数，因此，导电媒质中电磁场的基本特征是电磁波的衰减特性。另外，波阻抗也是复数 $Z=\frac{\dot{E}}{\dot{H}}=\sqrt{\frac{\mu}{\dot{\varepsilon}}}=\frac{\mu\omega}{\omega\sqrt{\mu\dot{\varepsilon}}}=\frac{\mu\omega}{\beta-\mathrm{j}\alpha}=|Z|\angle\theta$，其中，$|Z|=\sqrt{\frac{\mu}{\varepsilon\sqrt{1+\left(\frac{\gamma}{\omega\varepsilon}\right)^{2}}}}$，$\theta=\frac{1}{2}\arctan\left(\frac{\gamma}{\omega\varepsilon}\right)=\arctan\left(\frac{\alpha}{\beta}\right)$，说明电场和磁场相位不同。只有当 $\gamma\rightarrow 0$ 时或 $\omega\rightarrow\infty$ 时，特性阻抗 Z 才为实数值。

（5）媒质的电特性与 $\omega\varepsilon$ 和 γ 的相对大小有关，对相同媒质而言，频率不同其电特性可能不同。满足 $\frac{\gamma}{\omega\varepsilon}\gg 1$ 时，媒质为良导体；否则认为是不良导体或介质。

（6）对于良导体，电磁场的特点如下：

1）β 大，故相速 ν、波长 λ 很小。

2）α 大，故衰减很快。引入 $d=\frac{1}{\alpha}=\sqrt{\frac{2}{\omega\mu\gamma}}$，叫做透入深度，是场振幅衰减到导体表面值 1/e 时所经过的距离。

3）波阻抗 $Z=\frac{\dot{E}}{\dot{H}}=\sqrt{\frac{\omega\mu}{\gamma}}\angle\frac{\pi}{4}$ 很小，磁场相位落后于电场相位 45°，磁场能量密度大于电场能量密度。

（7）硅钢片中的涡流损失：

P_{E} 在低频时 $P_{\mathrm{E}}=\frac{\omega^{2}B_{\mathrm{m}}^{2}\gamma h^{2}}{24}$

在高频时 $P_{\mathrm{E}}=\frac{B_{\mathrm{m}}^{2}h}{8}\sqrt{\frac{2\omega^{3}\gamma}{\mu}}$。

（8）集肤效应、电磁屏蔽、邻近效应是与电磁场在导体中的特性有关的实际问题。尤其是高频情况下，要考虑电流和磁通分布的不均匀以及电磁干扰等问题。

习 题

8.1 在空气中，均匀平面电磁波的电场强度为 $\boldsymbol{E}=800\sin(\omega t-\beta x)\boldsymbol{e}_{y}$，波长为 0.61m，试求：

（1）该电磁波的频率。

（2）波速。

（3）相位常数。

（4）磁场强度的振幅和方向。

8.2 自由空间中传播的电磁波的电场强度的复数矢量形式为 $\dot{\boldsymbol{E}}=\mathrm{e}^{-\mathrm{j}20\pi x}\boldsymbol{e}_{y}$。试求：

（1）频率 f 及电场强度 $\boldsymbol{E}$、磁场强度 $\boldsymbol{H}$ 的瞬时表达式。

(2) 当 $x=0.025\text{m}$ 时，电场强度在何时达到最大值和零值。

(3) 若在 $t=t_0$，$x=x_0$ 处时，电场强度达到最大值，现从这点向前走 100m。问在该处要过多长时间，场强才达到最大值。

8.3　一信号发生器在自由空间产生一均匀平面电磁波，波长为 12cm，通过理想介质后波长减小为 8cm，在介质中电场振幅为 50V/m，磁场振幅为 0.1A/m。试求发生器的频率、介质的 ε_r 及 μ_r。

8.4　设在真空中，已知 $\boldsymbol{E}=100\sin(\omega t-\beta x)\boldsymbol{e}_y+100\sin(\omega t-\beta x)\boldsymbol{e}_z$。试完成：

(1) 求 $\boldsymbol{H}$。

(2) 思考这是一种什么极化波。

(3) 作某一瞬间电场沿传播方向的分布图形。

8.5　已知 $\boldsymbol{E}=E_{0\text{m}}\cos\omega(\sqrt{\mu\varepsilon}\ z-t)\boldsymbol{e}_x$，在坐标原点处有一方形线框，边长为 a，当此线框的法线分别沿 $\boldsymbol{e}_x$、$\boldsymbol{e}_y$、$\boldsymbol{e}_z$ 三个方向放置时。试求框中的感应电动势，并由此说明框形接收天线与电台成什么方位关系时最有效。

8.6　在正弦平面电磁波中，有一长方形回路，它的 a 边与 $\boldsymbol{E}$ 平行，b 边与传播方向平行，且 $a=10\text{cm}$，$b=20\text{cm}$。已知 $H_m=0.1\text{A/m}$，$\lambda=2\text{m}$。试用 $\boldsymbol{e}=\int\boldsymbol{E}\cdot\text{d}\boldsymbol{l}$ 及 $\boldsymbol{e}=-\dfrac{\text{d}\psi}{\text{d}t}$ 两种方法，计算回路中的感应电动势。

8.7　均匀平面电磁波的电场 $\dot{\boldsymbol{E}}=100\boldsymbol{e}^{-\text{j}0}\boldsymbol{e}_y$，从空气垂直入射到理想介质平面上（介质的 $\mu_r=1$，$\varepsilon_r=4$，$\gamma=0$）。试求反射波和折射波的电场有效值。

8.8　均匀平面电磁波在自由空间的 $\lambda=3\text{cm}$，正入射到玻璃纤维罩上，玻璃纤维罩的 $\varepsilon_r=4.9$，$\gamma=0$，试求不发生反射时罩的厚度。

8.9　平行极化的平面电磁波由 $\mu_r=1$，$\varepsilon_r=2.56$，$\gamma=0$ 的介质斜入射到空气中，试思考：

(1) 波能否全部折入空气中？若能，其条件是什么？

(2) 波能否全反射回介质中？若能，其条件是什么？

(3) 当波从空气中斜入射到介质中时，重答 (1)、(2)。

8.10　垂直极化的平面电磁波由 $\mu_r=1$，$\varepsilon_r=2.56$，$\gamma=0$ 的介质斜入射到空气中，试思考：

(1) 波能否发生全反射现象？为什么？

(2) 波能否发生全折射现象？为什么？

(3) 当波从空气中斜入射到介质中时，重答 (1)、(2)。

8.11　平面电磁波由海面垂直地向下传播，频率为 0.5MHz。若测得水下 1m 深处的电场瞬时值为 $E=10^{-6}\cos\omega t$，试求水面处磁场强度的瞬时值。

8.12　水的电导率为 $\gamma=1\text{S/m}$，相对介电常数 $\varepsilon_r=80$。试思考：对正弦电磁波而言，在什么频率时，水中的位移电流和传导电流振幅相同。

8.13　铜制同轴电缆内导体半径为 $R_1=0.4\text{cm}$，外导体的内半径为 $R_2=1.5\text{cm}$，$\gamma=5.7\times10^7\text{S/m}$，电流频率为 1MHz，外导体的厚度远大于透入深度。试求单位长度内外导体的电阻。

8.14　电工钢做成的薄片的位置与磁场平行。设磁场以 50Hz、2000Hz 和 5000Hz 的频率作正弦变化，试求薄片表面和中间处的磁感应强度的比值。已知薄片厚 0.5mm，$\gamma=10^7\text{S/m}$，$\mu=1000\mu_0$。

*第 9 章　波 导 与 谐 振 腔

本章讨论电磁波在有限空间中的传播——在波导中的传播。此处，我们只限于研究直行的均匀导波装置，简称波导。直行是指导波装置连续、不弯折、无分支；均匀是指在任何垂直于电磁波传播方向的截面上，导波装置具有相同的截面形状。波导可以引导电磁波在有限空间中传播，使它不至于扩散到漫无边际的空间中去。波导可以做成导体管或介质板（杆）等形状。最常用的波导是一段空心金属管子，内壁常镀银。常见的有横截面为矩形或圆形的矩形波导或圆波导、介质杆传输线，如图 9-1 所示。波导管的金属管壁能把电磁波限制在管中，介质杆传输线能把电磁波限制在介质杆中，使其在管内或介质杆中沿着它们的轴线方向传播。

图 9-1　几种波导示意图

本章首先讨论电磁波的不同模式；然后重点讨论常见的典型波导——矩形波导，得出其中的电场和磁场表达式，进而分析电磁波的传播特性，为其设计提出合理的论据；最后介绍谐振腔，讨论场在矩形谐振腔内的工作原理和主要参量。

*9.1　导行电磁波的分类

为了数学上计算简便，把坐标的 z 轴选作波导的轴线方向，这样波导的横截面就是 xoy 平面，如图 9-2 所示，同时作以下假设：

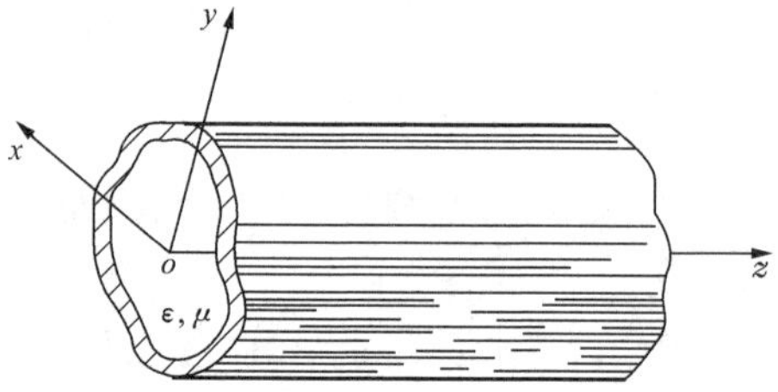

图 9-2　任意截面的均匀波导

（1）波导的横截面形状和媒质特性沿轴线 z 不变化，即具有轴向均匀性。

（2）金属波导为理想导体，$\gamma=\infty$；波导内填充均匀、线性、各向同性的理想介质，$\gamma=0$。

（3）波导内没有电荷分布和电流激励源存在，即 $\rho=0$ 和 $\boldsymbol{J}=0$。

（4）电磁波沿 z 轴传播，且场随时间作正弦变化。

在以上假设下，电磁场基本方程组为

$$\nabla\times\boldsymbol{H}=\varepsilon\frac{\partial\boldsymbol{E}}{\partial t}\tag{9-1}$$

$$\nabla\times\boldsymbol{E}=-\mu\frac{\partial\boldsymbol{H}}{\partial t}\tag{9-2}$$

$$\nabla \cdot \boldsymbol{H}=0 \tag{9-3}$$

$$\nabla \cdot \boldsymbol{E}=0 \tag{9-4}$$

相应的复数形式为

$$\nabla \times \dot{\boldsymbol{H}}=\mathrm{j}\omega\varepsilon\dot{\boldsymbol{E}} \tag{9-5}$$

$$\nabla \times \dot{\boldsymbol{E}}=-\mathrm{j}\omega\mu\dot{\boldsymbol{H}} \tag{9-6}$$

$$\nabla \cdot \dot{\boldsymbol{H}}=0 \tag{9-7}$$

$$\nabla \cdot \dot{\boldsymbol{E}}=0 \tag{9-8}$$

由式（9-5）和式（9-6），利用向量恒等式$\nabla \times(\nabla \times \boldsymbol{E})=\nabla(\nabla \cdot \boldsymbol{E})-\nabla^2\boldsymbol{E}$，并将式（9-8）代入，可得

$$\nabla^2\dot{\boldsymbol{E}}+k^2\dot{\boldsymbol{E}}=0 \tag{9-9}$$

同样可得

$$\nabla^2\dot{\boldsymbol{H}}+k^2\dot{\boldsymbol{H}}=0 \tag{9-10}$$

式中：k 为波数，$k=\omega\sqrt{\mu\varepsilon}$ 。

既然波导轴线沿 z 轴方向，那么不论波的传播情况在波导内怎样复杂，最终的效果只能是一个沿 z 方向前进的导行电磁波。因而可以把波导内电场分量 $\dot{\boldsymbol{E}}$ 和磁场分量 $\dot{\boldsymbol{H}}$ 写成

$$\dot{\boldsymbol{E}}=\dot{\boldsymbol{E}}(x,y)\mathrm{e}^{\mathrm{j}\omega t-\Gamma z} \tag{9-11}$$

$$\dot{\boldsymbol{H}}=\dot{\boldsymbol{H}}(x,y)\mathrm{e}^{\mathrm{j}\omega t-\Gamma z} \tag{9-12}$$

式中：$\dot{\boldsymbol{E}}(x,y)$、$\dot{\boldsymbol{H}}(x,y)$ 为待定函数；Γ 为电磁波沿 z 方向的传播常数。

将式（9-11）代入式（9-9）中，得

$$\nabla^2\dot{\boldsymbol{E}}(x,y)+k_{\mathrm{C}}^2\dot{\boldsymbol{E}}(x,y)=0 \tag{9-13}$$

其中

$$k_{\mathrm{C}}^2=k^2+\Gamma^2 \tag{9-14}$$

同样可得

$$\nabla^2\dot{\boldsymbol{H}}(x,y)+k_{\mathrm{C}}^2\dot{\boldsymbol{H}}(x,y)=0 \tag{9-15}$$

根据式（9-13）和式（9-15）就可得到 $\dot{\boldsymbol{E}}(x,y)$ 的各个分量 $\dot{E}_x$、$\dot{E}_y$、$\dot{E}_z$ 满足的二维波动方程和 $\dot{\boldsymbol{H}}(x,y)$ 的各个分量 $\dot{H}_x$、$\dot{H}_y$、$\dot{H}_z$ 满足的二维波动方程，从而求得每个分量。也可以先求得两个纵向的场分量$\dot{E}_z$、$\dot{H}_z$，再根据式（9-15）和式（9-16）可得

$$\frac{\partial\dot{H}_z}{\partial y}+\Gamma\dot{H}_y=\mathrm{j}\omega\varepsilon\dot{E}_x,\quad -\Gamma\dot{H}_x-\frac{\partial\dot{H}_z}{\partial x}=\mathrm{j}\omega\varepsilon\dot{E}_y,\quad \frac{\partial\dot{H}_y}{\partial x}-\frac{\partial\dot{H}_x}{\partial y}=\mathrm{j}\omega\varepsilon\dot{E}_z$$

$$\frac{\partial\dot{E}_z}{\partial y}+\Gamma\dot{E}_y=-\mathrm{j}\omega\mu\dot{H}_x,\quad -\Gamma\dot{E}_x-\frac{\partial\dot{E}_z}{\partial x}=-\mathrm{j}\omega\mu\dot{H}_y,\quad \frac{\partial\dot{E}_y}{\partial x}-\frac{\partial\dot{E}_x}{\partial y}=-\mathrm{j}\omega\mu\dot{H}_z$$

于是，如果用 $\dot{E}_z$ 和 $\dot{H}_z$ 来表示 $\dot{E}_x$、$\dot{E}_y$、$\dot{H}_x$、$\dot{H}_y$，那么有

$$\dot{E}_x=-\frac{1}{k_{\mathrm{C}}^2}\left(\Gamma\frac{\partial\dot{E}_z}{\partial x}+\mathrm{j}\omega\mu\frac{\partial\dot{H}_z}{\partial y}\right) \tag{9-16}$$

$$\dot{E}_y=\frac{1}{k_C^2}\left(-\Gamma\frac{\partial\dot{E}_z}{\partial y}+j\omega\mu\frac{\partial\dot{H}_z}{\partial x}\right) \tag{9-17}$$

$$\dot{H}_x=\frac{1}{k_C^2}\left(j\omega\varepsilon\frac{\partial\dot{E}_z}{\partial y}-\Gamma\frac{\partial\dot{H}_z}{\partial x}\right) \tag{9-18}$$

$$\dot{H}_y=-\frac{1}{k_C^2}\left(j\omega\varepsilon\frac{\partial\dot{E}_z}{\partial x}+\Gamma\frac{\partial\dot{H}_z}{\partial y}\right) \tag{9-19}$$

根据以上的分析，导行电磁波在波导中传播时可能出现 $\dot{E}_z$ 或 $\dot{H}_z$ 分量。因此，可以按照 $\dot{E}_z$ 或 $\dot{H}_z$ 的存在情况，将导行电磁波分为横电磁波、横电波及横磁波。

1. 横电磁波（TEM 波）

横电磁波既无 $\dot{E}_z$ 分量又无 $\dot{H}_z$ 分量，即 $\dot{E}_z=0$，$\dot{H}_z=0$。从式（9-16）～式（9-19）可看出，只有 $k_C^2=0$ 时，横向分量才不为零。所以，由式（9-14）可得

$$k_C^2=k^2+\Gamma^2=0 \text{ 或 } \Gamma=jk=j\omega\sqrt{\mu\varepsilon} \tag{9-20}$$

在无损耗的媒质中，$\Gamma=j\beta$，因此，对于 TEM 波，$\beta=k$，这和第 8 章所给出的 $\beta=\omega\sqrt{\mu\varepsilon}$ 是一致的。相应地，可求得 TEM 波的传播速度 $\nu=\frac{\omega}{\beta}=\frac{1}{\sqrt{\mu\varepsilon}}$，它与导波装置的几何形状无关。

当 $k_C^2=0$ 时，式（9-13）、式（9-15）变为

$$\nabla^2\dot{\boldsymbol{E}}(x,y)=0 \tag{9-21}$$

$$\nabla^2\dot{\boldsymbol{H}}(x,y)=0 \tag{9-22}$$

这表明，导波系统中 TEM 波在横截面上的场分量满足拉普拉斯方程，分布情况应该与静态场中相同边界条件下场的分布情况相同。正是由于这一点，可以断定凡能维持二维静态场的均匀导波系统，都能传输 TEM 波。在单根导体与地构成的系统或多根导体系统上可以存在静态场，而在导体内部则不存在静态场。因此，在单根导体与地构成的系统或多根导体系统上存在 TEM 波，例如双线传输线、同轴线等。而且为了传输 TEM 波，必须要有两个以上的导体。事实上，如果波导管内真有 TEM 波存在，则磁场线应完全在横截面内，而且是闭合回线。按照电磁场基本方程，回线上磁场的环路积分等于与回线交链的轴向电流，此轴向电流可以是传导电流或位移电流。在同轴传输线中，此轴向电流就是同轴线芯线上的传导电流，而在空心波导管中，此轴向电流就只能是位移电流。但轴向位移电流表示沿轴的方向应有交变电场存在，这又是 TEM 波所不具备的，因此认为波导管中不可能存在 TEM 波，这也是波导管中电磁波显著的特点之一。

双线传输线是最常用的导波装置之一，它的上面存在 TEM 波。有关双线传输线上电流和电压的分布规律以及它们的传输特性，在第 10 章中详细阐述。

2. 横电场强度波（TE 波）

当传播方向上只有磁场的分量而无电场的分量，即 $\dot{E}_z=0$、$\dot{H}_z\neq0$ 时，此导行电磁波称为横电场强度波，简称 TE 波。

对于 TE 波，下面研究确定 $\dot{H}_z$ 的方法。$\dot{H}_z$ 满足的波动方程可由式（9-15）得到

$$\nabla^2\dot{H}_z+k_C^2\dot{H}_z=0 \tag{9-23}$$

而且，在金属导体内壁的边界条件为

$$\left.\frac{\partial \dot{H}_z}{\partial n}\right|_S = 0 \tag{9-24}$$

这表明，对于 TE 波来说，归结为在第二类齐次边界条件，即满足式（9-24）下，求解二维齐次波动方程式（9-23）。对于该方程，只有在 k_C 取某些特定的离散值时才有解，使解存在的 k_C 值称为本征值。针对不同截面形状及尺寸的波导，这些本征值不同。后面讨论矩形波导时，将用分离变量法求它的本征值 k_C。

3. 横磁场强度波（TM 波）

当传播方向上只有电场的分量而无磁场的分量，即 $\dot{E}_z \neq 0$、$\dot{H}_z = 0$ 时，此导行电磁波称为横磁场强度波，简称 TM 波。

对于 TM 波，需要研究确定 $\dot{E}_z$ 的方法。$\dot{E}_z$ 满足的波动方程可由式（9-13）得到

$$\nabla^2 \dot{E}_z + k_C^2 \dot{E}_z = 0 \tag{9-25}$$

而且，在金属导体内壁的边界条件为

$$\dot{E}_z \,|_S = 0 \tag{9-26}$$

这表明，对于 TM 波来说，归结为在第一类齐次边界条件下求解二维齐次波动方程的本征值 k_C 的问题。

*9.2 矩 形 波 导

根据 9.1 节分析可知，在单导体的空心中或填充有介质的波导管内，都不可能存在 TEM 波。矩形波导是一种最常用的金属波导管，下面分析在矩形波导中，TE 波或 TM 波存在的可能性及其传播规律。

9.2.1 TM 波（$H_z = 0$）在矩形波导中的传播

图 9-3 所示一矩形波导的横截面，宽边长 a，窄边长 b。如果在波导中传播 TM 波，则 $\dot{H}_z = 0$。现在求其他五个场分量 $\dot{E}_x$、$\dot{E}_y$、$\dot{E}_z$、$\dot{H}_x$、$\dot{H}_y$。

由式（9-16）～式（9-19）可看出，只要先求得 $\dot{E}_z$，就可求得 $\dot{E}_x$、$\dot{E}_y$、$\dot{H}_x$、$\dot{H}_y$。

根据式（9-25），考虑到 $\dot{E}_z$ 只与坐标 x、y 有关，因此有

$$\frac{\partial^2 \dot{E}_z}{\partial x^2} + \frac{\partial^2 \dot{E}_z}{\partial y^2} = -k_C^2 \dot{E}_z \tag{9-27}$$

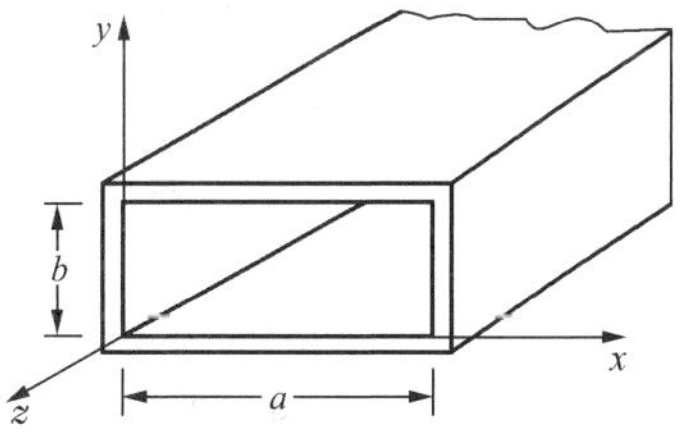

图 9-3 矩形波导的横截面

用分离变量法，求解式（9-25）。假设它的解为

$$\dot{E}_z = XY \tag{9-28}$$

式中：X 为只含 x 的函数；Y 为只含 y 的函数。

在计算中，所有场量随时间和沿 z 轴变化的因子 $e^{j\omega t - \Gamma z}$ 均被省略。将式（9-28）代入式（9-27）中，得

$$\frac{X''}{X}+\frac{Y''}{Y}=-k_C^2 \tag{9-29}$$

x、y 是互不相关的独立变量，欲对于一切 x 和 y 的值使式（9-29）成立，只有$\frac{X''}{X}$和$\frac{Y''}{Y}$分别等于常数。因此，可令

$$\frac{X''}{X}=-k_x^2 \tag{9-30}$$

$$\frac{Y''}{Y}=-k_y^2 \tag{9-31}$$

且

$$k_x^2+k_y^2=k_C^2 \tag{9-32}$$

式（9-30）的解为

$$X=C_1\cos k_x x+C_2\sin k_x x$$

式（9-31）的解为

$$Y=C_3\cos k_y y+C_4\sin k_y y$$

这里 C_1、C_2、C_3、C_4 均为待定常数。于是有

$$\begin{aligned}\dot{E}_z=XY=&C_1C_3\cos k_x x\cos k_y y+C_1C_4\cos k_x x\sin k_y y\\&+C_2C_3\sin k_x x\cos k_y y+C_2C_4\sin k_x x\sin k_y y\end{aligned} \tag{9-33}$$

下面用边界条件来决定 C_1、C_2、C_3、C_4 以及 k_x、k_y。

（1）当 $x=0$ 时，$\dot{E}_z=0$，式（9-33）变为

$$\dot{E}_z=C_1C_3\cos k_y y+C_1C_4\sin k_y y=0$$

欲对于一切 y 值均能使 $\dot{E}_z=0$，显然 $C_1=0$。于是式（9-33）变为

$$\dot{E}_z=C_2C_3\sin k_x x\cos k_y y+C_2C_4\sin k_x x\sin k_y y \tag{9-34}$$

（2）当 $y=0$ 时，$\dot{E}_z=0$，式（9-34）变为

$$\dot{E}_z=C_2C_3\sin k_x x=0$$

欲对于一切 x 值均能使 $\dot{E}_z=0$，$C_2=0$ 或 $C_3=0$（假定 $k_x\neq 0$）。显然，$C_2=0$ 将使 $\dot{E}_z$ 在非边界处也恒等于零，这与 TM 波的情况不符，因此，应取 $C_3=0$，于是，式（9-34）变为

$$\dot{E}_z=C_2C_4\sin k_x x\sin k_y y=E_0\sin k_x x\sin k_y y \tag{9-35}$$

此处用 $\dot{E}_0$ 代替 C_2C_4。

（3）当 $x=a$ 时，$\dot{E}_z=0$，式（9-35）变为

$$\dot{E}_z=E_0\sin k_x a\sin k_y y=0$$

欲对于一切 y 值均能使 $\dot{E}_z=0$，则 k_x 应满足下列关系［假定 $k_y\neq 0$，否则，按式（9-35），$\dot{E}_z$ 将恒等于零，也不符合 TM 波的情况 $\dot{E}_z\neq 0$］

$$k_x=\frac{m\pi}{a},m=1,2,3,\cdots$$

其中，m 不能等于零，否则 $k_x=0$，按式（9-35），$\dot{E}_z$ 将恒等于零。

于是式（9-35）变为

$$\dot{E}_z = \dot{E}_0 \sin\frac{m\pi}{a}x\sin k_y y, m=1,2,3,\cdots \tag{9-36}$$

（4）当 $y=b$ 时，$\dot{E}_z=0$，式（9-36）变为

$$\dot{E}_z = \dot{E}_0 \sin\frac{m\pi}{a}x\sin k_y b = 0$$

欲对于一切 x 值均能使 $\dot{E}_z=0$，则 k_y 应满足下列关系

$$k_y = \frac{n\pi}{b}, n=1,2,3,\cdots$$

同样，n 不能等于零，否则 $k_y=0$，按式（9-36），$\dot{E}_z$ 将恒等于零。

于是式（9-36）变为

$$\dot{E}_z = \dot{E}_0 \sin\frac{m\pi}{a}x\sin\frac{n\pi}{b}y \tag{9-37}$$

$\dot{E}_0$ 的大小由激励电源决定。

将式（9-37）代入式（9-16）～式（9-19）中，并以 $\Gamma=\mathrm{j}\beta=\mathrm{j}k_z$，$\dot{H}_z=0$ 代入，可得矩形波导中 TM_{mn} 波的其他场分量为

$$\dot{E}_x = -\mathrm{j}\frac{k_x k_z}{k_C^2}\dot{E}_0 \cos k_x x \sin k_y y \tag{9-38}$$

$$\dot{E}_y = -\mathrm{j}\frac{k_y k_z}{k_C^2}\dot{E}_0 \sin k_x x \cos k_y y \tag{9-39}$$

$$\dot{H}_x = \mathrm{j}\frac{\omega\varepsilon k_y}{k_C^2}\dot{E}_0 \sin k_x x \cos k_y y \tag{9-40}$$

$$\dot{H}_y = -\mathrm{j}\frac{\omega\varepsilon k_x}{k_C^2}\dot{E}_0 \cos k_x x \sin k_y y \tag{9-41}$$

其中

$$k_x = \frac{m\pi}{a}, k_y = \frac{n\pi}{b} \tag{9-42}$$

式（9-37）～式（9-41）所表示的场量变化表征了矩形波导中 TM 波的场结构。取不同的 m 和 n 值，代表不同的 TM 波的场结构模式，用 TM_{mn} 表示。波导中，可以有无穷多个 TM 模式。由式（9-37）可看出，下标第一个数字 m 表示在矩形截面长边方向电场的半波数，第二个数字 n 表示在矩形截面短边方向电场的半波数。

将式（9-32）代入式（9-14）中，可得

$$\Gamma = \sqrt{k_C^2 - k^2} = \sqrt{k_x^2 + k_y^2 - k^2} = \sqrt{\left(\frac{m\pi}{a}\right)^2 + \left(\frac{n\pi}{b}\right)^2 - k^2} \tag{9-43}$$

这就是 TM 波在矩形波导中的传播常数。使 $\Gamma=0$ 的频率可由 $k_C^2=k^2=\omega^2\mu\varepsilon$ 解得

$$f = f_C = \frac{k_C}{2\pi\sqrt{\mu\varepsilon}} = \frac{1}{2\pi\sqrt{\mu\varepsilon}}\sqrt{\left(\frac{m\pi}{a}\right)^2 + \left(\frac{n\pi}{b}\right)^2} \tag{9-44}$$

式中：f_C 称为截止频率或临界频率。

由式（9-43）可以看出，当工作频率高于截止频率时，Γ 是虚数，$\Gamma=\mathrm{j}\beta=\mathrm{j}k_z$，波的传

播才成为可能，这时有

$$k_z=\sqrt{k^2-k_C^2}=\sqrt{\omega^2\mu\varepsilon-\left[\left(\frac{m\pi}{a}\right)^2+\left(\frac{n\pi}{b}\right)^2\right]} \tag{9-45}$$

将式（9-44）代入式（9-45）中，经简单运算，可得

$$k_z=k\sqrt{1-\left(\frac{f_C}{f}\right)^2} \tag{9-46}$$

其中

$$k=\omega\sqrt{\mu\varepsilon}$$

当频率低于截止频率时，Γ 是实数，$e^{-\Gamma z}$ 表示衰减，此时电磁波的衰减很快，不可能传播很远。所以，波导可以认为是一个高通滤波器，只有工作频率高于截止频率时，电磁波才能传播很远。

由式（9-44），可求得相应的截止波长为

$$\lambda_C=\frac{2\pi}{k_C}=\frac{2}{\sqrt{\left(\frac{m}{a}\right)^2+\left(\frac{n}{b}\right)^2}} \tag{9-47}$$

波导中波的相速为

$$\nu_p=\frac{\omega}{k_z}=\frac{\nu}{\sqrt{1-\left(\frac{f_C}{f}\right)^2}} \tag{9-48}$$

式中：ν 为电磁波在自由空间的速度，$\nu=1/\sqrt{\mu\varepsilon}$ 。

波导中的波长为

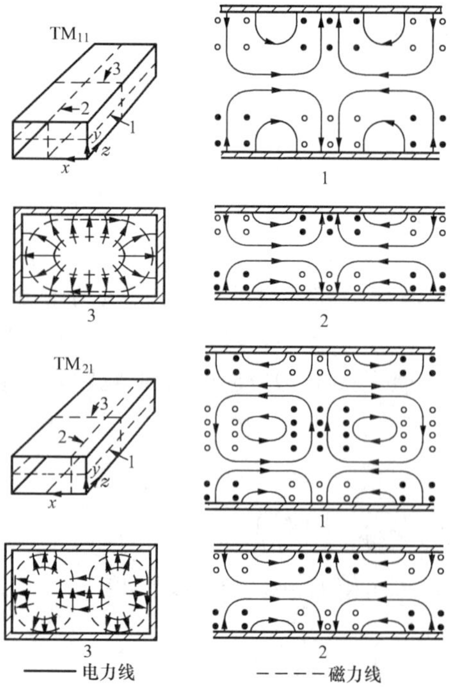

图 9-4　矩形波导中 TM_{11} 波和 TM_{21} 波的场量分布图

$$\lambda_g=\frac{\nu_p}{f}=\frac{\lambda}{\sqrt{1-\left(\frac{f_C}{f}\right)^2}}=\frac{\lambda}{\sqrt{1-\left(\frac{\lambda}{\lambda_C}\right)^2}} \tag{9-49}$$

式中：λ 为电磁波在自由空间的波长。

由式（9-48）、式（9-49）可知，当 $f=f_C$ 时，$\nu_p\to\infty$，$\lambda_g\to\infty$；当 $f>f_C$ 时，$\nu_p>\nu$，$\lambda_g>\lambda$。频率很高时，$f\gg f_C$，这时相速趋近于自由空间的光速，$\nu_p\to\nu$；波导波长趋近于自由空间的波长，$\lambda_g\to\lambda$。

由前面分析可知，m 和 n 不能为零，否则，全部场量均变为零。所以，在矩形波导中最低阶的 TM 波模式为 TM_{11} 波。此外，由式（9-44）、式（9-47）可知，模式的阶数愈高，截止频率愈大，截止波长愈小。从波长角度来讲，只有工作波长小于截止波长时，电磁波才能通过波导传播很远。

图 9-4 所示为矩形波导中 TM_{11} 波和 TM_{21} 波

的场量分布图。可以发现，在电磁波传播方向没有磁力线分布，即磁场分量 $\dot{H}_z=0$。

9.2.2 TE 波 ($\dot{E}_z=0$) 在矩形波导中的传播

仿照求解 TM 波时同样的方法，可以求得波导中传播 TE 波时的场量表示式为

$$\dot{H}_z=\dot{H}_0\cos k_x x\cos k_y y=\dot{H}_0\cos\frac{m\pi}{a}x\cos\frac{n\pi}{b}y \tag{9-50}$$

$$\dot{H}_x=\mathrm{j}\,\frac{k_x k_z}{k_C^2}\dot{H}_0\sin k_x x\cos k_y y \tag{9-51}$$

$$\dot{H}_y=\mathrm{j}\,\frac{k_y k_z}{k_C^2}\dot{H}_0\cos k_x x\sin k_y y \tag{9-52}$$

$$\dot{E}_x=\frac{\omega\mu k_y}{k_C^2}H_0\cos k_x x\sin k_y y \tag{9-53}$$

$$\dot{E}_y=-\mathrm{j}\,\frac{\omega\mu k_x}{k_C^2}H_0\sin k_x x\cos k_y y \tag{9-54}$$

其中

$$k_x=\frac{m\pi}{a}\quad k_y=\frac{n\pi}{b} \tag{9-55}$$

其他关于 k_z、f_c、λ_c、ν_p、λ_g 等公式与 TM 波的完全相同。和 TM 波一样，在矩形波导中也可以有无穷多个 TE 波的模式，这些模式用 TE_{mn} 来表示。但由式 (9-50)～式 (9-55) 可知，当 m 或 n 等于零时，全部场量并不同时为零，所以，TE 波的最低阶模式为 TE_{01} 或 TE_{10} 波。根据式 (9-44)，由于 $a>b$，所以，TE_{10} 波的截止频率比 TE_{01} 波的截止频率还要低。

在矩形波导中，TE_{10} 波具有最低的截止频率，或者说具有最长的截止波长，通常称为主波。当两个模式的截止波长相等时，它们出现的可能性是相同的，这种现象称为简并。例如，对于 TM_{mn} 波和 TE_{mn} 波，当 m 和 n 各自相等时，它们的截止波长相等，因此这两个模式为简并模，或称为简并波。

图 9-5 所示为矩形波导中 TE_{10} 波、TE_{11} 波与 TE_{21} 波的场量分布图。可以发现，在电磁波传播方向没有电力线分布，即电场分量 $\dot{E}_z=0$。

图 9-6 所示为 $a=72$mm、$b=34$mm 的矩形波导中有关模式的截止频率分布图。

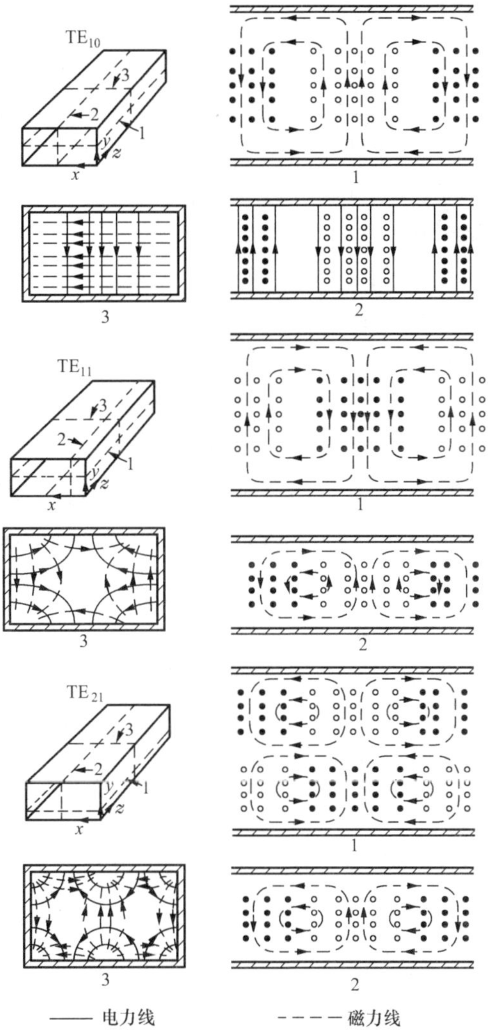

图 9-5 矩形波导中 TE_{10} 波、TE_{11} 波与 TE_{21} 波的场量分布图

9.2.3 TE_{10} 波在矩形波导中的传播

矩形波导可以工作在多模状态，也可以工

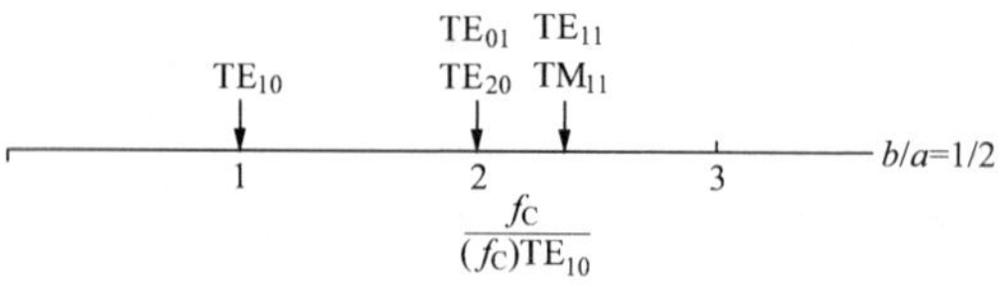

图 9-6 $a=72\text{mm}$、$b=34\text{mm}$ 的矩形波导中有关模式的截止频率分布图

作在单模状态。但实际工作中，大多采用单模方式，而且大多采用 TE_{10} 模式。因为，这种模式具有如下优点：

（1）采用这种模式，可以通过设计波导尺寸实现单模传输。因为波导尺寸决定了截止频率和截止波长的大小，所以选择波导尺寸，使它只能让最低阶的模式，即 TE_{10} 模式通过，而对于其他高阶模起截止作用，这样就可以实现单模传输。例如，在矩形波导中传输 TE_{10} 波时，以 $m=1$，$n=0$ 代入式（9-47），可求得截止波长为

$$\lambda_C=\frac{2}{\sqrt{\left(\frac{1}{a}\right)^2}}=2a \tag{9-56}$$

使 TE_{10} 波能够传输的条件是工作波长应小于 TE_{10} 的截止波长，即 $\lambda<\lambda_C=2a$。换句话说，对于给定的工作波长，应该选择波导的尺寸使 $a>0.5\lambda$。但是为了实现单模传输，工作波长还应大于相邻高阶波的截止波长（TE_{10} 的截止波长最长、截止频率最低）。已知相邻高阶波 TE_{20} 的截止波长为 a，因此要求 $\lambda>a$。由此便可确定波导宽壁的边长 a 应满足下述条件

$$0.5\lambda<a<\lambda \tag{9-57}$$

一般采用 $a=0.7\lambda$。

（2）在同一截止波长下，传输 TE_{10} 波所要求的 a 边尺寸最小。同时，因为 TE_{10} 波的截止波长与 b 边尺寸无关，所以可以将 b 的尺寸尽量做小以节省材料。当然，也不能把 b 减得太小，因为还应考虑波导被击穿和衰减增大等问题。

（3）由图 9-6 可以看出，从 TE_{10} 波到次一高阶模 TE_{20} 波之间的间距比其他高阶模之间的间距大，因此可以使 TE_{10} 波在大于 1.5∶1 的波段上传播。

（4）由式（9-53）～式（9-55）可知，当 $m=1$，$n=0$ 时，$k_x=\pi/a$，$k_y=0$，$\dot{E}_x=0$，只剩下 $\dot{E}_y$。这就说明在波导中可以获得单方向极化波，而这正是某些情况下所需要的。

（5）对于一定的 b/a 的比值，在后面章节的分析中将会知道，在给定的工作频率下 TE_{10} 波具有最小的衰减。

将 $m=1$，$n=0$ 代入式（9-50）～式（9-54）中，经过简单运算可得 TE_{10} 波的场量表达式为

$$\dot{H}_z=\dot{H}_0\cos\frac{\pi}{a}x \tag{9-58}$$

$$\dot{H}_x=\mathrm{j}\frac{k_z a}{\pi}\dot{H}_0\sin\frac{\pi}{a}x \tag{9-59}$$

$$\dot{E}_y=-\frac{\omega\mu}{k_z}\dot{H}_x=-\mathrm{j}Z\left(\frac{2a}{\lambda}\right)\dot{H}_0\sin\frac{\pi}{a}x \tag{9-60}$$

$$\dot{H}_y=\dot{E}_x=0 \tag{9-61}$$

其中

$$k_z=k\sqrt{1-\left(\frac{\lambda}{2a}\right)^2},k=\omega\sqrt{\mu\varepsilon},Z=\sqrt{\frac{\mu}{\varepsilon}} \tag{9-62}$$

现在观察传输 TE_{10} 波时矩形波导壁上电荷与电流的分布情况。设以 σ_S 表示面电荷密

度，则在矩形波导的顶面上 $\sigma_S=-\varepsilon\dot{E}_y$，底面上 $\sigma'_S=+\varepsilon\dot{E}_y$。在两个侧面，因为电场强度为零，所以无表面电荷分布。表面线电流密度 $\boldsymbol{K}$ 与磁场强度有关。由理想导体表面的边界条件可知，$\boldsymbol{K}=\boldsymbol{e}_n\times\dot{\boldsymbol{H}}$，其中，$\boldsymbol{e}_n$ 为内壁面的外法线方向的单位矢量，$\dot{\boldsymbol{H}}$为壁上的磁场强度。

从而可得顶面轴向电流为

$$K_z=+\dot{H}_x=\mathrm{j}\frac{k_z a}{\pi}\dot{H}_0\sin\frac{\pi}{a}x=+\dot{H}_\mathrm{m}\sin\frac{\pi}{a}x \tag{9-63}$$

底面轴向电流为

$$K'_z=-\dot{H}_x=-\mathrm{j}\frac{k_z a}{\pi}\dot{H}_0\sin\frac{\pi}{a}x=-\dot{H}_\mathrm{m}\sin\frac{\pi}{a}x \tag{9-64}$$

左侧面横向电流为

$$K_y=-\dot{H}_z\Big|_{x=0}=-\dot{H}_0\cos\frac{\pi}{a}x\Big|_{x=0}=-\dot{H}_0 \tag{9-65}$$

右侧面横向电流为

$$K'_y=+\dot{H}_z\Big|_{x=a}=+\dot{H}_0\cos\frac{\pi}{a}x\ \Big|_{x=a}=-\dot{H}_0 \tag{9-66}$$

顶面横向电流为

$$K_x=-\dot{H}_z=-\dot{H}_0\cos\frac{\pi}{a}x \tag{9-67}$$

底面横向电流为

$$K'_x=+\dot{H}_z=+\dot{H}_0\cos\frac{\pi}{a}x \tag{9-68}$$

其中 $$\dot{H}_\mathrm{m}=\mathrm{j}k_z\frac{a}{\pi}\dot{H}_0$$

如图 9-7 所示，矩形波导中传输 TE_{10} 波时，波导内壁上的面电流分布情况。

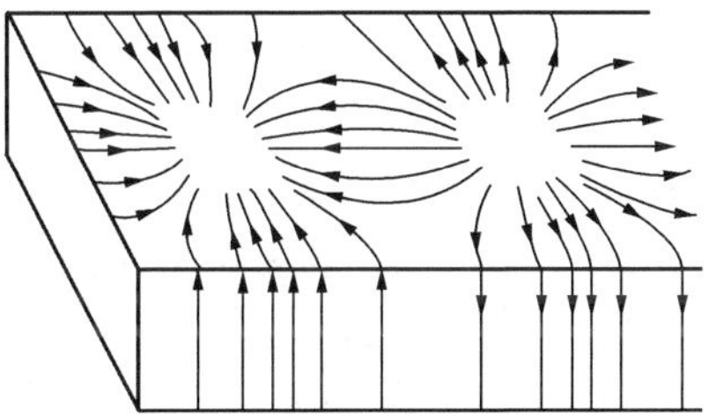

图 9-7 矩形波导中 TE_{10} 波的管壁电流分布情况

对于 TE_{10} 波，波导波长可将式（9-56）代入式（9-49），可得

$$\lambda_g=\frac{\lambda}{\sqrt{1-\left(\frac{\lambda}{2a}\right)^2}} \tag{9-69}$$

9.2.4 矩形波导中的波阻抗

参照平面电磁波中波阻抗的定义，矩形波导中的波阻抗也可以定义为横向电场与横向磁场的比值。因此，对于 TM 波，波阻抗为

$$Z_\mathrm{TM}=\frac{\dot{E}_x}{\dot{H}_y}=-\frac{\dot{E}_y}{\dot{H}_x}=\frac{k_z}{\omega\varepsilon}=Z\sqrt{1-\left(\frac{f_\mathrm{C}}{f}\right)^2}=Z\sqrt{1-\left(\frac{\lambda}{\lambda_\mathrm{C}}\right)^2} \tag{9-70}$$

对于 TE 波，波阻抗为

$$Z_\mathrm{TE}=\frac{\dot{E}_x}{\dot{H}_y}=-\frac{\dot{E}_y}{\dot{H}_x}=\frac{\omega\mu}{k_z}=\frac{Z}{\sqrt{1-\left(\frac{f_\mathrm{C}}{f}\right)^2}}=\frac{Z}{\sqrt{1-\left(\frac{\lambda}{\lambda_\mathrm{C}}\right)^2}} \tag{9-71}$$

由式（9-70）和式（9-71）可见，当 $f=f_C$ 时，Z_{TM} 变为零，而 Z_{TE} 变为无穷大；当 $f>f_C$ 时，Z_{TM} 与 Z_{TE} 均为实数，且在 $f\gg f_C$ 时趋近于媒质的本质阻抗 Z；当 $f<f_C$ 时，Z_{TM} 与 Z_{TE} 均为虚数。在前面的分析中可知，当 $f<f_C$ 时，电磁波只有衰减，没有传播。而在这里，由于波阻抗是纯电抗，这种衰减与欧姆损耗引起的衰减不同，是一种电抗衰减；在这种衰减过程中，能量并没有损耗掉，而是在电源与波导之间来回反射引起的电磁波无法从波导的这一端传输到另一端而形成的电磁波衰减效果。

【例 9-1】 空气填充的矩形波导的截面尺寸为 $a=70\text{mm}$，$b=30\text{mm}$。

（1）计算 TE_{10}、TE_{20} 等若干模的截止波长，并指出简并波。

（2）如果电磁波的频率为 $f=3\times10^9\text{Hz}$，$\varepsilon_r=4$，这时波导中存在哪些模式的波。

（3）若要求波导中只传播 TE_{10} 波，波导尺寸应如何改变？

解 （1）根据式（9-47），计算出截止波长，其结果见表 9-1。

表 9-1 根据截止波长公式计算出的结果

模	TE_{10}	TE_{20}	TE_{01}	TE_{11}/TM_{11}	TE_{30}	TE_{21}/TM_{21}	TE_{31}/TM_{31}	TE_{40}
λ_C/mm	140	70	60	55.1	46.7	45.6	36.8	35

简并波为 TE_{11}/TM_{11} TE_{21}/TM_{21} TE_{31}/TM_{31}

（2）在 $\varepsilon_r=4$ 的介质中，波长为

$$\lambda=\frac{\nu}{f}=\frac{c}{f\sqrt{\mu_r\varepsilon_r}}=\frac{3\times10^8}{3\times10^9\sqrt{1\times4}}=0.05(\text{m})=50(\text{mm})$$

从表中可以看出它小于 TE_{10}、TE_{20}、TE_{01}、TE_{11}/TM_{11} 波的截止波长。即这 5 个模式的波可以在填充有 $\varepsilon_r=4$ 的介质的波导中传播。

（3）若只允许存在 TE_{10} 波，应使 λ 小于 TE_{10} 波的截止波长而大于 TE_{20}、TE_{01} 的截止波长，由于

$$\lambda_C\Big|_{TE10}=2a,\ \lambda_C\Big|_{TE20}=a,\ \lambda_C\Big|_{TE01}=2b$$

所以

$$\lambda/2<a<\lambda,b<\lambda/2$$

可以选 $a=35\text{mm}$，$b=15\text{mm}$ 或其他合适尺寸。

除了上面介绍的金属矩形波导能传播电磁波外，其他能传播电磁波的波导还有介质波导，或者平面导体上的介质片，或者开放式的介质板，或者介质棒、纤维等。介质波导工作的原理可以解释为，利用了光密媒质到光疏媒质分界面上电磁波发生全反射现象。例如，若有一个介质棒，其介电常数 ε_1 大于周围媒质的介电常数 ε_2，且入射波与分界面法线间的夹角（入射角）θ_i 大于临界角 $\theta_C=\arcsin\sqrt{\frac{\varepsilon_2}{\varepsilon_1}}$ 时，由分界面出现全反射，电磁波限制在介质棒或纤维中连续不断地在其内壁上全反射，使携带信息的电磁波由发送端传播到接收端，达到通信的目的。如图 9-8 所示，这就是光波导或介质波导的工作原理详见

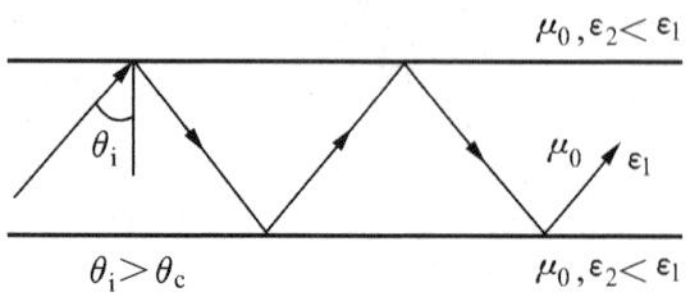

图 9-8 介质棒波导中电磁波传播原理

8.3.2 均匀平面波对分界面的斜射。

*9.3 波导中的能量传输和损耗

当终端负载与波导相匹配时，波导内的电磁波为行波。此时波导中传输的功率可由波导横截面上坡印亭复数矢量 $\tilde{\boldsymbol{S}}=\dot{\boldsymbol{E}}\times\dot{\boldsymbol{H}}^*$ 的积分求得

$$P=\frac{1}{2}\int_S|(\dot{\boldsymbol{E}}\times\dot{\boldsymbol{H}}^*)|\,\mathrm{d}S=\frac{1}{2Z}\int_S|\dot{E}|^2\mathrm{d}S=\frac{Z}{2}\int_S|\dot{H}|^2\mathrm{d}S \tag{9-72}$$

式中：$\dot{\boldsymbol{E}}$ 为波导横截面内的电场强度相量；$\dot{\boldsymbol{H}}^*$ 为磁场强度相量 $\dot{\boldsymbol{H}}$ 的共轭复数；Z 为波阻抗。

例如，对于矩形波导有

$$P=\frac{1}{2Z}\int_0^b\int_0^a(|\dot{E}_x|^2+|\dot{E}_y|^2)\mathrm{d}x\mathrm{d}y \tag{9-73}$$

下面计算矩形波导中 TE_{10} 波的传输功率。

按式（9-60）、式（9-61）可得

$$|\dot{E}_x|=0,|\dot{E}_y|=Z\left(\frac{2a}{\lambda}\right)H_0\sin\frac{\pi}{a}x=E_\mathrm{m}\sin\frac{\pi}{a}x \tag{9-74}$$

其中，H_0 是 $\dot{H}_0$ 的模，而且

$$E_\mathrm{m}=Z\left(\frac{2a}{\lambda}\right)H_0 \tag{9-75}$$

将式（9-74）代入式（9-73），并以 Z_TE 代替 Z，可得

$$P=\frac{1}{2Z_\mathrm{TE}}\int_0^b\int_0^a E_\mathrm{m}^2\sin^2\frac{\pi}{a}x\,\mathrm{d}x\mathrm{d}y=\frac{ab}{4Z_\mathrm{TE}}E_\mathrm{m}^2 \tag{9-76}$$

若以波导的击穿电场强度 E_b 代换 E_m，就可求出 TE_{10} 波在行波状态下沿波导传输的极限功率为

$$P_\mathrm{b}=\frac{ab}{4Z_\mathrm{TE}}E_\mathrm{b}^2 \tag{9-77}$$

例如，对于 72mm×34mm 的矩形波导，当 $\lambda=10\mathrm{cm}$ 时，假定 $E_\mathrm{b}=30\mathrm{kV/cm}$，可得 $P_\mathrm{b}=10\mathrm{MW}$。

实际上不能用这样大的极限功率，因为波导中还可能存在反射波和局部电场不均匀等问题。一般取容许功率为

$$P\approx\left(\frac{1}{3}\sim\frac{1}{5}\right)P_\mathrm{b} \tag{9-78}$$

以上，在分析波导中的场结构时都是假定波导壁为完全理想的导电面，波导中填充的介质是完全理想的无损耗介质。然而，实际上波导壁多少有一些损耗，而介质也不完全理想，因此电磁波在波导内传播时伴有损耗。由于在一般情况下波导中作为介质填充的是气体，介质损耗很小，可以忽略不计。因此在下面只讨论由于波导壁的有限电导率所产生的衰减作用。

假定由于波导壁不是理想导体，电场和磁场沿波导传播时附加衰减因子 $\mathrm{e}^{-\alpha z}$，则传输功率的大小将正比于衰减因子的平方，即

$$P=P_0\mathrm{e}^{-2\alpha z} \tag{9-79}$$

传输功率的减小率为

$$-\frac{\partial P}{\partial z}=2\alpha P \tag{9-80}$$

它表示单位长度上减小的传输功率$-\Delta P=2\alpha P$，此功率就是单位长度上损耗的功率p_1，即

$$p_1=2\alpha P \tag{9-81}$$

由此可得衰减常数为

$$\alpha=\frac{p_1}{2P}=\frac{\text{单位长度的损耗功率}}{2\times\text{传输功率}} \tag{9-82}$$

计算损耗功率p_1是有困难的，因为要计算p_1，首先应知道电流的大小，电流大小又与场量分布有关，而场量分布又取决于待定的衰减常数。为了克服这一困难，可以采用下列近似方法计算：先假定波导壁面是理想导体，计算各场量的分布情况。由此便得到壁面切向磁场的大小，从而确定壁面表面电流的大小；然后由表面电流和壁面电阻计算损耗功率；最后按式（9-82）计算衰减常数α。如果需要更准确的结果，可用计算得到的α修正场量分布，重新计算表面电流和损耗功率，然后再按式（9-82）计算第二次α值。实际上，对于一般用黄铜或紫铜制成的波导壁，这一修正已不必要，因为开始假定$\alpha=0$所计算得到的损耗功率已经足够准确了。

下面以矩形波导中传输TE_{10}波为例计算衰减常数α。

在9.2节中已经推导出当$\alpha=0$时在矩形波导中传输TE_{10}波的电流分布表示式（9-63）～式（9-68）。因此在波导的顶面和底面，损耗功率为

$$\begin{aligned}p_{\mathrm{la}}&=2\left(\int_0^a\frac{1}{2}|K_z|^2R_s\mathrm{d}x+\int_0^a\frac{1}{2}|K_x|^2R_s\mathrm{d}x\right)\\&=\int_0^a(|K_z|^2+|K_x|^2)R_s\mathrm{d}x\end{aligned} \tag{9-83}$$

式中：R_s为表面电阻，常见导电材料的表面电阻可由表8-3查得。

将式（9-63）、式（9-67）代入式（9-83）中，并积分，可得

$$p_{\mathrm{la}}=\int_0^a\left(|H_m|^2\sin^2\frac{\pi}{a}x+H_0{}^2\cos^2\frac{\pi}{a}x\right)R_s\mathrm{d}x=\frac{aR_s}{2}(|H_m|^2+H_0{}^2) \tag{9-84}$$

在左右侧面，横向电流引起的损耗为

$$p_{\mathrm{lb}}=2\left(\int_0^b\frac{1}{2}|K_y|^2R_s\mathrm{d}x\right)=bR_sH_0^2 \tag{9-85}$$

因此单位长度的总损耗功率为

$$p_1=p_{\mathrm{la}}+p_{\mathrm{lb}}=\left[\frac{a}{2}(|H_m|^2+H_0^2)+bH_0^2\right]R_s \tag{9-86}$$

将式（9-76）和式（9-86）代入式（9-82），并考虑到$H_m=\mathrm{j}k_z\dfrac{a}{\pi}\dot{H}_0$和$E_m=Z\left(\dfrac{2a}{\lambda}\right)\dot{H}_0$，又$H_0$是$\dot{H}_0$的模，并经简单的运算，可得

$$\alpha=\frac{R_s}{bZ\sqrt{1-\left(\frac{\lambda}{2a}\right)^2}}\left[1+2\frac{b}{a}\left(\frac{\lambda}{2a}\right)^2\right] \tag{9-87}$$

对于矩形波导中的其他模式，也可以仿照上述方法求出。

如图 9-9 所示，在一定宽度（$a=5\text{cm}$）的矩形波导中，TE_{10} 与 TM_{11} 两种模式在不同 b/a 比值下，由于波导壁不是理想导体所产生的损耗依频率变化的关系。由图可以看到，在截止频率附近，衰减突然增大；对于同一 b/a 比值，TE_{10} 波的衰减比 TM_{11} 波的要小；并且，对于同一模式，b/a 愈大，衰减愈小。

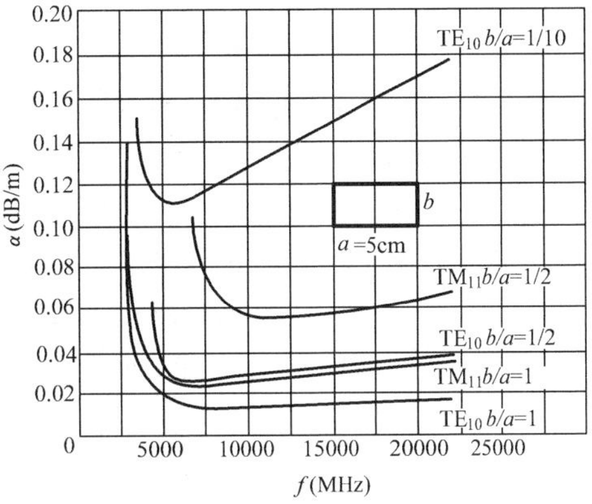

图 9-9　TE_{10} 与 TM_{11} 在矩形波导中的衰减特性

以上对能量传输和管壁功率损耗所作的讨论都是以波导中仅有单模传输的情况为依据的。当波导中传输两个以上的模式时，如果波导的损耗不大，而这些模式又不是简并的，即如果它们的相位常数不相同，则它们之间的场量关系是正交的，相互之间没有耦合。波导中总的传输功率是各个模式单独传输时的功率之和，总的损耗功率也是各个模式单独工作时损耗功率之和。如果波导中的传输模式是简并的，它们之间可能有耦合，也可能没有耦合。例如，在矩形波导中，简并模式 TE_{mn} 和 TM_{mn} 存在有互耦。当波导中的简并模没有互耦时，总的传输功率和损耗功率仍分别等于各个单独模式的传输功率和损耗功率之和。而当波导中存在互耦的简并模时，就不能用直接求和的办法来求解。

*9.4　谐　振　腔

随着频率增高，用集总参量元件组成振荡回路将发生许多问题。首先是元件需要做得很小，结构加工困难；其次是当元件尺寸接近工作波长时容易产生辐射；此外，在微波波段，集肤效应显著，若用集总参量元件组成回路，损耗很大。空腔谐振器（简称谐振腔）就是针对这些缺点设计的。如图 9-10 所示，由集总元件构成的振荡回路过渡到谐振腔的示意图。

谐振腔是一个完全用金属面封闭的空腔，当空腔的尺寸设计合理时，就有助长电磁振荡的特性。这种谐振腔结构制作简单，既可避免能量向外辐射，同时由于用整个金属面作为电流通路，还可减少由集肤效应引起的损耗。腔内电磁振荡的激励，以及将其振荡能量耦合到外部电路，可通过小的同轴探针、小环或小孔实现，如图 9-11 所示。维持振荡所需要的功率很小，只需足以补偿腔内的功率损耗即可。

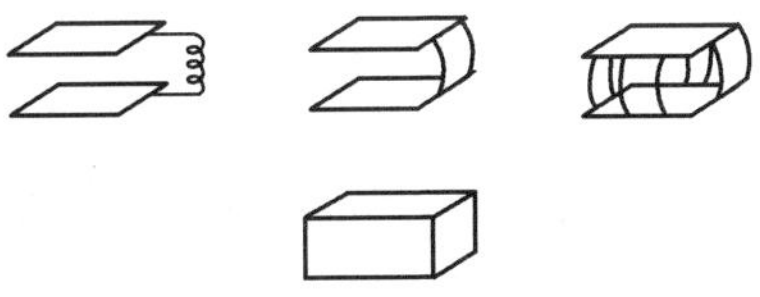

图 9-10　集总元件构成的振荡回路过渡到谐振腔的示意图

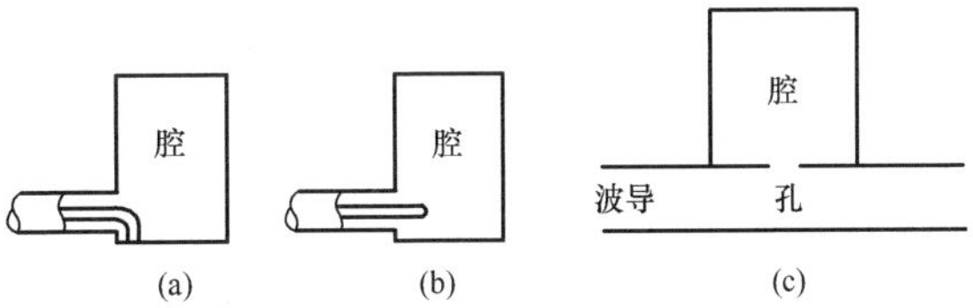

图 9-11　腔体耦合法

（a）小环耦合；（b）探针耦合；（c）小孔耦合

谐振腔的用途很广，在微波测量中可用作波长计，在雷达站的调试中用作回波箱，在电真空器件中用作高频管的谐振回路等。

谐振腔的形式很多，有同轴线形、矩形、圆柱形、环形等。它的主要参数有两个：一是谐振频率 f，二是品质因素 Q。下面以矩形谐振腔为例，说明这些参量的计算方法。

9.4.1 矩形谐振腔中的场结构与谐振频率 f

图 9-12 所示为一矩形谐振腔，是由一段宽度为 a，高度为 b，长度为 d 的矩形波导构成。波导的一端，在 $z=d$ 处予以短路。当 d 的长度等于半个波导波长的整数倍时，电磁波由短路壁反射而形成驻波，使波导另一端 $z=0$ 处的电场为零。所以如果在 $z=0$ 处放置一块短路板，将不会破坏原来的场结构。这样便构成一个矩形谐振腔。所以矩形谐振腔内的场结构可以用相应的波导内的场结构来求解。

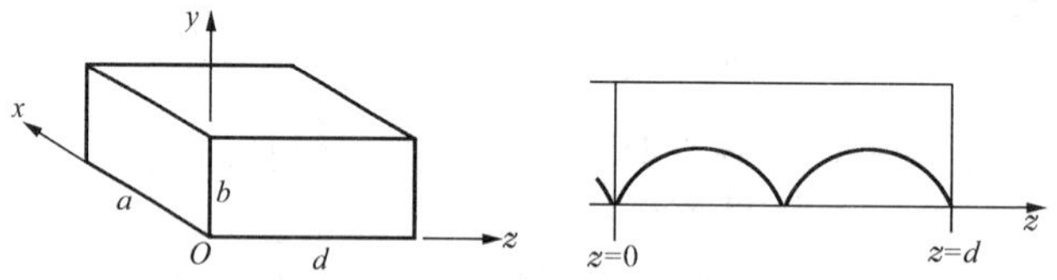

图 9-12　矩形谐振腔

已知在矩形波导中 TM_{mn} 或 TE_{mn} 波的相位常数 k_{zmn} 的平方为

$$k_{zmn}^2=k^2-k_C^2=k^2-\left(\frac{m\pi}{a}\right)^2-\left(\frac{n\pi}{b}\right)^2 \tag{9-88}$$

令 $k_{zmn}d=l\pi$，$l=1$，2，3…为整数，代入式（9-88）可得

$$k=k_{mnl}=\sqrt{\left(\frac{m\pi}{a}\right)^2+\left(\frac{n\pi}{b}\right)^2+\left(\frac{l\pi}{d}\right)^2} \tag{9-89}$$

所对应的频率就是谐振腔的谐振频率，即

$$f_{mnl}=\frac{\nu}{2\pi}k_{mnl}=\nu\sqrt{\left(\frac{m}{2a}\right)^2+\left(\frac{n}{2b}\right)^2+\left(\frac{l}{2d}\right)^2} \tag{9-90}$$

其中，$\nu=\dfrac{1}{\sqrt{\mu\varepsilon}}$；$m$、$n$、$l$ 表示场量沿 x、y、z 轴变化半个正弦波的数目。

可以看出，一定的谐振腔大小，对应于无数多个模式，可以有无数多个谐振频率。不同的 m、n、l 值，对应不同的场分布。为表示谐振腔内的 TE 模式，用 TE_{mnl} 表示。此外，对于同一谐振频率，可以有一个以上的模式，即简并模式。

【例 9-2】 试求矩形谐振腔内 TE_{101} 模式的谐振频率和场结构。

解　由式（9-58）～式（9-61），矩形谐振腔内 TE_{101} 模式的场结构为

$$\dot{H}_z=(\dot{H}_0^+ e^{-jk_{z10}z}+\dot{H}_0^- e^{jk_{z10}z})\cos\frac{\pi x}{a} \tag{9-91}$$

$$\dot{H}_x=jk_{z10}\frac{a}{\pi}(\dot{H}_0^+ e^{-jk_{z10}z}-\dot{H}_0^- e^{jk_{z10}z})\sin\frac{\pi x}{a} \tag{9-92}$$

$$\dot{E}_y=-jZ\left(\frac{2a}{\lambda}\right)(\dot{H}_0^+ e^{-jk_{z10}z}+\dot{H}_0^- e^{jk_{z10}z})\sin\frac{\pi}{a}x \tag{9-93}$$

$$\dot{H}_y=\dot{E}_x=\dot{E}_z=0 \tag{9-94}$$

式中：H_0^+ 和 H_0^- 为沿 $+z$ 轴和 $-z$ 轴方向传播的电磁波的振幅相量。

首先，欲使 $\dot{E}_y$ 在 $z=0$ 处为零，则要求 $\dot{H}_0^+=-\dot{H}_0^-$，于是

$$\dot{H}_0^+ \mathrm{e}^{-\mathrm{j}k_{z10}z}+\dot{H}_0^- \mathrm{e}^{\mathrm{j}k_{z10}z}=-2\mathrm{j}\dot{H}_0^+ \sin k_{z10}z$$

$$\dot{H}_0^+ \mathrm{e}^{-\mathrm{j}k_{z10}z}-\dot{H}_0^- \mathrm{e}^{\mathrm{j}k_{z10}z}=2\dot{H}_0^+ \cos k_{z10}z$$

其次，欲使 $\dot{E}_y$ 在 $z=d$ 处为零，则要求 $k_{z10}=\frac{\pi}{d}$，相应的 k 值为

$$k=k_{101}=\sqrt{\left(\frac{\pi}{a}\right)^2+\left(\frac{\pi}{d}\right)^2} \tag{9-95}$$

由此可得谐振频率为

$$f_{101}=\frac{\nu}{2\pi}k_{101}=\nu\sqrt{\left(\frac{1}{2a}\right)^2+\left(\frac{1}{2d}\right)^2} \tag{9-96}$$

式（9-91）～式（9-93）可改写为

$$\dot{H}_z=-2\mathrm{j}\dot{H}_0^+\cos\frac{\pi x}{a}\sin\frac{\pi z}{d} \tag{9-97}$$

$$\dot{H}_x=2\mathrm{j}\frac{a}{d}\dot{H}_0^+\sin\frac{\pi x}{a}\cos\frac{\pi z}{d} \tag{9-98}$$

$$\dot{E}_y=-2k_{101}Z\frac{a}{\pi}\dot{H}_0^+\sin\frac{\pi x}{a}\sin\frac{\pi z}{d} \tag{9-99}$$

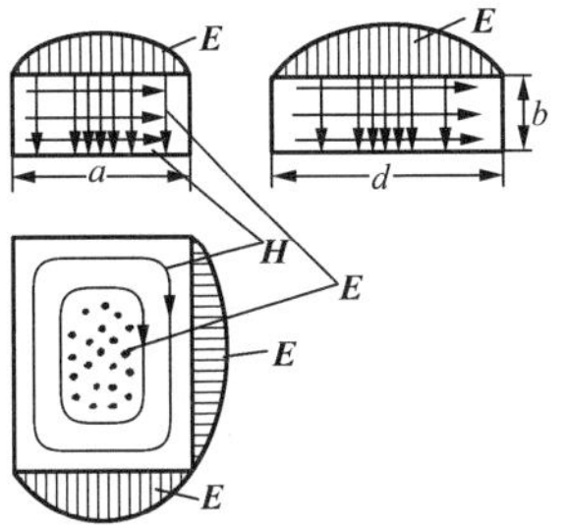

图 9-13　矩形谐振腔中 TE_{101} 模的场量分布

图 9-13 所示为矩形谐振腔中 TE_{101} 模的场量分布。如果把谐振腔看作横截面为 $a\times d$ 的矩形波导来进行分析，可以发现这种 TE_{101} 谐振模式也可以看成是 TM_{110} 谐振模式。

9.4.2　矩形谐振腔的品质因数 Q

矩形谐振腔的品质因数 Q 定义为

$$Q=\omega\frac{W}{p_1} \tag{9-100}$$

式中：ω 为谐振腔内电磁波的角频率；W 为谐振腔内所储存的能量；p_1 为谐振腔的损耗功率。

下面求 TE_{101} 模式矩形谐振腔的 Q 值。

电场储存的能量为

$$W_\mathrm{e}=\frac{\varepsilon}{2}\int_0^d\int_0^b\int_0^a\frac{\dot{E}_y}{\sqrt{2}}\cdot\frac{\overset{*}{E}_y}{\sqrt{2}}\mathrm{d}x\mathrm{d}y\mathrm{d}z=\varepsilon k_{101}^2Z^2\left(\frac{a}{\pi}\right)^2|\dot{H}_0^+|^2\int_0^d\int_0^b\int_0^a\sin^2\frac{\pi x}{a}\sin^2\frac{\pi z}{a}\mathrm{d}x\mathrm{d}y\mathrm{d}z$$

$$=\frac{\varepsilon}{4\pi^2}a^3bdk_{101}^2Z^2|\dot{H}_0^+|^2 \tag{9-101}$$

磁场储存的能量为

$$W_\mathrm{m}=\frac{\mu}{2}\int_0^d\int_0^b\int_0^a\left(\frac{\dot{H}_x}{\sqrt{2}}\cdot\frac{\overset{*}{H}_x}{\sqrt{2}}+\frac{\dot{H}_z}{\sqrt{2}}\cdot\frac{\overset{*}{H}_z}{\sqrt{2}}\right)\mathrm{d}x\mathrm{d}y\mathrm{d}z$$

$$=\frac{\mu}{4}\int_0^d\int_0^b\int_0^a\left[4\left(\frac{a}{d}\right)^2|\dot{H}_0^+|^2\sin^2\left(\frac{\pi x}{a}\right)\cos^2\left(\frac{\pi z}{d}\right)+4|\dot{H}_0^+|^2\cos^2\left(\frac{\pi x}{a}\right)\sin^2\left(\frac{\pi z}{d}\right)\right]\mathrm{d}x\mathrm{d}y\mathrm{d}z$$

$$=\frac{\mu}{4\pi^2}a^3bd|\dot{H}_0^+|^2\left[\left(\frac{\pi}{a}\right)^2+\left(\frac{\pi}{d}\right)^2\right] \tag{9-102}$$

由于 $\mu=\varepsilon Z^2$，$\left(\frac{\pi}{a}\right)^2+\left(\frac{\pi}{d}\right)^2=k_{101}^2$，因此，由式（9-101）和式（9-102）可知

$$W_{\mathrm{e}}=W_{\mathrm{m}}$$

即在谐振腔内储存的电场能量等于磁场能量。总的储存能量为

$$W=2W_{\mathrm{e}}=\frac{\varepsilon}{2\pi^2}a^3bdk_{101}^2Z^2|\dot{H}_0^+|^2 \tag{9-103}$$

损耗功率包括空腔壁上的欧姆损耗功率和填充介质所产生的损耗功率，后者一般可以忽略不计。导电壁上的损耗功率，按式（8-175），可写成

$$p_1=\frac{R}{2}\int_S|\dot{H}_{\mathrm{t}}|^2\mathrm{d}S \tag{9-104}$$

式中：R 为导体的表面电阻，具体计算可参见 8.6 节；$\dot{H}_{\mathrm{t}}$ 为导体表面的切向磁场强度。

先计算 $z=0$ 和 $z=d$ 两个端面上的损耗功率

$$|\dot{H}_{\mathrm{t}}|^2=|\dot{H}_x|^2=4\left(\frac{a}{d}\right)^2|\dot{H}_0^+|^2\sin^2\frac{\pi x}{a} \tag{9-105}$$

损耗功率为

$$p_{11}=2\times\frac{R}{2}\times4\left(\frac{a}{d}\right)^2|\dot{H}_0^+|^2\int_0^b\int_0^a\sin^2\frac{\pi x}{a}\mathrm{d}x\mathrm{d}y=2R\frac{a^3b}{d^2}|\dot{H}_0^+|^2 \tag{9-106}$$

其次，求 $y=0$ 和 $y=b$ 上下两面的损耗功率，此时

$$|\dot{H}_{\mathrm{t}}|^2=|\dot{H}_x|^2+|\dot{H}_z|^2=4\left(\frac{a}{d}\right)^2|\dot{H}_0^+|^2\sin^2\frac{\pi x}{a}\cos^2\frac{\pi z}{d}$$
$$+4|\dot{H}_0^+|^2\cos^2\frac{\pi x}{a}\sin^2\frac{\pi z}{d} \tag{9-107}$$

损耗功率为

$$p_{12}=2\times\frac{R}{2}\times4a^2|\dot{H}_0^+|^2\int_0^d\int_0^a\left(\frac{1}{d^2}\sin^2\frac{\pi x}{a}\cos^2\frac{\pi z}{d}+\frac{1}{a^2}\cos^2\frac{\pi x}{a}\sin^2\frac{\pi z}{d}\right)\mathrm{d}x\mathrm{d}z$$
$$=Ra^2\left(\frac{a}{d}+\frac{d}{a}\right)|H_0^+|^2 \tag{9-108}$$

最后求在 $x=0$ 和 $x=a$ 两侧面上的损耗功率，此时

$$|\dot{H}_{\mathrm{t}}|^2=|\dot{H}_z|^2=4|H_0^+|^2\sin^2\frac{\pi z}{d} \tag{9-109}$$

损耗功率为

$$p_{13}=2\times\frac{R}{2}\times4|\dot{H}_0^+|^2\int_0^d\int_0^b\sin^2\frac{\pi z}{d}\mathrm{d}y\mathrm{d}z=2Rdb|\dot{H}_0^+|^2 \tag{9-110}$$

总的损耗功率为

$$p_1=p_{11}+p_{12}+p_{13}=R|\dot{H}_0^+|^2\frac{2a^3b+a^3d+ad^3+2d^3b}{d^2} \tag{9-111}$$

将式（9-103）、式（9-111）代入式（9-100），并由式（9-96）知，$\omega=2\pi f_{101}=\nu k_{101}=\frac{1}{\sqrt{\mu\varepsilon}}k_{101}$

从而可得

$$Q=\frac{\omega W}{p_1}=\frac{\omega\varepsilon a^3 bdk_{101}^2 Z^2\,|\dot{H}_0^+|^2 d^2}{2\pi^2 R\,|\dot{H}_0^+|^2(2a^3b+a^3d+ad^3+2d^3b)}$$

$$=\frac{(k_{101}ad)^3 bZ}{2\pi^2 R(2a^3b+a^3d+ad^3+2d^3b)} \tag{9-112}$$

以上分析是假定空腔内无其他寄生模式，而且没考虑谐振腔内填充介质所产生的损耗。

【例 9-3】　用紫铜（$\gamma=5.8\times10^7\text{S/m}$）制成的立方形谐振腔，其尺寸为 $a=b=d=3\text{cm}$，试求其谐振频率和品质因数（假定工作模式为 TE_{101}）。

解　由式（9-96），谐振频率为

$$f_{101}=\nu\sqrt{\left(\frac{1}{2a}\right)^2+\left(\frac{1}{2d}\right)^2}=3\times10^8\sqrt{\left(\frac{1}{2\times3\times10^{-2}}\right)^2+\left(\frac{1}{2\times3\times10^{-2}}\right)^2}=7070(\text{MHz})$$

由式（9-95）　　$k_{101}=\dfrac{\sqrt{2}\,\pi}{3\times10^{-2}}$

由表 8-3 可查得，紫铜的表面电阻为　$R=2.61\times10^{-7}\sqrt{f_{101}}=0.022(\Omega/\text{m}^2)$

将 k_{101}、R 代入式（9-112）可得品质因数为

$$Q=\frac{\left(\frac{\sqrt{2}\pi}{3\times10^{-2}}\times3\times10^{-2}\times3\times10^{-2}\right)^3\times3\times10^{-2}\times377}{2\pi^2\times0.022\times(2\times3^4\times10^{-8}+3^4\times10^{-8}+3^4\times10^{-8}+2\times3^4\times10^{-8})}=12700$$

由式（9-100）可知，谐振腔的 Q 值与腔内储存的能量成正比，与腔壁的损耗成反比。因此，要想得到高的 Q 值，谐振腔的体积应尽量做大，但它的金属封闭面应尽量做小。同时，为了减小壁面损耗，在制作时要求内壁有很高的光洁度并镀银。此外，对于激励、耦合和短路等装置均应严格要求，保证加工精度和接触良好，以尽量减小损耗。

以上是以矩形谐振腔为例来进行分析计算的。这种方法也适用于其他类型的谐振腔。

本章小结

（1）在不同的导波装置上可以传播不同模式的电磁波。

（2）任何能确立静态场的均匀导波装置，也能维持 TEM 波。

（3）波导内不可能存在 TEM 波，但可传播各种模式的 TM 波与 TE 波。

（4）波导是一种高通滤波器；只有当工作频率高于某一截止频率时，波的传播才成为可能。对于特定的波导，不同的模式有不同的截止频率。合理设计波导尺寸，可以使波导内只有单模传输。

（5）在矩形波导中 TE_{10} 波是主波，具有重要的实用价值。

（6）电磁波在波导中传播的相速大于它在自由空间传播的相速。

（7）波导中的衰减常数 $\alpha=p_1/(2P)$，此处 P 代表波导中传输的功率，p_1 为每单位长度的损耗功率。在矩形波导中 TE_{10} 波具有最小衰减。

（8）谐振腔是频率很高时采用的振荡回路。谐振腔内可以有无数多个振荡模式，每一模式对应一个谐振频率。

（9）谐振腔的品质因数 $Q=\omega W/p_1$，此处 W 为谐振腔储存的能量，p_1 为谐振腔损耗功率。

习 题

9.1 什么是横电磁波？什么是横电场强度波？什么是横磁场强度波？金属波导管内能传播的电磁波都有哪几类？

9.2 什么是截止波长？什么是波导波长？什么是工作波长？

9.3 在测波长的实验中，测得相邻波节点的位置为 15.5mm、31.5mm，则所测电磁波的波长是多少？若此波长的波在尺寸为 $2.0\times1.0\text{cm}^2$ 的波导中传播，测得的波导中两相邻波节点的距离会是多少？

9.4 在一空气填充的矩形波导中的传播 TE_{10} 波，已知 $a\times b=6\times4(\text{cm}^2)$，若沿纵向测得波导中电场强度最大值与最小值之间距离是 4.47cm，试求信号源的频率。

9.5 试设计 $\lambda=10\text{cm}$ 的矩形波导，材料用紫铜，内充空气，并且要求 TE_{10} 波的工作频率至少有 30％的安全因子，即 $0.7f_{C2}\geqslant f\geqslant1.3f_{C1}$，此处 f_{C1} 和 f_{C2} 分别表示 TE_{10} 波和相邻高阶模式的截止频率。

9.6 设矩形波导中传输 TE_{10} 波，试求填充介质时（介电常数为 ε）的截止频率与波导波长。

9.7 有一矩形空心波导，尺寸为 $2.0\times1.0\text{cm}$，试确定其单模传输的工作频率范围。若将波导中填充 $\varepsilon_r=2$ 的介质，同样的工作频率范围，会产生哪些模式的波形？

9.8 空气填充的矩形波导，$a=2.3\text{cm}$，$b=1\text{cm}$。若 $f=20\text{GHz}$，试求 TM_{11} 模的 f_C、β、λ_g、ν_p；又若 $f=10\text{GHz}$，求传播常数 Γ。

9.9 如题 9.8 的波导，试求 TE_{10}、TE_{01}、TE_{20}、TE_{11}、TM_{11}、TM_{21}、TM_{12} 的截止频率；$f=10\text{GHz}$ 时，可能有哪些传播模式？若填充 $\varepsilon_r=2$、$\mu_r=1$ 的介质结果又如何？

9.10 空气填充的矩形波导，$a=7.2\text{cm}$，$b=3.4\text{cm}$。

（1）当工作波长（$\lambda=c/f$）分别是 16cm、8cm、6.5cm 时，此波导可能出现哪几个传播模？

（2）试求 TE_{10} 单模传输的频率范围，并要求此频带的低端比 TE_{10} 的 f_C 高 5％，其高端比第一高阶模的 f_C 低 5％。

9.11 用矩形波导（$a=22.86\text{mm}$、$b=10.16\text{mm}$）来传输电磁波，波导中的介质为空气，试计算：

（1）当工作波长 $\lambda_0=20\text{mm}$ 时，波导中能存在哪些波形？

（2）波导中传输 TE_{10} 模，且 $\lambda_0=30\text{mm}$ 时，ν_p、λ_C、λ_g、Z_{TE10} 各为多少？

9.12 在矩形谐振空腔中激发 TE_{101} 模式波。设空腔的尺寸为 $a\times b\times d=5\text{cm}\times3\text{cm}\times3\text{cm}$，试求谐振波长。

9.13 上题的矩形谐振腔中充以 $\varepsilon_r=4$ 的介质，若空腔的尺寸不变，仍激发 TE_{101} 模式波。试求谐振频率。

9.14 若用一矩形波导制成一矩形谐振腔，要求当 $\lambda=10\text{cm}$ 时对 TE_{101} 模式波发生谐振，当 $\lambda_0=5\text{cm}$ 时，对 TE_{103} 模式波发生谐振。试求此矩形谐振腔的尺寸。

9.15 由空气填充的矩形谐振腔，尺寸为 $a=25\text{mm}$，$b=12.5\text{mm}$，$d=60\text{mm}$，谐振于 TE_{102} 模式。若在腔内填充介质，则在同一工作频率将谐振于 TE_{103} 模式，试求介质的介电常数 ε_r 应为多大？

*第 10 章 均匀传输线

传输线是用来导引电磁波沿一定方向传输的系统，它用来传送信号和能量。

传输线通常包含两根或两根以上的导线，典型的传输线的导体截面如图 10-1 所示。如果导体的截面以及导体间的几何距离处处相同，便称为均匀传输线。这里主要介绍均匀传输线的电磁传输特性。

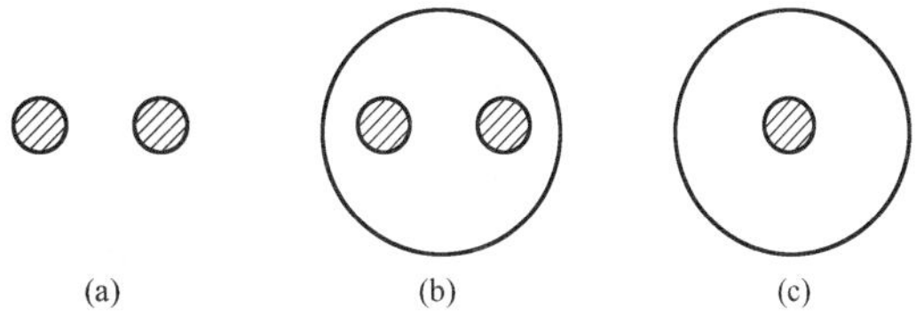

图 10-1 几种常用传输线

(a) 二线输电线；(b) 屏蔽线；(c) 同轴线

研究传输线中发生的电磁过程，是一个电磁场的问题。导体形成场的边界，它起到引导电磁波和电磁能量的作用。下面从场的观点出发，推导传输线所满足的用电压和电流表示的微分方程。

*10.1 无损耗均匀传输线的微分方程

首先，探讨无损耗均匀传输线场的特点。设均匀传输线由两根理想导体构成，两线间的媒质为理想介质，传输线沿 z 轴方向放置，其中通过的电流为 $\dot{I}$。根据时变电磁场中动态位的相量表达式为

$$\dot{\boldsymbol{A}}=\dot{\boldsymbol{A}}_z=\frac{\mu}{4\pi}\int_V\frac{\dot{\boldsymbol{J}}_z\mathrm{e}^{-\mathrm{j}\beta z}}{r}\mathrm{d}V=\frac{\mu}{4\pi}\int\frac{\dot{I}\mathrm{e}^{-\mathrm{j}\beta z}}{r}\mathrm{d}\boldsymbol{l}$$

以及 $\dot{\boldsymbol{B}}=\nabla\times\dot{\boldsymbol{A}}$，可以得出

$$\dot{\boldsymbol{B}}=\frac{\partial\dot{\boldsymbol{A}}_z}{\partial y}\boldsymbol{e}_x-\frac{\partial\dot{\boldsymbol{A}}_z}{\partial x}\boldsymbol{e}_y$$

可见，$\boldsymbol{B}_z=0$，故没有沿传播方向（z 轴方向）的磁场分量。又因导体是理想导体，故也没有 z 方向的电场分量。故沿线的电磁场是横电磁场（TEM 场）。但在 xoy 面上各点，场量并不相等，所以这样的场并非均匀平面场。

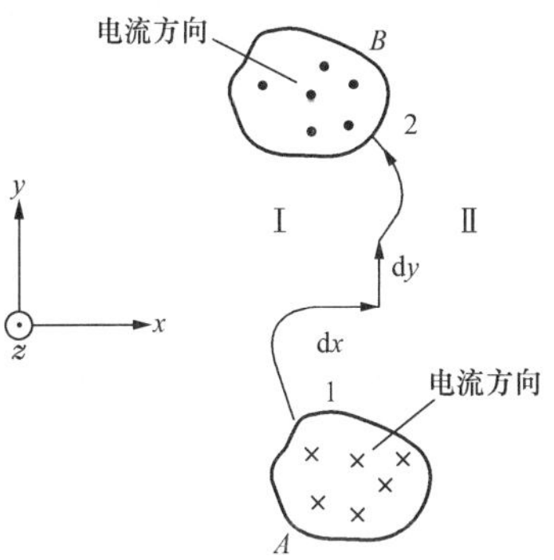

图 10-2 求载有 TEM 波的两个导体之间的电位差

因为没有 z 方向上的电场和磁场分量，故在 xoy 面上有

$$\oint_l\boldsymbol{E}_{xoy}\cdot\mathrm{d}\boldsymbol{l}=-\frac{\mathrm{d}\Phi_z}{\mathrm{d}t}=0$$

$$\oint_l\boldsymbol{H}_{xoy}\cdot\mathrm{d}\boldsymbol{l}=I_z+\int_S\frac{\partial\boldsymbol{D}_z}{\partial t}\cdot\mathrm{d}\boldsymbol{S}=I_z$$

式中：下标 xoy 指横向电磁分量。

图 10-2 所示为载有 TEM 波的均匀导线 A 和 B，假定它们是理想导体（即电导率为无穷大），空间充满理想

介质，现在求两导体之间的电位差。在导体上取任意两点 1 和 2，它们在同一横向平面内，于是两导体之间的电位差为

$$U=\int_1^2 \boldsymbol{E}\cdot \mathrm{d}\boldsymbol{l}=-\int_1^2 (E_x\mathrm{d}x+E_y\mathrm{d}y)$$

两边对 z 微分，可得

$$\frac{\partial U}{\partial z}=-\int_1^2\left(\frac{\partial E_x}{\partial z}\mathrm{d}x+\frac{\partial E_y}{\partial z}\mathrm{d}y\right) \tag{10-1}$$

由电磁场基本方程为

$$\nabla\times\boldsymbol{E}=-\mu\frac{\partial \boldsymbol{H}}{\partial t}=-\frac{\partial \boldsymbol{B}}{\partial t}$$

按直角坐标展开，并考虑到 $E_z=0$，可得

$$\frac{\partial E_y}{\partial z}=\frac{\partial B_x}{\partial t}\qquad \frac{\partial E_x}{\partial z}=-\frac{\partial B_y}{\partial t}$$

因此，式（10-1）可写成

$$\begin{aligned}\frac{\partial U}{\partial z}&=-\int_1^2\left(\frac{\partial E_x}{\partial z}\mathrm{d}x+\frac{\partial E_y}{\partial z}\mathrm{d}y\right)\\&=-\frac{\partial}{\partial t}\int_1^2(-B_y\mathrm{d}x+B_x\mathrm{d}y)\end{aligned}$$

等号右边的积分部分代表在 z 轴方向单位长度上，由Ⅰ区穿过 1—2 路径到达Ⅱ区的磁通量。根据电感系数的定义可知，该积分值应等于 L_0I，这里 L_0 是传输线每单位长度的电感量。因此有

$$\frac{\partial U}{\partial z}=-\frac{\partial}{\partial t}L_0I=-L_0\frac{\partial I}{\partial t} \tag{10-2}$$

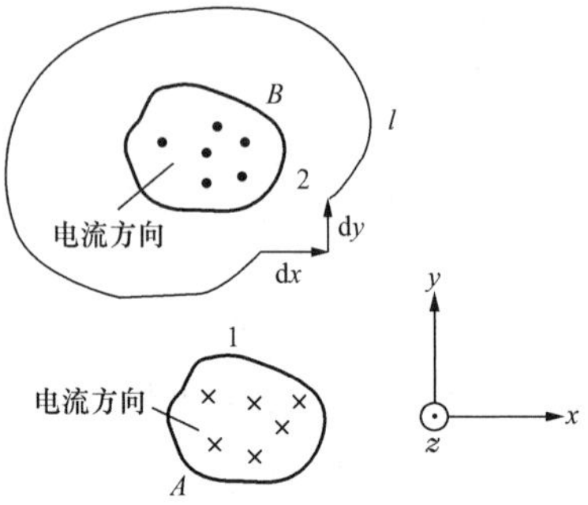

图 10-3 求围绕载有 TEM 波的两导体之间的磁位差

在图 10-3 中，用横向平面内的闭合路径 l 包围两根导线中的一根 B。于是根据电磁场基本方程

$$\oint_l \boldsymbol{H}\cdot\mathrm{d}\boldsymbol{l}=I+\int_S\frac{\partial \boldsymbol{D}}{\partial t}\cdot\mathrm{d}\boldsymbol{S}$$

并考虑到 $E_z=0$，$\dfrac{\partial D_z}{\partial t}=0$，可得

$$\begin{aligned}\frac{\partial I}{\partial z}&=\frac{\partial}{\partial z}\oint_l(H_x\mathrm{d}x+H_y\mathrm{d}y)\\&=\oint_l\left(\frac{\partial H_x}{\partial z}\mathrm{d}x+\frac{\partial H_y}{\partial z}\mathrm{d}y\right)\end{aligned} \tag{10-3}$$

根据电磁场基本方程

$$\nabla\times\boldsymbol{H}=\boldsymbol{J}+\frac{\partial \boldsymbol{D}}{\partial t}$$

考虑到在媒质中 $\boldsymbol{J}=0$，所以

$$\nabla\times\boldsymbol{H}=\frac{\partial \boldsymbol{D}}{\partial t}$$

按直角坐标展开，可得

$$\frac{\partial H_y}{\partial z}=-\frac{\partial D_x}{\partial t}\qquad \frac{\partial H_x}{\partial z}=\frac{\partial D_y}{\partial t}$$

于是，式（10-3）可写成

$$\frac{\partial I}{\partial z}=\oint_l\left(\frac{\partial D_y}{\partial t}\mathrm{d}x-\frac{\partial D_x}{\partial t}\mathrm{d}y\right)=-\frac{\partial}{\partial t}\oint_l(D_x\mathrm{d}y-D_y\mathrm{d}x)$$

等号右边的积分部分代表在 z 轴方向单位长度上，从导体 B 到达导体 A 的电位移通量，它等于导体上每单位长度上的电荷 C_0U，这里 C_0 是传输线每单位长度的电容量，因此

$$\frac{\partial I}{\partial z}=-\frac{\partial}{\partial t}C_0U=-C_0\frac{\partial U}{\partial t} \tag{10-4}$$

式（10-2）和式（10-4）就是无损耗均匀传输线所满足的用电压和电流表示的微分方程。

* 10.2　无损耗均匀传输线的传播特性

将式（10-2）对空间坐标 z 求偏导数，将式（10-4）对时间 t 求偏导数，可得

$$\frac{\partial^2 U}{\partial z^2}=L_0C_0\frac{\partial^2 U}{\partial t^2} \tag{10-5}$$

同样可得

$$\frac{\partial^2 I}{\partial z^2}=L_0C_0\frac{\partial^2 I}{\partial t^2} \tag{10-6}$$

式（10-5）和式（10-6）就是无损耗均匀传输线所满足的用电压和电流表示的波动方程。

式（10-5）和式（10-6）的通解分别为

$$U(z,t)=U^+\left(t-\frac{z}{\nu}\right)+U^-\left(t+\frac{z}{\nu}\right) \tag{10-7}$$

$$I(z,t)=I^+\left(t-\frac{z}{\nu}\right)+I^-\left(t+\frac{z}{\nu}\right) \tag{10-8}$$

式（10-7）和式（10-8）和第 8 章中分析的均匀平面电磁波的通解完全相同。$U^+\left(t-\frac{z}{\nu}\right)$ 和 $I^+\left(t-\frac{z}{\nu}\right)$ 分别表示向（$+z$）轴方向传播的入射电压波和入射电流波；而 $U^-\left(t+\frac{z}{\nu}\right)$ 和 $I^-\left(t+\frac{z}{\nu}\right)$ 分别表示向（$-z$）轴方向传播的反射电压波和反射电流波。式中的 $\nu=\frac{1}{\sqrt{L_0C_0}}$ 是电磁波传播的速度。

根据式（10-7）、式（10-8）和式（10-2）、式（10-4），可得电压波和电流波之间的关系为

$$I^+\left(t-\frac{z}{\nu}\right)=\frac{1}{Z_0}U^+\left(t-\frac{z}{\nu}\right) \tag{10-9}$$

$$I^-\left(t+\frac{z}{\nu}\right)=-\frac{1}{Z_0}U^-\left(t+\frac{z}{\nu}\right) \tag{10-10}$$

其中，Z_0 为无损耗均匀传输线的特性阻抗，$Z_0=\sqrt{\frac{L_0}{C_0}}$。

上述分析表明：均匀传输线中的电压波和电流波沿线的传播特性和均匀平面电磁波的传播特性相似。因此，均匀平面电磁波的一些结论和分析方法可以应用于传输线。下面将着重分析传输线上的正弦电压波和电流波的传播特性。

沿传输线电压、电流的分布特性与传输线的参数 L_0、C_0 有关，这些参数决定于传输线的形状、截面、线间距离以及空间的媒质情况。常见传输线的参数计算公式见表10-1。

表 10-1 **常见传输线的参数计算公式**

单位长度参数	平板输电线	双线输电线	同轴电缆线
导体之间电容 C_0 (F/m)	$\frac{\varepsilon_r\varepsilon_0 W}{D}$	$\frac{\pi\varepsilon_0}{\ln\frac{D}{a}}=\frac{12.07}{\lg\frac{D}{a}}\times10^{-12}$	$\frac{2\pi\varepsilon}{\ln\frac{b}{a}}=\frac{24.14\varepsilon_r}{\lg\frac{b}{a}}\times10^{-12}$
导体之间漏电导 G_0 (S/m)	$\frac{\gamma' W}{D}$	0	$\frac{2\pi\gamma'}{\ln\frac{b}{a}}$
导体的交流电阻 R_0 (Ω/m)	$\frac{2}{W\gamma d}$	$\frac{1}{\pi a\gamma d}=\frac{8.37\sqrt{f}}{a}\times10^{-8}$	$\frac{1}{2\pi\gamma d}\left(\frac{1}{a}+\frac{1}{b}\right)$ $=4.19\left(\frac{1}{a}+\frac{1}{b}\right)\sqrt{f}\times10^{-8}$
导体回路电感 L_0 (H/m)	$\frac{\mu_0 D}{W}$	$\frac{\mu_0}{\pi}\ln\frac{D}{a}=9.2\lg\frac{D}{a}\times10^{-7}$	$\frac{\mu_0}{2\pi}\ln\frac{b}{a}=4.6\lg\frac{b}{a}\times10^{-7}$

注 表中的 D 为两导体间距离；W 为导体板宽度；d 为电磁波的透入深度；a、b 为导体的半径；L_0 未包含单位长度的内电感；导线材料为紫铜，即 $\gamma=5.8\times10^7$S/m，透入深度 $d=0.066/\sqrt{f}$ m；ε_r、γ'分别为两导体间绝缘材料的相对介电常数和漏电导率。

【例 10-1】 设有一无损耗的同轴电缆线长 10m，内外导体间的电容为 600pF。设电缆一端短路，另一端接有一个脉冲发生器及示波器，则发现一个脉冲信号来回一次需时 0.1μs，试问该电缆的特性阻抗 Z_0 是多大?

解 波的相位速度为

$$\nu=\frac{1}{\sqrt{L_0C_0}}=\frac{2\times10}{0.1\times10^{-6}}=2\times10^8(\text{m/s})$$

电缆单位长度的电容为

$$C_0=\frac{600}{10}=60\times10^{-12}(\text{F/m})$$

电缆单位长度的电感为

$$L_0=\frac{1}{\nu^2C_0}=\frac{1}{4\times10^{16}\times60\times10^{-12}}=4.17\times10^{-7}(\text{H/m})$$

所以，电缆的特性阻抗为

$$Z_0=\sqrt{\frac{L_0}{C_0}}=\sqrt{\frac{4.17\times10^{-7}}{60\times10^{-12}}}=\sqrt{6950}=83.36(\Omega)$$

【例 10-2】 无损耗平行板传输线，板间介质厚度为 0.4mm，相对介电常数为 2.25。若传输线的特性阻抗为 50Ω，试决定板的宽度，传输线的 L_0、C_0，波的相位速度。

解 设板的宽度为 W，则由静电场或表 10-1 可知

$$C_0=\frac{\varepsilon W}{d}\qquad L_0C_0=\mu\varepsilon\qquad L_0=\frac{\mu\varepsilon}{\varepsilon W/d}=\frac{\mu d}{W}$$

由前面分析可知

$$Z_0=\sqrt{\frac{L_0}{C_0}}=\sqrt{\frac{\mu}{\varepsilon}}\frac{d}{W}$$

因此，板的宽度为

$$W=\sqrt{\frac{\mu}{\varepsilon}}\frac{d}{Z_0}=\frac{377\times0.4\times10^{-3}}{50\times\sqrt{2.25}}=2\times10^{-3}(\mathrm{m})$$

L_0、C_0 分别为

$$L_0=\frac{\mu d}{W}=\frac{4\pi\times10^{-7}\times0.4}{2}=2.51\times10^{-7}(\mathrm{H/m})$$

$$C_0=\frac{\varepsilon W}{d}=\frac{2.25\times8.854\times10^{-12}\times2}{0.4}=99.5\times10^{-12}(\mathrm{F/m})$$

波的相位速度为

$$\nu=\frac{1}{\sqrt{L_0C_0}}=\frac{1}{\sqrt{\mu\varepsilon}}=\frac{3\times10^8}{\sqrt{2.25}}=2\times10^8(\mathrm{m/s})$$

*10.3 无损耗均匀传输线方程的正弦稳态解

若电压$U(z,t)$和电流$I(z,t)$随时间作正弦变化，则式（10-5）、式（10-6）可分别用复数形式表示为

$$\frac{\mathrm{d}^2\dot{U}}{\mathrm{d}z^2}=-\omega^2L_0C_0\dot{U}=k^2\dot{U} \tag{10-11}$$

$$\frac{\mathrm{d}^2\dot{I}}{\mathrm{d}z^2}=-\omega^2L_0C_0\dot{I}=k^2\dot{I} \tag{10-12}$$

其中

$$k=\mathrm{j}\omega\sqrt{L_0C_0}=\mathrm{j}\beta \tag{10-13}$$

式（10-11）和式（10-12）的通解分别为

$$\dot{U}(z)=\dot{U}^+\mathrm{e}^{-\mathrm{j}\beta}+\dot{U}^-\mathrm{e}^{\mathrm{j}\beta} \tag{10-14}$$

$$\dot{I}(z)=\dot{I}^+\mathrm{e}^{-\mathrm{j}\beta}+\dot{I}^-\mathrm{e}^{\mathrm{j}\beta} \tag{10-15}$$

式（10-14）和式（10-15）中的$\dot{U}^+$和$\dot{I}^+$分别为向（$+z$）轴方向传播的入射电压波和电流波的有效值相量复振幅，而$\dot{U}^-$和$\dot{I}^-$分别为向（$-z$）轴方向传播的反射电压波和电流波的有效值相量。k 称为传播常数，β 称为相位常数。

由式（10-9）和式（10-10）可得

$$\frac{\dot{U}^+}{\dot{I}^+}=Z_0\qquad\frac{\dot{U}^-}{\dot{I}^-}=-Z_0$$

因此，式（10-14）和式（10-15）可变为

$$\dot{U}(z)=\dot{U}^+\mathrm{e}^{-\mathrm{j}\beta}+\dot{U}^-\mathrm{e}^{\mathrm{j}\beta} \tag{10-16}$$

$$\dot{I}(z)=\frac{\dot{U}^+}{Z_0}\mathrm{e}^{-\mathrm{j}\beta}-\frac{\dot{U}^-}{Z_0}\mathrm{e}^{\mathrm{j}\beta} \tag{10-17}$$

式（10-16）和式（10-17）中的$\dot{U}^+$和$\dot{U}^-$决定于传输线始端和终端的电压和电流情况，即传输线的边界条件。现选取传输线终端为坐标原点，z 坐标的正方向自传输线的始端指向终端，即沿线坐标取负值，如图 10-4 所示。

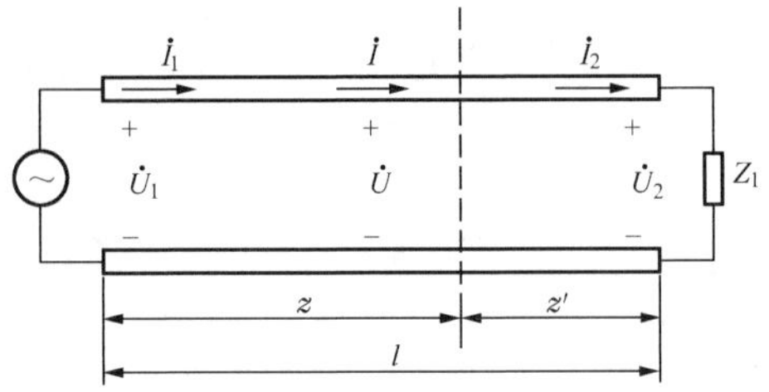

图 10-4 由已知的始端（或终端）电压和电流计算 $\dot{U}^+$ 和 $\dot{U}^-$

(1) 已知始端电压 $\dot{U}_1$ 和电流 $\dot{I}_1$ 时的解。将 $z=-l$ 及 $\dot{U}(-l)=\dot{U}_1, \dot{I}(-l)=\dot{I}_1$ 代入式（10-16）和式（10-17），得

$$\dot{U}_1=\dot{U}^+ e^{j\beta l}+\dot{U}^- e^{-j\beta l} \tag{10-18}$$

$$\dot{I}_1=\frac{\dot{U}^+ e^{j\beta l}}{Z_0}-\frac{\dot{U}^- e^{-j\beta l}}{Z_0} \tag{10-19}$$

联立求解可得

$$\dot{U}^+=\frac{1}{2}(\dot{U}_1+Z_0\dot{I}_1)e^{-j\beta l} \tag{10-20}$$

$$\dot{U}^-=\frac{1}{2}(\dot{U}_1-Z_0\dot{I}_1)e^{j\beta l} \tag{10-21}$$

将式（10-20）、式（10-21）代入式（10-16）、式（10-17），并利用欧拉公式

$$\cos\theta=\frac{e^{j\theta}+e^{-j\theta}}{2} \qquad \sin\theta=\frac{e^{j\theta}-e^{-j\theta}}{2j}$$

可分别得电压、电流的沿线分布表达式为

$$\dot{U}(z)=\dot{U}_1\cos\beta(l+z)-jZ_0\dot{I}_1\sin\beta(l+z) \tag{10-22}$$

$$\dot{I}(z)=\dot{I}_1\cos\beta(l+z)-j\frac{\dot{U}_1}{Z_0}\sin\beta(l+z) \tag{10-23}$$

(2) 已知终端电压 $\dot{U}_2$ 和电流 $\dot{I}_2$ 时的解。将 $z=0$ 及 $\dot{U}(0)=\dot{U}_2, \dot{I}(0)=\dot{I}_2$ 代入式（10-16）、式（10-17）可得

$$\dot{U}_2=\dot{U}^++\dot{U}^- \tag{10-24}$$

$$\dot{I}_2=\frac{\dot{U}^+}{Z_0}-\frac{\dot{U}^-}{Z_0} \tag{10-25}$$

联立求解可得

$$\dot{U}^+=\frac{1}{2}(\dot{U}_2+Z_0\dot{I}_2) \tag{10-26}$$

$$\dot{U}^-=\frac{1}{2}(\dot{U}_2-Z_0\dot{I}_2) \tag{10-27}$$

因此，可得电压、电流沿线分布表达式为

$$\dot{U}(z)=\dot{U}_2\cos\beta z-jZ_0\dot{I}_2\sin\beta z \tag{10-28}$$

$$\dot{I}(z)=\dot{I}_2\cos\beta z-j\frac{\dot{U}_2}{Z_0}\sin\beta z \tag{10-29}$$

*10.4 无损耗均匀传输线中波的反射和透射

从前面分析可以看出，传输线上的电压波和电流波一般为相应的入射波和反射波的叠加。反射波的存在是当入射波沿线传播到不均匀处时，由于发生反射和透射现象所引起的。常见的不均匀处有在接有阻抗值不同于传输线特性阻抗的负载处，特性阻抗值不同的两对传

输线的连接处。

10.4.1　反射系数 ζ 和传输系数 τ

设特性阻抗为 Z_0 的传输线终端 $z=0$ 处接有负载 Z_L，如图 10-5（a）所示。根据式（10-16）、式（10-17），负载处的电压和电流分别为

$$\dot{U}(0)=\dot{U}^{+}+\dot{U}^{-} \tag{10-30}$$

$$\dot{I}(0)=\frac{\dot{U}^{+}}{Z_0}-\frac{\dot{U}^{-}}{Z_0} \tag{10-31}$$

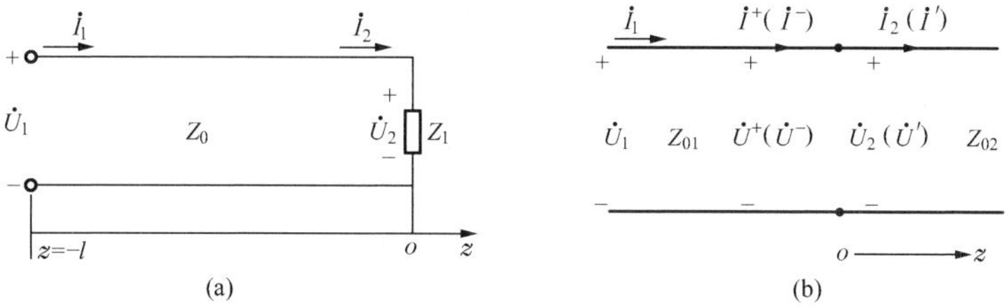

图 10-5　无损耗传输线中波的反射和透射

在负载上，电压和电流满足下述关系

$$Z_L=\frac{\dot{U}(0)}{\dot{I}(0)}=Z_0\frac{\dot{U}^{+}+\dot{U}^{-}}{\dot{U}^{+}-\dot{U}^{-}} \tag{10-32}$$

由此可得负载端的电压反射系数为

$$\zeta_L=\frac{\dot{U}^{-}}{\dot{U}^{+}}=\frac{Z_L-Z_0}{Z_L+Z_0}=|\zeta_L|e^{j\varphi_L} \tag{10-33}$$

式中：ζ_L 是一个复数，与 Z_0、Z_L 有关。

传输线上任何一点处的反射系数为

$$\zeta_Z=\frac{\dot{U}^{-}e^{j\beta z}}{\dot{U}^{+}e^{-j\beta z}}=\frac{\dot{U}^{-}}{\dot{U}^{+}}e^{j2\beta z}=|\zeta_L|e^{j(2\beta z+\varphi_L)}=|\zeta_L|e^{j\varphi_z} \tag{10-34}$$

显然沿线反射系数的模不变，均等于 $|\zeta_L|$，但 ζ_Z 落后于 ζ_L 的相位角是 $|2\beta z|$（在这里 z 为负值，故 ζ_Z 落后于 ζ_L），即

$$\varphi_z-\varphi_L=2\beta z \tag{10-35}$$

式（10-33）所表示的关于反射系数的关系，同样适用于图 10-5（b）所示的两个均匀传输线的连接处（$z=0$ 处）。设第一对传输线的特性阻抗为 Z_{01}；第二对传输线特性阻抗为 Z_{02}，而且为无限长。则由式（10 16）、式（10 17）可得第一对传输线上任何一点处的电压和电流分布为

$$\dot{U}(z)=\dot{U}^{+}e^{-j\beta_1 z}+\dot{U}^{-}e^{j\beta_1 z} \tag{10-36}$$

$$\dot{I}(z)=\frac{\dot{U}^{+}}{Z_{01}}e^{-j\beta_1 z}-\frac{\dot{U}^{-}}{Z_{01}}e^{j\beta_1 z} \tag{10-37}$$

对于第二对传输线，由于它是无限长，因此无反射波，沿线的电压和电流分布为

$$\dot{U}(z)=\dot{U}'e^{-j\beta_2 z} \tag{10-38}$$

$$\dot{I}(z)=\frac{\dot{U}'}{Z_{02}}e^{-j\beta_2 z}=\dot{I}'e^{-j\beta_2 z} \tag{10-39}$$

式中：$\dot{U}'$和$\dot{I}'$为$z=0$处的透射波电压和透射波电流。

根据两对均匀传输线连接处（$z=0$处）的边界条件，应有

$$\dot{U}^{+}+\dot{U}^{-}=\dot{U}' \tag{10-40}$$

$$\frac{\dot{U}^{+}}{Z_{01}}-\frac{\dot{U}^{-}}{Z_{01}}=\frac{\dot{U}'}{Z_{02}} \tag{10-41}$$

由式（10-40）、式（10-41）可得$z=0$处的反射系数为

$$\zeta_{\mathrm{L}}=\frac{\dot{U}^{-}}{\dot{U}^{+}}=\frac{Z_{02}-Z_{01}}{Z_{02}+Z_{01}} \tag{10-42}$$

传输系数为

$$\tau=\frac{\dot{U}'}{\dot{U}^{+}}=\frac{2Z_{02}}{Z_{02}+Z_{01}} \tag{10-43}$$

将$\dot{U}^{-}=\zeta_{\mathrm{L}}\dot{U}^{+}$和$\dot{U}'=\tau\dot{U}^{+}$代入式（10-36）、式（10-37）和式（10-38）、式（10-39），可得第一对传输线上的电压和电流分布表达式为

$$\dot{U}(z)=\dot{U}^{+}\mathrm{e}^{-\mathrm{j}\beta_1 z}+\zeta_{\mathrm{L}}\dot{U}^{+}\mathrm{e}^{\mathrm{j}\beta_1 z}=\dot{U}^{+}\mathrm{e}^{-\mathrm{j}\beta_1 z}(1+\zeta_{\mathrm{L}}\mathrm{e}^{\mathrm{j}2\beta_1 z}) \tag{10-44}$$

$$\dot{I}(z)=\frac{\dot{U}^{+}}{Z_{01}}\mathrm{e}^{-\mathrm{j}\beta_1 z}-\frac{\zeta_{\mathrm{L}}\dot{U}^{+}}{Z_{01}}\mathrm{e}^{\mathrm{j}\beta_1 z}=\frac{\dot{U}^{+}}{Z_{01}}\mathrm{e}^{-\mathrm{j}\beta_1 z}(1-\zeta_{\mathrm{L}}\mathrm{e}^{\mathrm{j}2\beta_1 z}) \tag{10-45}$$

第二对传输线上的电压和电流分布表达式为

$$\dot{U}(z)=\tau\dot{U}^{+}\mathrm{e}^{-\mathrm{j}\beta_2 z} \tag{10-46}$$

$$\dot{I}(z)=\dot{I}'\mathrm{e}^{-\mathrm{j}\beta_2 z}=\tau\frac{\dot{U}^{+}}{Z_{02}}\mathrm{e}^{-\mathrm{j}\beta_2 z} \tag{10-47}$$

10.4.2 传输线的工作状态分析

传输线的工作状态，也就是入射波与反射波的关系，完全取决于传输线终端所接的负载。接入不同的负载阻抗，反射系数不同，传输线上将出现行波、驻波和行驻波三种不同的工作状态。

1. 行波工作状态

行波状态是传输线上无反射波出现、只有入射波的工作状态。此时，反射系数$\zeta_{\mathrm{L}}=0$。欲使传输线上不出现反射波，有两种情况可以满足：①传输线为无限长，只存在入射波；②传输线终端所接负载的阻抗值等于传输线的特性阻抗，即$Z_{\mathrm{L}}=Z_0$，这是一种特殊情况，称为匹配。行波工作状态时，沿传输线上的电压和电流分别为

$$\dot{U}(z)=\dot{U}^{+}\mathrm{e}^{-\mathrm{j}\beta z} \tag{10-48}$$

$$\dot{I}(z)=\frac{\dot{U}^{+}}{Z_0}\mathrm{e}^{-\mathrm{j}\beta z} \tag{10-49}$$

由式（10-48）、式（10-49）可以看出，行波状态下的无损耗均匀传输线有以下特点：①沿线电压、电流振幅不变；②沿线任意点处的电压和电流同相位；③从能量的观点来看，从电源送往负载的能量全部被负载吸收，传输线的传输效率最高。因此，行波状态是传输能量所希望的一种工作状态。

2. 驻波工作状态

驻波状态是指传输线上出现全反射现象，反射波与入射波叠加形成驻波。由式（10-33）可看出，当 $Z_L=0$ 或 $Z_L=\infty$ 或 $Z_L=\pm jX$ 时，反射系数的模 $|\zeta_L|=1$，即当传输线终端短路或开路或接纯电抗性负载时，都将产生全反射。下面将仅以终端短路的传输线为例，说明传输线工作于驻波状态时的特性。

当终端短路时，可将 $Z_L=0$ 代入式（10-33）中，即得负载端的反射系数 $\zeta_L=-1$。则由式（10-44）和式（10-45）可得沿线电压、电流分布的复数形式为

$$\dot{U}(z)=\dot{U}^+\mathrm{e}^{-\mathrm{j}\beta z}-\dot{U}^+\mathrm{e}^{\mathrm{j}\beta z}=-\mathrm{j}2\dot{U}^+\sin\beta z \tag{10-50}$$

$$\dot{I}(z)=\frac{\dot{U}^+}{Z_0}\mathrm{e}^{-\mathrm{j}\beta z}+\frac{\dot{U}^+}{Z_0}\mathrm{e}^{\mathrm{j}\beta z}=\frac{2\dot{U}^+}{Z_0}\cos\beta z \tag{10-51}$$

其中，$\dot{U}^+$ 可用传输线的始端电压（或终端电压）确定。

假设 $\dot{U}^+$ 的幅角 0°，则沿线电压、电流的瞬时表达式为

$$U(z,t)=2\sqrt{2}U^+\sin\beta z\cos(\omega t-90°) \tag{10-52}$$

$$I(z,t)=\frac{2\sqrt{2}U^+}{Z_0}\cos\beta z\cos\omega t \tag{10-53}$$

由式（10-52）、式（10-53）可以看出，沿线的电压 U、电流 I 都是驻波。它们由反射波和入射波合成。图 10-6 画出了电压和电流沿线的瞬时分布曲线和振幅分布曲线。

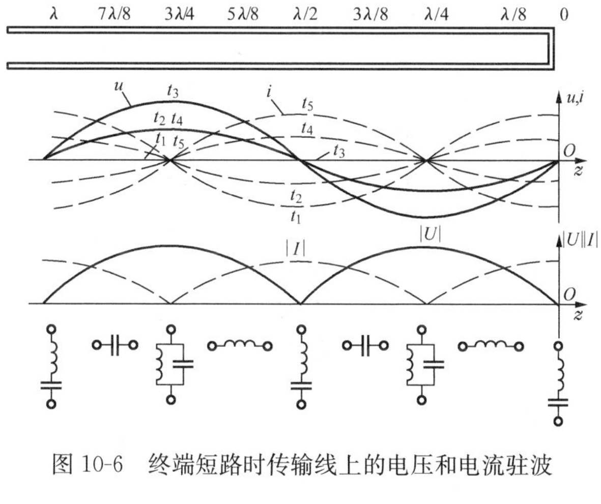

图 10-6　终端短路时传输线上的电压和电流驻波

经分析可知，驻波状态下的无损耗均匀传输线有以下特点：

（1）传输线上电压和电流的振幅都是位置的函数，出现最大值（波腹点）和零值（波节点）。在 $\beta z=-n\pi$，即 $z=-\frac{n\lambda}{2}$（$n=0$、1、2、…）处为电压的波节点或电流的波腹点；而在 $\beta z=-\frac{2n+1}{2}\pi$，即 $z=-\frac{(2n+1)\lambda}{4}$（$n=0$、1、2、…）处为电压的波腹点或电流的波节点。由此可见，电压波和电流波的波腹点（或波节点）分布在空间相差 $\frac{\lambda}{4}$。

（2）电压波和电流波都是振幅沿 z 呈正弦变化的振动，表现为两相邻波节点之间的电压

（或电流）随时间作同相振动，而波节点两侧的电压（或电流）作反相振动。

（3）传输线上各点的电压和电流在时间上有 90°的相位差，故传输线上不发生能量传输过程。这说明入射波所携带的能量全部被反射回去，负载端短路（即没有负载）时，负载上没有能量消耗。沿线只有在电压与电流波节点间$\frac{\lambda}{4}$的空间范围内，电场能量与磁场能量随时间的推移不断互相交换。

对于终端开路的情况，传输线上的驻波特性与终端短路时是相同的，区别只是波腹点和波节点在线上的位置不同。终端开路情况下的终端是电压波腹点、电流波节点。

对于终端接纯电抗负载的情况，因为纯电抗负载不吸收能量，能量必定从终端反射回去。所以线上的电压和电流分布仍然是驻波分布状态。只不过波腹和波节的位置和上述终端针路、开路情况时不同。这时终端既非波腹，也非波节。

3. 行驻波状态

当传输线终端所接的负载阻抗 Z_L 不等于传输线的特性阻抗 Z_0 时，负载端反射系数满足 $0<|\zeta_L|<1$，这表示负载端发生反射但非全反射。线上一部分入射波和反射波合成而形成驻波，其余部分仍为行波，这时传输线的工作状态称为行驻波状态，沿线电压和电流分布分别由式（10-44）和式（10-45）给出。它们也可改写成

$$\begin{aligned}\dot{U}(z) &= \dot{U}^{+}\,\mathrm{e}^{-\mathrm{j}\beta z} + \dot{U}^{-}\,\mathrm{e}^{\mathrm{j}\beta z} + \dot{U}^{-}\,\mathrm{e}^{-\mathrm{j}\beta z} - \dot{U}^{-}\,\mathrm{e}^{-\mathrm{j}\beta z} \\ &= (\dot{U}^{+} - \dot{U}^{-})\mathrm{e}^{-\mathrm{j}\beta z} + \dot{U}^{-}\,(\mathrm{e}^{\mathrm{j}\beta z} + \mathrm{e}^{-\mathrm{j}\beta z}) \\ &= (1-\zeta_L)\dot{U}^{+}\,\mathrm{e}^{-\mathrm{j}\beta z} + 2\dot{U}^{-}\,\cos\beta z \end{aligned} \tag{10-54}$$

$$\dot{I}(z) = (1-\zeta_L)\frac{\dot{U}^{+}}{Z_0}\mathrm{e}^{-\mathrm{j}\beta z} - \mathrm{j}\,\frac{2\dot{U}^{-}}{Z_0}\sin\beta z \tag{10-55}$$

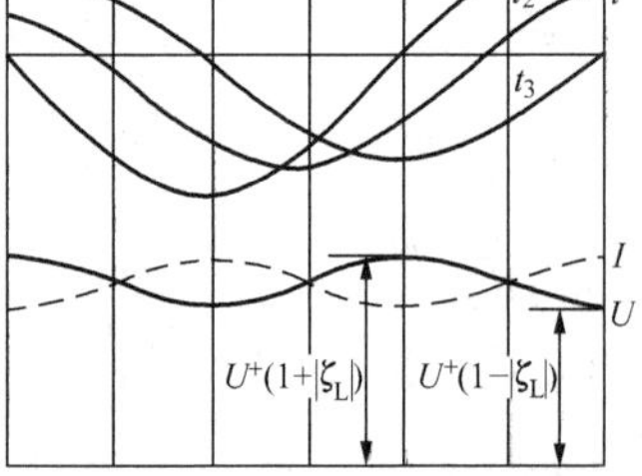

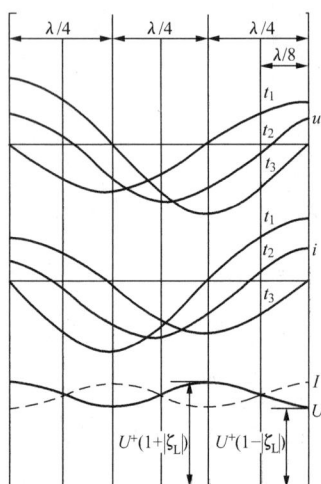

图 10-7　行驻波状态下传输线上电压和电流分布

式（10-54）和式（10-55）右边第一项为行波部分（振幅与 z 无关），第二项为驻波部分。在行驻波状态下，$U(z,t)$ 和 $I(z,t)$ 的沿线分布仍为波动形式，如图 10-7 所示。图中表示三个不同时刻电压波、电流波的分布，三条曲线的振幅各不相同。图 10-7 中的最下面部分表示电压、电流有效值的沿线分布，它们在最大值 $U^{+}(1+|\zeta_L|)$ 和最小值 $U^{+}(1-|\zeta_L|)$ 之间波动。这里 U^{+} 为 $\dot{U}^{+}$ 的模。

为了定量描述传输线上的行波分量和驻波分量，通常，除了用反射系数 ζ_L 表示反射程度以外，还可用驻波比 S 表示。S 定义为

$$S = \frac{U_{\max}}{U_{\min}} = \frac{U^{+}+U^{-}}{U^{+}-U^{-}} = \frac{1+|\zeta_L|}{1-|\zeta_L|} \tag{10-56}$$

当 $\zeta_L=0$ 时，$S=1$，表示传输线处于匹配状态，无反射波。这时沿线各处电压的有效值都相等。当 $|\zeta_L|=1$ 时，$S=\infty$，表示全反射。这时，沿线出现的电压波节值为 $U_{\min}=0$，同时沿线出现的电压波腹值为 $U_{\max}=2U^{+}$。

当 $0<|\zeta_L|<1$ 时，$1<S<+\infty$，表示有反射波，但反射波小于入射波。传输线上入射

波电压和反射波电压相位相同的点处，它们直接相加，出现电压最大值；而相位相反的点处，出现电压最小值。沿线出现的相邻两个最大值点（或最小值点）的距离等于半个波长 $\frac{\lambda}{2}$；最大值和相邻最小值点之间的距离为 $\frac{\lambda}{4}$。另外由式（10-34）、式（10-44）得

$$\dot{U}(z)=\dot{U}^{+}\,\mathrm{e}^{-\mathrm{j}\beta z}(1+\zeta_{L}\mathrm{e}^{\mathrm{j}2\beta z})=\dot{U}^{+}\,\mathrm{e}^{-\mathrm{j}\beta z}(1+|\zeta_{L}|\mathrm{e}^{\mathrm{j}\varphi_{L}}\mathrm{e}^{\mathrm{j}2\beta z})$$

式中：φ_L 为负载端反射系数的幅角。

当 $2\beta z+\varphi_L=0$ 时，即 $z=-\frac{\varphi_L}{2\beta}=-\frac{\lambda}{4\pi}\varphi_L$ 时，该处出现电压的最大值。考虑到沿线 z 坐标取负值，那么

$$|z|_{\max}=\frac{\lambda}{4\pi}\varphi_L \tag{10-57}$$

表示对应于某一负载下的 φ_L 值时，负载端与出现第一个电压最大值点的距离。显然，负载端与出现第一个电压最小值点的距离为

$$|z|_{\min}=\frac{\lambda}{4\pi}\varphi_L+\frac{\lambda}{4} \tag{10-58}$$

根据以上分析，可从实验数据中计算出传输线中电磁波的波长、信号源的频率及负载阻抗等。由相邻两个最小值读数之间的距离 $|\Delta z|$ 可得出波长 $\lambda=2|\Delta z|$；又可从 $\lambda f=\nu$ 中算出频率 $f=\nu/\lambda$；根据电压表的最大读数和最小读数可计算出驻波比 $S=\frac{U_{\max}}{U_{\min}}$，从而由式（10-56）可计算出反射系数的绝对值

$$|\zeta_L|=\frac{S-1}{S+1} \tag{10-59}$$

再根据测量值 $|z|_{\min}$，由式（10-58）计算出反射系数的幅角 φ_L。最后，由式（10-33）可得负载阻抗为

$$Z_L=Z_0\,\frac{1+\zeta_L}{1-\zeta_L} \tag{10-60}$$

其中，Z_0 既可以事先计算，也可以进行测试求得。

如图 10-8 所示，传输线终端接有不同的纯电阻负载 R 时，电压有效值的沿线分布，这些曲线是通过实验测定的。可以看出，对纯电阻负载情况，负载端必是电压的最大值（电流最大值）之处，或是电压的最小值（电流最小值）之处。

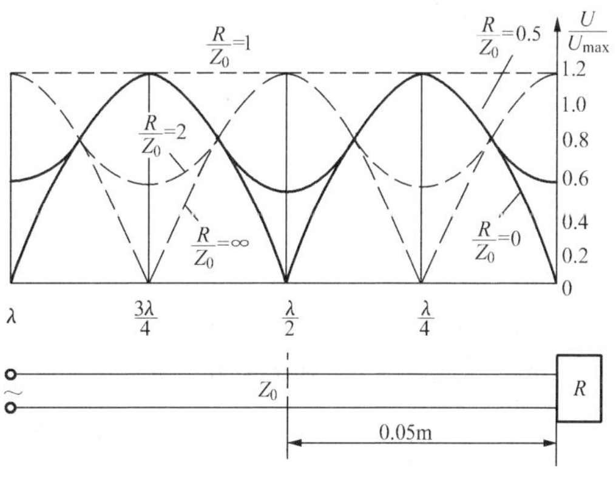

图 10-8 【例 10-3】图

【例 10-3】 根据图 10-8 中曲线 $R/Z_0=0.5$ 的数据，计算传输线中电磁波的波长、信号源频率及负载电阻 R。已知 $Z_0=400\Omega$。

解 两相邻 $U_{\min}$ 点之间的距离 $\Delta z=0.05\mathrm{m}$，所以电磁波的波长为

$$\lambda=2\Delta z=0.1(\mathrm{m})$$

信号频率为

$$f=\frac{\nu}{\lambda}=\frac{3\times10^{8}}{0.1}=3000(\text{MHz})$$

根据曲线$\frac{R}{Z_0}=0.5$所测得的$\frac{U_{\min}}{\dot{U}_{\max}}=0.5$，可得驻波比为

$$S=\frac{U_{\max}}{U_{\min}}=2$$

反射系数的绝对值为

$$|\zeta_L|=\frac{S-1}{S+1}=\frac{2-1}{2+1}=\frac{1}{3}$$

负载端与出现第一个电压最小值处的距离为

$$|z|_{\min}=\frac{\lambda}{4\pi}\varphi_L+\frac{\lambda}{4}=0$$

所以

$$\varphi_L=-\pi$$

反射系数为

$$\zeta_L=\frac{1}{3}e^{-j\pi}=-\frac{1}{3}$$

从而可得负载电阻为

$$R=Z_0\frac{1+\zeta_L}{1-\zeta_L}=400\times\frac{1-\frac{1}{3}}{1+\frac{1}{3}}=200(\Omega)$$

10.4.3 传输线的传输功率

无损耗均匀传输线上任一点传输的功率 P，可由式（10-61）计算

$$P=\text{Re}[\dot{U}(z)\dot{I}^*(z)] \tag{10-61}$$

式中：$\overset{*}{\dot{I}}(z)$ 为 $\dot{I}(z)$ 的共轭复数形式。

考虑到沿线

$$\dot{U}(z)=\dot{U}^+e^{-j\beta z}+\dot{U}^-e^{j\beta z}\qquad \dot{I}(z)=\frac{\dot{U}^+}{Z_0}e^{-j\beta z}-\frac{\dot{U}^-}{Z_0}e^{j\beta z}$$

故

$$P=\frac{(U^+)^2}{Z_0}-\frac{(U^-)^2}{Z_0} \tag{10-62}$$

其中，右边第一项表示入射波输送的功率，第二项表示反射回电源的功率。

当负载匹配时，负载无反射，传输线传送的功率为

$$P=\frac{(U^+)^2}{Z_0}=\frac{U_2^2}{Z_0} \tag{10-63}$$

式中：U_2 为负载上的电压。

式（10-63）即为负载吸收的功率，在电力工程中也称为传输线的自然功率，这种运行状态称为输送自然功率状态。工程上都希望传输线尽可能工作在这样的状态。

*10.5 无损耗均匀传输线的入端阻抗

在分析电源分配给传输线输入端的电压、电流；沿线的电压和电流分布及负载吸收功率等问题时，引入传输线的入端阻抗概念往往可以使问题简化。由于传输线上的电压波和电流波的分布不仅是时间和线段长度的函数，而且与传输线终端负载有关，因此，在不同负载情况下，无损耗传输线的入端阻抗具有不同的变化规律。

10.5.1 入端阻抗的定义

传输线入端阻抗定义为，输入端的电压相量和电流相量的比值，记作 Z_{in}。这里的电压和电流是指输入端的总电压和总电流。

根据入端阻抗 Z_{in} 的定义，设传输线的长度为 l，如图 10-9 所示，把 $z=-l$（传输线的始端）代入式（10-28）和式（10-29），并考虑到 $\frac{\dot{U}_2}{\dot{I}_2}=Z_L$，可得

$$Z_{in}=\frac{\dot{U}_1}{\dot{I}_1}=\frac{Z_L\cos\beta l+jZ_0\sin\beta l}{\cos\beta l+j\frac{Z_L}{Z_0}\sin\beta l}=Z_0\frac{Z_L+jZ_0\tan\frac{2\pi}{\lambda}l}{Z_0+jZ_L\tan\frac{2\pi}{\lambda}l} \tag{10-64}$$

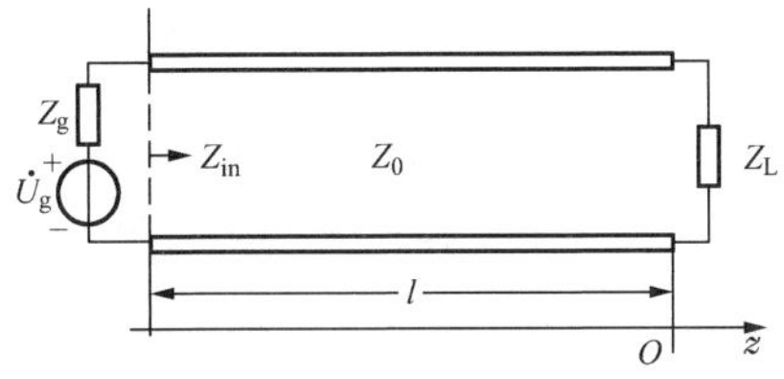

图 10-9 终端接负载的传输线

可见，入端阻抗除了和传输线的特性阻抗 Z_0 及工作频率有关外，还和传输线的长度 l 及终端负载 Z_L 有关。Z_{in} 随传输线长度 l 作周期变化，每增长二分之一波长，Z_{in} 就重复出现一次，即 $Z_{in}\left(l+n\frac{\lambda}{2}\right)=Z_{in}(l)$。

10.5.2 几种不同负载条件下入端阻抗的变化规律

1. 终端接匹配负载

终端接匹配负载时，$Z_L=Z_0$，由式（10-64）得

$$Z_{in}=Z_0$$

因此，当负载阻抗和特性阻抗相等时，传输线的入端阻抗和特性阻抗相等，且与线路长度无关，也即沿线各处的入端阻抗都和特性阻抗相等。

2. 终端短路

终端短路时，$Z_L=0$，由式（10-64）得

$$Z_{in}=jZ_0\tan\frac{2\pi}{\lambda}l=jX_i \tag{10-65}$$

式（10-65）表明，终端短路的无损耗均匀传输线的入端阻抗 Z_{in} 具有纯电抗性质。电抗的性质和大小，随线的长度 l 变化，如图 10-10（a）所示。当 $l<\frac{\lambda}{4}$ 时，Z_{in} 呈感性，且随 l 增大而增加；当 $\frac{\lambda}{4}<l<\frac{\lambda}{2}$ 时，Z_{in} 呈容性，且随 l 增大而减小；当 $l=\frac{\lambda}{4}$ 时，入端阻抗为∞，表现

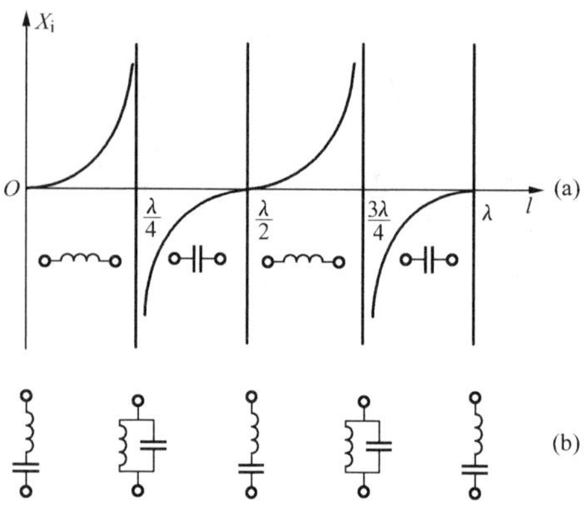

图 10-10　终端短路传输线的入端阻抗

为 LC 并联谐振性质；当 $l=\frac{\lambda}{2}$时，入端阻抗为 0，表现为 LC 串联谐振性质。线长 l 每增加半个波长，入端阻抗的性质重复一次。图 10-10（b）给出了不同线长 l 时传输线的电路模型。

在实际应用中，可用短于四分之一波长的终端短路线实现超高频的电感元件，用等于四分之一波长的短路线作为理想的并联谐振电路。

3. 终端开路

终端开路时，$Z_L=\infty$，由式（10-64）得

$$Z_{in}=-jZ_0\cot\frac{2\pi}{\lambda}l=jX_i \tag{10-66}$$

可见，同终端短路时一样，入端阻抗 Z_{in} 仍然是呈纯电抗性质。它可以是电感性的，也可以是电容性的，由$\frac{2\pi}{\lambda}l$ 的值而定。如图 10-11 所示，X_i 随 l 变化的曲线。从图中看出，表现为感性和容性的线长范围恰与短路时相反。

比较图 10-10 和图 10-11 可见，l 长的开路线的入端阻抗等于$\left(l+\frac{\lambda}{4}\right)$长的短路线的入端阻抗。

在实际应用中，可用短于四分之一波长的终端开路线实现超高频的电容元件，用等于四分之一波长的开路线作为理想的串联谐振电路。

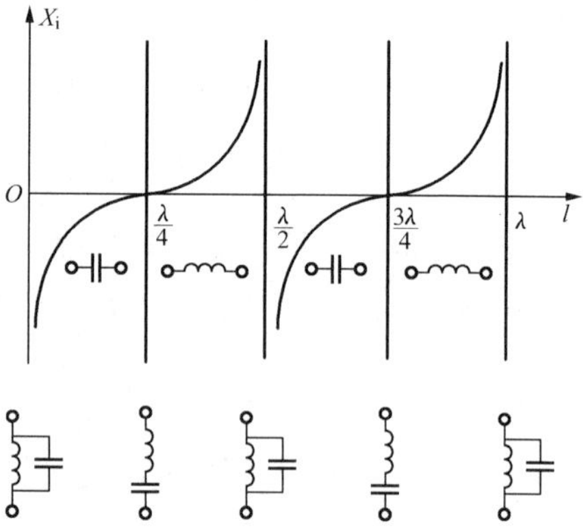

图 10-11　终端开路传输线的入端阻抗

4. 终端接电抗性负载

终端接电抗性负载时，$Z_L=jX$，因为纯电抗负载不吸收能量，能量必定从终端全部反射回去。所以线上的电压和电流分布，呈现驻波状态。考虑到一段长度小于$\frac{\lambda}{4}$的短路线可以等效为一个电感，而一段长度小于$\frac{\lambda}{4}$的开路线可以等效为一个电容，那么，在终端短路或开路传输线的电抗分布图上，总可以找到电抗值等于 X 所对应的适当的位置，由此向前延长 l 长度，再考虑线路本身的长度（注意线长每增加半个波长，入端阻抗的性质重复一次），就可以得到传输线的入端阻抗。显然，终端接电抗性负载时，传输线的入端阻抗仍然是电抗性质，至于是电感性还是电容性，还要看 λ、线长以及 jX 的情况。

5. 终端接纯电阻负载

终端接线电阻负载时，$Z_L=R_L$，线上呈现行驻波。这时，终端是电压的最大值之点或是最小值之点。当 $R_L<Z_0$ 时，终端为电压的最小值之点；当 $R_L>Z_0$ 时，终端为电压的最大值之点（可参见图 10-8）。负载电阻和传输线驻波比的关系为：

当 $R_L<Z_0$ 时，由式（10-42）知，反射系数 ζ_L 的幅角为$-\pi$，从而由式（10-56）和式（10-60）可得

$$R_L = \frac{Z_0}{S} \tag{10-67}$$

当$R_L > Z_0$时，由式（10-42）知，反射系数ζ_L的幅角为0，从而由式（10-56）和式（10-60）可得

$$R_L = SZ_0 \tag{10-68}$$

【例10-4】 一特性阻抗为500Ω的传输线，由$f=1.5\text{MHz}$的正弦电源供电，终端负载为$C=200\text{pF}$的电容器，试求：

（1）终端到距离终端最近的电压波腹点及电压波腹点的距离。

（2）若电容器上的电压有效值$U_C=400\text{V}$，计算波腹电压和波腹电流的有效值。

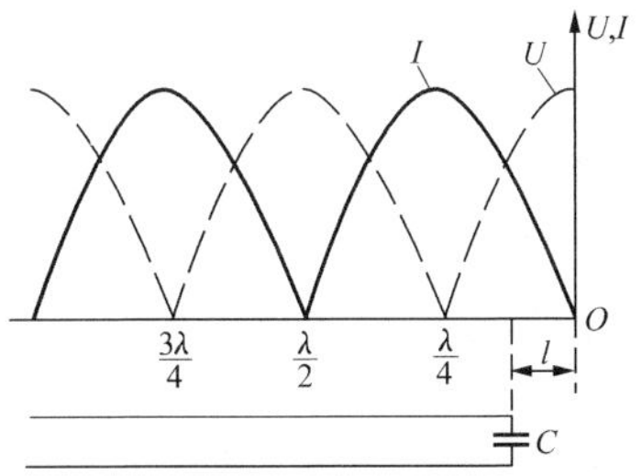

图10-12 【例10-4】图

解 波长$\lambda = \frac{\nu}{f} = \frac{3\times10^8}{1.5\times10^6} = 200(\text{m})$

（1）由于短于$\frac{\lambda}{4}$的开路线可以等效为电容，所以终端接电容负载的传输线可以看成延长了长度后的开路线，沿线电压、电流分布如图10-12所示。

根据式（10-66），有

$$-\text{j}\frac{1}{\omega C} = -\text{j}Z_0\cot\frac{2\pi}{\lambda}l$$

所以有

$$\begin{aligned} l &= \frac{\lambda}{2\pi}\text{arccot}\left(\frac{1}{\omega CZ_0}\right) \\ &= \frac{200}{2\times3.1416}\times\text{arccot}\left(\frac{1}{2\times3.1416\times1.5\times10^6\times200\times10^{-12}\times500}\right) = 24.06(\text{m}) \end{aligned}$$

终端到距离终端最近的电压波腹点的距离为

$$l_1 = \frac{\lambda}{2} - l = \frac{200}{2} - 24.06 = 75.94(\text{m})$$

终端到距离终端最近的电流波腹点的距离为

$$l_2 = \frac{\lambda}{4} - l = \frac{200}{4} - 24.06 = 25.94(\text{m})$$

（2）波腹电压也就是开路线的终端电压$\dot{U}_2$（短路线的终端为电流的波腹点，如图10-6所示）。

由式（10-28）可得［$z=-l$时，$\dot{U}(z)=\dot{U}_C$］

$$\dot{U}_C = \dot{U}_2\cos\beta z - \text{j}Z_0\dot{I}_2\sin\beta z = \dot{U}_2\cos\beta z - 0 = \dot{U}_2\cos\beta z = 400(\text{V})$$

$$|\dot{U}_2| = \frac{400}{\cos\left[\frac{2\pi}{\lambda}\times(-24.06)\right]} = \frac{400}{\cos43.3^\circ} = 549.66(\text{V})$$

波腹电流就是距离终端$\frac{\lambda}{4}$处的电流，由式（10-29），可得

$$\dot{I} = \dot{I}_2\cos\beta z - \text{j}\frac{\dot{U}_2}{Z_0}\sin\beta z = 0 - \text{j}\frac{\dot{U}_2}{Z_0}\sin\left[\frac{2\pi}{\lambda}\times\left(-\frac{\lambda}{4}\right)\right]$$

$$|\dot{I}|=\frac{|\dot{U}_2|}{Z_0}=\frac{549.66}{500}=1.1(\mathrm{A})$$

【例 10-5】 一特性阻抗为 50Ω 的无损耗传输线上接一未知负载阻抗，其驻波比为 3.0。两相邻电压最小值之间的距离为 20cm，且第一个电压最小值距离负载端是 5cm，试决定负载阻抗。

解 两相邻电压最小值之间的距离是半波长，所以

$$\lambda=2\times 0.2=0.4(\mathrm{m})\qquad \beta=\frac{2\pi}{\lambda}=5\pi(\mathrm{rad/m})$$

根据上面终端接纯电阻负载的讨论可知，电压最小值点处（当 $R_L<Z_0$ 时，终端为电压的最小值之点）的入端阻抗为一纯电阻，而且

$$R=\frac{Z_0}{S}=\frac{50}{3}=16.7(\Omega)$$

又根据传输线长度每增加 $\frac{\lambda}{2}$，Z_{in} 重复出现一次，可以知道，负载阻抗可看成是与 R 相距 $\frac{\lambda}{2}-0.05=0.15(\mathrm{m})$ 处的入端阻抗，根据式（10-64）有

$$Z_{in}=Z_L=Z_0\frac{R+\mathrm{j}Z_0\tan\beta l}{Z_0+\mathrm{j}R\tan\beta l}=50\times\frac{16.7+\mathrm{j}50\tan(5\pi\times 0.15)}{50+\mathrm{j}16.7\tan(5\pi\times 0.15)}$$
$$=30-\mathrm{j}40(\Omega)$$

【例 10-6】 长度为 $l=1.5\mathrm{m}$ 的无损耗传输线（设 $l<\lambda/4$），当其终端短路时，测得入端阻抗为 $Z_{ins}=\mathrm{j}103\Omega$；当其终端开路时，测得入端阻抗为 $Z_{ino}=-\mathrm{j}54.6\Omega$。试求该传输线的特性阻抗 Z_0 和传输常数 k。

解 由式（10-65）和式（10-66）可得

$$Z_0=\sqrt{Z_{ins}Z_{ino}}\qquad \beta=\frac{1}{l}\arctan\left(\sqrt{-\frac{Z_{ins}}{Z_{ino}}}\right)$$

所以

$$Z_0=\sqrt{\mathrm{j}103\times(-\mathrm{j}54.6)}=75(\Omega)$$
$$\beta=\frac{1}{1.5}\arctan\left(\sqrt{-\frac{\mathrm{j}103}{-\mathrm{j}54.6}}\right)=0.628(\mathrm{rad/m})$$
$$k=\mathrm{j}\beta=\mathrm{j}0.628(\mathrm{rad/m})$$

【例 10-6】表明，通过测量一段传输线在终端短路和开路情况下的入端阻抗，便可以计算出该传输线的特性阻抗和传播常数。

【例 10-7】 特性阻抗 $Z_0=50\Omega$，长度为 $l=4\mathrm{m}$ 的无损耗传输线，输出端接有负载 $Z_L=Z_0$，输入端接有内阻 $Z_g=R_g=1\Omega$、电压为 $U_g=0.3\sqrt{2}\cos(2\pi\times 10^8 t)(\mathrm{V})$ 的电源。线上波的传输速度 $\nu=2.5\times 10^8(\mathrm{m/s})$。试求：

（1）线上的电压 $U(z,t)$ 和电流 $I(z,t)$ 分布。

（2）由电源端传输到负载端的功率。

解 （1）由电源端的等效电路（见图 10-13）可求出输入端的电压和电流

$$\dot{U}_{in}=\frac{Z_{in}}{Z_{in}+Z_g}\dot{U}_g=\frac{50}{1+50}\times 0.3\mathrm{e}^{\mathrm{j}0^\circ}=0.294(\mathrm{V})$$

$$\dot{I}_{in}=\frac{1}{Z_{in}+Z_g}\dot{U}_g=\frac{1}{1+50}\times 0.3e^{j0^\circ}=0.0059(A)$$

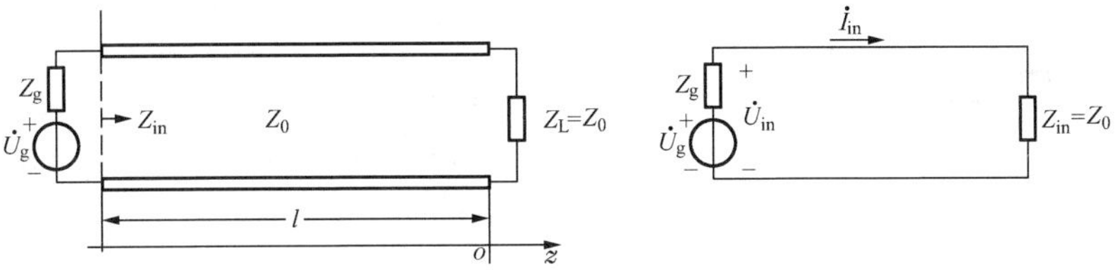

图 10-13　【例 10-7】图

无损耗传输线的相位常数为

$$\beta=\frac{\omega}{\nu}=\frac{2\pi\times 10^8}{2.5\times 10^8}=0.8\pi(rad/m)$$

由式（10-48），在无损耗传输线的始端处（$z=-l$）有

$$\dot{U}(-l)=\dot{U}_{in}=\dot{U}^+ e^{j\beta l}$$

$$\dot{U}^+=\dot{U}_{in}e^{-j\beta l}=0.294e^{-j0.8\pi\times 4}=0.294e^{-j3.2\pi}(V)$$

所以，由式（10-48）、式（10-49）可得线上任一点的电压、电流为

$$\dot{U}(z)=\dot{U}^+ e^{-j\beta z}=0.294e^{-j(0.8\pi z+3.2\pi)}(V)$$

$$\dot{I}(z)=\frac{\dot{U}^+}{Z_0}e^{-j\beta z}=\frac{0.294}{50}e^{-j(0.8\pi z+3.2\pi)}=0.0059e^{-j(0.8\pi z+3.2\pi)}(A)$$

瞬时表达式分别为

$$U(z,t)=0.294\sqrt{2}\cos(2\pi\times 10^8 t-0.8\pi z-3.2\pi)(V)$$

$$I(z,t)=0.0059\sqrt{2}\cos(2\pi\times 10^8 t-0.8\pi z-3.2\pi)(A)$$

(2)因为是无损耗线,故传输到负载的功率等于输入端的功率为

$$P_L=P_{in}=Re[\dot{U}_{in}\cdot\dot{I}_{in}^*]=0.294\times 0.0059=1.735(mW)$$

*10.6　无损耗均匀传输线的阻抗匹配

在很多情况下，传输线的终端接有一个集总参数的负载 Z_L。当负载 Z_L 与特性阻抗 Z_0 相等时，称为传输线工作在匹配状态。这时，传输线上没有反射波，只有入射波。从能量的观点来看，这时从电源端送往负载的能量全部被负载吸收。显然，在匹配状态下，传输线的效率最高。另外，对传送信号而言，不匹配所产生的反射波还会使信号失真。因此，在实际中，传输线被用来传输电磁功率和信息时，总是希望负载与传输线的特性阻抗相匹配。

10.6.1　$\frac{\lambda}{4}$阻抗变换器

可以将四分之一波长的无损耗线串联在主传输线（设它的特性阻抗为 Z_{01}）和负载 R 之间，如图 10-14 所示，使负载 R 和主传输线的特性阻抗 Z_{01} 相匹配，所以把接入的这一段四分之一波长线称为$\frac{\lambda}{4}$阻抗变换器。由式（10-64），将 $l=\frac{\lambda}{4}$代入，有

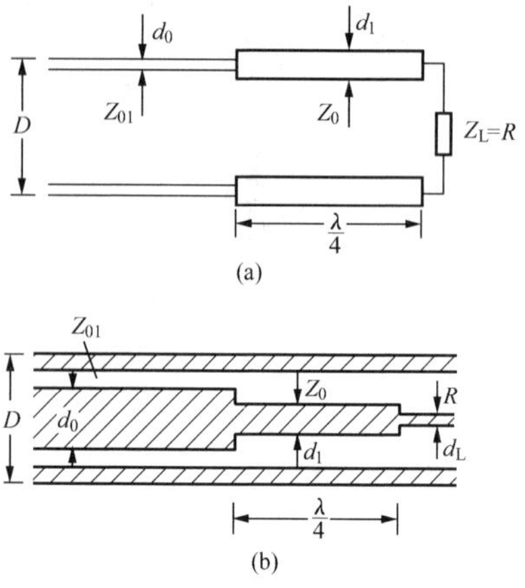

图 10-14　四分之一波长阻抗变换器

（a）二线输电线；（b）同轴线

$$Z_{in}=Z_0\frac{R+jZ_0\tan\frac{\pi}{2}}{Z_0+jR\tan\frac{\pi}{2}}=\frac{Z_0^2}{R} \tag{10-69}$$

令 $Z_{in}=Z_{01}$，便可以使负载 R 经过一段四分之一波长的无损耗线和特性阻抗为 Z_0 的主传输线处于匹配状态。

这样，可求得四分之一波长的无损耗线的特性阻抗应为

$$Z_0=\sqrt{RZ_{01}} \tag{10-70}$$

式（10-70）中，Z_{01} 和 Z_0 都是实数，因此，只有当负载阻抗为实数（即纯电阻负载）时才能使用$\frac{\lambda}{4}$阻抗变换器，以达到负载匹配的目的。然而，当负载阻抗不仅有实部，还有虚部时，则可沿主传输线向左找一位置，使该处的入端阻抗为一实数。然后把$\frac{\lambda}{4}$阻抗变换器接入该处，就可达到匹配状态。

应该指出，应用上述变换器后，在特性阻抗为 Z_{01} 的主传输线上能消除反射波，但在串接的$\frac{\lambda}{4}$的传输线上，仍有反射波。另外，由于$\frac{\lambda}{4}$线的长度取决于波长，故这种匹配方法对频率十分敏感，它只对一个频率点能得到理想匹配。当频率变化时，匹配将被破坏。进一步的分析表明，当频率在一定范围内变化时，要使匹配效果好，阻抗变换比$\frac{R}{Z_{01}}\left(或\frac{Z_{01}}{R}\right)$不宜过大。如果实际的阻抗变换比很大，则可采用两节或多节$\frac{\lambda}{4}$线逐级来实现匹配。

【例 10-8】　一信号发生器经一特性阻抗 $Z_0=50\Omega$ 的无损耗传输线，供给 $R_{L1}=64\Omega$ 及 $R_{L2}=25\Omega$ 两个电阻负载相同的功率，使用$\frac{\lambda}{4}$阻抗变换器使负载和传输线匹配，如图 10-15 所示。试求：

（1）两个$\frac{\lambda}{4}$线的特性阻抗。

（2）各条传输线上的驻波比。

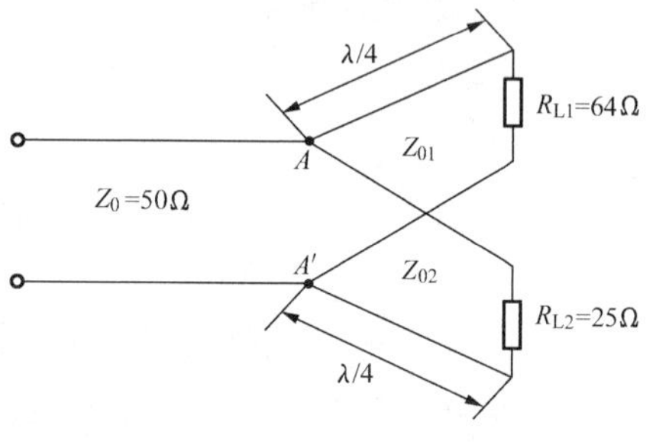

图 10-15　【例 10-8】图

解　（1）匹配时，$A-A'$ 处的入端阻抗等于 50Ω，由于供给两电阻相同的功率，所以

$$R_{i1}=R_{i2}=100(\Omega)$$

由式（10-70）可得

$$Z_{01}=\sqrt{R_{L1}R_{i1}}=\sqrt{64\times100}=80(\Omega)$$

$$Z_{02}=\sqrt{R_{L2}R_{i2}}=\sqrt{25\times100}=50(\Omega)$$

（2）在匹配的情况下，主传输线上 $S=1$，无反射波。在两个$\frac{\lambda}{4}$线上的驻波比分别是：

在特性阻抗为 Z_{01} 的$\frac{\lambda}{4}$线上

$$\zeta_1=\frac{R_{L1}-Z_{01}}{R_{L1}+Z_{01}}=\frac{64-80}{64+80}=-0.11$$

$$S_1=\frac{1+|\zeta_1|}{1-|\zeta_1|}=\frac{1+0.11}{1-0.11}=1.25$$

在特性阻抗为 Z_{02} 的$\frac{\lambda}{4}$线上

$$\zeta_2=\frac{R_{L2}-Z_{02}}{R_{L2}+Z_{02}}=\frac{25-50}{25+50}=-0.333$$

$$S_2=\frac{1+|\zeta_2|}{1-|\zeta_2|}=\frac{1+0.333}{1-0.333}=2.00$$

10.6.2 单短截线变换器

若要使负载阻抗 $Z_L=R_L+jX_L$ 和特性阻抗为 Z_0 的传输线相匹配，还可利用在主传输线上并接一段特性阻抗亦为 Z_0 的单短截线来实现，如图 10-16 所示，称为单短截线阻抗匹配法。这种短接线称为单短截线变换器。

为实现匹配，需要调整单短截线离开负载的距离 l_1 和短截线的长度 l_2，这时阻抗间的关系为

$$\frac{1}{Z_0}=\frac{1}{Z_{i1}}+\frac{1}{Z_{i2}} \tag{10-71}$$

首先调整长度 l_1 使从 AB 向右看过去的入端阻抗 Z_{i1} 满足关系

$$\frac{1}{Z_{i1}}=\frac{1}{Z_0}+jB_{i1} \tag{10-72}$$

然后调节单短截线的长度 l_2，使

$$\frac{1}{Z_{i2}}=jB_{i2}=-jB_{i1} \tag{10-73}$$

这样就达到了匹配，消除了从电源到并接点处的反射波，但从并接点到负载之间，仍有反射波，因此除了行波外还有驻波。

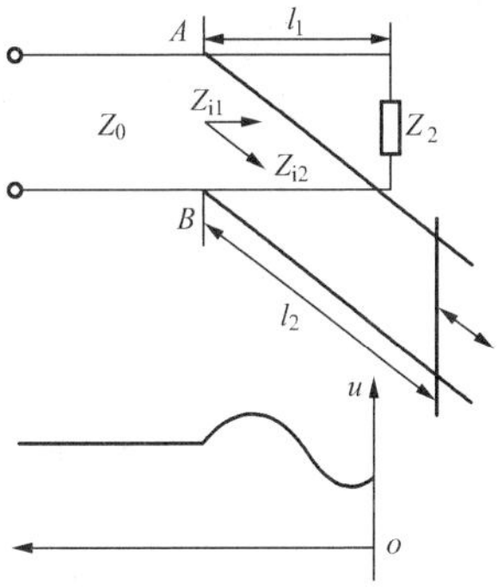

图 10-16 单短截线阻抗变换器

单短截线阻抗匹配法实质是，用接入短截线后附加的反射波来抵消主传输线上原来的反射波，以实现匹配。这种匹配方法对频率也是十分敏感的，当频率变化时，l_1 和 l_2 都需重新调节。在工程实际应用中，还有双短截线和多短截线匹配法等。

【例 10-9】 特性阻抗 $Z_0=300\Omega$ 的无损耗均匀传输线，终端接 $Z_L=73+j42\Omega$ 的负载。试确定用单短截线实现阻抗匹配时，所需短截线长度 l_2 和接入位置 l_1。

解 根据式 (10-64)，有

$$\frac{1}{Z_{i1}}=\frac{1}{Z_0}\frac{Z_0+jZ_L\tan\frac{2\pi}{\lambda}l_1}{Z_L+jZ_0\tan\frac{2\pi}{\lambda}l_1}$$

令 $\tan\frac{2\pi}{\lambda}l_1=x$，则

$$\frac{1}{Z_{i1}}=\frac{1}{300}\frac{300+j73x-42x}{73+j42+j300x}$$
$$=\frac{1}{300}\left\{\frac{(300-42x+j73x)[73-j(300x+42)]}{73^2+(42+300x)^2}\right\}$$

由式（10-72），可令上式的实部为 $\frac{1}{Z_0}=\frac{1}{300}$，并整理得

$$68100x^2+25200x-14807=0$$

解之得

$$x_1=0.31663862,\quad x_2=-0.68668267(\text{舍去})$$

所以，$\tan\frac{2\pi}{\lambda}l_1=0.31663862$，可得接入的位置为

$$l_1\approx 0.049\lambda$$

把 x 的解代入 $\frac{1}{Z_{i1}}$ 的虚部中，由式（10-72）得

$$B_{i1}=-\frac{1}{300}\left(\frac{1}{0.64104272}\right)$$

由式（10-64）、式（10-73）可得

$$\frac{1}{Z_{i2}}=\frac{1}{jZ_0\tan\frac{2\pi}{\lambda}l_2}=-jB_{i1}=j\frac{1}{300}\left(\frac{1}{0.64104272}\right)$$

$$\tan\frac{2\pi}{\lambda}l_2=-0.64104272$$

从而得所需短截线长度为

$$l_2\approx 0.409\lambda$$

*10.7 有损耗均匀传输线

实际的传输线是有损耗的。损耗主要是传输线导体的损耗及导体之间介质的损耗，即导体本身有电阻，导体之间的介质有漏电导，这个电阻和电导如均匀连续地分布在整个传输线的长度上，则称这个传输线为有损耗均匀传输线。本节将简单介绍有损耗均匀传输线中 TEM 波的传播特性。

导体有电阻存在，意味着 E_z 必定不为零。因此严格地说，有损耗均匀传输线上的波并不是 TEM 波。然而一般 E_z 远小于横向电场，所以可将 E_z 当作一种轻微的干扰，近似认为有损耗传输线上主要传播的仍是 TEM 波。

10.7.1 有损耗均匀传输线的方程及其解

用 R_0 表示传输线每单位长度导体的电阻，它与 L_0 是串联关系。用 G_0 表示传输线每单位长度导体之间介质的漏电导，它与 C_0 是并联关系。因此有损耗均匀传输线的分布参数电路模型如图 10-17 所示。若考虑到 $G_0\Delta z$ 上的附加电流及 $R_0\Delta z$ 上的附加电压，那么在 $\Delta z\to 0$ 的极限情况下，式（10-2）和式（10-4）可变为

$$\frac{\partial U}{\partial z}+L_0\frac{\partial I}{\partial t}+R_0I=0 \tag{10-74}$$

$$\frac{\partial I}{\partial z}+C_0\frac{\partial U}{\partial t}+G_0U=0 \tag{10-75}$$

这就是有损耗均匀传输线方程的一般形式。

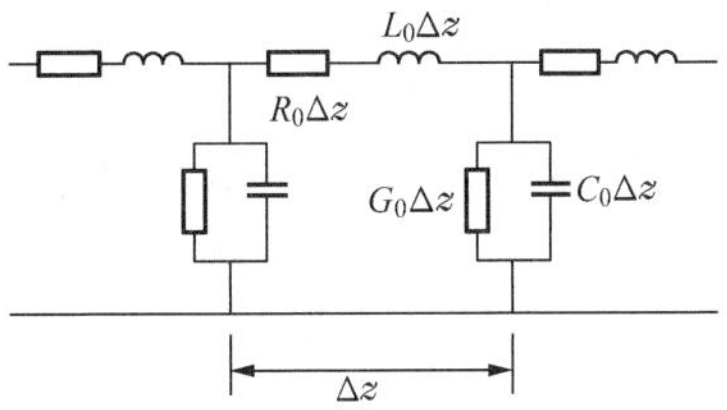

图 10-17 有损耗均匀传输线的分布参数等效电路

若电压和电流随时间作正弦变化，式（10-74）和式（10-75）相应的复数形式为

$$\frac{\mathrm{d}\dot{U}}{\mathrm{d}z}=-(\mathrm{j}\omega L_0+R_0)\dot{I} \tag{10-76}$$

$$\frac{\mathrm{d}\dot{I}}{\mathrm{d}z}=-(\mathrm{j}\omega C_0+G_0)\dot{U} \tag{10-77}$$

这样，不难求得电压和电流分别满足如下微分方程

$$\frac{\mathrm{d}^2\dot{U}}{\mathrm{d}z^2}=k^2\dot{U} \tag{10-78}$$

$$\frac{\mathrm{d}^2\dot{I}}{\mathrm{d}z^2}=k^2\dot{I} \tag{10-79}$$

其中

$$k=\sqrt{(R_0+\mathrm{j}\omega L_0)(G_0+\mathrm{j}\omega C_0)}=\alpha+\mathrm{j}\beta \tag{10-80}$$

称为传播常数。

式（10-78）的通解为

$$\dot{U}(z)=\dot{U}^+\mathrm{e}^{-kz}+\dot{U}^-\mathrm{e}^{kz} \tag{10-81}$$

将式（10-81）代入式（10-76）中，得

$$\dot{I}(z)=\frac{\dot{U}^+}{Z_0}\mathrm{e}^{-kz}+\frac{\dot{U}^-}{Z_0}\mathrm{e}^{kz}=\dot{I}^+\mathrm{e}^{-kz}+\dot{I}^-\mathrm{e}^{kz} \tag{10-82}$$

$$Z_0=\sqrt{\frac{R_0+\mathrm{j}\omega L_0}{G_0+\mathrm{j}\omega C_0}} \tag{10-83}$$

其中，Z_0 为传输线的特性阻抗；$\dot{U}^+$ 和 $\dot{U}^-$ 可根据边界条件确定。设 $\dot{U}^+=U^+\mathrm{e}^{\mathrm{j}\varphi_+}$，$\dot{U}^-=U^-\mathrm{e}^{\mathrm{j}\varphi_-}$，则电压的瞬时表达式为

$$U(z,t)=\sqrt{2}U^+\mathrm{e}^{-\alpha z}\cos(\omega t-\beta z+\varphi_+)+\sqrt{2}U^-\mathrm{e}^{\alpha z}\cos(\omega t+\beta z+\varphi_-) \tag{10-84}$$

式（10-84）和第 8 章中分析的导电媒质中的均匀平面电磁波完全相似。式（10-84）中右边第一项表示向（$+z$）方向传播的入射波，而第二项表示向（$-z$）方向传播的反射波，但它们的振幅随着波的前进按指数规律衰减。α 描述波振幅衰减的快慢，称为衰减常数；β 描述相位的改变率，称为相位常数。

沿线电流的分布及其随时间变化的规律与电压完全类似。

10.7.2 均匀传输线的参数

由上面讨论知道，当传输线的传播常数 k 和特性阻抗 Z_0 确定后，沿线电压波和电流波的传播特性也就基本上得到确定。通常，把 k 和 Z_0 称为传输线的副参数，而把决定 k 和 Z_0 的参数 R_0、L_0、C_0 和 G_0 称为传输线的原参数。

原参数是组成传输线等效分布参数电路的基本量。它们由传输线的几何尺寸、相互位置及周围媒质的物理特性决定。C_0、G_0 和 R_0、L_0 可分别按静电场、恒定电场和恒定磁场中的参数计算方法求得，如表 10-1 所示。下面讨论传输线的副参数。

1. 特性阻抗 Z_0

传输线的特性阻抗定义为行波电压与行波电流之比，由式（10-83）得

$$Z_0=\sqrt{\frac{R_0+j\omega L_0}{G_0+j\omega C_0}}=\sqrt[4]{\frac{R_0{}^2+\omega^2L_0{}^2}{G_0{}^2+\omega^2C_0{}^2}}e^{j\varphi_0} \tag{10-85}$$

式中：φ_0 表示行波电压与行波电流间的相位关系，φ_0 不等于零说明行波电压与行波电流不同相，它的取值范围是 $-\pi/4\leqslant\varphi_0\leqslant\pi/4$。

对于低损耗传输线（$R_0\ll\omega L_0$，$G_0\ll\omega C_0$），有

$$Z_0\approx\sqrt{\frac{L_0}{C_0}}$$

可见，低损耗传输线与无损耗传输线一样，特性阻抗也是实数，仅与 L_0、C_0 有关，与频率无关。在微波范围内使用的传输线就属于低损耗传输线。

2. 传播常数 k

由式（10-80）

$$k=\alpha+j\beta=\sqrt{(R_0+j\omega L_0)(G_0+j\omega C_0)}$$

可得

$$\alpha=\sqrt{\frac{1}{2}\left[\sqrt{(R_0{}^2+\omega^2L_0{}^2)(G_0{}^2+\omega^2C_0{}^2)}-(\omega^2L_0C_0-R_0G_0)\right]} \tag{10-86}$$

$$\beta=\sqrt{\frac{1}{2}\left[\sqrt{(R_0{}^2+\omega^2L_0{}^2)(G_0{}^2+\omega^2C_0{}^2)}+(\omega^2L_0C_0-R_0G_0)\right]} \tag{10-87}$$

由式（10-86）、式（10-87）可以看出：α 和 β 都是传输线分布参数和频率的复杂函数。因此，当非正弦信号在这样的传输线上传播时，必然引起信号的畸变（或失真）。将由于 α 随频率而变化所引起的畸变称为振幅畸变；将由于 β 随频率而变化所引起的畸变称为相位畸变。这些显然都是通信线路中所不希望的。

对于低损耗传输线，则

$$\alpha\approx\frac{1}{2}\left(R_0\sqrt{\frac{C_0}{L_0}}+G_0\sqrt{\frac{L_0}{C_0}}\right)\quad（近似为常数） \tag{10-88}$$

$$\beta\approx\omega\sqrt{L_0C_0} \tag{10-89}$$

而相位速度

$$\nu=\frac{\omega}{\beta}\approx\frac{1}{\sqrt{L_0C_0}}\quad（近似为常数） \tag{10-90}$$

式（10-88）～式（10-90）说明非正弦信号在低损耗传输线上传播时，畸变程度很小。

10.7.3 无畸变传输线

根据以上分析可知，一般有损耗传输线传播的信号要发生畸变。但是，如果能使衰减常数 α 不是频率的函数，而是一个常量；相位常数 β 与 ω 成正比，即

$$k=\alpha+j\beta=\alpha+j\omega K$$

其中，α 和 K 都是与 ω 无关的量，就可以消除有损耗传输线上的振幅畸变和相位畸变。

由式（10-80），可得

$$k=\sqrt{(R_0+j\omega L_0)(G_0+j\omega C_0)}=\sqrt{R_0G_0}\sqrt{\left(1+j\frac{\omega L_0}{R_0}\right)\left(1+j\frac{\omega C_0}{G_0}\right)} \tag{10-91}$$

如果式（10-91）满足

$$\frac{L_0}{R_0}=\frac{C_0}{G_0} \tag{10-92}$$

则有

$$k=\sqrt{R_0G_0}\left(1+j\frac{\omega L_0}{R_0}\right) \tag{10-93}$$

可见，α 为一常数，而 β 与 ω 成正比。

当非正弦信号在满足式（10-92）条件的有损耗均匀传输线上传播时，可以消除振幅畸变和相位畸变。故称式（10-92）为无畸变条件。满足无畸变条件的有损耗传输线称为无畸变传输线。在没有反射波的条件下，有损耗的无畸变传输线上沿线的电压波、电流波的波形各自相同，但振幅却随着前进距离的增加而按指数规律减小，减小的速率由 $\alpha=\sqrt{R_0G_0}$ 决定。

在无畸变条件下，由式（10-85），有损耗均匀传输线的特性阻抗为

$$Z_0=\sqrt{\frac{R_0}{G_0}}=\sqrt{\frac{L_0}{C_0}} \tag{10-94}$$

由此可见，在无畸变传输线中，沿线各处的入射电压波或反射电压波分别和电流波同相。

一般架空线或电缆线的原参数之间的关系为 $\frac{L_0}{R_0}<\frac{C_0}{G_0}$，为了实现无畸变传输线的条件，同时又能降低振幅衰减的程度，应增大 L_0。工程中通常采用集中加感，即在传输线中每隔一定距离加入一个电感线圈以增大 L_0。为了不致破坏传输线的均匀性，电感线圈间的距离应较沿传输线传播的电磁波的波长小得多。另一种方法是采用分布电感，即在电缆芯线表面处均匀地绕一层磁导率较大的金属带以增大 L_0。

本章小结

（1）在理想导体组成且周围介质无损耗的传输线系统中，既没有沿传播方向的磁场分量，又没有电场分量，沿线的电磁场只有横向的电场、磁场分量，因此，传输线导引的电磁波是横电磁波（TEM 波）。

（2）无损耗均匀传输线所满足的用电压和电流表示的微分方程为

$$\frac{\partial U}{\partial z}=-\frac{\partial}{\partial t}L_0I=-L_0\frac{\partial I}{\partial t} \qquad \frac{\partial I}{\partial z}=-\frac{\partial}{\partial t}C_0U=-C_0\frac{\partial U}{\partial t}$$

（3）无损耗均匀传输线所满足的用电压和电流表示的波动方程为

$$\frac{\partial^2 U}{\partial z^2}=L_0C_0\frac{\partial^2 U}{\partial t^2} \qquad \frac{\partial^2 I}{\partial z^2}=L_0C_0\frac{\partial^2 I}{\partial t^2}$$

（4）无损耗均匀传输线导行电磁波的速度为

$$\nu=\frac{1}{\sqrt{L_0C_0}}$$

特性阻抗为

$$Z_0=\sqrt{\frac{L_0}{C_0}}$$

（5）对于无损耗均匀传输线，若电压 $U(z,t)$ 和电流 $I(z,t)$ 随时间作正弦变化，则沿线各点的电压、电流相量满足方程

$$\frac{\mathrm{d}^2\dot{U}}{\mathrm{d}z^2}=-\omega^2L_0C_0\dot{U}=k^2\dot{U} \qquad \frac{\mathrm{d}^2\dot{I}}{\mathrm{d}z^2}=-\omega^2L_0C_0\dot{I}=k^2\dot{I}$$

其中 k 为传播常数，$k=\mathrm{j}\omega\sqrt{L_0C_0}=\mathrm{j}\beta$；$\beta$ 称为相位常数。

可得通解为

$$\dot{U}(z)=\dot{U}^{+}\ \mathrm{e}^{-\mathrm{j}\beta}+\dot{U}^{-}\ \mathrm{e}^{\mathrm{j}\beta}$$

$$\dot{I}(z)=\dot{I}^{+}\ \mathrm{e}^{-\mathrm{j}\beta}+\dot{I}^{-}\ \mathrm{e}^{\mathrm{j}\beta}$$

上面两式中的 $\dot{U}^{+}$ 和 $\dot{I}^{+}$ 分别为向（$+z$）轴方向传播的入射电压波和电流波的有效值相量，而 $\dot{U}^{-}$ 和 $\dot{I}^{-}$ 分别为向（$-z$）轴方向传播的反射电压波和电流波的有效值相量。而且，$\dfrac{\dot{U}^{+}}{\dot{I}^{+}}=Z_0$，$\dfrac{\dot{U}^{-}}{\dot{I}^{-}}=-Z_0$。

（6）传输线上的电压波和电流波为相应的入射波和反射波的叠加。反射波的存在是当入射波沿线传播到不均匀处时，由于发生反射和透射现象所引起的。常见的不均匀处有：在接有阻抗值不同于传输线特性阻抗的负载处；特性阻抗值不同的两对传输线的连接处。两对均匀传输线连接处反射系数和透射系数分别为

$$\zeta_{\mathrm{L}}=\frac{\dot{U}^{-}}{\dot{U}^{+}}=\frac{Z_{02}-Z_{01}}{Z_{02}+Z_{01}} \qquad \tau=\frac{\dot{U}'}{\dot{U}^{+}}=\frac{2Z_{02}}{Z_{02}+Z_{01}}$$

（7）传输线的工作状态完全取决于传输线终端所接的负载。接入不同的负载阻抗，反射系数不同，传输线上将出现行波、驻波和行驻波三种不同的工作状态。

1）行波工作状态。行波状态是传输线上无反射波出现、只有入射波的工作状态。此时，反射系数 $\zeta_{\mathrm{L}}=0$。欲使传输线上不出现反射波，有两种情况可以满足：①传输线为无限长，只存在入射波；②传输线终端所接负载的阻抗值等于传输线的特性阻抗，即 $Z_{\mathrm{L}}=Z_0$，这种情况称为匹配。

2）驻波状态。驻波状态是指传输线上出现全反射现象，反射系数 $|\zeta_{\mathrm{L}}|=1$，反射波与入射波叠加形成驻波。当 $Z_{\mathrm{L}}=0$ 或 $Z_{\mathrm{L}}=\infty$ 或 $Z_{\mathrm{L}}=\pm\mathrm{j}X$ 时，即当传输线终端短路或开路或接纯电抗性负载时，都将产生全反射。

3）行驻波状态。当传输线终端所接的负载阻抗 Z_{L} 不等于传输线的特性阻抗 Z_0 时，负载端反射系数满足 $0<|\zeta_{\mathrm{L}}|<1$，负载端发生反射但非全反射。线上一部分入射波和反射波合成而形成驻波，其余部分仍为行波，这时传输线的工作状态称为行驻波状态。

（8）为了定量描述传输线上的行波分量和驻波分量，通常，除了用反射系数 ζ_{L} 表示反射波的大小以外，还可用驻波比 S 表示。S 定义为

$$S=\frac{U_{\max}}{U_{\min}}=\frac{U^{+}+U^{-}}{U^{+}-U^{-}}=\frac{1+|\zeta_{\mathrm{L}}|}{1-|\zeta_{\mathrm{L}}|}$$

(9) 传输线的入端阻抗定义为输入端的电压相量和电流相量的比值，记作 Z_{in}。设传输线的长度为 l，负载接有阻抗 Z_L，则

$$Z_{in}=\frac{\dot{U}_1}{\dot{I}_1}=Z_0\frac{Z_L+jZ_0\tan\beta l}{Z_0+jZ_L\tan\beta l}$$

可见，入端阻抗除了和传输线的特性阻抗 Z_0 及工作频率有关外，还和传输线的长度 l 及终端负载 Z_L 有关。

（10）为了实现负载与传输线的特性阻抗相匹配，可以采用方法如下：

可以将四分之一波长的无损耗线串联在主传输线（设它的特性阻抗为 Z_{01}）和负载 R 之间（见图 10-14），使负载 R 和主传输线的特性阻抗 Z_{01} 相匹配，所以把接入的这一段四分之一波长线称为$\frac{\lambda}{4}$阻抗变换器。

若要使负载阻抗 $Z_L=R_L+jX_L$ 和特性阻抗为 Z_0 的传输线相匹配，还可利用在主传输线上并接一段特性阻抗也为 Z_0 的单短截线来实现，称为单短截线阻抗匹配法。这种短接线称为单短截线变换器。

（11）有损耗均匀传输线所满足的方程

$$\frac{\partial U}{\partial z}+L_0\frac{\partial I}{\partial t}+R_0I=0$$

$$\frac{\partial I}{\partial z}+C_0\frac{\partial U}{\partial t}+G_0U=0$$

通解为

$$\dot{U}(z)=\dot{U}^+e^{-kz}+\dot{U}^-e^{kz}$$

$$\dot{I}(z)=\frac{\dot{U}^+}{Z_0}e^{-kz}+\frac{\dot{U}^-}{Z_0}e^{kz}=\dot{I}^+e^{-kz}+\dot{I}^-e^{kz}$$

式中，$k=\sqrt{(R_0+j\omega L_0)(G_0+j\omega C_0)}=\alpha+j\beta$ 称为传播常数；$Z_0=\sqrt{\frac{R_0+j\omega L_0}{G_0+j\omega C_0}}$ 称为有损耗传输线的特性阻抗。

（12）当满足条件 $\frac{L_0}{R_0}=\frac{C_0}{G_0}$ 时，就可以消除有损耗传输线上的振幅畸变和相位畸变，称为无畸变传输线。

习 题

10.1 利用传输线的入端电压 U_1 和电流 I_1 及传输线的 k 和 Z_0，分别以指数形式和双曲线形式，表示出 $U(z)$ 及 $I(z)$。

10.2 已知一双线无损耗传输线的线间距 $D=8\text{cm}$，导线直径为 $d=1\text{cm}$，传输线的周围介质为空气。试计算：

（1）单位长度电感和单位长度电容。

（2）当 $f=600\text{MHz}$ 时的特性阻抗和相位常数。

10.3 试计算：外导体半径 $b=23\text{cm}$，内导体半径 $a=10\text{mm}$，填充介质分别为空气和

$\varepsilon_r=2.25$ 介质时的同轴线的特性阻抗。

10.4 一无损耗传输线的特性阻抗 $Z_0=70\Omega$，终端接负载阻抗 $Z_2=100-j50\Omega$。试求：

（1）传输线上的反射系数 ζ_L。

（2）传输线上的电压、电流表示式。

（3）负载端距传输线上第一个电压波节和电压波腹的距离 $|z|_{min}$ 和 $|z|_{max}$。

（4）画出传输线上电压、电流的振幅分布。

10.5 一无损耗的 $\lambda/4$ 传输线，特性阻抗为 Z_0，一端接一感性负载 $Z_L=R_L+jX_L$。试求：

（1）输入端阻抗。

（2）输入端与负载端的电压大小的比值。

10.6 一无损耗传输线，接有负载 $Z_L=40+j30\Omega$，试求：

（1）此传输线特性阻抗为多少时沿线有最小驻波比。

（2）最小驻波比对应的电压反射系数。

（3）离负载最近的最小电压发生处。

10.7 一无损耗传输线，特性阻抗为 Z_0，一端接一负载 Z_L，试完成：

（1）求用 Z_0、Z_L 表示的驻波比 S。

（2）求用 S 和 Z_0 表示的从最大电压处看向负载的入端阻抗。

（3）求用 S 和 Z_0 表示的从最小电压处看向负载的入端阻抗。

10.8 已知传输线在 1GHz 时的分布参数为：$R_0=10.4\Omega/m$；$C_0=8.35\times10^{-12}F/m$；$L_0=1.33\times10^{-6}H/m$；$G_0=0.8\times10^{-6}S/m$。试求传输线的特性阻抗、衰减常数、相位常数、传输线上的波长及传播速度。

10.9 有一特性阻抗 $Z_0=50\Omega$ 的无损耗线，周围电介质参数 $\varepsilon_r=2.25$，$\mu_r=1$，接有 1Ω 的负载。当 $f=100MHz$ 时的线长 $=\lambda/4$，试计算：

（1）线的几何长度。

（2）负载端的反射系数。

（3）驻波比，并问第一个 U_{min} 出现在何处？

（4）传输线的入端阻抗。

10.10 无损耗线上的测量值表明：当驻波比 $S=1.8$ 时，第一个 U_{min} 位于 $z=-l$ 处；若负载短路，第一个 U_{min} 的位置移到 $z=-(l+8)cm$ 处。设无损耗线的特性阻抗为 50Ω，波长 $\lambda=80cm$，试决定负载阻抗 Z_L。

10.11 有一特性阻抗为 $Z_0=500\Omega$ 的无损耗传输线，当其终端短路时，测得始端的入端阻抗为 250Ω 的感抗，求该传输线的长度。如果该线的终端为开路，长度又该为多少？

10.12 设电视天线接收的信号电压可用等效发电机定理表示成：当 $\omega=5\times10^8 rad/s$ 时，电压为 $1\angle 0°$ mV 及内阻为 300Ω。若用特性阻抗为 300Ω，线长 l 等于 λ 的无损耗线将电视天线接收的信号传输到输入电阻为 300Ω 的电视机。

（1）问电视机能吸收多少平均功率。

（2）若有两台 300Ω 的电视机并联，要求每台电视机仍能接收单独一台时的平均功率是否可能？如果不行，试证明之；如果行，试设计一个系统以达到上述目的。

附录 1　电磁量的符号和单位

附表 1-1　　电磁量的符号和单位

电磁量的名称	符号	与其他量的关系	国际制单位
电流	I，i	电荷［量］/时间	A（安）
电荷［量］	Q，q	电流×时间	C（库）
电荷线密度	τ	电荷［量］/长度	C/m（库/米）
电荷面密度	σ	电荷［量］/面积	C/m^2（库/米^2）
电荷体密度	ρ	电荷［量］/体积	C/m^3（库/米^3）
电动势	e	$\int \boldsymbol{E}' \cdot \mathrm{d}\boldsymbol{l}$	V（伏）
电位	φ	功/电荷量	V（伏）
电压	U	功/电荷量	V（伏）
电场强度	$\boldsymbol{E}$	电压/长度＝力/电量	V/m（伏/米）
$\boldsymbol{E}$ 通量	$\varphi_{\boldsymbol{E}}$	$\varphi_{\boldsymbol{E}} = \int_S \boldsymbol{E} \cdot \mathrm{d}\boldsymbol{S}$	V·m（伏·米）
电通量	$\boldsymbol{\Psi}$	电荷量＝$\int D \cdot \mathrm{d}\boldsymbol{S}$	C（库）
电通［量］密度	$\boldsymbol{D}$	电荷量/面积	C/m^2（库/米^2）
电容	C	电荷量/电压	F（法）
介电常数	ε	电容/长度	F/m（法/米）
相对介电常数	ε_r	$\varepsilon/\varepsilon_0$	
电极化强度	$\boldsymbol{P}$	电矩/体积	C/m^2（库/米^2）
电偶极矩	$\boldsymbol{p}=q\boldsymbol{l}$	电荷量×长度	C·m（库·米）
电流面密度	$\boldsymbol{J}$	电流/面积	A/m^2（安/米^2）
电流线密度	$\boldsymbol{K}$	电流/长度	A/m（安/米）
磁位差	U_m	$\int \boldsymbol{H} \cdot \mathrm{d}\boldsymbol{l}$	A（安）
标量磁位	φ_m	$\int \boldsymbol{H} \cdot \mathrm{d}\boldsymbol{l}$	A（安）
磁通［量］	Φ_m	$\int \boldsymbol{B} \cdot \mathrm{d}\boldsymbol{S}$	Wb（韦）
磁链	$\boldsymbol{\Psi}_m$	磁通×匝数	Wb·t（韦·匝）
磁场强度	$\boldsymbol{H}$	磁动势/长度	A/m（安/米）
磁通密度（磁感应强度）	$\boldsymbol{B}$	磁通/面积＝力/电流矩	T（特）
磁导率	μ	电感/长度	H/m（亨/米）
相对磁导率	μ_r	μ/μ_0	
磁化强度	$\boldsymbol{M}$	磁矩/体积	A/m（安/米）
磁偶极矩	$\boldsymbol{m}=I\Delta\boldsymbol{S}$	电流×面积	$A \cdot m^2$（安·米^2）
电阻	R	电压/电流	Ω（欧）
电抗	X	电压/电流	Ω（欧）
阻抗	Z	电压/电流	Ω（欧）

续表

电磁量的名称	符号	与其他量的关系	国际制单位
导纳	Y	1/阻抗	S（西门子）
电导	G	1/电阻	S（西门子）
电纳	B	1/电抗	S（西门子）
电导率	γ	1/电阻率	S/m（西门子/米）
电感，自感	L	磁链/电流	H（亨）
电场能量密度	w_e	能量/体积	$J \cdot m^{-3}$（焦耳/米^3）
磁场能量密度	w_m	能量/体积	$J \cdot m^{-3}$（焦耳/米^3）
坡印亭矢量	$\boldsymbol{S}$	功率/面积	$W \cdot m^{-2}$（瓦/米^2）
矢量磁位	$\boldsymbol{A}$	电流×磁导率	$Wb \cdot m^{-1}$（韦/米）

附录 2　电磁材料的参数和物理常数

附表 2-1：部分绝缘材料的相对介电常数 ε_r 和 $\gamma/\omega\varepsilon$ 在正常室温和湿度、很低音频情况下的代表性数值。

附表 2-2：部分金属导电材料和绝缘材料在直流和室温条件下的电导率 γ。

附表 2-3：部分不同性质材料的相对磁导率 μ_r。

附表 2-4：物理常数。

附表 2-1　ε_r 和 $\gamma/\omega\varepsilon$

材料	ε_r	$\gamma/\omega\varepsilon$	材料	ε_r	$\gamma/\omega\varepsilon$
空气	1.0006	0	聚苯乙烯	2.55	0.00005
乙醇	25	0.1	瓷	6	0.014
氧化铝	8.8	0.0006	硼硅酸玻璃	4	0.0006
琥珀	2.7	0.002	石英（熔化的）	3.8	0.00075
酚醛塑料	4.74	0.022	橡胶	2.5～3	0.002
钛酸钡	1200	0.013	二氧化硅	3.8	0.00075
二氧化碳	1.001	0	矽	11.8	0
锗	16	0	雪	3.3	0.5
玻璃	4～7	0.001	氯化钠（食盐）	5.9	0.0001
冰	4.2	0.1	土壤（干燥）	2.8	0.07
云母	5.4	0.0006	冻石	5.8	0.003
氯丁橡胶	6.6	0.011	特氟隆	2.1	0.0003
尼龙	3.5	0.02	二氧化钛	100	0.0015
纸	3	0.008	水（未蒸馏的）	80	0.04
有机玻璃	3.45	0.04	海水	81	4
聚乙烯	2.26	0.0002	木材（干燥的）	1.5～4	0.01
聚丙烯	2.25	0.0003	苯乙烯泡沫	1.03	0.0001

附表 2-2　γ

材料	γ（S/m）	材料	γ（S/m）
银	6.17×10^7	镍铬铁合金	0.1×10^7
铜	5.80×10^7	石墨	7×10^7
金	4.10×10^7	矽	1200
铝	3.82×10^7	铁氧体	100
钨	1.82×10^7	海水	5
锌	1.67×10^7	石灰石	10^{-2}
黄铜	1.5×10^7	黏土	5×10^{-3}
镍	1.45×10^7	新鲜水	10^{-3}
铁	1.03×10^7	未曾蒸馏水	10^{-4}
磷青铜	1.0×10^7	沙土	10^{-5}
焊料	0.7×10^7	花岗岩	10^{-6}
碳钢	0.6×10^7	大理石	10^{-8}
德国银	0.3×10^7	胶木	10^{-9}
锰	0.227×10^7	瓷	10^{-10}
康铜	0.226×10^7	金刚石	2×10^{-3}
锗	0.22×10^7	聚苯乙烯	10^{-16}
不锈钢	0.11×10^7	石英	10^{-17}

附表 2-3 μ_r

材料	μ_r	材料	μ_r
铋	0.9999986	钴	60
石蜡	0.99999942	铁粉	100
木材	0.9999995	机器钢	300
银	0.99999981	铁氧体	1000
CO_2	0	坡莫合金 45	2500
铝	1.00000065	变压器钢	3000
铍	1.00000079	矽铁	3500
氯化镍	1.00004	纯铁	4000
硫酸锰	1.0001	μ 磁性合金	20000
镍	50	铝硅铁粉	30000
铸铁	60	镍铁钼导磁合金	100000

附表 2-4 物 理 常 数

物理量	数值
电子电荷量	$e=(1.6021892\pm0.0000046)\times10^{-19}$C(库)
电子质量	$m_e=(9.109534\pm0.000047)\times10^{-31}$kg(千克)
真空的介电常数	$\varepsilon_0=(8.854187818\pm0.000000071)\times10^{-12}$F/m(法/米)
真空的磁导率	$\mu_0=4\pi\times10^{-7}$H/m(亨/米)
光速（真空中）	$c=(2.997924574\pm0.000000011)\times10^{8}$m/s(米/秒)

附录3　电磁场专业名词中英对照

第1章

标量　scalar

散度　divergence

矢量　vector

两矢量的点积　dot product of two vectors

两矢量的叉积　cross product of two vectors

梯度　gradient

无旋场　irrotational field

无散场　solenoidal field

旋度　curl

有旋场　rotational field

斯托克斯定理　stokes'theorem

高斯散度定理　Gauss's divergence theorem

第2、3章

静电场　electrostatic field

库仑定律　Coulomb's law

电场强度（***E***）　electric field intensity

电位　electric potential

电位梯度　gradient of electric potential

点电荷　point charge

体电荷　body charge

面电荷　surface charge

线电荷　line charge

高斯定律　Gauss's law

导体　conductor

静电感应　electrostatic induction

静电屏蔽　electrostatic shielding

介质　dielectric

极化　polarization

束缚电荷　boundcharge

电极化率　electric susceptibility

电极化强度　electric polarization

电偶极矩　electric dipole moment

电偶极子　electric dipole

各向同性介质　isotropic dielectric

介质的介电常数　electric permittivity of dielectric

真空的介电常数　electric permittivity of free space

电位移矢量（***D***）　electric displacement vector

电通量　electric flux

电通密度（*D*）　electric flux density

积分形式　integral form

微分形式　differential form

泊松方程　Poisson's equation

拉普拉斯方程　Laplace's equation

场源问题　source problems

静电场的唯一性定理　uniqueness theorem of electrostatic field

镜像法　method of images

电轴法　method of electric axis

电容器　capacitor

电容　capacitance

部分电容　partial capacitance

电位系数　coefficients of potential

二线输电线　two-wire transmission line

电场力　force of electric field

电场能量　energy of electric field

能量密度　energy density

虚位移　virtual displacement

虚位移法　method of virtual displacement

第4章

恒定电场　stationary electric field

电流密度　current density

电荷守恒定律　law for conservation of charges

电流连续性原理　principle of continuity of electric current

局外电场强度　electromotive field intensity

材料的电导率　conductivity of materials

基尔霍夫电压定律　Kirchhoff's voltage law

基尔霍夫电流定律　Kirchhoff's current law

焦耳定律　Joule's law

欧姆定律　Ohm's law

比拟法　method of analog

接地电阻　earth resistance

第5章

恒定电流磁场　magnetic field of constant current

面电流密度 surface current density
体电流密度 body current density
线电流 line current
磁感应强度 intensity of magnetic induction
毕奥—萨伐尔定律 Biot and Savart's law
磁通 magnetic flux
磁通密度 magnetic flux density
磁通连续性原理 principle of continuity of magnetic flux
安培环路定律 Ampere's circuital law
相对磁导率 relative permeability
磁导率 permeability
磁场强度 magnetic field intensity
标量磁位 scalar magnetic potential
矢量磁位 vector magnetic potential
磁化 magnetization
磁偶极矩 magnetic dipole moment
磁偶极子 magnetic dipole
磁化强度 magnetization vector
磁链 magnetic flux linkage
内电感 internal inductance
外电感 external inductance
诺依曼公式 Neumann formula
自感系数 coefficient of self-inductance
互感系数 coefficient of mutual inductance
磁场能量 energy of magnetic field
磁场力 force of magnetic field

第 6 章

边界条件 boundary condition
边值问题 boundary value problems
分离变量法 method of separation of variables
步长 step length
差分法 difference method
超松弛 over-relaxation
超松弛因子 over-relaxation factor
迭代法 iteration method
节点 node
离散化 discretization
松弛法 relaxation method
图解法 graphical method
余数 residual
有限元法 limited elements method

第 7 章

时变电磁场 time varying electromagnetic field
电磁感应 electromagnetic induction
法拉第电磁感应定律 Faraday's law of electromagnetic induction
传导电流密度 conduction current density
位移电流密度 displacement current density
运流电流 convection current
全电流密度 total current density
全电流定律 generalized circuital law
麦克斯韦 Maxwell
麦克斯韦方程组 Maxwell's equations
洛仑兹条件 Lorentz condition
达朗贝尔方程 D'alembert's equation
动态位 kinetic potential
时变场的唯一性定理 uniqueness theorem of time varying electromagnetic field
电磁波 electromagnetic wave
滞后磁位 retarded magnetic potentials
滞后电位 retarded electric potentials
相位常数 phase constant
相速 phase velocity
波数 wave number
波阻抗 wave impedance
坡印亭定理 Poynting's theorem
坡印亭矢量 Poynting vector
复数坡印亭定理 complex Poynting's theorem
似稳场 quasi-stationary field
似稳条件 quasi-stationary condition
天线 antenna
辐射 radiation
振荡电偶极子 oscillating electric dipole
理想（完纯）导体 perfect conductor
近区 near zone
远区 far zone
辐射电阻 radiation resistance
辐射功率 radiation power

第 8、9、10 章

平行平面场 plane-parallel field
均匀平面电磁波 uniform plane electromagnetic wave
横电磁波 transverse electromagnetic wave
波动方程 wave equation
传播常数 propagation constant

线性极化　linear polarization
圆极化　circular polarization
椭圆极化　elliptical polarization
入射波　incident wave
透射波　transmitted wave
反射波　reflected wave
反射系数　reflection coefficient
全反射　total reflection
折射波　refracted wave
折射系数　refraction coefficient
行波　travelling wave
驻波　standing wave
波腹　wave loop
波节　wave node
涡流　eddy current
涡流损耗　eddy current loss
衰减常数　attenuation constant
临界频率　critical frequency
透入深度　depth of penetration
集肤效应　skin effect
表面电阻　surface resistance
电磁屏蔽　electromagnetic shield
电场屏蔽　electric field shielding
磁场屏蔽　magnetic field shielding
邻近效应　proximity effect
均匀传输线　uniform transmission line
参数　parameter
波导　wave guide
介质波导　dielectric guide
矩形波导　rectangular wave guide
均匀波导　smooth wave guide
波导波长　guide wavelength
波导波阻抗　guide wave impedance
低次模　lower mode
高次模　higher harmonic mode
简并模式　degenerate mode
截止传播常数　cut-off propagation constant
截止波长　cut-off wavelength
截止频率　cut-off
谐振腔　resonant cavity
品质因数　quality factor
谐振波长　resonant wavelength
谐振频率　resonant frequency

参 考 文 献

［1］ 冯慈璋，马西奎．工程电磁场导论．4版［M］．北京：高等教育出版社，2000．
［2］ 谢处方，饶克谨．电磁场与电磁波．4版［M］．北京：高等教育出版社，2006．
［3］ 黄礼镇．电磁场原理［M］．北京：人民教育出版社，1980．
［4］ 周省三．电磁场基本教程［M］．北京：高等教育出版社，1985．
［5］ 王泽忠．电磁场［M］．北京：中国电力出版社，1999．
［6］ ［美］J．A．埃德米尼斯特．电磁学的理论和习题［M］．于乾鹏，林铁生，张世雄，佘守宪，译．北京：人民邮电出版社，1984．
［7］ 董季兰．实用数学公式手册［M］．石家庄：河北科学技术出版社，1988．
［8］ 马汉言，邱景辉，王宏．电磁场与电磁波习题解答［M］．哈尔滨：哈尔滨工业大学出版社，2002．
［9］ 冯慈璋．电磁场．2版［M］．北京：高等教育出版社，1983．
［10］ 杨儒贵．电磁场与电磁波［M］．北京：高等教育出版社，2003．
［11］ 倪光正．工程电磁场原理［M］．北京：高等教育出版社，2002．
［12］ 马信山．电磁场基础［M］．北京：清华大学出版社，1995．
［13］ 杜松怀．电力系统接地技术［M］．北京：中国电力出版社，2011．
［14］ 赵畹君．高压直流输电工程技术．2版［M］．北京：中国电力出版社，2011．